PLC

第二版

与触摸屏控制技术

薛迎成　编著

中国电力出版社

CHINA ELECTRIC POWER PRESS

内 容 提 要

本书主要介绍了市场上应用广泛的西门子、欧姆龙、三菱 PLC 和人机界面（触摸屏）的工作原理和应用技术。通过大量工程实例的详解，深入浅出地介绍了人机界面与 PLC 进行组态和模拟调试的方法，以及西门子 S7-300PLC、三菱 Q 系列 PLC 和西门子 TP270、三菱 G1175 触摸屏在涂装生产线控制系统中的应用，欧姆龙 PLC 和触摸屏在污水处理系统中的应用，欧姆龙 C 系列 PLC 和 GP 人机界面在热处理生产线控制系统中的应用。此外，随书光盘还提供了大量人机界面产品和组态软件的用户手册，以及作者编写的工程实例，读者可在计算机上做模拟实验，以便较快地掌握人机界面和 PLC 组态的方法。

本书可作为自学触摸屏组态和 PLC 编程的工程人员的读物，也可作为大专院校电气工程及自动化、工业自动化、应用电子、计算机应用、机电一体化及其他相关专业的教材。

图书在版编目（CIP）数据

PLC 与触摸屏控制技术/薛迎成编著. —2 版. —北京：中国电力出版社，2014.1（2015.1 重印）
ISBN 978-7-5123-5069-4

Ⅰ.①P… Ⅱ.①薛… Ⅲ.①plc 技术②触摸屏-计算机控制
Ⅳ.①TM571.6②TP334.1

中国版本图书馆 CIP 数据核字（2013）第 250074 号

中国电力出版社出版、发行
（北京市东城区北京站西街 19 号 100005 http://www.cepp.sgcc.com.cn）
汇鑫印务有限公司印刷
各地新华书店经售

*

2008 年 2 月第一版
2014 年 1 月第二版 2015 年 1 月北京第四次印刷
787 毫米×1092 毫米 16 开本 19 印张 461 千字
印数 10001—12000 册 定价 45.00 元（含 1CD）

敬 告 读 者

本书封底贴有防伪标签，刮开涂层可查询真伪
本书如有印装质量问题，我社发行部负责退换

前　言

可编程序控制器简称 PLC，是以计算机为核心的工业自动化控制装置，它集计算机技术、自动化技术和网络通信技术于一体，具有功能强，可靠性高，使用方便，维护简单等特点。因此，在工业生产控制中得到广泛地应用。

随着工控技术的发展，越来越多的人机界面产品被应用到工业生产控制中，人机界面常被大家称为"触摸屏"，是为了解决 PLC 的人机交互问题，但随着计算机技术和数字电路技术的发展，很多工业控制设备都具备了串口通信能力，所以只要有串口通信能力的工业控制设备，如变频器、直流调速器、温控仪表、数采模块等都可以连接人机界面产品，来实现人机交互功能。

人机界面要使用专用的组态软件编程，由于人机界面品种日益丰富和功能的不断增强，学习和掌握组态软件编程需要大量的时间，但目前基本上无结合工程实例的人机界面教材。为方便读者快速学习掌握 PLC 与触摸屏控制技术，作者编写了本书。

本书第一～四章介绍了欧姆龙、西门子、三菱 PLC 的基本知识，硬件系统、存储器系统、指令系统、PLC 的编程语言，编程调试和仿真方法。第五章介绍了人机界面产品的组成及工作原理、选型指标、人机界面与 PLC 联机原理。第六章介绍了三菱 G1175 触摸屏和 QPLC 在涂装生产线上的应用，第七章介绍了三菱 A975 触摸屏与西门子 S7315-2DP 在常柴柴油机涂装线的应用，第八、九章介绍了 TP270 触摸屏和 S7-300 在江淮重工生产线上的应用，第十章介绍了 TP270 触摸屏和 Profibus 现场总线在合力生产线上的应用，第十一、十二章介绍了坪桥污水处理触摸屏控制系统，第十三、十四章介绍了基于 OMRON PLC 和 GP 触摸屏的热处理线自控系统。

随书光盘提供了大量人机界面产品和组态软件的用户手册，还提供了作者编写的工程实例程序，读者可在计算机上做模拟实验，可以较快地掌握人机界面和 PLC 组态的方法。

本书采用实例的详解形式，结合大量图片由浅入深地介绍触摸屏与 PLC 的联合应用，可作为工程技术人员自学触摸屏组态和 PLC 编程的读物，也可作为大专院校电气工程及自动化、工业自动化、应用电子、计算机应用、机电一体化及其他相关专业的教材。

本书在编写过程中得到了欧姆龙、西门子、三菱、盐城长城等单位的大力支持。盐城长城王柏、张领提供许多资料，薛文菁参加了本书大量文稿的整理和校对工作，在此表示感谢。

限于作者水平和时间，书中难免有疏漏之处，希望广大读者多提宝贵意见。

作　者

目　录

第一章

可编程序控制器（PLC）基础知识

第一节　PLC 的特点和功能

一、PLC 的基本概念

可编程控制器（programmable controller）是计算机家族中的一员，是为工业控制应用而设计制造的。早期的可编程控制器称作可编程逻辑控制器（programmable logic controller），简称 PLC，它主要用来代替继电器实现逻辑控制，随着技术的发展这种装置的功能已经大大超过了逻辑控制的范围，因此，今天这种装置称作可编程控制器，简称 PC。但是为了避免与个人计算机（personal computer）的简称混淆，所以将可编程控制器简称 PLC。

国际电工委员会（IEC）在 1987 年 2 月通过了对它的定义：“可编程控制器是一种数字运算操作的电子系统，是专为在工业环境应用而设计的。它采用一类可编程的存储器，用于其内部存储程序，执行逻辑运算、顺序控制、定时、计数与算术操作等面向用户的指令，并通过数字或模拟式输入/输出控制各种类型的机械或生产过程。可编程控制器及其有关外部设备，都按易于与工业控制系统联成一个整体，易于扩充其功能的原则设计。”

二、PLC 的特点

PLC 主要有如下特点：

（1）高可靠性。①所有的 I/O 接口电路均采用光电隔离，使工业现场的外电路与 PLC 内部电路之间在电气上隔离；②各输入端均采用 R-C 滤波器，其滤波时间常数一般为 10～20ms；③各模块均采用屏蔽措施，以防止辐射干扰；④采用性能优良的开关电源；⑤良好的自诊断功能，一旦电源或其他软、硬件发生异常情况，CPU 立即采用有效措施，以防止故障扩大；⑥大型 PLC 还可以采用由双 CPU 构成冗余系统或有三 CPU 构成表决系统，使可靠性更进一步提高。

（2）丰富的 I/O 接口模块。PLC 针对不同的工业现场信号，有各种 I/O 接口模块，如开关量输入/输出模块、模拟量输入/输出模块、定位控制模块、通信联网的接口模块等。

（3）采用模块化结构。为了适应各种工业控制需要，除了单元式的小型 PLC 以外，绝大多数 PLC 均采用模块化结构。PLC 的各个部件包括 CPU 电源、I/O 等均采用模块化设计，由机架及电缆将各模块连接起来，系统的规模和功能可根据用户的需要自行组合。

（4）编程简单易学。PLC 的编程大多采用类似于继电器控制线路的梯形图形式，对用户来说不需要具备计算机的专业知识，因此很容易被一般工程技术人员所理解和掌握。

（5）安装简单维修方便。PLC 不需要专门的机房，可以在各种工业环境下直接运行，使用时只需将现场的各种设备与 PLC 相应的 I/O 端相连接即可，投入运行的各种模块上均有运行和故障指示装置，便于用户了解运行情况和查找故障。由于采用模块化结构，因此一旦某模块发生故障，用户可以通过更换模块的方法使系统迅速恢复运行。

三、PLC 的功能

PLC 的功能有如下几种：①逻辑控制；②定时控制；③计数控制；④步进（顺序）控制；⑤PID 控制；⑥数据控制；⑦通信和联网。

PLC 还有许多特殊功能模块，适用于各种特殊控制的要求，如定位控制模块、称重模块。

第二节　PLC 的结构及原理

一、PLC 的结构

一般讲，PLC 分为箱体式和模块式两种，但它们的组成是相同的。箱体式 PLC 有一块 CPU 板、I/O 板、显示面板、内存块、电源等，当然按 CPU 性能分成若干型号，并按 I/O 点数又有若干规格。模块式 PLC 有 CPU 模块、I/O 模块、内存卡、电源模块、底板或机架。无论哪种结构类型的 PLC，都属于总线式开放型结构，其 I/O 能力可按用户需要进行扩展与组合。PLC 的基本结构框图如图 1-1 所示。

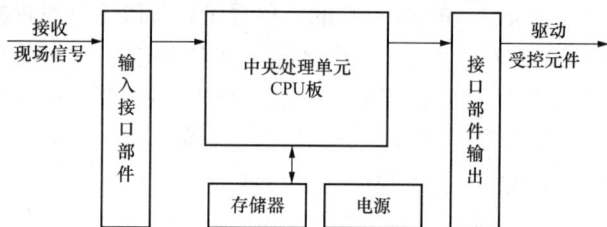

图 1-1　PLC 的基本结构框图

1. 中央处理单元（CPU）

中央处理单元（CPU）是 PLC 的控制中枢。它按照 PLC 系统程序赋予的功能接收并存储从编程器输入的用户程序和数据，检查电源、存储器、I/O 以及警戒定时器的状态，并能诊断用户程序中的语法错误；当 PLC 投入运行时，首先它以扫描的方式接收现场各输入装置的状态和数据，并分别存入 I/O 映像区，然后从用户程序存储器中逐条读取用户程序，经过命令解释后，按指令的规定将逻辑或算术运算的结果送入 I/O 映像区或数据寄存器内。等所有的用户程序执行完毕之后，最后将 I/O 映像区的各输出状态或输出寄存器内的数据传送到相应的输出装置，如此循环，直到停止运行。

为了进一步提高 PLC 的可靠性，近年来对大型 PLC 还采用双 CPU 构成冗余系统，或采用三 CPU 的表决式系统。这样，即使某个 CPU 出现故障，整个系统仍能正常运行。

2. 存储器

存放系统软件的存储器称为系统程序存储器。

（1）PLC 常用的存储器类型。

1）RAM（random assess memory）。这是一种读/写存储器（随机存储器）其存取速度最快，由锂电池支持。

2）EPROM（erasable programmable read only memory）。这是一种可擦除的只读存储器。在断电情况下，存储器内的所有内容保持不变（在紫外线连续照射下可擦除存储器的内容）。

3）EEPROM（electrical erasable programmable read only memory）。这是一种电可擦除的只读存储器。使用编程器就能很容易地对其所存储的内容进行修改。

（2）PLC存储空间的分配。虽然各种PLC的CPU的最大寻址空间各不相同，但是根据PLC的工作原理，其存储空间一般包括以下3个区域：系统程序存储区、系统RAM存储区（包括I/O映像区和系统软设备等）、用户程序存储区。

1）系统程序存储区。在系统程序存储区中存放着相当于计算机操作系统的系统程序。包括监控程序、管理程序、命令解释程序、功能子程序、系统诊断子程序等。由制造厂商将其固化在EPROM中，用户不能直接存取。它和硬件一起决定了该PLC的性能。

2）系统RAM存储区。系统RAM存储区包括I/O映像区以及各类软设备，如逻辑线圈、数据寄存器、计时器、计数器、变址寄存器、累加器等存储器。

由于PLC投入运行后，只是在输入采样阶段才依次读入各输入状态和数据，在输出刷新阶段才将输出的状态和数据送至相应的外部设备。因此，它需要一定数量的存储单元（RAM）以存放I/O的状态和数据，这些单元称作I/O映像区。

一个开关量I/O占用存储单元中的一个位（bit），一个模拟量I/O占用存储单元中的一个字（16bits）。因此整个I/O映像区可看作两个部分组成：开关量I/O映像区，模拟量I/O映像区。

除了I/O映像区以外，系统RAM存储区还包括PLC内部各类软设备（逻辑线圈、计时器、计数器、数据寄存器和累加器等）的存储区。该存储区又分为具有失电保持的存储区域和无失电保持的存储区域，前者在PLC断电时，由内部的锂电池供电，数据不会遗失；后者当PLC断电时，数据被清"0"。

与开关输出一样，每个逻辑线圈占用系统RAM存储区中的一个位，但不能直接驱动外部设备，只供用户在编程中使用，其作用类似于电器控制线路中的继电器。另外，不同的PLC还提供数量不等的特殊逻辑线圈，具有不同的功能。

与模拟量I/O一样，每个数据寄存器占用系统RAM存储区中的一个字（16bits）。另外，PLC还提供数量不等的特殊数据寄存器，具有不同的功能。

用户程序存储区存放用户编制的用户程序。不同类型的PLC，存储容量各不相同。

3. 电源

PLC的电源在整个系统中起着十分重要的作用。如果没有一个良好的、可靠的电源系统是无法正常工作的，因此PLC的制造商对电源的设计和制造也十分重视。一般交流电压波动在±10％（±15％）范围内，可以不采取其他措施而将PLC直接连接到交流电网上去。

二、PLC的工作原理

最初研制生产的PLC主要用于代替传统的由继电器接触器构成的控制装置，但这两者的运行方式是不相同的。继电器控制装置采用硬逻辑并行运行的方式，即如果这个继电器的线圈通电或断电，该继电器所有的触点（包括其动断或动合触点）在继电器控制线路的哪个位置上都会立即同时操作。PLC的CPU则采用顺序逻辑扫描用户程序的运行方式，即如果一个输出线圈或逻辑线圈被接通或断开，该线圈的所有触点（包括其动断或动合触点）不会立即动作，必须等扫描到该触点时才会产生动作。为了消除两者之间由于运行方式不同而造成的差异，考虑到继电器控制装置各类触点的动作时间一般在 100ms 以上，而 PLC 扫描用户程序的时间一般均小于 100ms，因此，PLC 采用了一种不同于一般微型计算机的运行方式——扫描技术。这样在对于 I/O 响应要求不高的场合，PLC 与继电器控制装置在处理结果上就没有什么区别了。

当 PLC 投入运行后，其工作过程一般分为 3 个阶段，即输入采样、用户程序执行和输出刷新 3 个阶段。完成上述 3 个阶段称作一个扫描周期。在整个运行期间，PLC 的 CPU 以一定的扫描速度重复执行上述 3 个阶段，如图 1-2 所示。

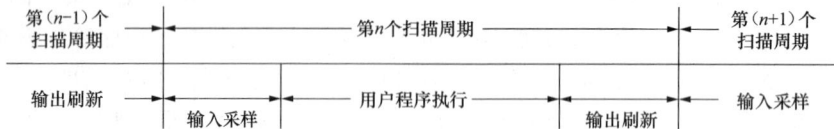

图 1-2　PLC 工作过程

（1）输入采样阶段。在输入采样阶段，PLC 以扫描方式依次读入所有输入状态和数据，并将它们存入 I/O 映像区中相应的单元内。输入采样结束后，转入用户程序执行和输出刷新阶段。在这两个阶段中，即使输入状态和数据发生变化，I/O 映像区中相应单元的状态和数据也不会改变。因此，如果输入是脉冲信号，则该脉冲信号的宽度必须大于一个扫描周期，才能保证在任何情况下，该输入均能被读取。

（2）用户程序执行阶段。在用户程序执行阶段，PLC 总是按由上而下的顺序依次地扫描用户程序（梯形图）。在扫描每一条梯形图时，又总是先扫描梯形图左边的由各触点构成的控制线路，并按先左后右、先上后下的顺序对由触点构成的控制线路进行逻辑运算，然后根据逻辑运算的结果，刷新该逻辑线圈在系统 RAM 存储区中对应位的状态；或者刷新该输出线圈在 I/O 映像区中对应位的状态；或者确定是否要执行该梯形图所规定的特殊功能指令。即在用户程序执行过程中，只有输入点在 I/O 映像区内的状态和数据不会发生变化，而其他输出点和软设备在 I/O 映像区或系统 RAM 存储区内的状态和数据都有可能发生变化，而且排在上面的梯形图，其程序执行结果会对排在下面的梯形图起作用；相反，排在下面的梯形图，其被刷新的逻辑线圈的状态或数据只能到下一个扫描周期才能对排在其上面的程序起作用。

（3）输出刷新阶段。当扫描用户程序结束后，PLC 就进入输出刷新阶段。在此期间，CPU 按照 I/O 映像区内对应的状态和数据刷新所有的输出锁存电路，再经输出电路驱动相应的外部设备。这时，才是 PLC 的真正输出。

一般来说，PLC 的扫描周期包括自诊断、通信等，即一个扫描周期等于自诊断、通信、输入采样、用户程序执行、输出刷新等所有时间的总和。因此，PLC 在一个扫描周期内，对输入状态的采样只在输入采样阶段进行。当 PLC 进入程序执行阶段后，输入端将被封锁，直到下一个扫描周期的输入采样阶段才对输入状态进行重新采样。这种方式称为集中采样，即在一个扫描周期内，集中一段时间对输入状态进行采样。

在用户程序中，如果对输出结果多次赋值，则最后一次有效。在一个扫描周期内，只在输出刷新阶段才将输出状态从输出映象寄存器中输出，对输出接口进行刷新。在其他阶段里输出状态一直保存在输出映象寄存器中。这种方式称为集中输出。

对于小型 PLC，其 I/O 点数较少，用户程序较短，一般采用集中采样、集中输出的工作方式，虽然在一定程度上降低了系统的响应速度，但使 PLC 工作时大多数时间与外部输入/输出设备隔离，从根本上提高了系统的抗干扰能力，增强了系统的可靠性。

而对于大中型 PLC，其 I/O 点数较多，控制功能强，用户程序较长，为提高系统响应速度，可以采用定期采样、定期输出方式，或中断输入、输出方式以及采用智能 I/O 接口等多种方式。

第三节　编程方法和编程语言

程序是整个自动控制系统的"心脏"，程序编制的好坏直接影响到整个自动控制系统的运作。对于编程器及编程软件，有些厂家要求额外购买，并且这些东西价格不菲，这一点也需考虑。

1. 编程方法

一种是使用厂家提供的专用编程器，也分各种规格型号。大型编程器功能完备，适合各型号 PLC，价格高；小型编程器结构小巧，便于携带，价格低，但功能简单，适用性差；另一种是使用依托个人电脑应用平台的编程软件，现已被大多数生产厂家采用。各厂家由于生产的产品不同，因此往往只研制出适合于自己产品的编程软件，而编程软件的风格、界面、应用平台、灵活性、适应性、易于编程等都只有在用户亲自操作之后才能给予评价。

2. 编程语言

最常用的两种编程语言，一是梯形图；二是助记符语言表。采用梯形图编程，因为它直观、易懂，但需要一台个人计算机及相应的编程软件；采用助记符形式便于实验，因为它只需要一台简易编程器，而不必用昂贵的图形编程器或计算机来编程。

使用一些高档的 PLC 还具有与计算机兼容的 C 语言、BASIC 语言、专用的高级语言（如西门子公司的 GRAPH5、三菱公司的 MELSAP），也有用布尔逻辑语言、通用计算机兼容的汇编语言等，不管怎么样，各厂家的编程语言都只能适用于本厂的产品。

编程语言最为复杂，多种多样，看似相同，实则不通用。最常用的可以划分为以下 5 类编程语言：

（1）梯形图。这是 PLC 厂家采用最多的编程语言，最初是由继电器控制图演变过来的，比较简单，对离散控制和互锁逻辑最为有用。

（2）顺序功能图。它提供了总的结构，并与状态定位处理或机器控制应用相互协调。

（3）功能块图。它提供了一个有效的开发环境，并且特别适用于过程控制应用。

（4）结构化文本。这是一种类似于计算机的编程语言，它适用于复杂算法及数据处理。

（5）指令表。它为优化编码性能提供了一个环境，与汇编语言非常相似。

厂家提供的编程软件中一般包括一种或几种编程语言，如 Concept 编程软件可以使用 5 种编程语言，依次为梯形图、顺序功能图、功能块图、结构化文本、指令表。同一编程软件下的编程语言大多数可以互换，一般选择自己比较熟悉的编程语言。

3. 指令系统

指令是了解与使用 PLC 的重要方面。不懂 PLC 指令无法编程，目前 PLC 的指令越来越多，越来越丰富，综合多种作用的指令日见增多。

PLC 的指令繁多，但主要的有这么几种类型：

（1）基本逻辑指令。用于处理逻辑关系，以实现逻辑控制。这类指令不管什么样的 PLC 都总是有的。

（2）数据处理指令。用于处理数据，如译码、编码、传送、移位等。

（3）数据运算指令。用于进制数据的运算，如＋、－、×、/等，可进行整数计算，有的还可进行浮点数运算；也可进行逻辑量运算，等等。

（4）流程控制指令。用以控制程序运行流程。PLC 的用户程序一般是从零地址的指令开始执行，按顺序推进。但遇到流程控制指令也可作相应改变。流程控制指令也较多，运用得好，可使程序简练，并便于调试与阅读。

（5）状态监控指令。用以监视和记录 PLC 及其控制系统的工作状态，对提高 PLC 控制系统的工作可靠性很有帮助。

当然，并不是所有的 PLC 都有上述那么多类型的指令，也不是所有的 PLC 仅有上述几类指令。以上只是举出几个例子，说明要从哪几个方面了解 PLC 指令，从中也可大致看出指令的多少及功能将如何影响 PLC 的性能。

第四节 可编程控制器产品

可编程控制器类型很多，可从不同的角度进行分类。

一、按控制规模

控制规模主要指控制开关量的入、出点数及控制模拟量的模入、模出，或两者兼而有之（闭路系统）的路数。但主要以开关量计。模拟量的路数可折算成开关量的点，大致一路相当于 8～16 点。依这个点数，PLC 大致可分为微型机、小型机、中型机及大型机、超大型机。

微型机控制点仅几十点，如欧姆龙公司的 CPM1A 系列 PLC，西门子公司的 Logo。

小型机控制点可达 100 多点，如欧姆龙公司的 C60P 可达 148 点，CQM1 达 256 点。德国西门子公司的 S7-200 机可达 64 点。

中型机控制点数可达近 500 点，以至于千点，如欧姆龙公司 C200H 机普通配置最多可达 700 多点，C200Ha 机则可达 1000 多点。德国西门子公司的 S7-300 机最多可达 512 点。

大型机控制点数一般在 1000 点以上，如欧姆龙公司的 C1000H、CV1000，当地配置可达 1024 点。C2000H、CV2000 当地配置可达 2048 点。

超大型机控制点数可达万点，以至于几万点。如美国 GE 公司的 90-70 机，其点数可达 24 000 点，另外还可有 8000 路的模拟量。再如美国莫迪康公司的 PC-E984-785 机，其开关量具总数为 32k（32 768），模拟量有 2048 路。西门子的 SS-115U-CPU945，其开关量总点数可达 8k，另外还可有 512 路模拟量，等等。

以上这种划分是不严格的，只是大致的，目的是便于系统的配置及使用。一般讲，根据实际的 I/O 点数，凡落在上述不同范围者，选用相应的机型，性能价格比必然要高；相反，肯定要差些。自然，也有特殊情况。如控制点数不是非常之多，不是非用大型机不可，但因大型机的特殊控制单元多，可进行热备配置，因而采用了大型机。

二、按结构

PLC 可分为箱体式及模块式两大类。微型机、小型机多为箱体式的。但从发展趋势看，小型机也逐渐发展成模块式的了，如欧姆龙公司，原来小型机都是箱体式，现在的 CQM1 则为模块式的。

箱体的 PLC 把电源、CPU、内存、I/O 系统都集成在一个小箱体内。一个主机箱体就是一台完整的 PLC，就可用以实现控制。控制点数不符合需要，可再接扩展箱体，由主箱体及若干扩展箱体组成较大的系统，以实现对较多点数的控制。

模块式的 PLC 是按功能分成若干模块，如 CPU 模块、输入模块、输出模块、电源模块等等。大型机的模块功能更单一一些，因而模块的种类也相对多些。这也可以说是趋势。目前一些中型机，其模块的功能也趋于单一，种类也在增加。如同样欧姆龙公司 C20 系列 PLC，H 机的 CPU 单元就含有电源，而 Ha 机则把电源分出，有单独的电源模块。

模块功能更单一、品种更多，可便于系统配置，使 PLC 更能物尽其用，达到更高的使用效益。

由模块联结成系统有三种方法：

（1）无底板，靠模块间接口直接相联，然后再固定到相应导轨上。欧姆龙公司的 CQM1 机就是这种结构，比较紧凑。

（2）有底板，所有模块都固定在底板上。欧姆龙公司的 C200Ha 机，CV2000 等中、大型机就是这种结构。它比较牢固，但底板的槽数是固定的，如 3、5、8、10 槽等。槽数与实际的模块数不一定相等，配置时难免有空槽。这既浪费，又多占空间，还得占空单元把多余的槽作填补。

（3）用机架代替底板，所有模块都固定在机架上。这种结构比底板式的复杂，但更牢靠。一些特大型的 PLC 用的多为这种结构。

三、按生产厂家

目前生产 PLC 的厂家较多，但能配套生产，大、中、小、微型均能生产的不算太多。较有影响的，在中国市场占有较大份额的公司有：

（1）德国西门子公司。有 SS 系列的产品，如 SS-95U、SS-100U、SS-115U、SS-135U 及 SS-155U。SS-135U、SS-155U 为大型机，控制点数可达 6000 多点，模拟量可达 300 多路。还推出 S7 系列机，有 S7-200（小型）、S7-300（中型）及 S7-400 机（大型），性能比 S5 大有提高。

（2）日本欧姆龙公司。有 CPM1A 型机，P 型机，H 型机，CQM1、CVM、CV 型机，Ha 型，F 型机等，大、中、小、微型均有，特别在中、小、微型方面更具特长，在中国及世界市场上，都占有相当的份额。

世界上 PLC 产品可按地域分成三大流派：一个流派是美国产品，一个流派是欧洲产品，一个流派是日本产品。美国和欧洲的 PLC 技术是在相互隔离情况下独立研究开发的，因此美国和欧洲的 PLC 产品有明显的差异性。日本的 PLC 技术是由美国引进的，对美国的 PLC 产品有一定的继承性，但日本的主推产品定位在小型 PLC 上。美国和欧洲以大中型 PLC 而闻名，而日本则以小型 PLC 著称。

1. 美国 PLC 产品

美国是 PLC 生产大国，有 100 多家 PLC 厂商，著名的有 A-B 公司、通用电气（GE）公司、莫迪康（MODICON）公司、德州仪器（TI）公司、西屋公司等。其中 A-B 公司是美国最大的 PLC 制造商，其产品约占美国 PLC 市场的一半。

A-B 公司产品规格齐全、种类丰富，其主推的大中型 PLC 产品是 PLC-5 系列。该系列为模块式结构，CPU 模块为 PLC-5/10、PLC-5/12、PLC-5/15、PLC-5/25 时，属于中型 PLC，I/O 点配置范围为 256～1024 点；当 CPU 模块为 PLC-5/11、PLC-5/20、PLC-5/30、PLC-5/40、PLC-5/60、PLC-5/40L、PLC-5/60L 时，属于大型 PLC，I/O 点最多可配置到 3072 点。该系列中 PLC-5/250 功能最强，最多可配置到 4096 个 I/O 点，具有强大的控制和信息管理功能。大型机 PLC-3 最多可配置到 8096 个 I/O 点。A-B 公司的小型 PLC 产品有 SLC500 系列等。

GE 公司的代表产品是小型机 GE-1、GE-1/J、GE-1/P 等。除 GE-1/J 外，均采用模块结构。GE-1 用于开关量控制系统，最多可配置到 112 个 I/O 点。GE-1/J 是更小型化的产品，其 I/O 点最多可配置到 96 点。GE-1/P 是 GE-1 的增强型产品，增加了部分功能指令（数据操作指令）、功能模块（A/D、D/A 等）、远程 I/O 功能等，其 I/O 点最多可配置到 168 点。中型机 GE-Ⅲ，它比 GE-1/P 增加了中断、故障诊断等功能，最多可配置到 400 个 I/O 点。大型机 GE-Ⅴ，它比 GE-Ⅲ增加了部分数据处理、表格处理、子程序控制等功能，并具有较强的通信功能，最多可配置到 2048 个 I/O 点。GE-Ⅵ/P 最多可配置到 4000 个 I/O 点。

德州仪器（TI）公司的小型 PLC 新产品有 TI510、TI520 和 TI100 等，中型 PLC 新产品有 TI300、5TI 等，大型 PLC 产品有 PM550、PM530、PM560、PM565 等系列。除 TI100 和 TI300 无联网功能外，其他 PLC 都可实现通信，构成分布式控制系统。

莫迪康（MODICON）公司有 M84 系列 PLC。其中 M84 是小型机，具有模拟量控制与上位机通信功能，最多 I/O 点为 112 点。M484 是中型机，其运算功能较强，可与上位机通信，也可与多台联网，最多可扩展 I/O 点为 512 点。M584 是大型机，其容量大、数据处理和网络能力强，最多可扩展 I/O 点为 8192。M884 增强型中型机，它具有小型机的结构、大型机的控制功能，主机模块配置 2 个 RS-232C 接口，可方便地进行组网通信。

2. 欧洲 PLC 产品

德国的西门子（SIEMENS）公司、AEG 公司，法国的 TE 公司是欧洲著名的 PLC 制造商。德国的西门子的电子产品以性能精良而久负盛名。在中、大型 PLC 产品领域与美国的 A-B 公司齐名。

西门子 PLC 主要产品是 S5、S7 系列。在 S5 系列中，S5-90U、S-95U 属于微型整体式 PLC；S5-100U 是小型模块式 PLC，最多可配置到 256 个 I/O 点；S5-115U 是中型 PLC，最多可配置到 1024 个 I/O 点；S5-115UH 是中型机，它是由两台 SS-115U 组成的双机冗余系统；S5-155U 为大型机，最多可配置到 4096 个 I/O 点，模拟量可达 300 多路；SS-155H 是大型机，它是由两台 S5-155U 组成的双机冗余系统。而 S7 系列是西门子公司在 S5 系列 PLC 基础上近年推出的新产品，其性能价格比高，其中 S7-200 系列属于微型 PLC、S7-300 系列属于中小型 PLC、S7-400 系列属于中高性能的大型 PLC。

3. 日本 PLC 产品

日本的小型 PLC 最具特色，在小型机领域中颇具盛名，某些用欧美的中型机或大型机才能实现的控制，日本的小型机就可以解决。在开发较复杂的控制系统方面明显优于欧美的小型机，所以格外受用户青睐。日本有许多 PLC 制造商，如三菱、欧姆龙、松下、富士、日立、东芝等公司，在世界小型 PLC 市场上，日本产品约占有 70% 的份额。

三菱公司的 PLC 是较早进入中国市场的产品。其小型机 F1/F2 系列是 F 系列的升级产品，早期在我国的销量也不少。F1/F2 系列加强了指令系统，增加了特殊功能单元和通信功能，比 F 系列有了更强的控制能力。继 F1/F2 系列之后，20 世纪 80 年代末三菱公司又推出 FX 系列，在容量、速度、特殊功能、网络功能等方面都有了全面的加强。FX2 系列是在 20 世纪 90 年代开发的整体式高功能小型机，它配有各种通信适配器和特殊功能单元。FX2N 几年推出的高功能整体式小型机，它是 FX2 的换代产品，各种功能都有了全面的提升。近年来还不断推出满足不同要求的微型 PLC，如 FX0S、FX1S、FX0N、FX1N 及 α 系列等产品。

三菱公司的大中型机有 A 系列、QnA 系列、Q 系列，具有丰富的网络功能，I/O 点数可达 8192 点。其中 Q 系列具有超小的体积、丰富的机型、灵活的安装方式、双 CPU 协同处理、多存储器、远程口令等特点，是三菱公司现有 PLC 中最高性能的 PLC。

欧姆龙（OMRON）公司的 PLC 产品，大、中、小、微型规格齐全。微型机以 SP 系列为代表，其体积极小，速度极快。小型机有 P 型、H 型、CPM1A 系列、CPM2A 系列、CPM2C、CQM1 等。P 型机现已被性价比更高的 CPM1A 系列所取代，CPM2A/2C、CQM1 系列内置 RS-232C 接口和实时时钟，并具有软 PID 功能，CQM1H 是 CQM1 的升级产品。中型机有 C200H、C200HS、C200HX、C200HG、C200HE、CS1 系列。C200H 是前些年畅销的高性能中型机，配置齐全的 I/O 模块和高功能模块，具有较强的通信和网络功能。C200HS 是 C200H 的升级产品，指令系统更丰富、网络功能更强。C200HX/HG/HE 是 C200HS 的升级产品，有 1148 个 I/O 点，其容量是 C200HS 的 2 倍，速度是 C200HS 的 3.75 倍，有品种齐全的通信模块，是适应信息化的 PLC 产品。CS1 系列具有中型机的规模、大型机的功能，是一种极具推广价值的新机型。

大型机有 C1000H、C2000H、CV（CV500/CV1000/CV2000/CVM1）等。C1000H、C2000H 可单机或双机热备运行，安装带电插拔模块，C2000H 可在线更换 I/O 模块；CV 系列中除 CVM1 外，均可采用结构化编程，易读、易调试，并具有更强大的通信功能。

松下公司的 PLC 产品中，FPO 为微型机，FP1 为整体式小型机，FP3 为中型机，FP5/FP10、FP10S（FP10 的改进型）、FP20 为大型机，其中 FP20 是最新产品。松下公司 PLC 产品的主要特点是：指令系统功能强；有的机型还提供可以用 FP-BASIC 语言编程的 CPU 及多种智能模块，为复杂系统的开发提供了软件手段；FP 系列各种 PLC 都配置通信机制，由于它们使用的应用层通信协议具有一致性，这给构成多级 PLC 网络和开发 PLC 网络应用程序带来了方便。

国产 PLC 在中国 PLC 市场所占份额很小，生产厂家有无锡光洋、上海香岛和南京嘉华。

第五节　PLC 产品选型

众多厂家生产的各种类型 PLC，各有优缺点，能够满足用户的各种需求。但在形态、组成、功能、编程等方面，没有一个统一的标准，无法进行横向比较。下面提出在自动控制系统设计中对 PLC 选型的一些看法，可以在挑选 PLC 时作为参考。

1. 控制点数

首先应确定系统用 PLC 单机控制，还是用 PLC 形成网络，由此计算 PLC 输入、输出点数，对控制点数（数字量及模拟量）有一个准确地统计，这往往是选择 PLC 的首要条件，一般选择比控制点数多 10%～30% 的 PLC。

对于一个控制对象，由于采用的控制方法不同或编程水平不同，I/O 点数也应有所不同。表 1-1 列出了典型传动设备及常用电气元件所需的开关量的 I/O 点数。

表 1-1　　　　　　　　典型传动设备及常用电气元件所需的开关量的 I/O 点数

序　号	电气设备	元件输入点数	输出点数
1	Y-d 启动的笼型异步电动机	4	3
2	单向运行的笼型异步电动机	3	1
3	可逆运行的笼型异步电动机	5	2
4	单线圈电磁阀	—	1
5	双线圈电磁阀	—	2
6	信号灯	—	1
7	三挡波段开关	3	—
8	行程开关	1	—
9	按钮	1	—
10	光电管开关	1	—

2. 确定负载类型

根据 PLC 输出端所带的负载是直流型还是交流型，是大电流还是小电流，以及 PLC 输出点动作的频率等，从而确定输出端采用继电器输出，还是晶体管输出或晶闸管输出。不同的负载选用不同的输出方式，对系统的稳定运行是很重要的。

3. 存储容量与速度

尽管国外各厂家的 PLC 产品大体相同，但也有一定的区别。目前还未发现各公司之间完全兼容的产品。各个公司的开发软件都不相同，而用户程序的存储容量和指令的执行速度是两个重要指标。一般存储容量越大、速度越快的 PLC 价格就越高，但应该根据系统的大小，合理选用 PLC 产品。

PLC 系统所用的存储器基本上由 PROM、E-PROM 及 PAM 三种类型组成，存储容量则随机器的大小变化，一般小型机的最大存储能力低于 6KB，中型机的最大存储能力可达 64KB，大型机的最大存储能力可上兆字节。使用时可以根据程序及数据的存储需要来选用合适的机型，必要时也可专门进行存储器的扩充设计。

PLC 的存储器容量选择和计算的第一种方法：根据编程使用的节点数精确计算存储器的实际使用容量。第二种为估算法，用户可根据控制规模和应用目的，按照公式来估算。为了使用方便，一般应留有 25%～30% 的容量，获取存储容量的最佳方法是生成程序，即用了多少字。知道每条指令所用的字数，用户便可确定准确的存储容量。

估算存储器容量的方法：

一般继电控制时存储器容量

$$M = Km(10DI + 5DO)$$

模拟量控制时存储器容量

$$M = Km(10DI + 5DO + 100AI)$$

多路采样控制时存储器容量

$$M = Km[10DI + 5DO + 100AI + (1 + 采样点 \times 0.25)]$$

式中　DI——数字（开关）量输入信号；

　　　DO——数字（开关）量输出信号；

　　　AI——模拟量输入信号；

　　　Km——每个节点采样点存储器的字节数；

　　　M——存储器容量。

4. 通信

现在 PLC 已不是简单的现场控制，PLC 远端通信已成为控制系统必须解决的问题，但各厂家制定的通信协议千差万别，兼容性差。在这一点上主要考虑以下方面：

（1）同一厂家产品间的通信。各厂家都有自己的通信协议，并且不止一种。这在大、中型机上表现明显，而在小、微型机上不尽相同，一些厂家出于容量、价格、功能等方面考虑，往往没有，或者有与其他协议不同，而且比较简单的通信。所以，在这方面主要考虑的是同一厂家不同类型 PLC 之间的通信。

（2）不同厂家产品间的通信。若所进行的自动控制系统设计属于对已有的自控系统进行部分改造，而所选择的是与原系统不同的 PLC，或者设计中需要 2 个或 2 个以上的 PLC，而选用了不同厂家的产品，这就需考虑不同厂家产品之间的通信问题。

（3）是否有利于将来。由于各厂家制定的通信协议各不相同，国际上也无统一标准，所以在 PLC 选型上受到很大限制。就要考虑影响面大、有发展、功能完备、接近通用的通信协议。

5. 尽量选用大公司的产品

其质量有保障，且技术支持好，一般售后服务也较好，还有利于产品扩展与软件升级。

6. 尽量做到机型统一

对于一个大型企业系统，应尽量做到机型统一。这样，同一机型的 PLC 模块可互为备用，便于备品备件的采购和管理。同时，其统一的功能及编程方法也有利于技术力量的培训、技术水平的提高和功能的开发。此外，由于其外部设备通用，资源可以共享。因此，配以上位计算机后即可把控制各独立系统的多台 PLC 联成一个多级分布式控制系统，这样便于相互通信，集中管理。

7. 支撑技术条件的考虑

选用 PLC 时，有无支撑技术条件同样是重要的选择依据。

总之，在 PLC 选型是时主要是根据所需功能和容量进行选择，并考虑维护的方便性，备件的通用性，是否易于扩展，有无特殊功能要求等。PLC I/O 点数选择时要留出适当余量，系统有模拟量信号存在或进行大量数据处理时容量应选择大一些，扩展部分超出主单元驱动能力时应选用带电源的扩展模块或另外加电源模块给以支持，根据系统的大小与难易、开发周期的长短以及资金的情况合理选购 PLC 产品。

第二章

三菱 MELSEC-Q 系列可编程控制器

第一节　Q 系列可编程控制器概述

MELSEC-Q 系列是一个品种繁多的产品系列，如图 2-1 所示。能广泛适应用户的不同系统。

图 2-1　MELSEC-Q 可编程控制器

MELSEC-Q 系列由三种类型的 CPU 模块构成，一种是为想设计以小规模系统为对象的简单小型系统的客户提供的基本型，一种是为重视高速处理和系统的扩展性的客户提供的高性能型，还有一种是为想构建计量系统的客户提供的过程 CPU。

Q 系列可以构建从小规模到大规模的系统，不仅继承了 MELSEC 各种功能和使用方法，而且实现了高性能和易用性的统一。CPU 内置 8～252KB 程序容量，Q 系列高速 CPU 运行基本指令仅需 34ns，是原机种 A2USHCPU-S1 的 5 倍、Q2ASHCPU 的 2.7 倍。浮点数运算也实现了飞跃，在通信数据容量增加的同时，使整个传输时间缩短，Q 系列的底板总线实现了高速化。Q 系统可以同时安装 PLC-CPU、运动 CPU、PC-CPU，如图 2-2 所示。可以在各种应用领域根据实际的要求配置最合理的系统。

基本型号以小规模系统为对象，追求紧凑化，小型化和空间节约；它的 CC-Link 使用简单、无须参数的 CC-Link 远程模块使用时与本机 I/O 一样方便；如图 2-3 所示，支持程序

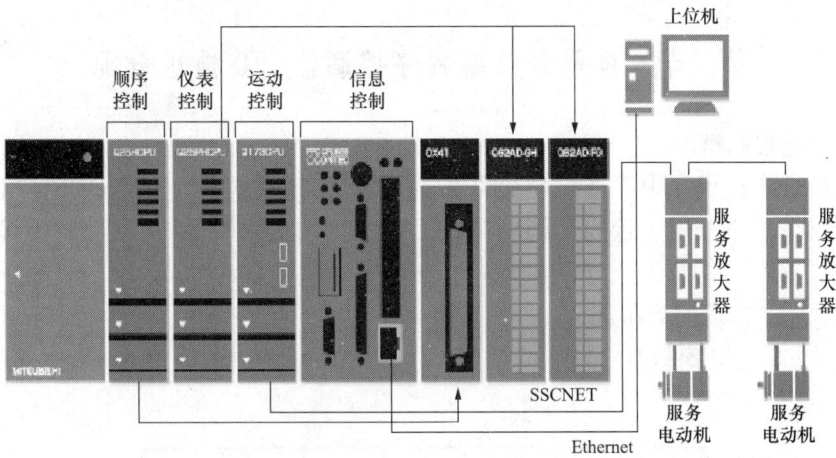

图 2-2　多 CPU 系统

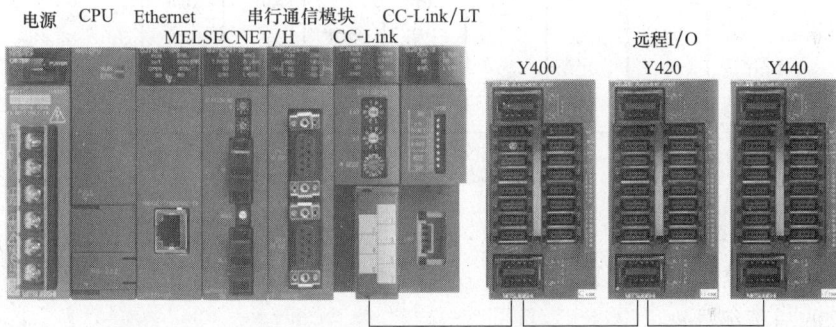

图 2-3　基本型号 CC-Link 小规模系统

结构化，CPU 内置串行通信功能，与计算机、显示器等连接方便。

　　高性能型号是重视高速处理和系统扩展性的型号，如图 2-4 所示。程序容量和标准 RAM 的容量增加，实现了 PLC-CPU、运动 CPU、PC-CPU 的融合，多种编程语言，可以使用 A 系列 I/O 模块和智能化功能模块，增强了编程/调试环境，能够确保灵活地适应任何系统。

图 2-4　高性能型 Q 系列 PLC

13

第二节 Q系列可编程序控制器I/O地址分配

一、I/O地址的概念

I/O地址是顺控程序中用来接收QCPU的ON/OFF数据，以及从QCPU输出的ON/OFF数据。输入（X）用于接收QCPU ON/OFF的数据。输出（Y）用于从QCPU输出ON/OFF数据。

I/O地址用十六进制表示。

当使用16点I/O模块时，I/O地址是一个连续编号，一个插槽有16个点，从0～F，如图2-5所示。

电源模块	QCPU	X000 ~ X00F	X010 ~ X01F	X020 ~ X2C ~ X02F	X030 ~ X03F	X040 ~ X04F
		16个输入点	16个输入点	16个输入点	16个输入点	16个输入点

图2-5 I/O地址

二、I/O地址分配的概念

QCPU接通或复位时指定I/O地址。为了分配I/O地址，应遵循下列规定。

1. 基板的插槽编号

分配QCPU主基板和扩展基板的模块编号的模式分为“自动”和“具体”两种模式。

（1）自动模式。在自动模式中，对应主基板和扩展基板来分配基板的插槽编号。对应模块的当前基板来分配I/O地址。

（2）具体模式。① 在具体模式中，通过设置PLC参数的I/O分配将插槽编号分配给各个基板（主基板和扩展基板）。②设置插槽编号与当前使用模块的插槽编号无关。但是必须为所有使用中的基板设置。如果不为所有的基板设置插槽编号，就不能正确进行I/O分配。③当分配的插槽编号大于已安装的基板插槽编号时，这时在分配的插槽中，基板上除了被安装的基板占用的插槽之外，将会有空闲插槽出现。空闲插槽的点数由PLC系统指定或由I/O分配（默认值：16点）。④ 当分配的插槽编号小于当前使用的基板插槽编号时，除了已分配的，其他插槽无效。

2. I/O地址分配的顺序

I/O地址从左依次向右分配给模块，在主基板上从OH开始分配给QCPU右边的模块。

对扩展基板I/O地址的分配是从主基板I/O地址的最后一个编号开始依次进行。

对扩展基板的I/O地址的分配应按照扩展基板设置连接器的顺序，顺次地从左（Y00）至右进行。

3. 每个插槽的I/O地址

每个基板插槽占用安装I/O模块或智能型功能模块（特殊功能模块）I/O地址的点数。

当在 QCPU 的右边安装 32 点的输入模块时，X00 到 X1F 将作为 I/O 地址来进行分配。

4. 空闲插槽的 I/O 地址

如果基板具有既不装 I/O 模块又不装智能型功能模块（特殊功能模块）的空闲插槽，将由 PLC 参数的 PLC 系统设置分配的点数分配给空闲插槽（默认值：16 点）。当对基板的分配以自动模式进行，而且对扩展基板没有分配级编号时，"0"就分配给插槽编号和扩展基板的 I/O 点数。结果，即使跳过扩展基板的扩展级，空闲插槽编号也不会增大。

基板设定为自动模式不作 I/O 分配时，I/O 地址分配的示例如图 2-6 所示。

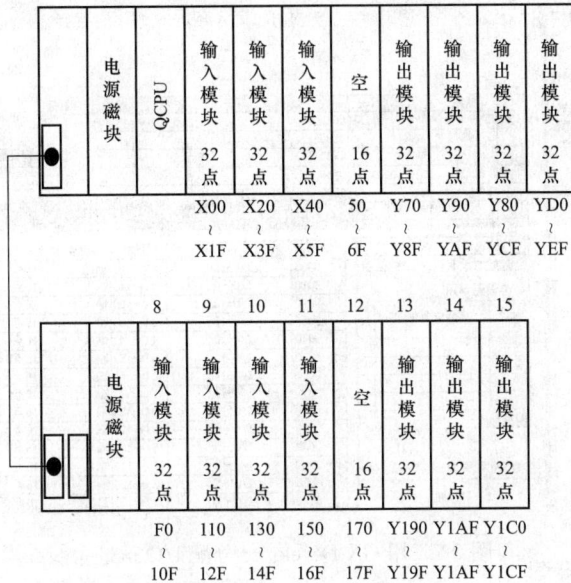

电源磁块	QCPU	输入模块 32点	输入模块 32点	输入模块 32点	空 16点	输出模块 32点	输出模块 32点	输出模块 32点	输出模块 32点
		X00~X1F	X20~X3F	X40~X5F	50~6F	Y70~Y8F	Y90~YAF	Y80~YCF	YD0~YEF

	8	9	10	11	12	13	14	15
电源磁块	输入模块 32点	输入模块 32点	输入模块 32点	输入模块 32点	空 16点	输出模块 32点	输出模块 32点	输出模块 32点
	F0~10F	110~12F	130~14F	150~16F	170~17F	Y190~Y19F	Y1AF~Y1AF	Y1C0~Y1CF

图 2-6 自动模式 I/O 地址分配

三、用 GX Developer 分配 I/O 地址

1. 用 GX Developer 分配 I/O 地址的目的

在下列环境下用 GX Developer 分配 I/O。

（1）当将模块更换为非 16 点模块时应保留点数。当前的模块将来改变为 I/O 点数不同的模块时，可以预先保留点数，从而不必再改变 I/O 地址。例如，可以将一个 32 点 I/O 模块分配到当前装有 16 点 I/O 模块的插槽上。

（2）当更换模块时，防止 I/O 地址改变。当非 16 点的 I/O 模块或智能型功能模块由于故障而拆下时，可避免 I/O 地址的改变。

（3）改变用于程序的 I/O 地址。当分配程序的 I/O 地址不同于实际系统的 I/O 地址时，基板的每个模块的 I/O 地址可设置为程序 I/O 地址。

（4）设定输入模块和中断模块的输入响应时间（I/O 响应时间），为了使输入模块和中断模块的输入响应时间和系统相匹配，预先在 I/O 分配中选择"类型"。

（5）设置智能型功能模块的开关。为了设置智能型功能模块的开关，预先在 I/O 分配中选择"类型"。

（6）在 QCPU 出错期间设置输出。当 QCPU 由于停止错误而停止操作时，为了设置输出模块和智能型功能模块的输出状态（保持/清除），预先在 I/O 分配中选择"类型"。

（7）在智能型功能模块硬件出错时设置 QCPU 操作。在智能型功能模块硬件出错时，为了设置 QCPU 操作（继续/停止），预先在 I/O 分配中选择"类型"。

2. 用 GX Developer 分配 I/O 地址的操作

（1）对每个插槽分配 I/O 地址。双击"PLC 参数"，打开"参数设置"对话框，如图 2-7 所示。可以对基板的每个插槽分别指定 Type（类型号），Points（I/O 点数）和 Start XY（起始的 I/O 编号）。

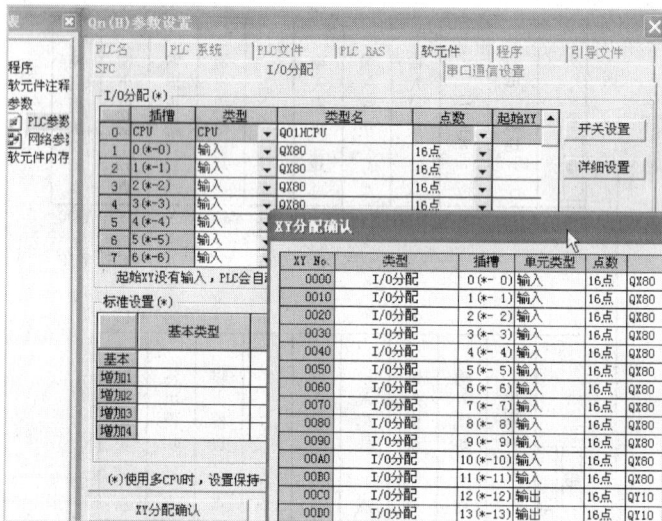

图 2-7　用 GX Developer 分配 I/O 地址

（2）在软元件对话框里，可以看到（或设定）软元件参数，如断电范围等，如图 2-8 所示。

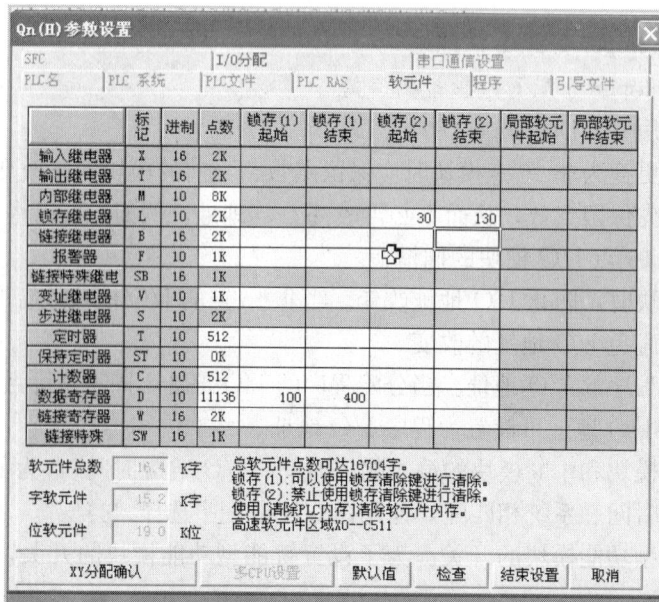

图 2-8　软元件参数

（3）在 PLC 系统、串口通信、PLCRAS 对话框里，也可以设置相应的参数，如图 2-9 所示。

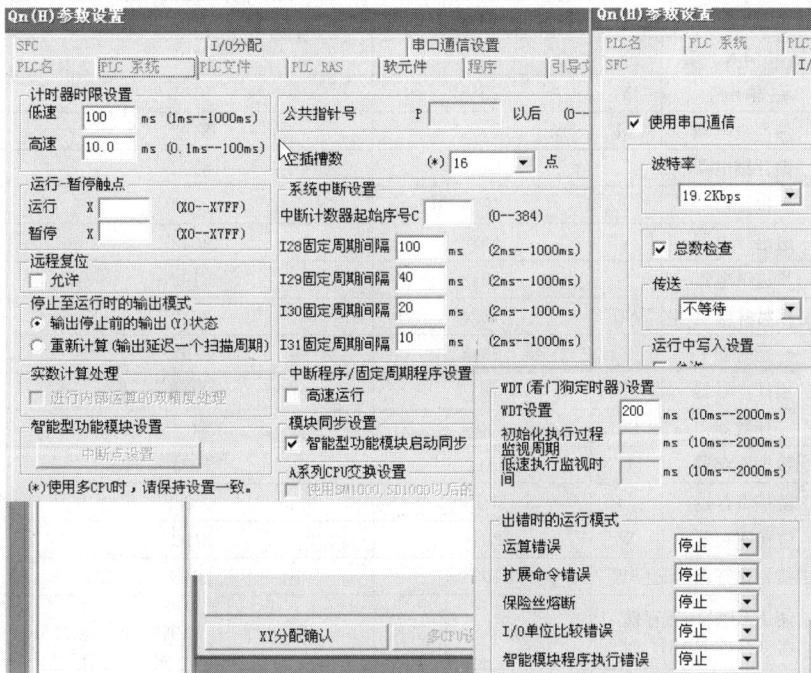

图 2-9　PLC 系统、串口通信、PLCRAS 对话框

第三节　Q 系列可编程控制器编程器件

下面着重介绍三菱公司 PLC 的一些编程元件及其功能软元件，按通俗叫法分别称为继电器、定时器、计数器等，但它们与真实元件有很大的差别，一般称它们为"软继电器"。这些编程用的继电器，它的工作线圈没有工作电压等级、功耗大小和电磁惯性等问题；触点没有数量限制、没有机械磨损和电蚀等问题。它在不同的指令操作下，其工作状态可以无记忆，也可以有记忆，还可以作脉冲数字元件使用。一般情况下，X 代表输入继电器，Y 代表输出继电器，M 代表辅助继电器，SM 代表专用辅助继电器，T 代表定时器，C 代表计数器，S 代表状态继电器，D 代表数据寄存器，MOV 代表传输等。QPLC 软元件如表 2-1 所示。

表 2-1　　　　　　　　　QPLC　软　元　件

项　目	PLC LPU								过程 CPU	
	基本型			高性能型						
	Q00J	Q00	Q01	Q02	Q02H	Q06H	Q12H	Q25H	Q12PH	Q25PH
程序容量（步）		8K	14K	28K		60K	124K	252K	124K	252K
参数/程序/注释的容量（字节）		58K	94K	112K		240K	496K	1008K	496K	1008K

17

续表

项目			PLC LPU								过程 CPU	
			基本型			高性能型							
			Q00J	Q00	Q01	Q02	Q02H	Q06H	Q12H	Q25H	Q12PH	Q25PH
软元件点数（默认值）	输入	X	2048			8192					8192	
	输出	Y	2048			8192					8192	
	内部继电器	M	8192			8192					8192	
	锁存继电器	L	2048			8192					8192	
软元件点数（默认值）	报警器	F	1024			2048					2048	
	边沿继电器	V	1024			2048					2048	
	步进继电器	S	2048			8192					8192	
	链接特殊继电器	SB	1024			2048					2048	
	定时器	B	2048			8192					8192	
	累计定时器	T	512			2048					2048	
	计数器	ST	0			0					0	
	数据寄存器	C	512			1024					1024	
	链接寄存器	D	11 136			12 288					12 288	
	链接寄存器	W	2048			8192					8192	
	链接特殊寄存器	SW	1024			2048					2048	
文件寄存器点数	使用 CPU 内置存储器（标准 RAM）时		无	32K		32K		32K/64K		128K	128K	
	使用 SRAM 卡时		无（不可使用存储卡）			1017K					1017K	

一、输入 X

输入是从诸如按钮、选择开关、限位开关和数字开关等外部设备给 PLC 发命令和数据的信号输入，它们的编号与接线端子编号一致（按八进制输入），线圈的吸合或释放只取决于 PLC 外部触点的状态。内部有动断/动合两种触点供编程时随时使用，且使用次数不限。输入电路的时间常数一般小于 10ms。各基本单元都是八进制输入的地址，输入为 X000~X007，X010~X017，X020~X027。它们一般位于机器的上端，可分为刷新输入和直接访问输入。

（1）刷新输入。刷新输入是使用刷新模式从输入模块读出 ON/OFF 数据。在顺控程序中将这些输入表示为"X"。

（2）直接访问输入是每次执行触点指令时使用直接模式从输入模块读出 ON/OFF 数据。在顺控程序中将这些输入表示为"DX"。

对直接访问输入，输入模块是由执行的指令进行直接访问。因而处理的速度比刷新输入慢。此外，直接访问输入只能用于输入模块和智能/特殊功能模块的输入。如果在用作直接访问输入以后用作刷新输入，系统将按照在直接访问输入时读出的开/关数据来运行。

二、输出 Y

输出是给外部电磁线圈、信号灯、数字显示等输出程序的控制结果的信号，输出可分为刷新输出和直接访问输出。

（1）刷新输出。在刷新 END 处理时，从所有输出模块成批输出的信号。这些输出规定为顺控程序中的 Y。

（2）直接访问输出。每次执行线圈指令时，从输出模块输出信号，这些输出规定为顺控程序中的 DY。

三、内部继电器 M

内部继电器是 CPU 模块中使用的不锁存停电保持的辅助继电器，在接通电源 QCPU 的复位或清除锁存数据操作时它们变为 OFF（关）。内部继电器 M 只能用于内部 QCPU 处理，而不能向外部输出。

（1）内部继电器是不能由可编程控制器的内部锁存（后备存储器）来锁存的辅助继电器。

在下列时刻，所有的内部继电器都被切换到 OFF。

1）当电源从 OFF 到 ON 时；

2）当发生 QCPU 复位时；

3）当执行 QCPU 锁存清除操作时。

（2）在程序中使用的接触器的数目（动断接触器，动合接触器）是没有限制的。

四、锁存继电器 L

锁存继电器是 CPU 模块中使用的进行锁存、停电保持的辅助继电器，在接通电源或 CPU 模块复位时保持运算结果，在进行清除锁存数据操作时它们变为 OFF，锁存继电器可由 QCPU 的锁存清除来切换到 OFF。然而如果已经用软元件设置参数将该锁存继电器定为锁存清除无效，则不能通过 RESET/L. CLR 开关来使该锁存继电器切换到 OFF。

五、边沿继电器 V

边沿继电器是记录梯形图块开始处的运算结果的软元件，它只可以用作触点，边沿继电器用于变址修饰结构的程序中，通过其上升沿（从 OFF 变成 ON）检测启动程序的执行。

六、链接继电器 B

链接继电器是用于把 MELSECNET/H 网络模块中的链接继电器 LB 刷新成 CPU 模块或把 CPU 模块数据刷新成网络模块中链接继电器 LB 时的 CPU 模块侧软元件继电器。使用网络参数的刷新参数来设置 LB 和 B 的刷新范围。

七、链接特殊继电器 SB

链接特殊继电器是表示 MELSECNET/H 网络模块的通信状态/故障检测的内部继电器。

八、步进继电器 S

步进继电器是用于 SFC 的软元件。

九、定时器 T

定时器是加法型，它们在接通其线圈时开始计时，并在其当前值达到或超过其设定值时接通其触点而结束计时。

有两种类型的定时器：一种是当定时器线圈为 OFF 时，允许当前值归“0”的低/高速定时器；另一种是即使定时器线圈为 OFF 时，仍保持当前值的积算定时器。

通过定时器的设置（指令格式），一个软元件被指定用作低速定时器或高速定时器。OUT T0 指令用来指定一软元件为低速定时器。低速定时器是只有当线圈 ON 时才运行的定时器。而 OUTH T0 指令则用于指定一软元件为高速定时器。

积算定时器设计用于在断开线圈时，保持其当前值；并在再次接通线圈时从保持的当前值起继续计时。定时器在执行 OUT T、OUTH T 指令时接通/断开其线圈，更新其当前值。

定时器测量单位和范围如表 2-2 所示。

表 2-2 定时器测量单位和范围

定时器名称	指定方法	计时范围	
		默认	设置范围
低速定时器	OUT T	100ms	1～1000ms（1ms 增量）
高速定时器	OUTH T	10ms	0.1～1000ms（1ms 增量）
低速积算定时器	OUT ST	100ms	1～1000ms（1ms 增量）
高速积算定时器	OUTH ST	10ms	0.1～100ms（0.1ms 增量）

（1）低速定时器的测量时间单位默认值为 100ms。可以将时间测量单位设定为以 1ms 为单位，在 1～1000ms 的范围内。

（2）高速定时器的计时单位设定的默认值为 10ms。可以将计时时间单位设定为 0.1ms，在 0.1～100ms 之间。可以在 PLC 参数中设定。

使用定时器的注意事项：

（1）不要重复使用相同的定时器线圈。

（2）当接通定时器的线圈时，不要使用 CJ 指令或类似指令跳越定时器。

（3）在初始化执行型程序、待机型程序、固定周期执行型程序和中断程序中不要使用定时器。

（4）当一个定时器（例如 T1）线圈 ON 时。使用一个 CJ 指令，就不能跳过 OUT T1 指令。如果跳过 OUT T1 指令，定时器的当前值就不会被更新。

（5）定时器不能用在中断程序中和固定循环执行的程序中。

（6）如果定时器设定值为"0"，当执行 OUT T 指令时，接触器变为 ON。

（7）如果设定值改变到一个高于当前值的数值，随后定时器"时间用完"，这"时间用完"的状态会保持有效，不会发生定时器运行。

（8）如果定时器用于一个低速执行型的程序，执行 OUT T 指令时，当前值将被加到低速扫描时间上。

十、计数器 C

计数器是加法型，计数器是一种在顺控程序中对输入条件脉冲前边沿数计数的软元件。它们在其当前值达到其设定值时，因为触点接通而结束计数。计数器在执行 OUT C 指令时接通/断开其线圈，更新其当前值接通其触点，在 END 处理中并不执行当前值更新和触点的 ON/OFF，使用 RST C 复位计数器的计数值。只有当输入条件的 ON/OFF 时间（间隔）比相应的 OUT C 指令的执行（时间）间隔长的时候，计数器才计数。

最大的计数速度由下列公式来计算：

$$最大计数速度(Cmax) = n/100 \times (1/T) \qquad (2-1)$$

式中　n——占空率（%）×2；

　　　T——OUT C 指令的执行间隔时间。

十一、中断计数器

中断计数器设计用于给发生的中断次数计数，并在发生中断因素时，更新其当前值。为了使用中断计数器，首先必须在 PLC 参数中设置指定中断计数器编号。

有 256 点被分配作中断计数器。可以指定"第一个计数器编号"。如果 C300 被指定为第一个中断计数器的编号，编号 C300～C555 将分配给中断计数器。为了使用中断计数器，必须通过主程序的 EI 指令来建立一个"允许中断"的状态。

（1）执行中断计数器和中断程序操作时，一个中断指针是不够的。

（2）如果当中断发生时，正在进行下列项目的处理，计数的操作将被延迟到完成对这些项目的处理。在完成程序的执行以后，计数的处理过程才开始。即使在处理这些项目的过程中再次发生同样的中断，只有一次中断被计数到。

1）在顺控指令的执行期间。

2）在中断程序的执行期间。

3）在固定扫描执行型程序的执行期间。

（3）中断定时器的最大计数速度是由下列项目的最长处理时间来决定的。

1）在程序所使用的指令中，处理时间最长的指令。

2）中断程序处理时间。

3）固定扫描执行型程序的处理时间。

十二、数据寄存器 D

数据寄存器是用于处理 CPU 模块中数字数据的软元件，数据寄存器一个点可以存储 16 位数据，范围从 −32 768～32 767 或 0H～FFFFH；两个连续点例如 D0 和 D1 可以存储 32 位数据 −2 147 483 648～2 147 483 647 或 0H～FFFF FFFFH。

十三、链接寄存器 W

是用于刷新 MELSECNET/H 网络模块等的链接寄存器 LW 数据的 CPU 模块侧软元件。

十四、链接特殊寄存器 SW

链接特殊寄存器用于存储 MELSECNET/H 网络模块的通信状态和故障内容。

十五、功能软元件 FX FY FD

功能软元件是在带自变量的子程序中使用的软元件，由于各子程序调用源中使用的软元件可以由功能软元件的使用来确定，所以可以使用相同的子程序而不用考虑其他子程序调用源。

（1）功能输入 FX。用于把 ON/OFF 数据传递到子程序。

（2）功能输出 FY。用于把子程序的运行结果 ON/OFF 数据传递到子程序调用源。

（3）功能寄存器 FD。用于传送子程序调用源和子程序之间的数据。

十六、特殊继电器 SM

特殊继电器是存储 CPU 模块的状态、故障诊断、系统信息等的继电器。特殊继电器 SM 是可编程控制器内部已确定技术规范的内部继电器，因此在顺控程序中不可像通常的内部继电器一样使用，但是根据需要可以利用特殊继电器的通/断对 CPU 模块进行控制，表 2-3 所示的是关于系统时钟的特殊继电器。

表 2-3 关于系统计数器特殊寄存器

编　号	名　称	内　容	详细内容	设置侧（设置时期）
SD412	1s 计数器	1s 单位的计数器	可编程控制器 CPU 运行后，每秒 +1；计数器反复 0→32 767→−32 768→0	S（状态变化）

续表

编　号	名　称	内　容	详细内容	设置侧（设置时期）
SD414	2ns 计数器	2ns 时钟的单位	存储 2ns 时钟的 n（默认值为 30）； 可以在 1～32 767 的范围内设置	U
SD420	扫描计数器	每次扫描的计数值	可编程控制器 CPU 运行后，每秒＋1； 计数后反复 0→32 767→−32 768→0	S（每次结束）

十七、特殊寄存器 SD

特殊寄存器是存储 CPU 模块的状态、故障诊断、系统信息等的寄存器。特殊继电器 SD 是可编程控制器内部已确定的技术规范的内部寄存器，因此在顺控程序中不可和通常的内部寄存器一样使用，但是根据需要可以利用特殊继电器的通/断对 CPU 模块进行控制，特殊寄存器中存储的数据只要没有特别指定就以 BIN 值的形式存储。

例如 SD203 存储 CPU 动作状态，SD210 存储公历月，SD211 存储日时，SD212 存储分秒，SD213 存储公历高位星期几，关于系统计数器特殊寄存器如表 2-4 所示。

表 2-4　　　　　　　　　　关于系统时钟的特殊继电器

编号	名称	内容	详细内容	设置侧（设置时期）
SM400	动合	ON OFF	动合	S（状态结束）
SM401	动断	ON OFF	动断	S（状态结束）
SM402	仅运行后 1 次 扫描时接通	ON OFF　1次扫描	仅运行后 1 次扫描时接通	S（状态结束）
SM403	仅运行后 1 次 扫描切断	ON OFF　1次扫描	仅运行后 1 次扫描切断	S（状态结束）
SM410	0.1s 时钟	0.05s　0.05s	按指定时间反复通断 电源切断或复位时，重新开始 即使在程序执行途中，一旦到达指定时间，就会产生通一断的状态变化，请加以注意	S（状态变化）
SM411	0.2s 时钟	0.1s　0.1s		
SM412	1s 时钟	0.5s　0.5s		
SM413	2s 时钟	1s　1s		
SM414	2ns 时钟	ns　ns	依照 SD414 所指定的秒数反复通断	S（状态变化）
SM420	0 号用户计时时钟	$n2$ 扫描　$n2$ 扫描 $n1$ 扫描	按一定间隔反复通断 采用 DUTY 指令设置通断的问题	S（状态结束）
SM421	1 号用户计时时钟			
SM422	2 号用户计时时钟			
SM423	3 号用户计时时钟			
SM424	4 号用户计时时钟			

十八、链接直接软元件 J

链接直接软元件是指定直接访问 MELSECNET/H 网络系统的网络模块中的链接软元件的方式，链接直接软元件只可以访问一个具有单个网络编号的网络模块，当多个网络模块装载有相同的网络编号时，具有最低的第一个 I/O 地址的网络模块是访问的目标。

十九、智能功能模块软元件 U \ G

智能功能模块软元件是指定从 CPU 模块直接访问装载在主基板或扩展基板中智能功能模块的缓冲存储器的方式，MELSECNET/H 网络系统的远程 I/O 站中装载的智能功能模块不能是访问的目标。

二十、变址寄存器 Z

变址寄存器用于顺控程序中使用的软元件的变址修饰间接指定的软元件，变址修饰使用变址寄存器一个点指定 16 位数据 $-32\,768 \sim 32\,767$ 或 0H~FFFFH。使用方法如图 2-10 所示。

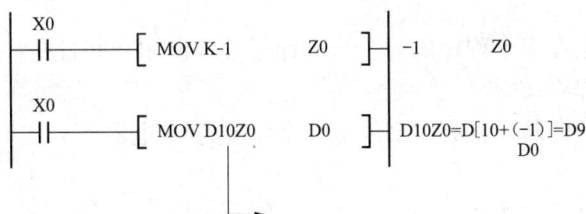

图 2-10　变址寄存器

二十一、文件寄存器 R

文件寄存器是用于常数数据存储和数据寄存器扩展的软元件，文件寄存器可以是按块变换指定或连续地址指定。

二十二、嵌套 N

嵌套是在主控 MC MCR 指令中使用的软元件。

二十三、指针

指针是分支指令中使用的软元件。可用 4096 点，指针用于下列用途：

(1) 跳转指令 CJ SCJ JMP 的跳转目标的指定。

(2) 子程序调用指令 CALL CALLP 的调用目标。指定指针可分为本地指针和公共指针。本地指针用于各个程序中的跳转和子程序调用，只可以从记录指针的程序文件的程序中进行调用。公共指针用于由多个程序中子程序的调用。公共指针不能与 CJ 指令一起用。

(3) 中断指针是用作中断程序开始时标贴的软元件，并且在所有程序中可以使用 256 点，I0~I255，不能使用相同中断指针。

二十四、SFC 块软元件

SFC 块软元件 BL 用于检查 SFC 程序的指定块是否激活。SFC 转变软元件 TR 用于检查 SFC 程序的指定转换条件是否指定为强制转变。

二十五、宏指令自变量软元件 VD

宏指令自变量软元件是用于宏注册的软元件。

二十六、常数

十进制常数就是顺控程序中指定十进制数的软元件，例如 K1234，在基本型 QCPU 内部以二进制数 BIN 形式存储。

十进制常数的设置范围如下：使用字数据 16 位时 K$-32\,768 \sim$K32 767，使用双字数据

32 位时 K－2 147 483 648～K2 147 483 647。

十六进制常数就是顺控程序中指定十六进制数或 BCD 数据的软元件，采用 BCD 码指定数据时用 0 9 指定十六进制数的各个数据位，采用 H 形式。例如 H1234。

十六进制常数的设置范围如下：使用字数据 16 位时 H0～HFFFF，BCD 数据时为 H0～H9999，使用双字数据 32 位时 H0～HFFFFFFFF。BCD 数据时为 H0～H99999999。

字符串常数就是顺控程序中指定字符串的软元件，例如 ABCD1234。

二十七、全局软元件和本地软元件

全局软元件是指当有多个程序存在时可以由所有程序共享的软元件。通常未进行本地软元件分配的范围和不能进行本地软元件分配的软元件全部都是全局软元件，并且可以从任何程序使用它们。

本地软元件可以用在多个程序的每一个中作排他性使用，并且在特定程序中使用的本地软元件，不能从其他程序访问。

可用作本地软元件的软元件有内部继电器 M、边沿继电器 V、定时器 T、ST 计数器 C 和数据寄存器 D。

第四节　Q 系列可编程控制器编程语言

一、编程模式

QCPU 可以用梯形图、列表、SFC 语言进行顺序控制编程，另外过程控制可用 FBD 编程。

（1）梯形图模式。梯形图模式是以继电器控制电路为基本的编程方法，可以以与继电器控制的顺控电路相近的表达方式进行编程，通过配置触点线圈等符号和软元件编号进行编程，如图 2-11 所示。

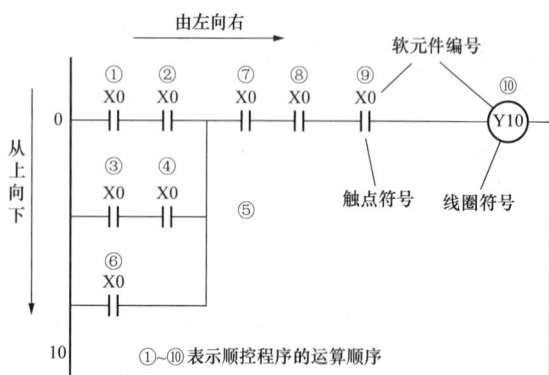

图 2-11　梯形图编程

（2）列表模式。列表模式是用列表形式按执行顺序记述 Q 模式指令的编程方法，它将触点线圈等符号置换成 Q 模式的指令来编程，用列表模式编制的顺控程序可以用梯形图模式显示出来并进行确认。

（3）SFC 编程。对于过程 CPU 除了用梯形图和列表语言进行编程外，还可以用 SFC 语言编程，SFC 是适用于实现程序的结构化和标准化的语言，而且由于它是按照控制对象的运行流程来表达程序的，所以具有易于理解的特点。与梯形图相比，SFC 具有下列特点：

1）梯形图中的互锁复杂。梯形图程序中的程序处理使用扫描，从程序的第一步一直到该程序的最后一步，基本上无论设备在哪一个工艺中运行，该系统都会同时处理所有前工序和后工序的程序，因此程序中包含有许多防止操作所有前工序和后工序的互锁信号；SFC

只处理与设备当前工序对应的程序步,不处理前工序和后工序的程序,因此只需要当前执行工艺中的互锁信号,只创建简单的程序就可以了。

2)不能用梯形图表示运行顺序。梯形图主要以触点和线圈的组合来表示,且其程序中没有与设备运行顺序对应的表达。例如,如果由于某些故障导致设备停止,则必须检查整个程序来找出与停止的工艺对应的程序在哪里;SFC 图形式表示与设备的工序相一致,因此如果发生了上述故障,立即可以找出停止的工序。

3)用梯形图设计的自由度高。梯形图根据触点闭合时线圈接通的规则进行设计,换句话说,它有很高的程序设计自由度。不同设计师能够写出不同的程序,很难标准化程序,同时阻碍了设计师之外的其他人对程序的理解;与此相比,SFC 创建与设备工序一致的 SFC 图,因此程序设计的自由度有限制,但这种限制使得它与运算过程相一致,因此设计师之外的人也很容易理解程序,使程序更标准化。

4)梯形图中允许无序控制。在梯形图内不记述运行顺序,因此梯形图适用于用中断指令进行运行和连续监视的程序,SFC 则是按顺序执行程序,因此不适用于与顺序无关的需要处理的一类控制,因为 Q 模式可编程控制器可以同时使用 SFC 程序和梯形图程序,所以可以根据控制目的灵活应用。

二、PLC 程序的构成

一个 PLC 所具有的指令的全体称为该 PLC 的指令系统。它包含着指令的多少,各指令都能干什么事,代表着 PLC 的功能和性能。一般讲,功能强、性能好的 PLC 的指令系统必然丰富,所能干的事也就多。在编程之前必须弄清 PLC 的指令系统。

程序就是 PLC 指令的有序集合,PLC 运行它,可进行相应的工作,当然,这里的程序是指 PLC 的用户程序。用户程序一般由用户设计,PLC 的厂家或代销商不提供。用语句表达的程序不大直观,可读性差,特别是较复杂的程序,更难读,所以多数程序用梯形图表达。

梯形图是通过连线把 PLC 指令的梯形图符号连接在一起的连通图,用以表达所使用的 PLC 指令及其前后顺序,它与电气原理图很相似。它的连线有两种:一种为母线,另一种为内部横竖线。内部横竖线把一个个梯形图符号指令连成一个指令组,这个指令组一般总是从装载(LD)指令开始,必要时再继以若干个输入指令(含 LD 指令),以建立逻辑条件。最后为输出类指令,实现输出控制,或为数据控制、流程控制、通信处理、监控工作等指令,以进行相应的工作。母线是用来连接指令组的。

三、梯形图与助记符的对应关系

助记符指令与梯形图指令有严格的对应关系,而梯形图的连线又可把指令的顺序予以体现。一般来讲,其顺序为:先输入后输出(含其他处理),先上后下,先左后右。有了梯形图就可将其翻译成助记符程序。反之根据助记符,也可画出与其对应的梯形图,如图 2-12 所示。

四、梯形图与电气原理图的关系

如果仅考虑逻辑控制,梯形图与电气原理图也可建立起一定的对应关系。如梯形图的输出(OUT)指令,对应于继电器的线圈,而输入指令(如 LD,AND,OR)对应于接点。这样,原有的继电控制逻辑,经转换即可变成梯形图,再进一步转换,即可变成语句表程序。实际转化时要注意 PLC 输入点是动断还是动合的。

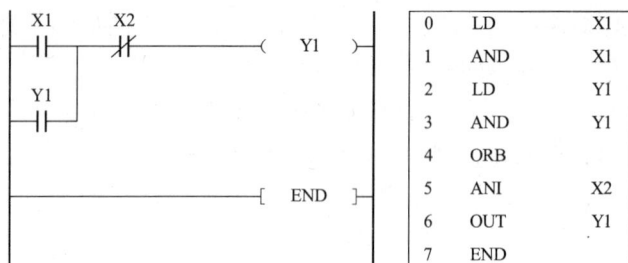

图 2-12　梯形图与助记符的对应关系

第五节　Q系列可编程控制器指令

基本逻辑指令是 PLC 中最基本的编程语言，掌握了它也就初步掌握了 PLC 的使用方法，各种型号的 PLC 的基本逻辑指令都大同小异，梯形图是各种 PLC 通用的编程语言，尽管各厂家的 PLC 所使用的指令符号等不太一致，但梯形图的设计与编程方法基本上大同小异。

一、输入输出指令（LD/LDI/OUT）

LD/LDI/OUT 三条指令的功能、梯形图表示形式、操作元件，如表 2-5 所示。

表 2-5　　　　　　　　　　　　　　输　入　输　出　指　令

符　号	功　能	梯形图表示	操作元件
LD（取）	动断触点与母线相连	⊣⊢	X，Y，M，T，C，S
LDI（取反）	动合触点与母线相连	⊣/⊢	X，Y，M，T，C，S
OUT（输出）	线圈驱动	⊢〇	X，Y，M，T，C，S

LD 与 LDI 指令用于与母线相连的接点，此外还可用于分支电路的起点。

OUT 指令是线圈的驱动指令，可用于输出继电器、辅助继电器、定时器、计数器、状态寄存器等，但不能用于输入继电器。输出指令可用于并行输出，能连续使用多次。

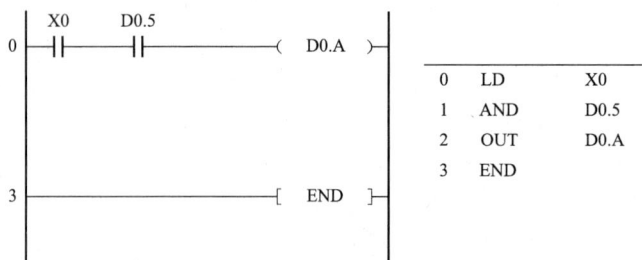

图 2-13　位作为触点线圈处理

与 FX 不一样，在 Q PLC 中，可以将字软元件的各个位作为触点线圈处理，如图 2-13 梯形图中，将 D0 的 b5 作为通/断数据使用，D0 的 b10 作为输出线圈使用。

二、触点串联指令（AND/ANDI）、并联指令（OR/ORI）

触点串联、并联指令如表 2-6 所示。

表 2-6　　　　　　　　　　　　　　　　触点串联、并联指令

符号（名称）	功　能	梯形图表示	操作元件
AND（与）	动断触点串联连接	—||——||—	X, Y, M, T, C, S
ANDI（与非）	动合触点串联连接	—||——|/|—	X, Y, M, T, C, S
OR（或）	动断触点并联连接	—||——•	X, Y, M, T, C, S
ORI（或非）	动合触点并联连接	—|/|——•	X, Y, M, T, C, S

　　AND、ANDI 指令用于一个触点的串联，但串联触点的数量不限，这两个指令可连续使用。

　　OR、ORI 是用于一个触点的并联连接指令。触点串联、并联指令应用如图 2-14 所示。

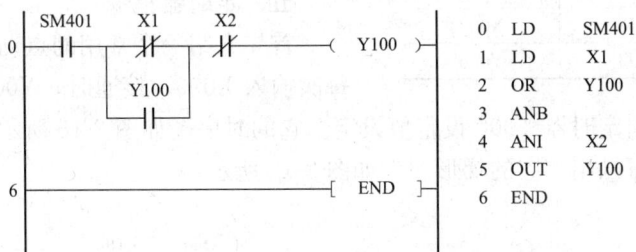

图 2-14　触点串联、并联指令应用

三、电路块的并联和串联指令（ORB、ANB）

电路块的并联和串联指令如表 2-7 所示。

表 2-7　　　　　　　　　　　　　　　电路块的并联和串联指令

符号（名称）	功　能	梯形图表示	操作元件
ORB（块或）	电路块并联连接	⌐|⌐	无
ANB（块与）	电路块串联连接	—| |—	无

　　含有两个以上触点串联连接的电路称为"串联连接块"，串联电路块并联连接时，支路的起点以 LD 或 LDNOT 指令开始，而支路的终点要用 ORB 指令。ORB 指令是一种独立指令，其后不带操作元件号，因此，ORB 指令不表示触点，可以看成电路块之间的一段连接线。如需要将多个电路块并联连接，应在每个并联电路块之后使用一个 ORB 指令，用这种方法编程时并联电路块的个数没有限制；也可将所有要并联的电路块依次写出，然后在这些电路块的末尾集中写出 ORB 的指令，但这时 ORB 指令最多使用 7 次。

　　将分支电路（并联电路块）与前面的电路串联连接时使用 ANB 指令，各并联电路块的起点，使用 LD 或 LDNOT 指令；与 ORB 指令一样，ANB 指令也不带操作元件，如需要将多个电路块串联连接，应在每个串联电路块之后使用一个 ANB 指令，用这种方法编程时串联电路块的个数没有限制，若集中使用 ANB 指令，最多使用 7 次，如图 2-15 和表 2-8 所示。

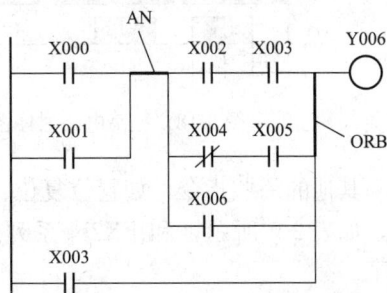

图 2-15　ORB 指令、ANB 指令

27

表2-8　　　指　令　列　表

地　址	指　令	数　据
0000	LD	X000
0001	OR	X001
0002	LD	X002
0003	AND	X003
0004	LDI	X004
0005	AND	X005
0006	OR	X006
0007	ORB	
0008	ANB	
0009	OR	X003
0010	OUT	Y006

四、程序结束指令（END）

在程序结束处写上 END 指令，PLC 只执行第一步至 END 之间的程序，并立即输出处理。若不写 END 指令，PLC 将以用户存储器的第一步执行到最后一步，因此，使用 END 指令可缩短扫描周期。另外，在调试程序时，可以将 END 指令插在各程序段之后，分段检查各程序段的动作，确认无误后，再依次删去插入的 END 指令。

五、定时器指令

首先介绍一个常用的点动计时器，其功能为每次输入 X000，接通时，Y000 输出一个脉宽为定长的脉冲，脉宽由定时器 T000 设定值设定。它的时序图如图 2-16 所示。

根据时序图就可画出相应的梯形图，如图 2-17 所示。

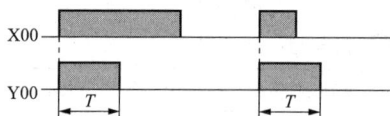

图 2-16　时序图

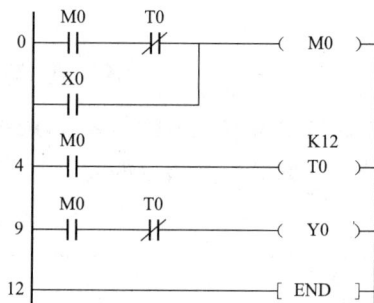

图 2-17　定长的脉冲梯形图

运用定时器还可构成振荡电路，如根据图 2-18 的时序图，可用两个定时器 T001、T002 构成振荡电路，其梯形图如图 2-19 所示。

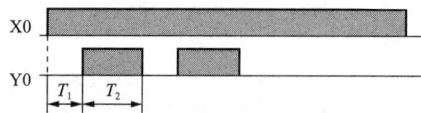

图 2-18　振荡电路时序图

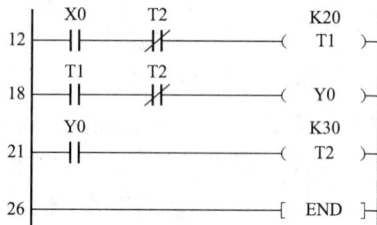

图 2-19　振荡电路梯形图

其他的一些指令，如置位复位、脉冲输出、清除、移位、主控触点、空操作、跳转指令等，如表 2-9 所示，和 FX2N 系列基本一样，可以参考一些三菱的手册，在此不详细介绍了。

表 2-9 梯 形 图 指 令

指令符号（指定）	功　能	图　标	PLC 的 CPU		过程 CPU
			基本型号 QCPU	高性能型号 QCPU	
触点					
LD 装载	启动动断触点逻辑运算		○	○	○
LDI 装载求反	启动动合触点逻辑运算		○	○	○
AND 与	动断触点串联连接		○	○	○
ANI 与求反	动合触点串联连接		○	○	○
OR 或	动断触点并联连接		○	○	○
ORI 或求反	动合触点并联连接		○	○	○
LDP 装载脉冲	启动上升沿脉冲运算		○	○	○
LDF 装载脉冲 F	启动上升沿脉冲运算		○	○	○
ANDP 与脉冲	上升沿脉冲串联连接		○	○	○
ANDF 与脉冲 F	下降沿脉冲串联连接		○	○	○
ORP 或脉冲	上升沿脉冲并联连接		○	○	○
ORF 或脉冲 F	下降沿脉冲并联连接		○	○	○
连接					
ANB 与块	梯形图块串联连接		○	○	○
ORB 或块	梯形图块并联连接		○	○	○
MPS 按	分支启动（按）		○	○	○
MRD 读	分支（按）		○	○	○
MPP 弹出	分支结束（弹出）		○	○	○
INV 求反	运算结果的求反		○	○	○
MEP 边沿脉冲	上升沿脉冲运算结果的转移		○	○	○
MEF 边沿脉冲 F	下降沿脉冲运算结果的转移		○	○	○
EGP 边沿继电器脉冲	上升沿脉冲运算结果（存储在软元件 V 中）		○	○	○
EGF 边沿继电器脉冲 F	下降沿脉冲运算结果（存储在软元件 V 中）		○	○	○

第六节　GX Developer 软件包使用

一、GX Developer 功能

GX Developer 是具有下列功能的软件包：

（1）制作程序。

（2）对可编程控制器 CPU 的写入/读出。

（3）监视功能。监视功能包括回路监视，软元件同时监视，软元件登录监视机能。

（4）调试。把制作好的可编程控制器程序写入可编程控制器的 CPU 内，测试此程序能否正常运转。

（5）PC 诊断。因为错误状态或故障可以用履历表示出来，可以在短时间内恢复作业。此外，由于系统监视［仅 QCPU（Q 模式）］能够知道特殊机能的详细情报，发生错误的时候就能够更快地在短时间内恢复操作。

二、GX Developer 的特征

（1）软件通用化，即 GX Developer 能够制作 Q 系列、QnA 系列、A 系列［包括运动控制（SCPU）］的数据，能够将其转换成 GPPQ、GPPA 格式的文档。此外，在选择 FX 系列的情况下，还能变换成 FXGP（DOS）、FXGP（WIN）格式的文档。

（2）能够将 Excel、Word 等做成的说明数据进行复制、粘贴，并有效利用。

（3）程序标准化。

1）标号编程。用标号编程就不需要认识软元件的号码，而能够根据标示制作成标准程序。

2）功能块（以下略称作 FB）。FB 是以提高顺序程序的开发效率为目的而开发的一种功能。反复使用的顺序程序块零件化，使得顺序程序的开发变得容易。此外，零件化后，能够防止输入错误。

3）宏。只要在任意的回路模式上加上名字（宏定义名）登录，然后输入简单的命令，就能够读出登录过的回路模式。

（4）能够简单设置和其他站点的链接。

（5）能够用各种方法和可编程控制器 CPU 连接。

1）经过串行通信口。

2）经过 USB。

3）经过 MELSECNET/10（H）计算机插板。

4）经过 MELSECNET（Ⅱ）计算机插板。

5）经过 CC-Link 计算机插板。

6）经过 Ethernet 计算机插板。

7）经过 CPU 计算机插板。

8）经过 AF 计算机插板。

（6）具有丰富的调试功能。

1）由于运用了梯形图逻辑测试功能，能够更加简单地进行调试操作，没有必要再和可编程控制器连接。

2）在帮助中有 CPU 错误，特殊继电器/特殊寄存器的说明。

3）数据制作中发生错误情况时，会显示是什么原因或是显示消息。

三、GPP 基本操作（入门，编写梯形图）

（1）单击"程序"｜"MELSEC 应用"｜"GX DEVELOPER"菜单，打开 GPP，如图 2-20 所示。

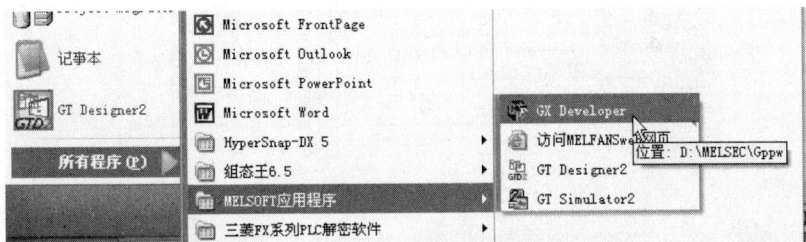

图 2-20　打开 GPP

（2）单击"工程"｜"创建新工程"，选择 PLC 类型和编程方式，如图 2-21 所示。

（3）在工程数据栏中单击"软元件注释"，输入软元件注释，如图 2-22 和图 2-23 所示。

（4）在工程数据栏中单击 MAIN，输入梯形图，如图 2-24 和图 2-25 所示。

（5）输入梯形图后，按 F4 转换，单击"显示"｜"显示注释"，如图 2-26 所示。

（6）单击菜单"工具"｜"梯形图逻辑测试启动"（需安装 GX Simulator），如图 2-27 所示。

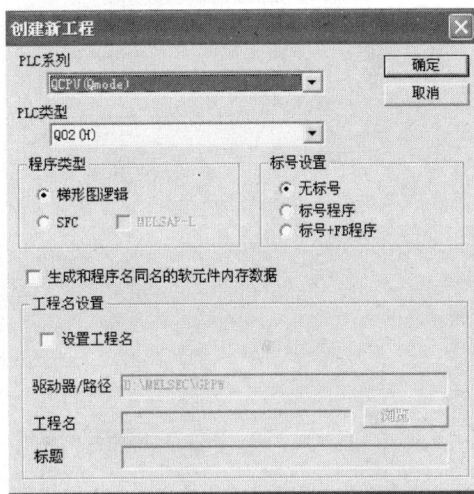

图 2-21　选择 PLC 类型和编程方式

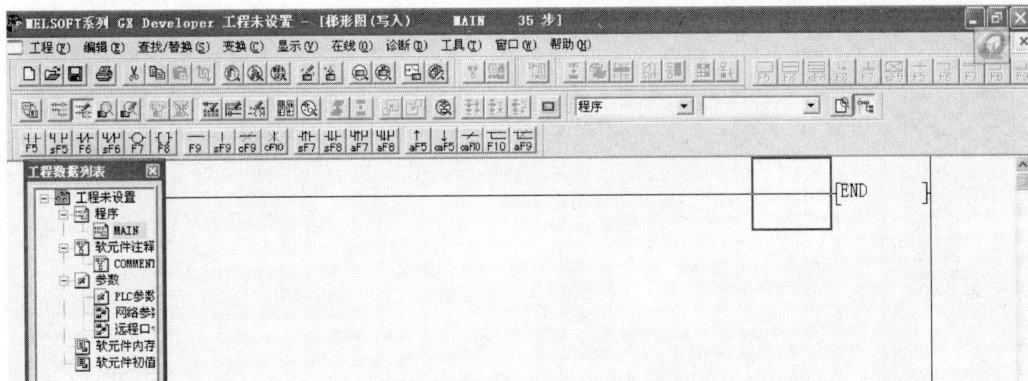

图 2-22　打开软元件注释

图 2-23　输入软元件注释

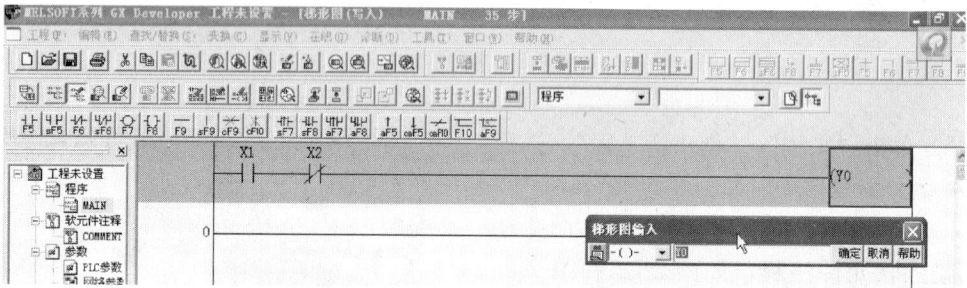

图 2-24　输入梯形图指令

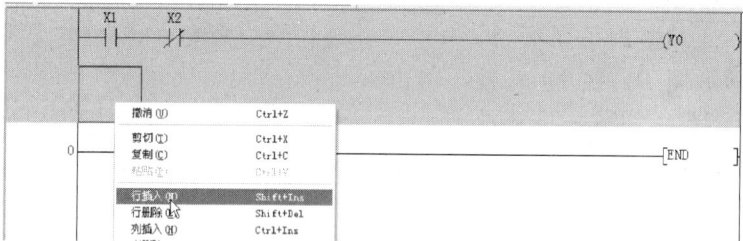

图 2-25　梯形图行插入

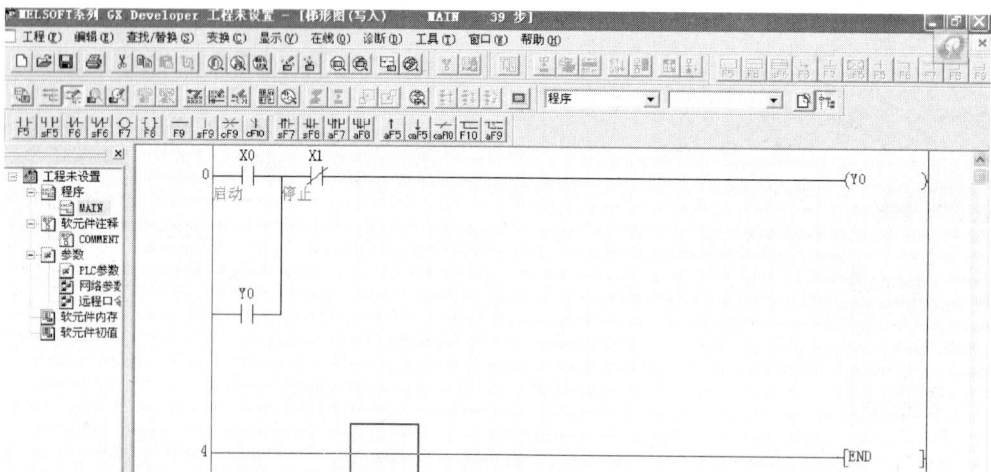

图 2-26　显示注释

图 2-27　梯形图逻辑测试

（7）单击"菜单起动"|"继电器监视"，如图 2-28 所示。单击"软元件"|"X"；双击 X0 强制为 1，再次双击 X0 强制为 0，测试程序。可以从"软元件"|"Y"看操作情况，也可以从梯形图监视操作情况，如图 2-29 所示。

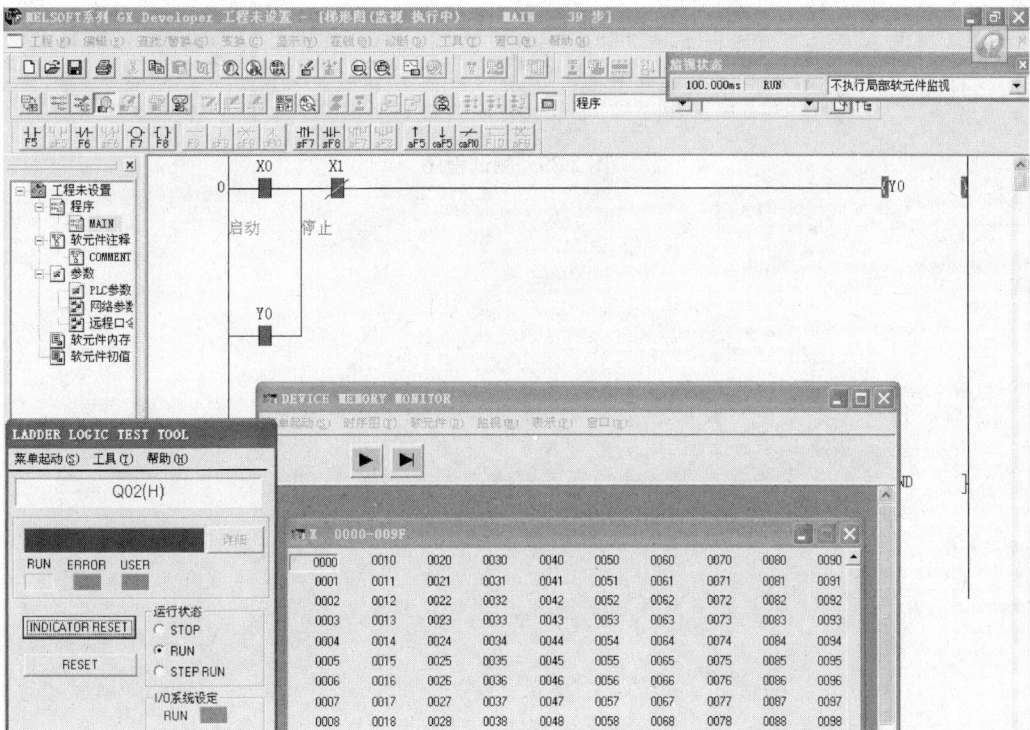

图 2-28　继电器监视

33

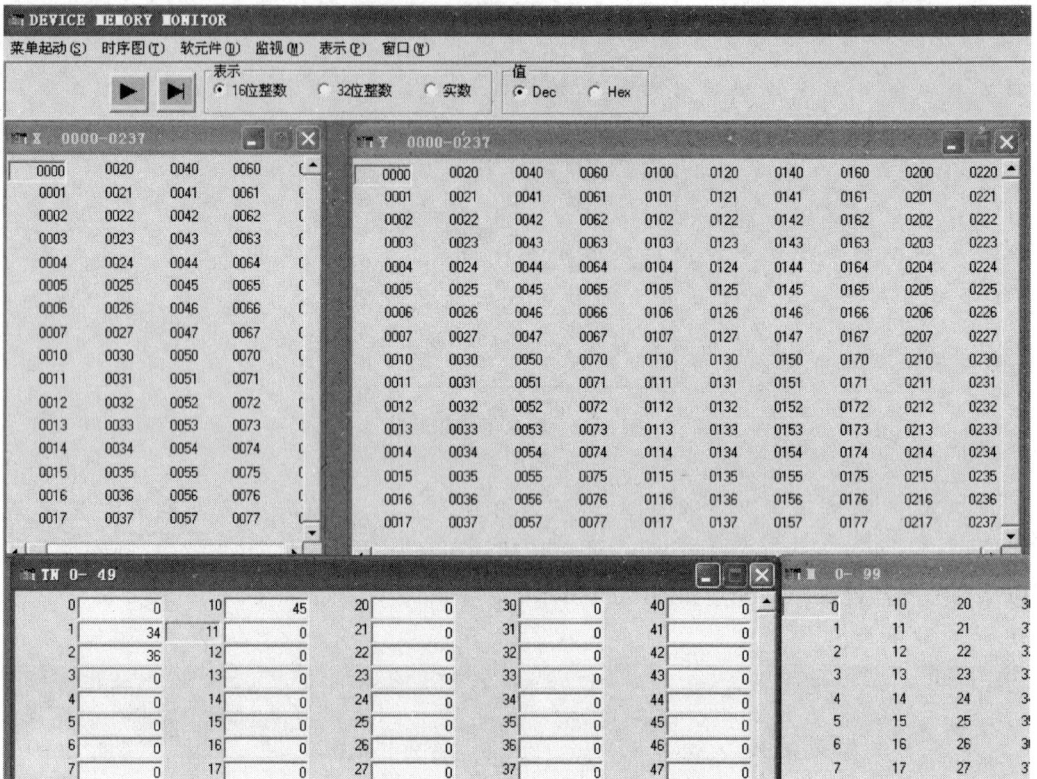

图 2-29　测试程序

第三章

欧姆龙可编程控制器

第一节 欧姆龙可编程控制器概述

日本立石（OMRON）株式会社是日本生产可编程控制器的主要厂商之一，在我国引进及市场上销售的进口 PLC 产品中，OMRON 公司的 PLC 目前属于性价比较好的产品，国内应用也比较多。为了便于整体了解，现将 OMRON 公司的 PLC 主要产品简介如下，图 3-1 为主要产品外貌。

紧凑型PLC		模块型PLC		机架型PLC		冗余型PLC
CP1H	CP1L⁻¹	CJ1M	CJ1	C200Hα	CS1G/H	CS1D

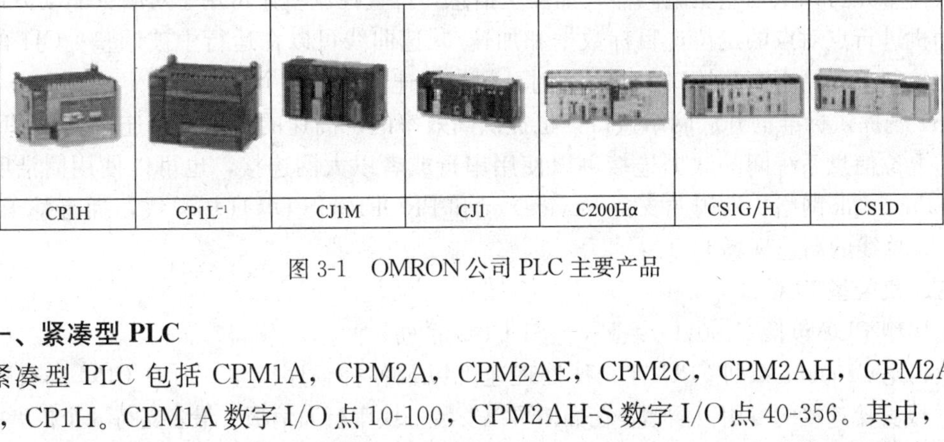

图 3-1 OMRON 公司 PLC 主要产品

一、紧凑型 PLC

紧凑型 PLC 包括 CPM1A，CPM2A，CPM2AE，CPM2C，CPM2AH，CPM2AH-S，CP1L，CP1H。CPM1A 数字 I/O 点 10-100，CPM2AH-S 数字 I/O 点 40-356。其中，CP1H 系列 CPU 整合了 CJ1M 系列的处理能力和数据容量，以及 CPM2A 系列的内置数字 I/O 功能，从而为紧凑型 PLC 设立了新的行业标准。

CP1H 的 CPU 适合用于定位控制和速度控制，支持 4 轴最高到 1MHz（单相）的编码器输入，支持 4 轴最高到 1MHz（线性驱动）的脉冲输出。部分型号内置了 4 路模拟量输入和 2 路模拟量输出，通过支持带自整定的先进 PID 控制，使 CP1H 也适合于模拟控制应用。而且，可以使用 CPM1A I/O 单元扩展（320 I/O 点），以及最多两个 CJ1 的特殊 I/O 单元或者 CPU 总线单元。

USB 接口作为标准配置用于编程和监视，CPU 单元允许最多插入两个串行端口以实现与 HMI 或者现场设备通信。

CP1H 系列的 CPU 与 CS/CJ 系列 PLC 的架构是一致的，这意味着程序在地址分配和 & 指令上是兼容的，同样也支持功能块和结构文本。

二、模块型 PLC

模块型 PLC 型号包括 CJ1H-CPU，CJ1G-CPU，CJ1M-CP。所有单元都是插件式，没有底板。有的型号内置了数字 I/O、以太网端口或者回路控制引擎。

所有 CPU 单元都支持结构化文本和梯形图语言。欧姆龙众多的功能块库能有效地减少编程工作量，同时也可以创建自己的功能块。

CJ1 系统可以工作于 24V（DC）电源或者 100～240V（AC）电源。对于以数字量为主的小型系统也可以使用一个低成本的小容量电源单元。如果系统使用了大量的模拟量和控制/通信单元，那么大容量的电源单元是必需的。

根据 CPU 的类型，最多有 3 个扩展机架可以连接到 CPU 机架上。最大可以扩展到 40 个 I/O 单元。每个系统的扩展电缆长度最长可到 12m。

CJ1 单元有各种 I/O 密度和连接方式。高密度 32 点或者 64 点 I/O 单元可以使用标准的 40-pin 的可脱卸连接器。有预制的电缆和端子块可以简单地连接到高密度 I/O 单元。每个单元 8～64 点输入，输出或者混合。

CJ1 提供了种类丰富的模拟输入单元，从低速，多通道的温度测量到高速，高精度的数据采集。模拟输出也可以实现精确的控制和外部显示。内置比例、过滤和报警功能的高性能单元可以减少 PLC 编程的复杂性。

可以给任意的 CJ1 PLC 增加运动控制，从简单的位置测量到多轴同步运动控制，CJ1 的计数器单元可以从增量型编码器收集位置信息，位置控制单元可用于对服务驱动器或者步进电动机进行点对点的定位，目标数据和加速/减速曲线可以在运行中被调整；CJ1 的定位和运动控制单元具有高速接口，能够通过一根高速连接控制多个驱动器。

CJ1 既提供标准的开放网络接口，也提供高效率的、高速的专用网络连接。在 PLC 间，或者与上位信息系统间的数据连接可以使用串行或者以太网连接，也可以使用简洁明了的 Controller Link 网络。欧姆龙支持 DeviceNet 和 PROFIBUS-DP 现场总线，拥有基于 CompoBus/S 总线的高速现场 I/O。

三、机架型 PLC

机架型 PLC 包括 C200Hα系列，CS1 CPU 系列。

欧姆龙 C200Hα系列 CPU 有三种处理速度以及各种程序容量。所有 CPU 都有一个与 CPU 总线直接连接的专用板插槽，在插槽可以安装一块串行通信板。最多支持 3 个扩展机架。

C200Hα系统可以工作于 24V（DC）电源或者 100～240V（AC）电源。对于以数字量为主的小型系统也可以使用一个低成本的小容量电源单元。

PLC 机架有各种尺寸，从 3 槽到 10 槽宽度。根据 CPU 的类型，最多有 3 个扩展机架可以连接到 CPU 机架上。最大可以扩展到 40 个 I/O 单元。每个单元最多支持 64 I/O 点的输入，输出或者混合。

四、冗余型 PLC

欧姆龙 CS1D 系列 CPU 有两种处理速度，以及各种程序容量；所有的 CPU 支持 I/O 热插拔、冗余 Controller Link 和冗余以太网。CS1D H/P 系列支持双 CPU 操作。

CS1D 双 CPU 机架与单 CPU 机架是不同的，扩展机架是统一的。根据 CPU 的类型，最多有 7 个扩展机架可以连接到 CPU 机架上。最大可以扩展到 71 个 I/O 单元。每个系统的扩展电缆长度最长可到 12m（不使用扩展单元），使用扩展单元时可达 50m。最多支持 7 个扩展机架。每个单元最多支持 96 I/O 点的输入，输出或者混合。

本章将重点介绍 C 系列 C200H PLC 产品。

第二节　C200H PLC 寄存器分配

一、C200H PLC 系统构成

C200H PLC 系统为模块式结构，具有灵活的扩展功能，可以根据控制系统的需要组合成最佳的配置。C200H PLC 系统的基本构成为：一个母板（安装机架）提供系统总线和模块插槽，一个 CPU 单元，一个存储器单元，一个编程器及若干个基本 I/O 单元。基本 I/O 单元的个数视系统 I/O 点数及母板上的槽数而定。

C200H PLC 系统有两种扩展方式。一种是在 CPU 单元所在母板上用电缆连接 I/O 扩展母板，最多可连两个扩展母板，且为串联方式。扩展母板上可根据需要配置接口单元，不需再配置 CPU，但需配置扩展电源单元。另一种方式是建立远程 I/O 子系统，即在 CPU 母板或扩展母板上配置远程 I/O 主单元，而在另外的扩展母板上配置远程 I/O 从单元。用双绞线或其他通信电缆将远程 I/O 主单元和远程 I/O 从单元连接起来，构成远程 I/O 主从系统。每个 CPU 单元最多可配置 2 个远程 I/O 主单元，系统中最多可配置 5 个 I/O 从单元。

二、寄存器分配

C200H PLC 将数据存储区分为九大类，分别是 I/O 继电器区，内部辅助继电器区，专用继电器区，暂存继电器区，保持继电器区，辅助存储继电器区，链接继电器区，定时/计数继电器区及动态数据存储区。

C200H PLC 系统采用通道的概念寻址，即将各个区都划分为若干个通道，每个通道用标识符及 2~4 个数字组成通道号标识各区的各个通道，有些区还可以按位进行寻址，此时要在通道号后面再加两位数字 00~15 组成的位号。表 3-1 为 CZOOH PLC 系统数据区通道号分配及继电器功能一览表。

表 3-1　　　　　　　　　　　　继电器地址的分配及继电器功能

名称		通道	继电器	功能
I/O 继电器		000~29	00000~02915	能分配给外部输入输出端子的继电器（当输入输出通道不使用的继电器号能作为内部辅助继电器使用）
辅助继电器		030~250	03000~25015	
专用继电器		SR251-255	25100~25515	特殊功能的继电器
暂存继电器		TR0~TR7		用于在回路分叉点临时记忆的继电器
保持继电器（HR）		HR00~HR99	HR0000~HR9915	程序中能自由使用的停电保持继电器
辅助记忆继电器（AR）		AR00~AR27	AR0000~AR2715	具有特定功能的继电器，电源断时能记住 ON/OFF 状态
链接继电器（LR）		LR00~LR63	LR0000~LR6315	用于数据链接
定时器/计数器（TIM/CNT）		TIM/CNT000~TIM/CNT511		定时和计数
数据内存（DM）	可读写	DM0000~DM0999 DM2600~DM5999		普通 DM，以字为单位（16 位使用，电源断时数据保持）
	只读	DM1000~DM2599 DM6144~DM6599		特殊 DM

1. I/O 继电器区

I/O 继电器区就是外部输入输出映像区，PLC 通过 I/O 区中的各个位与外部物理设备建立联系。I/O 区共有 30 个通道，编号为 00～29。

I/O 单元通道号由它在母板上安装的位置决定。一个 C200H PLC 系统中的 CPU 母板最多可带两个扩展母板，I/O 通道号如图 3-2 所示。

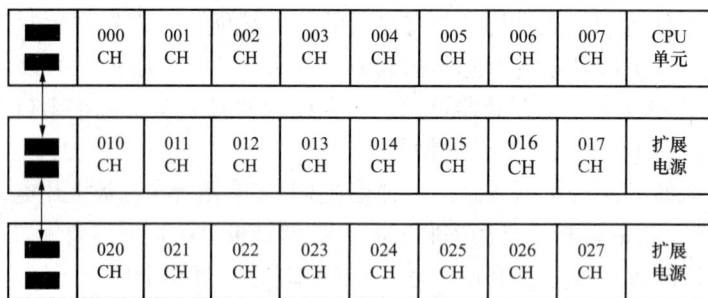

	000 CH	001 CH	002 CH	003 CH	004 CH	005 CH	006 CH	007 CH	CPU 单元
	010 CH	011 CH	012 CH	013 CH	014 CH	015 CH	016 CH	017 CH	扩展电源
	020 CH	021 CH	022 CH	023 CH	024 CH	025 CH	026 CH	027 CH	扩展电源

图 3-2　母板通道号

CPU 母板上最右边两槽不能安装多于 8 点的 I/O 单元，否则将妨碍 CPU 单元上直接安装的外部设备，其余槽都可安装 16 点的 I/O 单元。I/O 单元所占用的通道和位都将以 I/O 登记表的形式存入用户存储器中，以备 CPU 操作使用。I/O 继电器区中除了 I/O 登记表中的通道以外的其余通道和位都可作为内部辅助继电器。

I/O 继电器区除了可以用通道访问，还可以用位访问，寻址范围如表 3-2 所示。

表 3-2　　　　　　　　　　　　　　I/O 继电器区位号

CPU 母板	00000～00015	00100～00115	00200～00215	00300～00315	00400～00415	00500～00515	00600～00615	00700～00715	00800～00815	00900～00915
I/O 扩展母板	01000～01015	01100～01115	01200～01215	01300～01315	01400～01415	01500～01515	01600～01615	01700～01715	01800～01815	01900～01915
I/O 扩展母板	02000～02015	02100～02115	02200～02215	02300～02315	02400～02415	02500～02515	02600～02615	02700～02715	02800～02815	02900～02915

2. 内部辅助继电器区 IR（internal relay area）

分为内部继电器区 1 和内部继电器区 2，内部继电器区 1 通道号为 00～235，内部继电器区 2 通道号为 300～511。IR 区可用做中间输出变量，控制其他位、计时器和计数器等。IR 区的任何通道任何位作为输出线圈时只能用一次，但可用作输入接点，次数任意。

3. 专用继电器区 SR（special relay area）

用于监测 PLC 系统的工作状态，产生时钟脉冲、错误信号等。也分为专用继电器区 SR1 和专用继电器区 SR2，SR1 通道号为 236～255，内部继电器区 2 通道号为 256～299。各位的状态一般由系统程序自动写入，用户只能读取使用该区中继电器状态 SR 区既可按通道，也可按位访问。部分 SR 区的标志位及其他位的功能如表 3-3 所示。

表 3-3　　　　　　　　　　　　　　　　SR 区的标志位

253	00~07	故障码存储区，故障发生时将故障码存入。故障报警（FAL/FALS）指令执行时，FAL 号（故障码）被存储；FAL00 指令执行时，该区复位（成为 00）
	08	电池电压低
	09	扫描周期超过 100ms 时为 ON
	10~12	I/O 检验错误
	13	常 ON
	14	常 OFF
	15	运行开始时 1 个扫描周期内为 ON
254	00	1min 时钟脉冲（30sON/30sOFF）
	01	0.02s 时钟脉冲（0.01sON/0.01sOFF）
	02	负数标志
	03~05	04 上溢出标志，05 下溢出标志
	06	微分监视完了标志（微分监视完了时为 ON）
	07	STEP 指令中一个行程开始时，仅一个扫描周期为 ON
	08~15	系统保留
255	00	0.1s 时钟脉冲（0.05ON/0.05sOFF）
	01	0.2s 时钟脉冲（0.1sON/0.1sOFF）
	02	1s 时钟脉冲（0.5sON/0.5sOFF）
	03	出错标志（执行指令时，出错发生时为 ON）
	04	进位标志（执行指令时结果有进位或借位发生时为 ON）
	05	＞大于标志（比较结果大于时为 ON）
	06	＝等于标志（比较结果等于时为 ON）
	07	＜小于标志（比较结果小于时为 ON）
	08~15	系统保留

SR 位 25315 在 PC 操作开始时置 ON，一个周期后又置为 OFF，第一周期标志在初始化计数器及其他操作时很有用。

五个时钟脉冲可用于控制程序计时，每个时钟脉冲位在脉冲的前半部时间内置 ON，后半部时间内置 OFF，换句话说，每个时钟脉冲占空比为 50%，这些时钟脉冲位常和计数器一起用于定时器。

算术标志位用于数据移位、算术运算以及比较指令，一般缩写为两个字母。

当执行 END（01）指令时所有这些标志位都将复位，因此不能通过编程设备监视。

当计算结果是负的，负标志（N）SR 位 25402 置 ON；当二进制加或减的结果超出 7FFF 或 7FFFFFFF 时，上溢出标志（OF）SR 位 25404 置 ON；当带符号二进制加或减的结果超出 8000 或 80000000 时，下溢出标志（UF）SR 位 25405 置 ON；当算术运算的结果产生进位或循环/移位指令把"1"移入 CY 时，SR 位 25504 置 ON，CY 的内容也用于一些算术运算，如把它与其他操作数一起进行加或减运算，在程序中可以通过设置进位和清除进位指令设置清除该标志位；当两数操作比较中当前者大于后者时，大于标志（GR）SR 位 25505 置 ON；当两数操作比较的结果相等时，或算术运算的结果是 0 时，等于标志（EQ）SR 位 25506 置 1；当两数操作比较中当前者小于后者时，小于标志（LE）SR 位 25507 置 ON；当执行 END（03）指令时，上述四个算术标志置 OFF。

4. 保持继电器区 HR（holding relay area）

保持继电器在电源切断，仍能记忆原来的 ON/OFF 状态。HR 区通道号为 HR00～HR99。HR 区既可按通道访问，也可按位访问，但在通道号或位号前需冠以 HR 字符，以区别于其他区。

5. 暂存继电器区 TR（temporary relay area）

TR 区只包含 8 位，只可以与 LD 和 OUT 指令连用，用于存储程序分支点的数据。TR 区寻址需在地址号前加 TR，寻址范围为 TR0～TR07。在程序的一个分支内，同一个 TR 号不能重复使用，但在不同的程序分支间，同一个 TR 号可重复使用。

6. 辅助继电器区 AR（auxiliary relay area）

AR 区寻址范围为 AR0～AR27 道。AR 区寻址需在通道号或位号前加 AR。大多数 AR 有特殊功能，日历/时钟区域功能如表 3-4 所示。

表 3-4　　　　　　　　　　　日历/时钟位

位	内容	允许值
AR1800～AR1807	秒	00～59
AR1808～AR1815	分钟	00～59
AR1900～AR1907	小时	0～23（24 小时制）
AR1908～AR1915	日	01～31（根据月和闰年调整）
AR2000～AR2007	月	01～12
AR2008～AR2015	年	00～99（年份中右两位）
AR2100～AR2107	星期	00～06（00：星期天；01：星期一；02：星期二；03：星期三；04：星期四；05：星期五；06：星期六）

C200HX/HG/HE CPU 内置时钟。如果 AR2114（时钟停止位）为 OFF，日期、天和时间将有效，并以 BCD 码形式存储在 AR18～AR20 以及 AR2100～AR2108，如下表所示。这一区域也可以通过 AR2113（30 秒补偿位）和 AR2115（时钟设置位）来控制。

AR2113 为 ON 时，将日历/时钟的秒数"四舍五入"。例如，当时钟的秒数为 29 或更小时，就置 00 秒，如秒数为 30 或大于 30 时，则在分钟数上加 1，而置秒数为 0。

时钟停止位 AR2114 为 OFF 时，允许日历/时钟区域工作，而为 ON 时停止时钟工作。

时钟设置位 AR2115 用来设置日历/时钟区域，数据必须是 BCD 码并且在表 3-4 规定的范围内。设置日历/时钟区域如下所述：①置 AR2114（停止位）为 ON；②设置所需的日期和时间，当设置星期时，要小心不能置 AR2114（时钟停止位）为 OFF（它们在同一字内）（在 CX 编程软件上，强制置位/复位操作来设置这些数据是最简便的方法）；③置 AR2115（时钟设置位）为 ON，根据已设置值，日历/时钟自动开始工作，而 AR2114 和 AR2115 都置 OFF。

7. 链接继电器区 LR（link relay area）

LR 区寻址范围为 LR0～LR63 通道。寻址需在通道号或位号前加 LR，LR 区用于在数据通信时进行数据交换，否则可作为辅助继电器使用。

8. 定时/计数继电器区 TC（timer/counter area）

TC 区为用户提供了 512 个定时器或计数器，地址为 00～512，TC 区只能以通道形式访问，但不能使用相同的元件编号。

9. 动态数据存储区 DM（data memory area）

DM 区寻址范围为 DM000～DM1999、通 DM2000～DM5999 道，DM 区只能以通道形

式访问，不能用于位操作指令，寻址方式为在通道号前加 DM000～DM999 通道为可读/写的数据存储区，而 DM6144～DM9999 通道为只读数据存储区，只能由系统写入。

数据存储器 DM 用于记忆一个字（16 位）为单位的数据，它只能以字为单位使用。它不是继电器，因而不能作为继电器线圈和接点使用，可作为数据的输入输出区使用；当电源切断时，DM 仍保持原有数据；可以间接指定使用（＊DM），这时，DM 的内容是要寻找的 DM 的地址。

在只读 DM 区域中，DM6600～DM6655 为系统设定区，用来设置各种系统参数，具体功能如表 3-5 所示。

表 3-5   **DM 系统设置区的具体功能**

通道号	位	功能		缺省值	定时读出
DM6600	00～07	电源 ON 时工作模式。00：编程，01：监控，02：运行		根据编程器的模式设置开关	电源 ON 时
	08～15	电源 ON 时工作模式设定。00：编程器的模式设定开关；01：电源断之前的模式；02：用 00～07 位指定的模式			
DM6601	00～07	不可使用			
	08～11	电源 ON 时 IOM（内继）保持标志设置	0—非保持 1—保持	非保持	
	12～15	电源 ON 时 S/R（特内继）保持标志设置			

第三节 基 本 指 令

一、概述

C200H PLC 具有丰富的指令集，按功能可分为基本指令和特殊功能指令两大类。

基本指令是直接对输入输出点进行简单操作的指令，是梯形图控制的最基本指令，包括输入、输出和逻辑"与"、"或"、"非"等。输入基本指令时，只要按下编程器上相应的指令键即可。

特殊功能指令是指进行数据处理、运算和顺序控制等操作的指令，包括定时器与计数器指令、数据移位指令、数据传送指令、数据比较指令、算术运算指令、数制转换指令、逻辑运算指令、程序分支与转移指令、子程序与中断控制指令、步进指令以及一些系统操作指令等 C200H PLC 系统为每条特殊功能指令在助记符后附一个特定的功能代码，用两位数字表示。书写时，助记符后面要书写该指令的功能代码，并用一对圆括号将代码括起来。用编程器输入时，只要按下 FUN 键和功能代码即可。

本节将分别介绍各种指令的梯形图符号、助记符、功能和用法。

指令是由助记符和操作数组成的，助记符表示指令要完成的功能，操作数指出了要操作的对象。若操作数是一个立即数则用 ♯XXX 表示。立即数既可以是十进制数也可以是十六进制数。

二、程序和指令的理解方法

1. 程序的步的理解方法

OMRON 的 PLC 程序中，每一条指令对应为一步，一条指令为 1～4 个字，依指令而异。

因为指令的字数不同，所以根据在程序中使用的指令不同，可编程的步数也不同。例如：LD指令为一步，而运算指令［以双字 BCD 码减法指令 SUBL（55）为例］为 4 步指令。

2. 通道数据的理解方法

在输入输出继电器、内部辅助继电器、保持继电器（HR）、辅助记忆继电器（AR）、链接继电器（LR）以通道为单位使用时，以及作为计时器（TIM）、计数器（CNT）区的现在值，数据存储器（DM）区的内容表示用的通道数据，可有以 16 位的 0 和 1 表达方式及十六进制的表达方式。

几乎所有的应用指令，都有每次扫描执行型和输入微分型。例如用传送指令将 HR10CH 的内容传送到数据存储器 DM0000 中，对于每次扫描执行型 MOV（FUN21），每次扫描都向数据存储器 DM0000 中传送。而输入微分型@MOV（FUN21）仅在输入条件的上升沿（OFF—ON）时，执行一次把保持继电器 HR10CH 的内容传送到数据存储器 DM0000 中的操作。

3. 指令格式

大多数指令至少有一个或多个与它相关的操作数。操作数指定或提供指令执行的数据。这些操作数的输入有时是实际的数值（例如常数），但一般是含有所用数据的数据区字或位的地址。其地址指定为操作数的位称为操作数位。其地址指定为操作数的字称为操作数字。在一些指令中，一条指令的字地址表示含有所需数据的初始地址。

每条指令在程序存储器中需要一个或多个字。指令的第一个字是定义指令和包含所有定义符（下面叙述）或者是指令所需操作数位的指令字。指令所需其他操作数包含在后续字中，每个字一个操作数，有些指令需要多达 4 个字。

定义符是编号，是与指令相关的操作数，它包括在指令字中。

详细的数据区由操作数名称和每一操作数所要求的数据类型规定（例如字或位）。尽管数据区地址常以操作数形式给出，但许多操作数和所有定义符以常数形式输入。任何一个定义符或操作数的适用值范围取决于各使用它的指令。常数输入也必须是指令所要求的形式，即以 BCD 码或十六进制形式。

大多数指令都有非微分型和微分型两种形式。微分型指令是在指令助记符前加@标记。

只要执行条件为 ON，非微分型指令在每个循环周期都将执行。而微分型指令仅在执行条件由 OFF 变为 ON 后方执行一次。如果执行条件不发生变化，或者从上一个指令循环周期 ON 变为 OFF，微分型指令是不执行的。

三、基本顺序输入指令

基本顺序输入指令如表 3-6 所示。

表 3-6　　　　　　　　　　　基 本 顺 序 输 入 指 令

指令	助记符操作数	功能	操作数据区域
LD	LD 继电器号	表示逻辑起始	IR，SR，AR，HR，TC，LR，TR
LD NOT	LD NOT 继电器号	表示逻辑反相起始	
AND	AND 继电器号	逻辑与操作	
AND NOT	AND NOT 继电器号	逻辑与非操作	
OR	OR 继电器号	逻辑或操作	
OR NOT	OR NOT 继电器号	逻辑或非操作	

续表

指令	助记符操作数	功能	操作数据区域
AND LD	AND LD	和前面的条件与	
OR LD	OR LD	和前面的条件或	

（1）母线连接的接点，必须使用 LD 指令。

（2）点串联连接时，使用 AND 指令；接点并联连接时，使用 OR 指令。

（3）程序中的动合接点，使用 NOT 指令。

（4）块与程序块串接时使用（逻辑与）AND LD 指令。在与前面程序块串联连接的下一程序块的起点使用第二次 LD 指令。程序块与程序块并联时使用（逻辑或）OR LD 指令。在与前面程序块并联的下一程序块的起始接点处使用第二次 LD 指令。

（5）输入/输出继电器，内部辅助继电器，计时器等的接点的使用次数是没有限制的，对于维护等方面而言，最佳设计莫过于节约接点的使用个数，把复杂的设计用简单、明快的电路构成。

（6）在 PLC 程序中，信号的流向是由左向右的。

四、顺序输出指令

基本顺序输入指令如表 3-7 所示。

表 3-7　　　　　　　　　　　　基 本 顺 序 输 出 指 令

NO	指令	助记符操作数	功能	操作数据区域
—	OUT	OUT 继电器号	把逻辑运算结果用继电器输出	
—	OUT NOT	OUTNOT 继电器号	把逻辑运算结果反相输出	
—	SET	SET 继电器号	使指定触点 ON	
—	RESET	RSET 继电器号	使指定触点 OFF	IR，SR，AR，HR，TC，LR，TR
11	KEEP	KEEP（11）继电器号	使保持继电器动作	
13	上升沿微分	DIFU（13）继电器号	在逻辑运算结果上升沿时继电器在一个扫描周期内 ON	
14	下降沿微分	DIFD（14）继电器号	在逻辑运算结果下降沿时继电器在一个扫描周期内 ON	

当输入继电器号在实际中未被使用时，方可在基本输出指令中作为内部继电器使用。

特殊辅助继电器只有当其不作为特殊辅助继电器使用时，方可作为内部继电器使用。

输出继电器的使用：

（1）继电器的线圈，使用 OUT 指令。输出线圈不能直接与母线相连，确有此必要时，请把不用的内部辅助继电器的动合触点或者特殊辅助继电器 25313（常 ON 触点）作为虚拟触点插入。

（2）输出继电器的触点，除了输出驱动实际负载的信号之外，还可在电路上使用它的辅助触点，且这个触点的使用次数没有限制。

（3）输出继电器的线圈的后面不能插入触点，触点必须在线圈前面插入。

（4）输出线圈可以 2 个以上并联。

1. 保持 KEEP（11）指令的使用

KEEP 指令编程时，请按照置位输入、复位输入、继电器号的顺序来编程。

（1）KEEP 指令当置位输入 ON 时，保持 ON 的状态；当复位输入 ON 时，为 OFF 状态。分置位输入与复位输入同时 ON 时，复位输入优先，此时，保持指令不接受置位输入，而保持原有的状态。

（2）KEEP 指令若使用保持继电器，则即使在停电时，也能记忆断电之前的状态。如图 3-3 所示，为一防掉电的异常显示的例子。

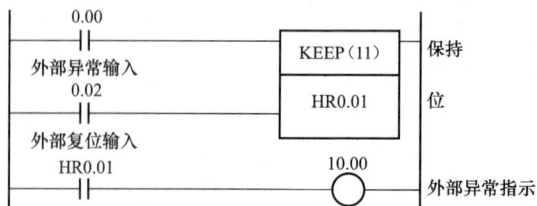

图 3-3　防掉电的异常显示的例子

2. 上升沿微分指令 DIFU/下降沿微分指令 DIFD

上升沿微分指令 DIFU（13）：当输入信号的上升沿（由 OFF 到 ON）时，DIFU 指令所指定的继电器在一个扫描周期内为 ON；下降沿微分指令当输入信号的下降沿（由 ON 到 OFF）时，DIFD 指令所指定的继电器在一个扫描周期内为 ON。

在如图 3-4 所示的梯形图中，当输入点 00000 的上升沿（OFF 到 ON）时，内部辅助继电器 20000 在一个扫描周期内为 ON；当输入点 00000 的下降沿（ON 到 OFF）时，内部辅助继电器 20001 在一个扫描周期内为 ON，输出指令执行一个扫描周期。

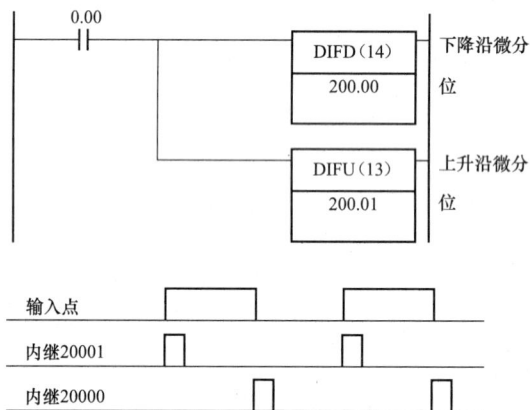

图 3-4　微分指令的例子

3. 置位 SET 与复位（RESET）指令

当 SET 指令的执行条件 ON 时，使指定继电器置位为 ON；当执行条件为 OFF 后，SET 指令仍不能改变指定继电器的状态。当 RESET 指令的执行条件为 ON 时，使指定继电器复位为 OFF；当执行条件为 OFF 后，RESET 指令仍不能改变指定继电器的状态。

五、基本顺序控制指令

基本顺序指令如表 3-8 所示。

表 3-8 基 本 顺 序 输 出 指 令

NO	指令	符号	助记符操作数	功能
00	空操作		NOP（00）	
01	结束	END	END（01）	程序结束
02	联锁	IL	IL（02）	至 ILC 指令为止的继电器线圈，定时器根据本指令前面的条件为 OFF 的时候为 OFF
03	解锁	ILC	ILC（03）	表示 IL 指令范围的结束
04	跳转	JMP	JMP（04）号	至 JME 指令为止的程序由本指令前面的条件决定是否执行
05	跳转结束	JME	JME（05）号	解除跳转指令

在程序的最后，必须写入 END 指令。如果在程序无 END 指令状态下运行，则 CPU 单元前面的 EPROR LED 灯亮，而不运行程序；如果在程序中有复数个 END 指令时，则程序执行到最前面的 END 指令为止。

1. IL-ILC 指令的应用

如图 3-5 所示，当 IL 条件（右图中 00000）为 ON 时，各输出动作与没有 IL—ILC 指令的程序一样；当 IL 条件为 OFF 时，IL 至 ILC 间的各个输出状态如表 3-9 所示。

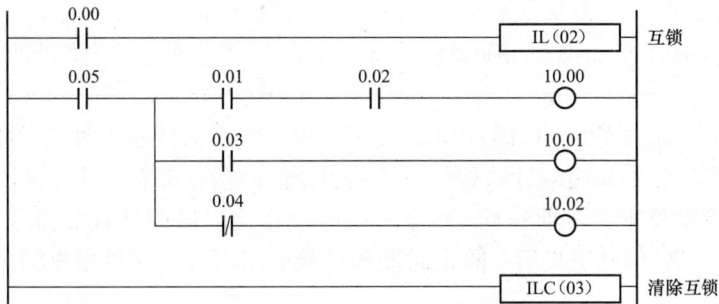

图 3-5 IL—ILC 指令的应用

表 3-9 IL 至 ILC 间的各个输出状态

输出继电器、内部辅助继电器、链接继电器辅助记忆继电器	OFF
计时器	复位
计数器、移位寄存器、保持继电器	状态保持

IL 与 ILC 非成对使用时的操作。在 IL 与 ILC 程序之间另有 IL 指令时，因 IL—ILC 指令不成对使用，所以程序检查时会有 IL—ILC ERROR 出现，而操作还按程序正常进行。但是，请注意：ILC 指令会解除它前面所有的 IL 指令。例 IL—IL—ILC 嵌套的程序。

2. 跳转（JMP04）/跳转终了（JME05）

JMP—JME 指令成对使用，JMP 定义跳转开始点，JME 定义跳转终点，JMP 条件 ON 时，程序按没有 JMP—JME 指令一样操作；而当 JMP 条件为 OFF 时，不执行从 JMP 至 JME 指令间的程序，并且输出线圈（输出继电器、计数器、计时器、移位寄存器、保持继电器等）均保持各自的状态。

JMP 指定号数为 00 时，没有 JMP00—JME00 的使用次数限制；当不成对地使用

JMP00—JME00 时，程序检查时会有 JMP—JME ERROR 出现，但操作还按程序进行。在 JMP00—JME00 之间，即使 JMP 条件为 OFF 时，还需要指令执行时间（指 CPU 花时间找下一个 JME00 指令）。

JMP 指定号数为 00～99 时，把 JMP00～99 至同一号数的 JME00～99 的区间作为跳转对象；每个跳转号只能使用一次；在使用 JMP00～99 时，当 JMP 条件为 OFF 时，直接跳转到 JME，所以没有 JMP—JME 间指令的执行时间。

六、定时器/计数器指令

定时器/计数器指令如表 3-10 所示。

表 3-10　　　　　　　　　　　　　定时器/计数器指令

FUN NO	指令	助记符操作数	功能	操作数据
	定时器	TI 计时器号 设定值	延时定时器（减算）设定时间 0～999.9s（以 0.1s 为单位）	IR，AR，DM，HR，LR，#
	计数器	CNT 计数器号 设定值	减法计数器，设定值 0～99 999 次	
12	可逆计数器	CNTR（12）计时器号 设定值	执行加、减法计数，设定值 0～9999 次	
15	高速定时器	TIMH（15）计时器号 设定值	执行高速减法定时，设定时间：0～99.99s（以 0.01s 为单位）	

TIM 和 TIMH 都是需要 TC 编号和设定值（SV）的递减接通延时定时器指令。

CNT 和 CNTR 分别是递减计数和可逆计数指令。两指令都需要 TC 编号和 SV 设定值。

TC 编号不能重复定义，即一旦 TC 某一编号用作定时器或计数器指令定义符，此 TC 号不能再作他用。TC 编号定义后，除定时器和计数器指令外，它可根据需要作为指令操作数反复使用。

TC 编号范围从 000～511，TC 编号作为定时器或计数器指令定义符时不需要加前缀，一旦定义成定时器，TC 编号前加 TIM 可以用作一些指令的操作数。一旦定义成计数器，TC 编号前加 CNT 可以用作一些指令的操作数。

TC 编号既可被指定为位操作数，也可被指定为字操作数。当指定的操作数需要位数据，TC 编号访问表示定时的结束标志位，该位平时为 OFF 状态，当指定的 TC 达到设定值，状态变为 ON。当指定的操作数需要字数据，TC 编号访问存有定时器或计数器当前值（PV）的存储器。这样，定时器或计数器当前值可用作 CMP（20）比较指令的操作数。

设定值（SV）可以以一个常数或在数据区中字的地址形式输入。如果指定为输入单元的 IR 区域字被指定为字地址，输入单元可与拨盘开关或其他类似元件相连，这样设定值可由外部器件设置。所有设置值包括外部设置，都必须是 BCD 码。

如图 3-6 所示的梯形图，00500 在 00000 接通 5s 后接通，在 00000 断开 3s 后复位。当 00000 接通后，定时器 1 开始计时，时间到其动断触点操作，使 00500 置位；当 00000 断开后，定时器 2 开始计时，时间到其动断触点操作，使 00500 复位。

如图 3-7 所示的梯形图，用两个定时器，在指定执行条件为 ON 期间，使位 01005 状态 ON 和 OFF 按规定的间隔翻转。一个定时器的完成标志位控制 01005 位 ON/OFF。另一定时器功能是控制第一个定时器的操作，即当第一个定时器完成标志位为 ON，第二个定时器开始定时，当第二个定时器完成标志位为 ON，第一个定时器复位。

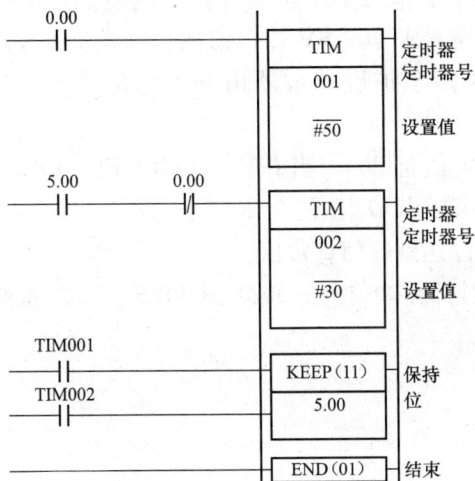

图 3-6　位闪烁梯形图

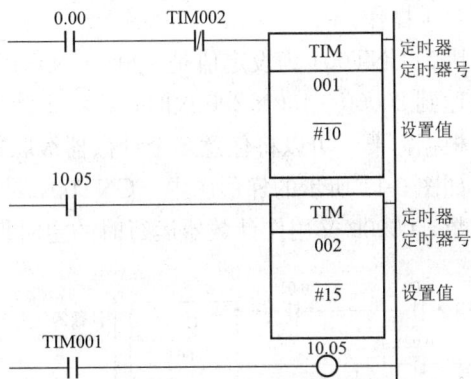

图 3-7　可控方波梯形图

一个简单但不太灵活的闪烁的方法是将执行条件和一个 SR 区域的时钟脉冲位相与来实现位闪烁。如图 3-8 所示的梯形图，使用了（25502）1s 脉冲信号位，所以 01005 每秒 ON 和 OFF 翻转一次，即 ON 0.1s，OFF 0.5s。01005 精确定时和初始状态取决于 00000 为 ON 时时钟脉冲的状态。

当计数脉冲 CF 的执行条件从 OFF 变成 ON，计数器就作减值计数，即只要计数器 CP 执行条件为 ON，而上一扫描周期执行条件为 OFF，计数器作减 1 计数。如果 CP 端执行条件不变或由 ON 变为 OFF，计数器当前值不变。当计数器当前值计到 0，计数器结束标志为 ON，并一直保持 ON 状态到计数器复位。

计数器的复位是由一复位输入 R 来实现的，当 R 由 OFF 变为 ON，计数器当前值恢复为设定值。复位 R 为 ON 期间，计数器当前值不减值。当复位 R 变为 OFF 时，计数器从当前值递减，电源中断或处于联锁程序块内的计数器当前值不会复位。

如图 3-9 所示的梯形图，当 00002 断开（OFF），且上次 CNT004 执行时 0000 或 0001 断开（OFF），当 00000 为 ON 时，00001 输入一个脉冲，PV 将作减 1 计数。当 150 个脉冲计完（即当前值为 0），00205 接通。

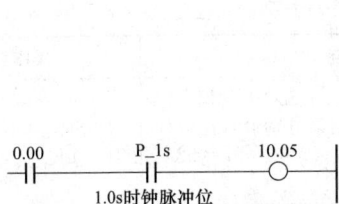

图 3-8　时钟脉冲位实现闪烁

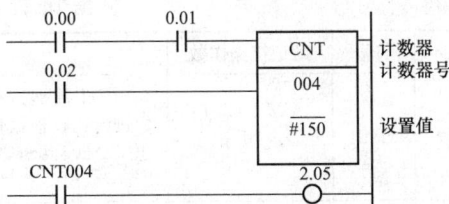

图 3-9　计数器

计数值超过 9999 的计数器编程可用一个计数器对另一个级联来扩展。

如图 3-10 所示的梯形图中，00000 用于控制 CNT001 计数器操作。当 00000 为 ON，计数器 001 对 00001 从 OFF 变为 ON 次数减值计数。CNT001 由自己的计数结束标志复位，即一旦计数器从当前值计到 0 就马上重新启动计数，计数器 002 对计数器 001 计数结束标志由 OFF 变为 ON 的次数进行计数。00002 位作为整个扩展计数器的复位信号，当 00002 断开（OFF），计数器 001 和 002 复位。当 CNT002 SV 计数值满，计数器 CNT002 的计数结束标志也作 CNT001 复位控制，在整个扩展计数器由 002 复位之前，禁止 CNT001 操作。

因为 CNT001 为设定值是 100，CNT002 设定值是 200，当 00001 中由 OFF—ON 变化次数达到 20000＝100×200 次时，CNT2 计数结束标志 ON，使 00203 为 ON。

根据需要，可以将任意多个计数器级联使用以达到任何计数值。

如图 3-11 所示的梯形图中，CNT001 对 1s 时钟脉冲位（25502）从 OFF 变 ON 次数进行计数。00000 又用作计数器运行时的定时控制。

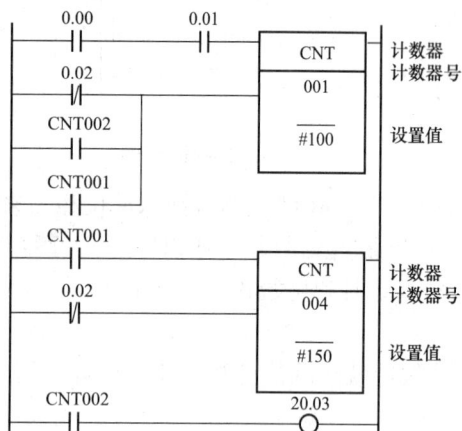

图 3-10 扩展计数器

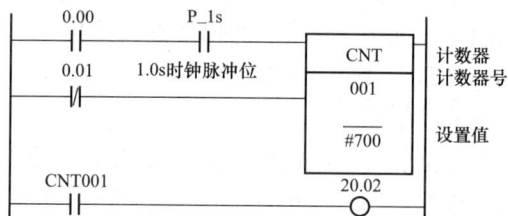

图 3-11 使用 CNT 指令的定时器

因为 CNT001 的设定值是 700，在定时满 1×700s 或 11′40″时，计数器 CNT001 的结束标志接通 ON，这样也使得 00202 接通。

较窄的时钟脉冲不能产生精确的定时器。因为在扫描周期内可能正好没读到脉冲的接通状态。严格地讲，0.02s 和 0.1s 时钟脉冲不能用于建立使用 CNT 指令的定时器。

七、数据比较指令

数据比较指令如表 3-11 所示。

表 3-11   **数 据 比 较 指 令**

NO	指令	符号	助记符操作数	功能	操作数据
20	比较	CMP	CMP（20） S1 S2	S1CH 数据、常数，与 S2CH 数据、常数进行比较根据比较结果分别设置比较标志。25505（S1＞S2）、25506（S1＝S2）、25507（S1＜S2）	IR、SR、AR、DM、HR、TC、LR、#0000～FFFF
60	双字比较	CMPL	CMPL（60） S1 S2 000	S1＋1、S1CH 数据与 S2＋1、S2 数据进行比较，根据比较结果分别设置比较标志 25505（S1＋1、S＞S2＋1、S2）、25506（S1＋1、S＝S2＋1、S2）、25507（S1＋1、S＜S2＋1、S2）	IR、SR、AR、DM、HR、TC、LR、#0000～FFFF

如图 3-12 所示的梯形图中，如果 HR09 内容大于 010，00200 变为 ON；如果两者内容相等，00201 变为 ON；如果 HR09 内容小于 010，00202 变为 ON。

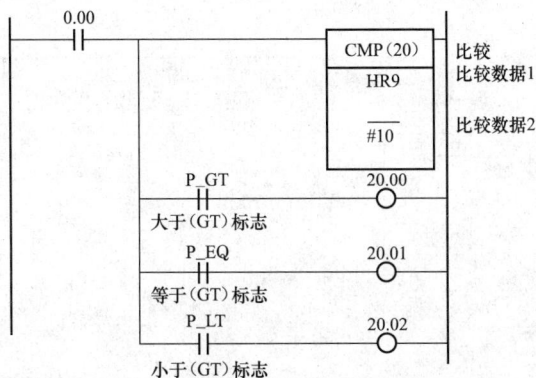

图 3-12 比较指令

八、数据传送指令

数据比较指令如表 3-12 所示。

表 3-12 数 据 比 较 指 令

NO	指令	符号	助记符操作数	功能/相关标志	操作数
21	传送	MOV	MOV/@MOV（21） —→S —→D	将源数据 S CH 的数据、常数送到目的通道 D CH 中去 S CH —→ D CH 当间接寻址 DM 通道不存在时，出错标志位 25503 ON，该指令不执行；当执行该指令后 D CH 中的数据为 0000 时，相等标志位 25506 ON	IR，SR，HR，DM TC，LR，♯
70	块传送指令	XFER @XFER	XFER/@XFER（70） N S D S ／ D S+1 ／ D+1 S+N-1 ／ D+N-10	将由 S CH 开始的 N 个连续通道数据对应传送至 D CH 开始的几个连续通道中去。 当 N 为非 BCD 码；S、S+N、D、D+N 不在同一数据区或间接寻址 DM 通道为非 BCD 码时，25503 出错标志位为 ON，此时，该指令不执行	IR，SR，HR，DM TC，LR，♯

第四节　OMRON CX-Programmer 基本操作

CX-Programmer 是一个用于对欧姆龙 CS1 系列 PLC、CV 系列 PLC 以及 C 系列 PLC 建立、测试和维护程序的工具。

启动 CX-Programmer。可以从 Microsoft Windows 任务条的"开始"按钮来启动。一旦被启动，CX-Programmer 程序窗口将被显示，如图 3-13 所示。

单击"文件"│"新建"菜单，弹出对话框选择 PLC 类型，如图 3-14 所示。

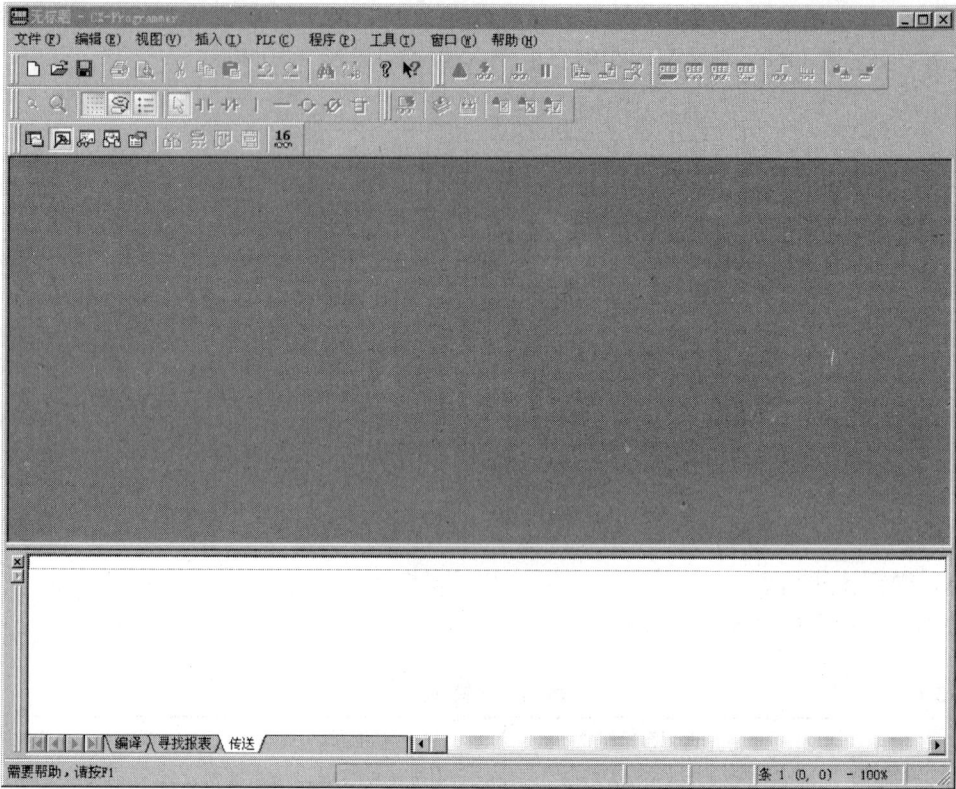

图 3-13　CX-Programmer 界面

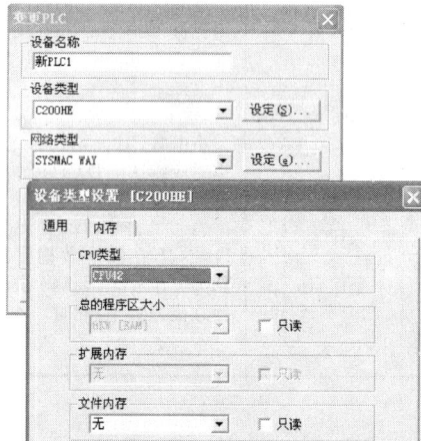

图 3-14　选择 PLC 类型

单击确定，打开梯形图编辑软件，如图 3-15 所示。

单击相应的梯形元件图标，放置到相应位置就可以了，同时可以输入符号注解，如图 3-16 所示。

如果忘记指令，可以单击"详细资料"按钮，查找指令或指令帮助，如图 3-17 所示。

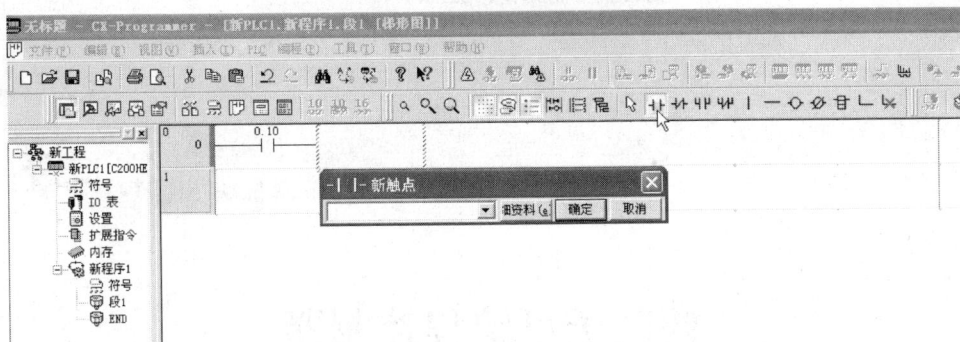

图 3-15 打开梯形图编辑软件

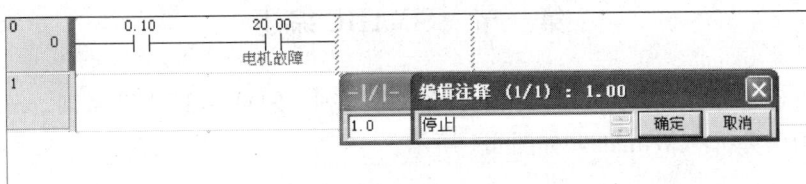

图 3-16 输入梯形图

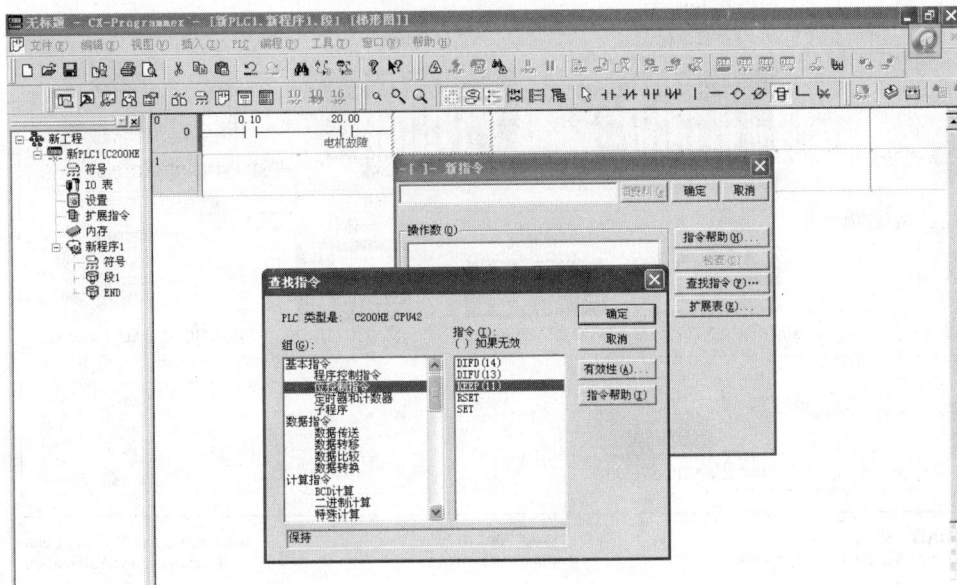

图 3-17 查找指令

第四章

西门子可编程控制器

第一节　SIMATIC 综述

西门子可编程控制器产品包括 SIMATIC S7 系列、SIMATIC M7 系列、SIMATIC C7 系列以及基于计算机的 WinAC，如图 4-1 所示。

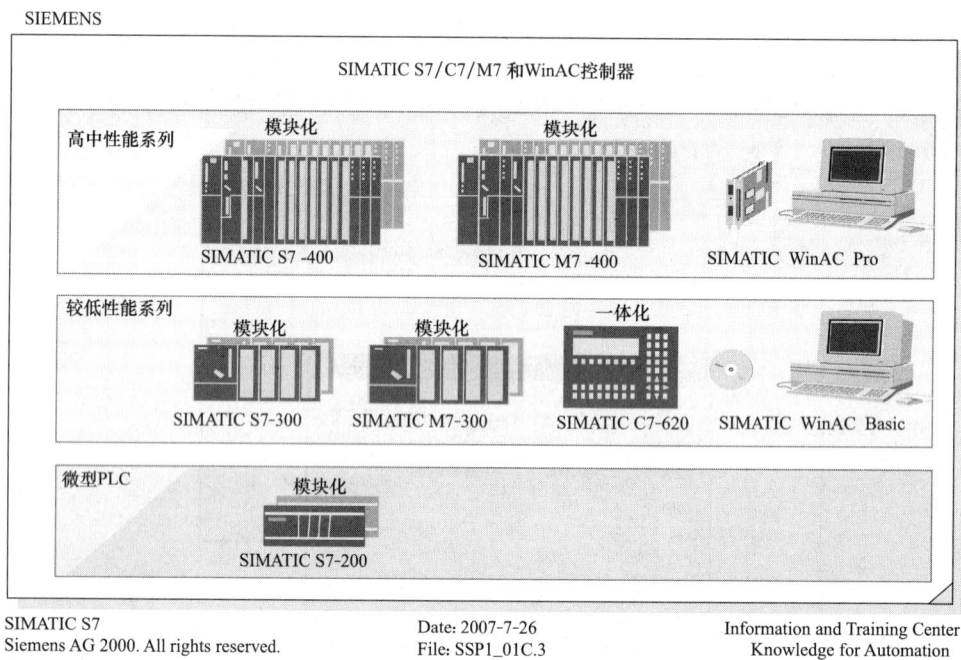

Date: 2007-7-26
File: SSP1_01C.3

Information and Training Center
Knowledge for Automation

图 4-1　西门子可编程控制器

SIMATIC S7 可编程控制器系列产品包括微型 PLC（S7-200）系列、较低性能系列（S7-300）和中/高性能系列（S7-400）。S7-200 是针对低性能要求的小型 PLC。S7-300 是模块式中小型 PLC，最多可以扩展 32 个模块。S7-400 是大型 PLC，可以扩展 300 多个模块。S7-300/400 可以组成 MPI、PROFIBUS 和工业以太网等。

SIMATIC M7 PLC 系统将 AT 兼容机的性能引入 PLC，或相反，将 PLC 的功能加入计算机中并保持熟悉的编程环境。M7-300 和 M7-400 自动化计算机通过开放硬件和软件平台的方法扩展了 PLC 的功能。它们包括一个 AT 兼容机,并在实时多任务操作系统 RMOS 支持下工作。M7 总是用于需要高的计算性能、数据管理和显示的场合。

M7-300/400 采用与 S7-300/400 相同的结构,它可以作为 CPU 或功能模块使用。具有 AT 兼容计算机的功能,可以用 C,C++或 CFC 等语言来编程。

一个 SIMATIC C7 的完整系统是由一个 PLC(S7-300)、一个 HMI 操作面板和过程监视系统组成的。将 PLC 与操作面板集成在一起可使整个控制设备体积更小、价格更优。

WinAC 是一个基于计算机的解决方案,它用于各种控制任务(控制、显示、数据处理)都由计算机完成的场合。

第二节　SIMATIC S7-300 PLC 硬件构成

一、S7-300 PLC 的组成

S7-300 PLC 主要组成部分有导轨(RACK)、电源模块(PS)、中央处理单元 CPU 模块、接口模块(IM)、信号模块(SM)、功能模块(FM)等,如图 4-2 所示。S7-300 的 CPU 模块(简称为 CPU)都有一个编程用的 RS-485 接口,有的有 PROFIBUS-DP 接口或 PtP 串行通信接口,可以建立一个 MPI(多点接口)网络或 DP 网络。通过 MPI 网或 DP 网络的接口直接与编程器 PG、操作员面板 OP 和其他 S7PLC 相连。

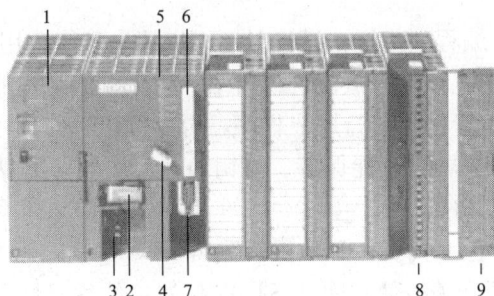

图 4-2　S7-300 PLC 的组成

1—电源模块;2—后备电池;3—24V DC 连接器;4—模式开关;5—状态和故障指示灯
6—存储器卡(CPU 313 以上);7—MPI 多点接口;8—前连接器;9—前盖

二、S7-300 CPU 的分类和使用

1. S7-300 CPU 的功能分类

(1)紧凑型 CPU:CPU 312C,CPU 313C,CPU 313C-PtP,CPU 313C-2DP,CPU 314C-PtP 和 CPU 314C-2DP。各 CPU 均有计数、频率测量和脉冲宽度调制功能。有的有定位功能,有的带有 I/O。

(2)标准型 CPU:CPU 312,CPU 313,CPU 314,CPU 315,CPU 315-2DP 和 CPU 316-2DP。

(3)户外型 CPU:CPU 312 IFM,CPU 314 IFM,CPU 314 户外型和 CPU 315-2DP。在恶劣的环境下使用。

(4)高端 CPU:CPU 317-2DP 和 CPU 318-2DP。

(5)故障安全型 CPU:CPU 315F。

2. S7-300 功能

S7-300 功能最强的 CPU 的 RAM 为 512KB，最大 8192 个存储器位，512 个定时器和 512 个计数器，数字量最大 65 536，模拟量通道最大为 4096，有 350 多条指令。计数器的计数范围为 1～999，定时器的定时范围为 10ms～9990s。

（1）模块诊断功能。可以诊断出以下故障：失压，熔丝熔断，看门狗故障，EPROM、RAM 故障。模拟量模块共模故障、组态/参数错误、断线、上下溢出。

（2）过程中断。数字量输入信号上升沿、下降沿中断，模拟量输入超限，CPU 暂停当前程序，处理 OB40。

3. 状态与故障显示 LED

（1）SF（系统出错/故障显示，红色）：CPU 硬件故障或软件错误时亮。

（2）BATF（电池故障，红色）：电池电压低或没有电池时亮。

（3）DC 5V（+5V 电源指示，绿色）：5V 电源正常时亮。

（4）FRCE（强制，黄色）：至少有一个 I/O 被强制时亮。

（5）RUN（运行方式，绿色）：CPU 处于 RUN 状态时亮；重新启动时以 2Hz 的频率闪亮；HOLD（单步、断点）状态时以 0.5Hz 的频率闪亮。

（6）STOP（停止方式，黄色）：CPU 处于 STOP，HOLD 状态或重新启动时常亮。

（7）BUSF（总线错误，红色）。

4. 模式选择开关

（1）RUN-P（运行—编程）位置：运行时还可以读出和修改用户程序，改变运行方式。

（2）RUN（运行）位置：CPU 执行、读出用户程序，但是不能修改用户程序。

（3）STOP（停止）位置：不执行用户程序，可以读出和修改用户程序。

（4）MRES（清除存储器）：不能保持。将钥匙开关从 STOP 状态搬到 MRES 位置，可复位存储器，使 CPU 回到初始状态。

复位存储器操作：通电后从 STOP 位置扳到 MRES 位置，STOP LED 熄灭 1s，亮 1s，再熄灭 1s 后保持。放开开关，使它回到 STOP 位置，然后又回到 MRES，STOP LED 以 2Hz 的频率至少闪动 3s，表示正在执行复位，最后 STOP LED 一直亮。

PLC 使用的物理存储器：RAM、ROM、快闪存储器（Flash EPROM）和 EEPROM。

三、S7-300 的输入/输出模块

1. 数字量输入/输出模块

输入/输出模块统称为信号模块（SM）。前连接器插在前盖后面的凹槽内，一个编码元件与之啮合，该连接器只能插入同类模块。典型数字量输入/输出模块电路如图 4-3 和图 4-4 所示。

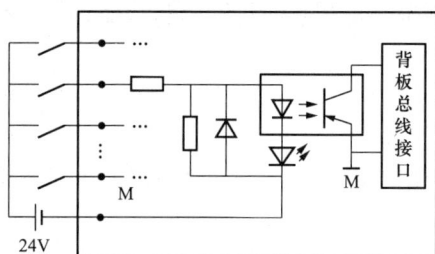

图 4-3　数字量输入模块

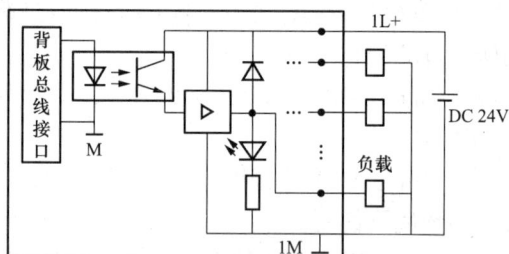

图 4-4　数字量输出模块

2. 模拟量模块

下面以 SM331 模拟量输入模块为例介绍模拟量模块的使用。

（1）通过量程卡上的适配开关可以设定测量的类型和范围。

没有量程卡的模拟量模块具有适应电压和电流测量的不同接线端子，这样，通过正确地连接有关端子可以设置测量的类型。

具有适配开关的量程卡安放在模块的左侧。在安装模块前必须正确地设置它。允许的设置为 A、B、C 和 D。关于设置不同的测量类型及测量范围的简要说明印在量程卡上。在一些模块上，几个通道被组合在一起构成一个通道组。此时，适配开关的设置应用于整个通道组，如图 4-5 所示。

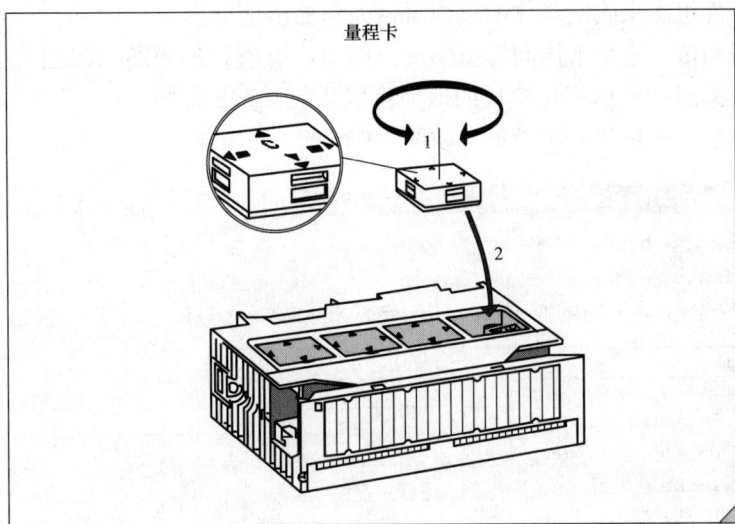

图 4-5　设置测量类型

模拟量输入模块测量的类型和范围如表 4-1、表 4-2 所示。

表 4-1　　　　　　　　　　　　双 极 性 测 量 的 范 围

范围	双 极 性					
	百分比	十进制	十六进制	±5V	±10V	±20VmA
上溢出	118.515%	32 767	7FFFH	5.926V	11.851V	23.70mA
超出范围	117.589%	32 511	7EFFH	5.879V	11.759V	23.52mA
正常范围	100.000&	27 648	6C00H	5V	10V	20mA
	0%	0	0H	0V	0V	0mA
	−100.000%	−27 648	9400H	−5V	−10V	−20mA
低于范围	−117.593%	−32 512	8100H	−5.879V	−11.759V	−23.52mA
下溢出	−118.519%	−32 768	8000H	−5.926V	−11.851V	−23.70mA

表 4-2　　　　　　　　　　　　单 极 性 测 量 的 范 围

范围	单 极 性					
	百分比	十进制	十六进制	0～10V	0～20mA	4～20mA
上溢出	118.515%	32 767	7FFFH	11.852V	23.70mA	22.96mA
超出范围	117.589%	32 511	7EFFH	11.759V	23.52mA	22.81mA
正常范围	100.000&	27 648	6C00H	10V	20mA	20mA
	0%	0	0H	0V	0mA	4mA
低于范围	−17.593%	−4864	ED00H	—	−3.52mA	1.185mA

（2）地址范围 S7-300 为模拟量输入和输出保留了特定的地址区域，以便与数字模块的输入、输出映像区的地址（PII/PIQ）区分开。地址从字节 256 开始，每个模拟量通道占 2 字节。可通过硬件组态来确定具体的模拟量输入和输出地址。

可以用装载和传送指令来访问模拟模块，例如：指令 L PIW256 读取机架 0 上第一个模块的 1 通道的值。S7-400 模拟量模块的地址区域从字节 512 开始。

（3）模拟量输入模块的参数设置，如图 4-6 所示。

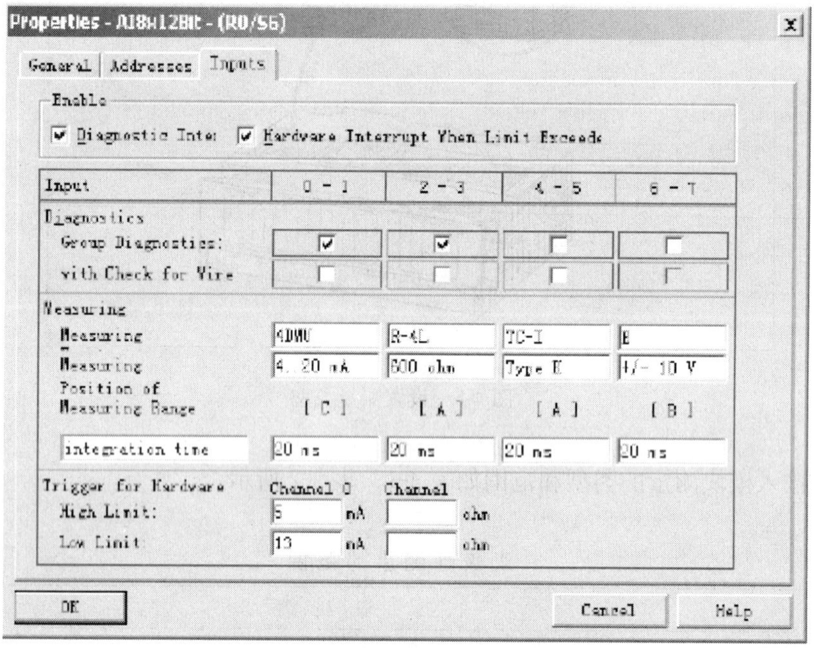

图 4-6　模拟量输入模块的参数设置

1）模块诊断与中断的设置。

2）模块测量范围的选择。4DMU 是 4 线式传感器电流测量，R-4L 是 4 线式热电阻，TC-I 是热电耦，E 表示测量种类为电压。未使用某一组的通道应选择测量种类中的 Deactivated（禁止使用）。

3）模块测量精度与转换时间的设置。SM 331 采用积分式 A/D 转换器，积分时间直接影响到 A/D 转换时间、转换精度和干扰抑制频率。为了抑制工频频率，一般选用 20ms 的积分时间。

4）设置模拟值的平滑等级。在平滑参数的四个等级（无，低，平均，高）中进行选择。

（4）设置的对称的电压或电流的范围。可设置的对称的电压或电流的范围：（对称的）
$\pm80mV$、$\pm2.5V$、$\pm3.2mA$、$\pm250mV$、$\pm5V$、$\pm10mA$、$\pm500mV$、$\pm10V$、$\pm20mA$、
$\pm1V$。

转换结果的额定范围$-27\,648\sim+27\,648$。

可设置的不对称的电压或电流的范围：（不对称的）$0\sim2V$、$0\sim20mA$、$1\sim5V$、$4\sim20mA$。

转换结果的额定范围$0\sim+27\,648$。

可设置的电阻值的范围：$0\sim150\,\Omega$、$0\sim300\,\Omega$、$0\sim600\,\Omega$。

转换结果的额定范围$0\sim+27\,648$。

如果温度用热电阻或热电偶来测量。转换结果的额定值用温度的十倍值表示，如表4-3所示。

表4-3　　　　　　　　　　热电阻或热电偶测量温度范围和转换结果

传感器	温度范围	转换结果的额定范围
Pt 100	$-200\sim+850℃$	$-2000\sim+8500$
Ni 100	$-60\sim+250℃$	$-600\sim+2500$
K型热电偶	$-270\sim+1372℃$	$-2700\sim+13\,720$
N型热电偶	$-270\sim+1300℃$	$-2700\sim+13\,000$
J型热电偶	$-210\sim+1200℃$	$-2100\sim+12\,000$
E型热电偶	$-270\sim+1000℃$	$2700\sim+10\,000$

四、S7-300 模块地址的确定

CPU315一个机架上最多只能安装8个信号模块或功能模块，最多可以扩展为4个机架。中央处理单元总是在0机架的2号槽位上，1号槽安装电源模块，3号槽总是安装接口模块，槽号4～11，可自由分配信号模块、功能块。

数字I/O模块每个槽划分为4B（等于32个I/O点），模拟I/O模块每个槽划分为16B（等于8个模拟量通道），每个模拟量输入或输出通道的地址总是一个字地址。数字量模块从0号机架的4号槽开始，每个槽位分配4个字节的地址，32个I/O点。模拟量模块一个通道占一个字地址。从IB256开始，给每一个模拟量模块分配8个字。一个数字量模板的输入或输出地址由字节地址和位地址组成。字节地址取决于其模板起始地址。模拟量输入或输出通道的地址总是一个字地址。通道地址取决于模板的起始地址，如表4-4所示。可以使用STEP7进行硬件组态，设置或修改模块地址。

表4-4　　　　　　　　　　　　　模 块 地 址 分 配

机架	模板起始地址	槽 号								
		1	2	3	4	5	6	7	8	9	10	11
0	数字量 模拟量	PS	CPU	IM	0 256	4 272	8 288	12 304	16 320	20 336	24 352	28 368
1	数字量 模拟量	—		IM	32 384	36 400	40 416	44 432	48 448	52 464	56 480	60 496
2	数字量 模拟量	—		IM	64 512	68 528	72 544	76 560	80 576	84 592	88 608	92 624
3	数字量 模拟量	—		IM	96 640	100 656	104 672	108 688	112 704	116 720	120 736	124 752

第三节 S7-300 PLC 组织块与存储区

一、S7-300 编程方式简介

S7-300 PLC 的编程软件是 STEP 7。用户程序由组织块（OB）、功能块（FB，FC）、数据块（DB）构成。OB 是系统操作程序与用户应用程序在各种条件下的接口，用于控制程序的运行。OB1 是主程序循环块，在任何情况下，它都是需要的。功能块（FB，FC）实际上是用户子程序，分为带"记忆"的功能块 FB 和不带"记忆"的功能块 FC。前者有一个数据结构与该功能块的参数表完全相同的数据块（DB），附属于该功能块，并随着功能块的调用而打开，随着功能块的结束而关闭。该附属数据块（DB）叫做背景数据块，存在背景数据块中的数据在 FB 块结束时继续保持，也即被"记忆"。功能块 FC 没有背景数据块，在 FC 完成操作后数据不能保持。数据块（DB）是用户定义的、用于存放数据的存储区。S7 CPU 还提供标准系统功能块（SFB，SFC）。

二、组织块与中断处理

1. 组织块与中断处理的定义

组织块是操作系统与用户程序之间的接口。用组织块可以响应延时中断、外部硬件中断和错误处理等。

中断处理用来实现对特殊内部事件或外部事件的快速响应。CPU 检测到中断请求时，立即响应中断，调用中断源对应的中断程序（OB）。执行完中断程序后，返回被中断的程序。中断源包括 I/O 模块的硬件中断和软件中断，例如日期时间中断、延时中断、循环中断和编程错误引起的中断。

中断优先级的顺序（后面的比前面的优先）：背景循环、主程序扫描循环、日期时间中断、时间延时中断、循环中断、硬件中断、多处理器中断、I/O 冗余错误、异步故障（OB80~87）、启动和 CPU 冗余，背景循环的优先级最低。日期时间中断和延时中断有专用的允许处理中断和禁止中断的系统功能（SFC）。SFC 39 DIS_INT 用来禁止所有的中断、某些优先级范围的中断或指定的某个中断。SFC 40 EN_INT 用来激活（使能）新的中断和异步错误处理。如果用户希望忽略中断，可以下载一个只有块结束指令的空 OB。

2. 组织块的分类

组织块只能由操作系统启动，它由变量声明表和用户编写的控制程序组成。可分为以下几类：

（1）启动组织块 OB100~OB102。

（2）循环执行的组织块。

（3）定期执行的组织块。

（4）事件驱动的组织块延时中断、硬件中断、异步错误中断 OB80~OB87，同步错误中断 OB121 和 OB122。

3. 日期时间中断组织块（OB10~OB17）

CPU 可以使用的日期时间中断 OB 的个数与 CPU 的型号有关。S7-300 只能用 OB10。可以在某一特定的日期和时间执行一次，也可以从设置的日期时间开始，周期性地重复执行，例如每分钟、每小时、每天甚至每年执行一次。可以用 SFC 28~SFC 30 取消、重新设置或激活日期时间中断。

4. 延时中断组织块（OB20～OB23）

用于在用户程序中编写定时执行的程序，延时中断以 ms 为单位定时。CPU 可以使用的延时中断 OB 的个数与 CPU 的型号有关。用 SFC 32 SRT＿DINT 启动，经过设置的时间触发中断，调用 SFC 32 指定的 OB。延时中断可以用 SFC 33 CAN＿DINT 取消。用 SFC 34 QRY＿DINT 查询延时中断的状态。

5. 循环中断组织块（OB30～OB38）

用于按一定的时间间隔中断循环程序的执行，CPU 可以使用的日期时间中断 OB 的个数与 CPU 的型号有关。设 OB38 和 OB37 的时间间隔分别为 10ms 和 20ms，它们的相位偏移分别为 0ms 和 3ms。OB38 分别在 10ms，20ms，……，60ms 时产生中断，而 OB37 分别在 23ms，43ms，63ms 时产生中断。可以用 SFC 40 和 SFC 39 来激活和禁止循环中断。

6. 硬件中断组织块（OB40～OB47）

硬件中断组织块（OB40～OB47）用于快速响应信号模块（SM，即输入/输出模块）、通信处理器（CP）和功能模块（FM）的信号变化。硬件中断被模块触发后，操作系统将自动识别是哪一个槽的模块和模块中哪一个通道产生的硬件中断。硬件中断 OB 执行完后，将发送通道确认信号。

如果正在处理某一中断事件，又出现了同一模块同一通道产生的完全相同的中断事件，新的中断事件将丢失。如果正在处理某一中断信号时同一模块中其他通道或其他模块产生了中断事件，当前已激活的硬件中断执行完后，再处理暂存的中断。

7. 启动组织块（OB100～OB102）

在暖启动、热启动或冷启动时，操作系统分别调用 OB100，OB101 或 OB102。

8. 异步错误组织块（OB70～OB87/OB121～OB122）

S7-300/400 有很强的错误（或称故障）检测和处理能力。PLC 内部的功能性错误或编程错误，而不是外部设备的故障。CPU 检测到错误后，操作系统调用对应的组织块，用户可以在组织块中编程，对发生的错误采取相应的措施。对于大多数错误，如果没有给组织块编程，出现错误时 CPU 将进入 STOP 模式。

为避免发生某种错误时 CPU 进入停机状态，可以在 CPU 中建立一个对应的空的组织块。错误组织块如表 4-5 所示。

表 4-5　　　　　　　　　　　错 误 处 理 组 织 块

OB 号	错误类型	OB 号	错误类型
OB 70	I/O 冗余错误（仅 H 系列 CPU）	OB 83	插入/取出模块中断
OB 72	CPU 冗余错误（仅 H 系列 CPU）	OB 84	CPU 硬件故障
OB 73	通信冗余错误（仅 H 系列 CPU）	OB 85	优先级错误
OB 80	时间错误	OB 86	机架故障或分布式 I/O 的站故障
OB 81	电源故障	OB 87	通信错误
OB 82	诊断中断		

三、S7-300 PLC 的存储区

1. 存储区的分类

S7-300 CPU 有 3 个基本存储区：

（1）系统存储区：RAM 类型，用于存放操作数据（I/O、位存储、定时器、计数器等）。

（2）装载存储区：物理上是 CPU 模块中的部分 RAM，加上内置的 EEPROM 或选用的可拆卸 FEPROM 卡，用于存放用户程序。

（3）工作存储区：物理上是占用 CPU 模块中的部分 RAM，其存储内容是 CPU 运行时所执行的用户程序单元（逻辑块和功能块）的复制件。

2. 存储区的功能

CPU 程序所能访问的存储区为系统存储区的全部、工作存储区中的数据块 DB、暂时局部数据存储区、外部设备 I/O 存储区等。存储区的功能如表 4-6 所示。

表 4-6 　　　　　　　　　　　　　　程序可访问的存储区及功能

名称	存储区	存储区功能
输入（I）	输入过程映像表	扫描周期开始，操作系统读取过程输入值并录入表中，在处理过程中，程序使用这些值 每个 CPU 周期，输入存储区在输入映像表中所存放的输入状态值，它们是外部设备输入存储区头 128B 的映像，I 和 Q 均以按位、字节、字和双字来存取，例如 I0.0、IB0、IW0 和 ID0
输出（Q）	输出过程映像表	在扫描周期中，程序计算输出值并存放该表中，在扫描周期结束后，操作系统从表中读取输出值，并传送到过程输出口，过程输出映像表是外部设备输出存储区的头 128B 的映像
位存储区（M）	存储位	存放程序运算的中间结果
外部设备输入（PI） 外部设备输出（PQ）	I/O：外部设备输入 I/O：外部设备输出	外部设备存储区允许直接访问现场设备（物理的或外部的输入和输出），外部设备存储区可以按字节、字和双字格式访问，但不可以按位方式访问
定时器（T）	定时器	为定时器提供存储区 计时时钟访问该存储区中的计时单元，并以减法更新计时值 定时器指令可以访问该存储区和计时单元，时间值可以用二进制或 BCD 码方式读取
计数器（C）	计数器	为计数器提供存储区，计数指令访问该存储区，计数值（0～999）可以用二进制或 BCD 码方式读取
临时本地数据（L）	本地数据堆栈（L 堆栈）	在 FB、FC 可在 OB 运行时设置。在块变量声明表中声明的暂时变量存在该存储区中，提供空间以传送某些类型参数和存放梯形图的中间结果。块结束执行时，临时本地存储区再行分配。不同的 CPU 提供不同数量的临时本地存储区
数据块（DB）	数据块	DB 块存放程序数据信息，可被所有逻辑块公用（"共享"数据块）或（被 FB 特定占用"背景"数据块），如 DBX2.3、DBB5、DBW10 和 DBD12

第四节　S7-300 PLC 进制数和数据类型

一、S7-300 PLC 制数

1. 二进制数

二进制数的 1 位（bit）只能取 0 和 1 这两个不同的值，用来表示开关量的两种不同的状态。该位的值与线圈、触点的关系。

如二进制常数：2#1111_0110_1001_0001。

2. 十六进制数

十六进制的 16 个数字是 0～9 和 A～F，每个占二进制数的 4 位。如 B#16#，W#16#，DW#16#，W#16#13AF（13AFH），逢 16 进 1。

3. BCD 码

BCD 码用 4 位二进制数表示一位十进制数，十进制数 9 对应的二进制数为 1001。BCD 码实际上是十六进制数，但是各位之间逢十进一。

二、基本数据类型

（1）位（bit）。位数据的数据类型为 BOOL（布尔）型，如图 4-7 所示。

（2）字节（byte）。8 位数据，取值范围为 0～256，如图 4-7 所示。

（3）字（word）表示无符号数。取值范围为 W#16#0000～W#16#FFFF，如图 4-8 所示。

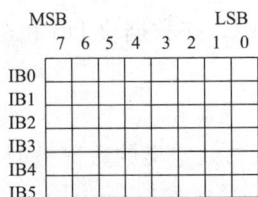

图 4-7　位、字节

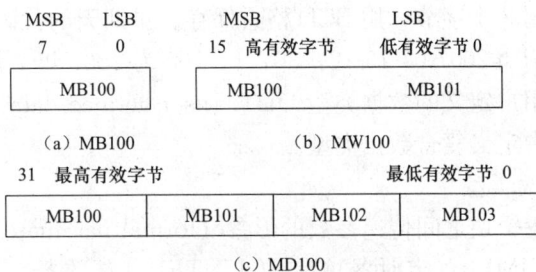

图 4-8　字节、字和双字

（4）双字（double word）表示无符号数。范围 DW#16#0000_0000～DW#16#FFFF_FFFF。

（5）16 位整数（INT，integer）是有符号数，补码。最高位为符号位，为 0 时为正数，取值范围为 -32 768～32 767。

（6）32 位整数（DINT，double integer）。最高位为符号位，取值范围为 -2 147 483 648～2 147 483 647。

（7）32 位浮点数。浮点数又称实数（real），表示为 $1.m \times 2^E$，例如 123.4 可表示为 1.234×10^2。

浮点数的表示范围为 $\pm 1.175\ 495 \times 10^{38} \sim \pm 3.402\ 823 \times 10^{38}$。用很小的存储空间（4 个字节）可以表示非常大和非常小的数。PLC 输入和输出的数值大多是整数，浮点数的运算速度比整数运算得慢。

（8）常数。L# 为 32 位双整数常数，例如 L#+6。

P# 为地址指针常数，例如 P#M4.0 是 M4.0 的地址。

S5T# 是 16 位 S5 时间常数，格式为 S5T#aD_bH_cM_dS_eMS。S5T#6S30MS=6s30ms，取值范围为 S5T#0～S5T#2H_46M_30S_0MS（9990s），时间增量为 10ms。

C# 为计数器常数（BCD 码），例如 C#250。

8 位 ASCII 字符用单引号表示，例如 'ABC'。

T♯为带符号的 32 位 IEC 时间常数，例如 T♯1D＿12H＿30M＿0S＿250MS，时间增量为 1ms。

DATE 是 IEC 日期常数，例如 D♯2004-1-15。取值范围为 D♯1990-1-1～D♯2168-12-31。

TOD♯是 32 位实时时间（time of day）常数，时间增量为 1ms，例如 TOD♯23：50：45.300。

B（b1，b2）、B（b1，b2，b3，b4）用来表示 2 个字节或 4 个字节常数。

三、复合数据类型与参数类型

1. 复合数据类型

通过组合基本数据类型和复合数据类型可以生成下面的数据类型：

（1）数组（ARRAY）将一组同一类型的数据组合在一起，形成一个单元。

（2）结构（STRUCT）将一组不同类型的数据组合在一起，形成一个单元。

（3）字符串（STRING）是最多有 254 个字符（CHAR）的一维数组。

（4）日期和时间（DATE＿AND＿TIME）用于存储年、月、日、时、分、秒、毫秒和星期，占用 8 个字节，用 BCD 格式保存。星期天的代码为 1，星期一～星期六的代码为 2～7。例如 DT♯2007-07-15-12：30：15.200 为 2007 年 7 月 15 日 12 时 30 分 15.2 秒。

（5）用户定义的数据类型 UDT（user-defined data types）。在数据块 DB 和逻辑块的变量声明表中定义复合数据类型。

2. 参数类型

为在逻辑块之间传递参数的形参（formal parameter，形参）定义的数据类型：

（1）TIMER（定时器）和 COUNTER（计数器）：对应的实参（actual parameter，实际参数）应为定时器或计数器的编号，例如 T3，C21。

（2）BLOCK（块）：指定一个块用作输入和输出，实参应为同类型的块。

（3）POINTER（指针）：指针用地址作为实参，例如 P♯M50.0。

（4）ANY：用于实参的数据类型未知或实参可以使用任意数据类型的情况，占 10 个字节。

第五节　S7-300 PLC 指令结构

指令是程序的最小独立单位，用户程序是由若干条顺序排列的指令构成的。

一、指令的组成

1. 语句指令

语句指令用助记符表示 PLC 要完成的操作。

指令：操作码＋操作数

操作码用来指定要执行的功能，告诉 CPU 该进行什么操作；操作数内包含为执行该操作所必需的信息，告诉 CPU 用什么地方的数据来执行此操作。

2. 梯形图指令

梯形图指令用图形元素表示 PLC 要完成的操作。在梯形图指令中，其操作码是用图素表示的，该图素形象表明 CPU 做什么，其操作数的表示方法与语句指令相同。

二、操作数

1. 标识符

标识符有 I、Q、PI、PQ、M、T、C、L、DB 几种。其中，I 表示输入过程映像存储区，Q 表示输出过程映像存储区，PI 表示外部输入，PQ 表示外部输出，M 表示位存储区，T 表示定时器，C 表示计数器，L 表示本地数据，DB 表示数据块，B 表示字节，W 表示字，D 表示双字。

PLC 物理存储器是以字节为单位的，当操作数长度是字或双字时，标识符后给出的标识参数是字或双字内的最低字节单元号。当使用宽度是字或双字的地址时，应保证没有生成任何重叠的字节分配，以免造成数据读写错误。

2. 操作数的表示法

操作数既可以用物理地址（绝对地址），又可以用符号地址〔必须先定义后使用，而且符号名必须是唯一的，符号名最长可达 24 个字符，引号（" "）不允许使用〕表示。可以输入注释，简单地解释该符号的功能（最多 80 个字符）。

使用菜单命令 View→Display→Symbolic Representation，可以在所有声明的符号地址和绝对地址之间进行切换。

三、寻址方式

寻址方式是指令得到操作数的方式。S7 寻址方式有立即寻址（操作数本身直接包含在指令中），直接寻址（指令中直接给出操作数的存储单元地址），存储器间接寻址，寄存器间接寻址四种。

S7 指令的操作对象包括常数，S7 状态字中的状态位，S7 的各种寄存器，功能块 FB、FC 和系统功能块 SFB、SFC、S7 的各存储区中的单元。

四、状态字

状态字用于表示 CPU 执行指令时所具有的状态，如图 4-9 所示。

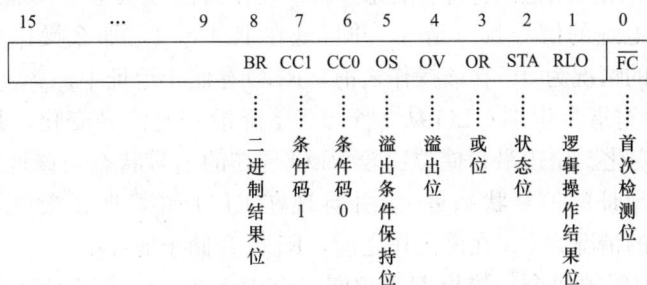

图 4-9 状态字

第六节　SIMATIC S7-300 PLC 指令

一、位逻辑指令

位逻辑指令用于二进制数的逻辑运算。位逻辑运算的结果简称为 RLO。

1. 触点与线圈

A（and，与）指令来表示串联的动断触点。

O（or，或）指令来表示并联的动断触点。

AN（and not，与非）来表示串联的动合触点。

ON（or not）来表示并联的动合触点。

触点与输出指令如图 4-10 所示。

2. 取反触点

取反触点如图 4-11 所示。

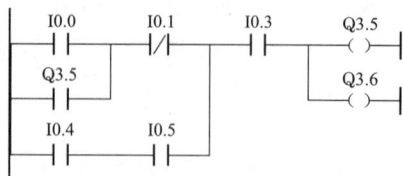

图 4-10　触点与输出指令　　　　图 4-11　取反触点

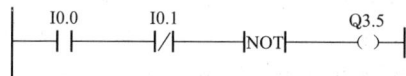

3. RLO 上升沿、下降沿检测指令

RLO 上升沿、下降沿检测指令如表 4-7 所示。

表 4-7　　　　　　　　　　　　　　RLO 上升沿、下降沿检测指令

LAD 指令	STL 指令	功能	操作数	数据类型	存储区
<位地址> -（P）-	FP<位地址>	RLO 上升沿检测	<位地址>存储旧 RLO 的边沿存储位	BOOL	I，Q，M，D，L
<位地址> -（N）-	FN<位地址>	RLO 下降沿检测	<位地址>	BOOL	I，Q，M，D，L

RLO 上升沿检测指令识别 RLO 从 0 至 1（上升沿）的信号变化，并且在操作之后以 RLO=1 表示这一变化。用边沿存储位比较 RLO 现在的信号状态与该地址上周期的信号状态，如果操作之前地址的信号状态是 0，并且现在 RLO=1，那么操作之后，RLO 将为 1（脉冲），所有其他的情况为 0。在该操作之前，RLO 存储于地址中。

RLO 下降沿检测指令识别 RLO 从 1 至 0（下降沿）的信号变化，并且在操作之后以 RLO=1 表示这一变化。用边沿存储位比较 RLO 现在的信号状态与该地址上周期的信号状态，如果操作之前地址的信号状态是 1，并且现在 RLO=0，那么操作之后，RLO 将为 1（脉冲），所有其他的情况为 0。在该操作之前，RLO 存储于地址中。

如果 RLO 在相邻的两个扫描周期中相同（全为 1 或 0），那么 FP 或 FN 语句把 RLO 位清 0。

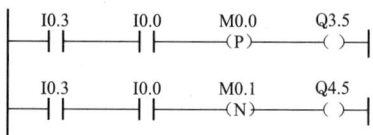

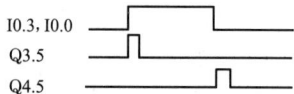

图 4-12　上升沿与下降沿检测

上升沿与下降沿检测如图 4-12 所示。

4. 地址上升沿、下降沿检测指令

地址上升沿、下降沿检测指令如图 4-13 所示。

地址上升沿检测指令将<位地址 1>的信号状态与存储在<位地址 2>中的先前信号状态检查时的信号状态比较。如果有从 0 至 1 的变化的话，输出 Q 为 1，否则为 0。

地址上升沿检测	参 数	数据类型	存储区
〈位地址1〉	位地址1被检测的位	BOOL	L, Q, M, D, L
POS Q M_BIT	位地址2存储被检测位上一个扫描周期的状态	BOOL	Q, M, D
〈位地址2〉	Q单稳输出	BOOL	I, Q, M, D, L

地址下降沿检测	参 数	数据类型	存储区
〈位地址1〉	位地址1被检测的位	BOOL	L, Q, M, D, L
NEG Q M_BIT	位地址2存储被检测位上一个扫描周期的状态	BOOL	Q, M, D
〈位地址2〉	Q单稳输出	BOOL	I, Q, M, D, L

图 4-13 地址上升沿、下降沿检测指令

地址下降沿检测指令将＜位地址 1＞的信号状态与存储在＜位地址 2＞中的先前信号状态检查时的信号状态比较。如果有从 1 至 0 的变化的话，输出 Q 为 1，否则为 0。

在梯形图中，地址跳变沿检测方块和 RS 触发器方块可被看作一个特殊动断触点。该动断触点的特性：若方块的 Q 为 1，触点闭合；若 Q 为 0，则触点断开。

上升下降沿检测指令在许多设备控制中广泛应用，如检测位置与行程中仅检测一次操作时，往往将该信号转换成上升沿或下降沿脉冲后再使用，上升沿脉冲可以表示到达信号，下降沿脉冲可以表示离开信号。

二、定时器指令

定时器可以提供等待时间或监控时间，定时器还可产生一定宽度的脉冲，也可测量时间。定时器是一种由位和字组成的复合单元，定时器的触点由位表示，其定时时间值存储在字存储器中。

S7 定时器的种类包括脉冲定时器（SP）、扩展脉冲定时器（SE）、接通延时定时器（SD）、保持型接通延时定时器（SS）、关断延时定时器（SF）。

1. 定时器组成

在 CPU 的存储器中留出了定时器区域，该区域用于存储定时器的定时时间值。每个定时器为 2B，称为定时字。在 S7-300 中，定时器区为 512B，因此最多允许使用 256 个定时器。S7 中定时时间由时基和定时值两部分组成，定时时间等于时基与定时值的乘积。当定时器运行时，定时值不断减 1，直至减到 0，减到 0 表示定时时间到。定时时间到后会引起定时器触点的动作。

定时器的第 0～11 位存放二进制格式的定时值，第 12、13 位存放二进制格式的时基。定时器字如图 4-14 所示。时基与定时范围如表 4-8 所示。

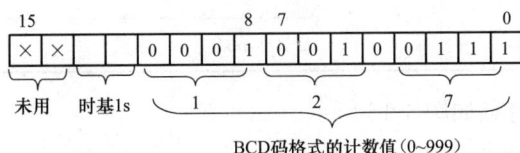

图 4-14 定时器字

65

表 4-8 时 基 与 定 时 范 围

时基	时基的二进制代码	分辨率	定时范围
10ms	00	0.01s	10ms～9s_990ms
100ms	01	0.1s	100ms～1m_39s_900ms
1s	10	1s	1s～16m_39s
10s	11	10s	10s～2h_46m_30s

在 CPU 内部，时间值以二进制格式存放，占定时器字的 0～9 位。可以按下列形式将时间预置值装入累加器的低位字：

（1）十六进制数 W♯16♯wxyz，其中的 W 是时间基准，xyz 是 BCD 码形式的时间值。

（2）S5T♯aH_bM_cS_Dms，例如 S5T♯18S。

时基代码为二进制数 00、01、10 和 11 时，对应的时基分别为 10ms、100ms、1s 和 10s。

2. 定时器启动与运行

PLC 中的定时器相当于时间继电器。在使用时间继电器时，要为其设置定时时间，当时间继电器的线圈通电后，时间继电器被启动。若定时时间到，继电器的触点产生动作。当时间继电器的线圈断电时，也将引起其触点的动作。该触点可以在控制线路中控制其他继电器。

3. 定时器启动指令

定时器启动指令如表 4-9 所示。

表 4-9 定 时 器 启 动 指 令

LAD 指令	STL 指令	功能
T no. —（SP） 时间值	SP T no.	启动脉冲定时器
T no. —（SE） 时间值	SE T no.	启动扩展脉冲定时器
T no. —（SD） 时间值	SD T no.	启动接通延时定时器
T no. —（SS） 时间值	SS T no.	启动保持型接通延时定时器
T no. —（SF） 时间值	SF T no.	启动关断延时定时器
	FR T no.	允许再启动定时器

各种定时器的工作特点如图 4-15 所示。

4. 定时器的梯形图方块指令

定时器的梯形图方块指令如图 4-16 所示。指令参数的数据类型如表 4-10 所示。

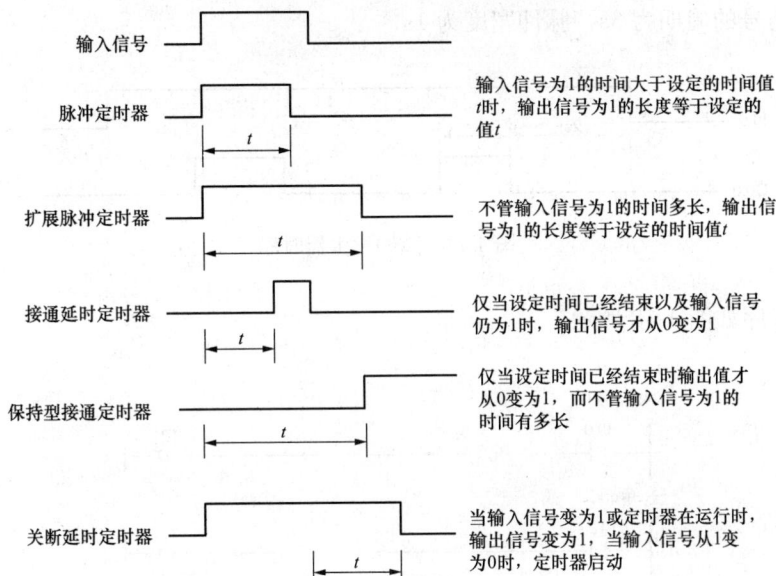

图 4-15　定时器的工作特点

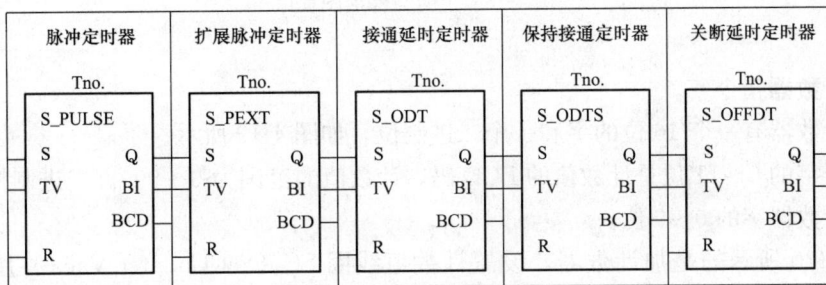

图 4-16　定时器的梯形图方块指令

表 4-10　　　　　　　　　　　　　　指令参数的数据类型

参　数	数据类型	存储区	说　明
N0.	TIMER	T	定时器标识号，与 CPU 有关
S	BOOL	I, Q, M, D, L	启动输入
TV	S5TIME	I, Q, M, D, L	设定定时时间（S5TIME 格式）
R	BOOL	I, Q, M, D, L	复位输入
Q	BOOL	I, Q, M, D, L	定时器状态输出
BI	WORD	I, Q, M, D, L	剩余时间输出（二进制格式）
BCD	WORD	I, Q, M, D, L	剩余时间输出（BCD 码格式）

5. 定时器应用举例

用定时器可构成脉冲发生器，这里用了两个定时器产生频率占空比均可设置的脉冲信号。如图 4-17 所示的脉冲发生器的时序图，当输入 I0.0 为 1 时，输出 Q0.0 为 1 或 0 交替进行，脉冲信号的周期为 3s，脉冲宽度为 1s。

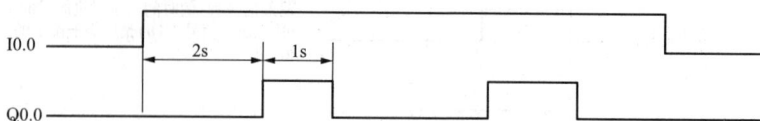

图 4-17　脉冲发生器时序

梯形图程序如图 4-18 所示。

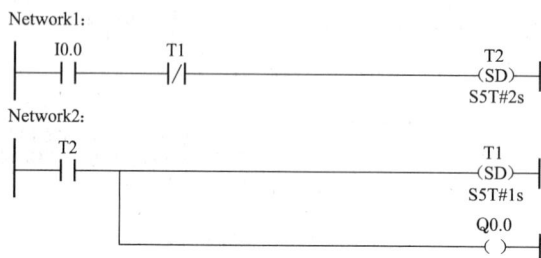

图 4-18　定时器梯形图程序

三、计数器指令

每个计数器有一个 16 位的字和一个二进制位，如图 4-19 所示。

计数器字的 0～11 位是计数值的 BCD 码，计数值的范围为 0～999。二进制格式的计数值只占用计数器字的 0～9 位。

如图 4-20 所示的是加计数器，设置计数值线圈 SC（Set Counter Value）用来设置计数值，在 RLO 的上升沿预置值被送入指定的计数器。CU 的线圈为加计数器线圈。在 I0.0 的上升沿，如果计数值小于 999，计数值加 1。复位输入 I0.3 为 1 时，计数器被复位，计数值被清 0。计数值大于 0 时计数器位（即输出 Q）为 1；计数值为 0 时，计数器位也为 0。

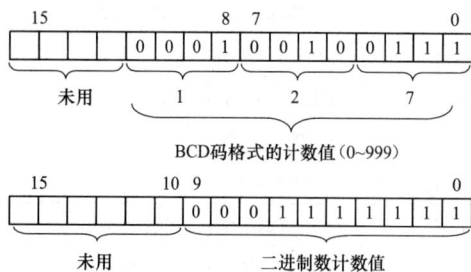

图 4-19　计数器字

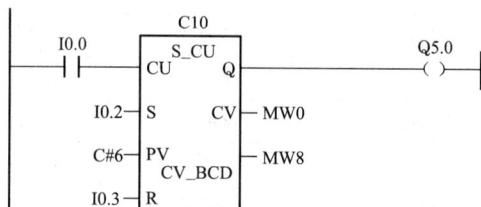

图 4-20　加计数器

四、比较指令

比较指令用于比较累加器 1 与累加器 2 中的数据大小，被比较的两个数的数据类型应该相同。如果比较的条件满足，则 RLO 为 1，否则为 0。状态字中的 CC0 和 CC1 位用来表示两个数的大于、小于和等于关系，如表 4-11 所示。

表 4-11 指令执行后的 CC1 和 CC0

CC1	CC0	比较指令	移位和循环移位指令	字逻辑指令
0	0	累加器 2＝累加器 1	移出位为 0	结果为 0
0	1	累加器 2＜累加器 1	—	—
1	0	累加器 2＞累加器 1	—	结果不为 0
1	1	非法的浮点数	移出位为 1	—

梯形图中的方框比较指令可以比较整数（I）、双整数（D）和浮点数（R）。方框比较指令在梯形图中相当于一个动断触点，可以与其他触点串联和并联。如图 4-21 所示，输入 I0.6 为 1 时，执行比较指令，当 MW2＜MW4 时，且 I0.3 为 1 时，Q4.1 得电为 1。

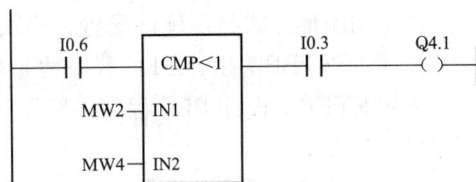

图 4-21 比较指令

第七节 STEP 7 编程软件的使用方法

一、STEP 7 概述

STEP 7 用于 S7、M7、C7、WinAC 的编程、监控和参数设置，STEP 7 V5.4 具有硬件配置和参数设置、通信组态、编程、测试、启动和维护、文件建档、运行和诊断等功能。

1. STEP 7 的硬件接口

可以采用 PC/MPI 适配器＋RS-232C 通信电缆，也可以采用计算机的通信卡 CP 5611（PCI 卡）、CP 5511 或 CP 5512（PCMCIA 卡）将计算机连接到 MPI 或 PROFIBUS 网络。计算机的工业以太网通信卡 CP 1512（PCMCIA 卡）或 CP 1612（PCI 卡），通过工业以太网实现计算机与 PLC 的通信。

STEP 7 的授权在软盘中。STEP 7 光盘上的程序 AuthorsW 用于显示、安装和取出授权。

2. STEP 7 的编程功能

（1）编程语言。有 3 种基本的编程语言：梯形图（LAD）、功能块图（FBD）和语句表（STL）。另外还有 S7-SCL（结构化控制语言）、S7-GRAPH（顺序功能图语言）、S7HiGraph 和 CFC。

（2）符号表编辑器。

（3）增强的测试和服务功能。能设置断点、强制输入和输出、多 CPU 运行（仅限于 S7-400）、重新布线、显示交叉参考表、状态功能、直接下载和调试块、同时监测几个块的状态等。程序中的特殊点可以通过输入符号名或地址快速查找。

（4）STEP 7 的帮助功能。按 F1 键便可以得到与它们有关的在线帮助。菜单命令 Help→

contents 进入帮助窗口。

3. STEP 7 的硬件组态与诊断功能

（1）系统组态：选择硬件机架，模块分配给机架中希望的插槽。

（2）CPU 的参数设置。

（3）模块的参数设置。可以防止输入错误的数据。

（4）网络连接的组态和显示。

（5）设置用 MPI 或 PROFIBUS-DP 连接的设备之间的周期性数据传送的参数。

（6）设置用 MPI、PROFIBUS 或工业以太网实现的事件驱动的数据传输，用通信块编程。

（7）快速浏览 CPU 的数据和用户程序在运行中的故障原因。

（8）用图形方式显示硬件配置、模块故障，显示诊断缓冲区的信息等。

4. 采用 STEP 7 设计 PLC 程序的一般步骤

采用 STEP 7 设计 PLC 程序一般需要以下步骤：

（1）建立项目。

（2）硬件组态及参数设定。

（3）组态硬件网络。

（4）编写符号。

（5）编写程序。

（6）编辑、调试程序。

二、STEP 7 新建工程

（1）启动 STEP 7。启动 Windows 以后，就会发现一个 SIMATIC Manager（SIMATIC 管理器）的图标，这个图标就是启动 STEP 7 的接口。

（2）新建工程 ddd，打开 SIMATIC 管理器后，在 ddd 图标上单击右键，Insert New Object | Simatic300Station，如图 4-22 所示。

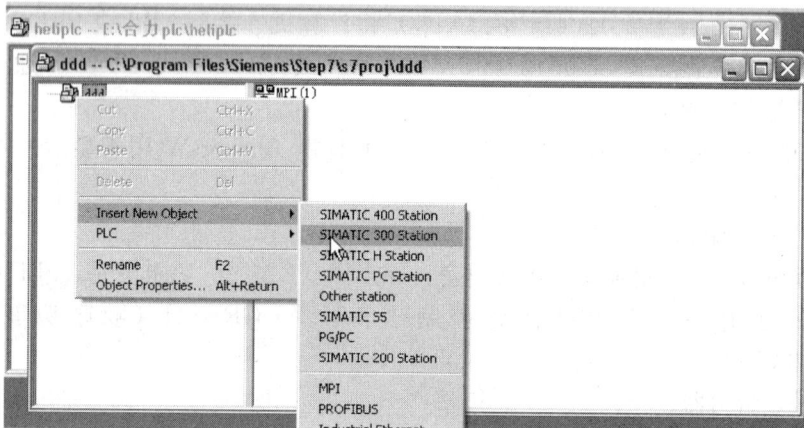

图 4-22　插入 SIMATIC300 Station

（3）单击 SIMATIC300 Station，在 Hardware 图标上单击鼠标右键，选择 Open Object

选项，或双击 Hardware 图标，进入硬件组态，如图 4-23 所示。

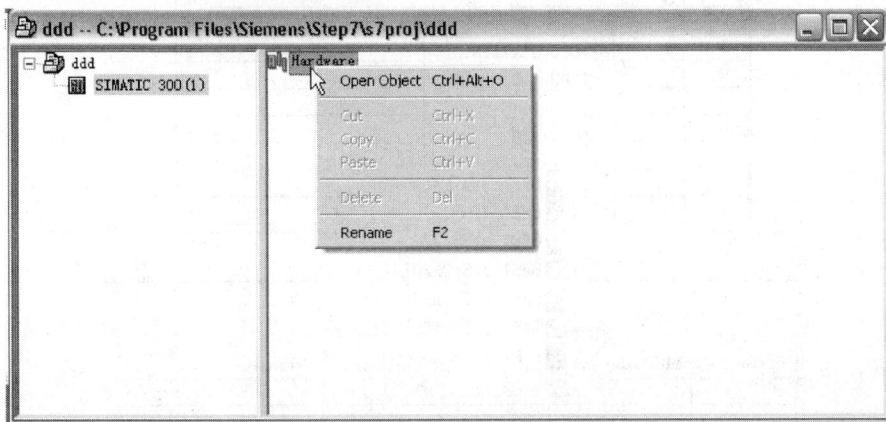

图 4-23 进入硬件组态

三、硬件组态与参数设置

（1）插入导轨，在右面对象库中找到 rail 对象拖到工作区就可以了，如图 4-24 所示。

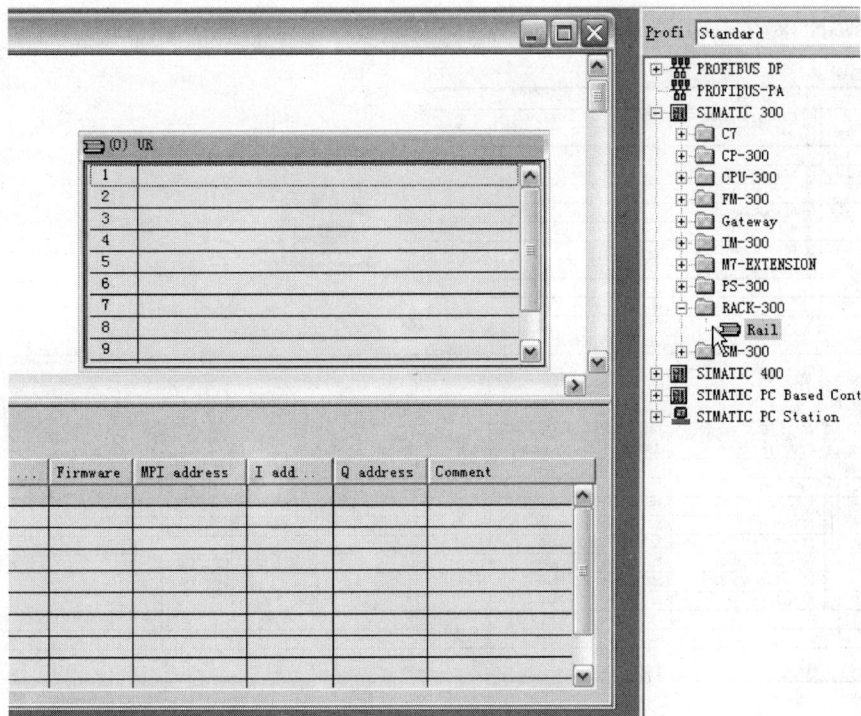

图 4-24 插入导轨

（2）插入 CPU，在右面对象库中找到 CPU 对象拖到工作区就可以了，或在右键弹出菜单中找，如图 4-25 所示。

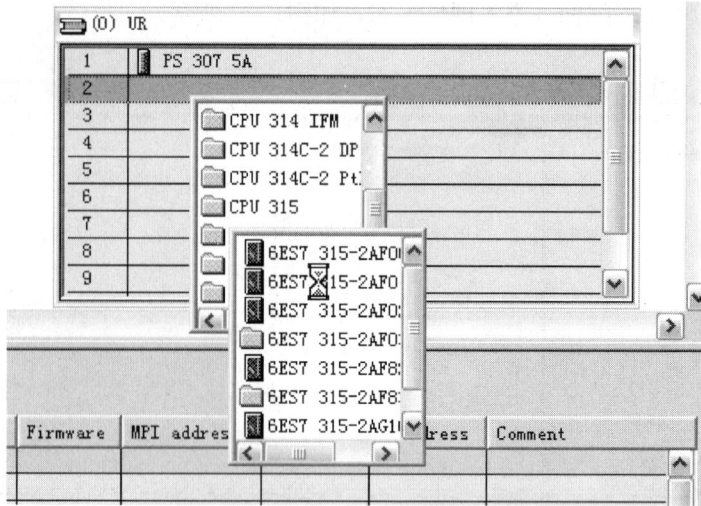

图 4-25　插入 CPU

（3）插入其他模块，可以看到输入/输出模块的默认地址，双击相应模块，可以修改地址和参数，如图 4-26 所示。

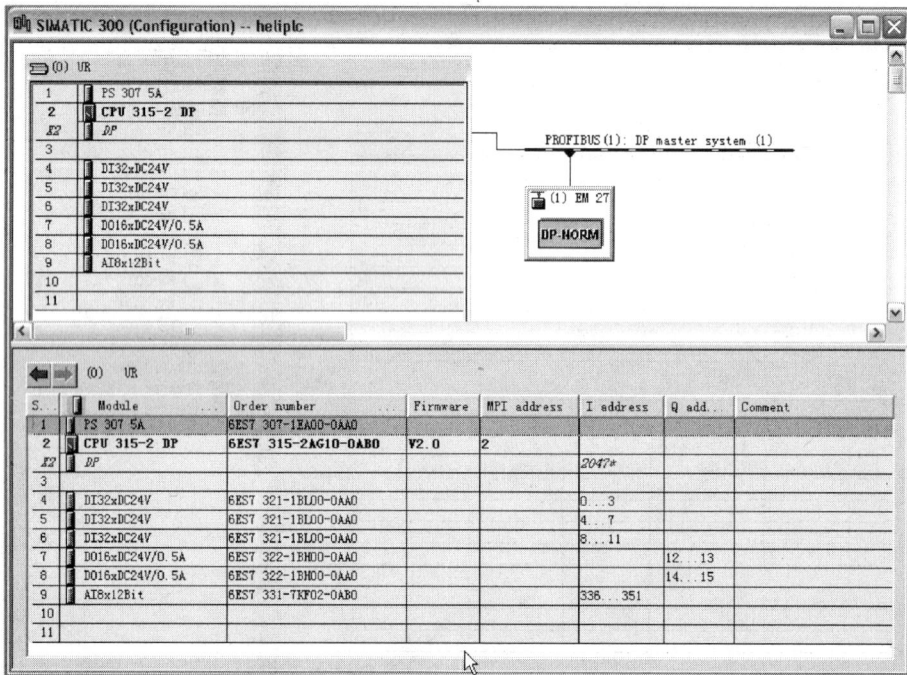

图 4-26　S7-300 的硬件组态窗口

（4）CPU 模块的参数设置。双击 CPU 模块，设置时钟存储器为 m100，如图 4-27 所示。m100 时钟存储器各位对应的时钟脉冲周期与频率如表 4-12 所示。

72

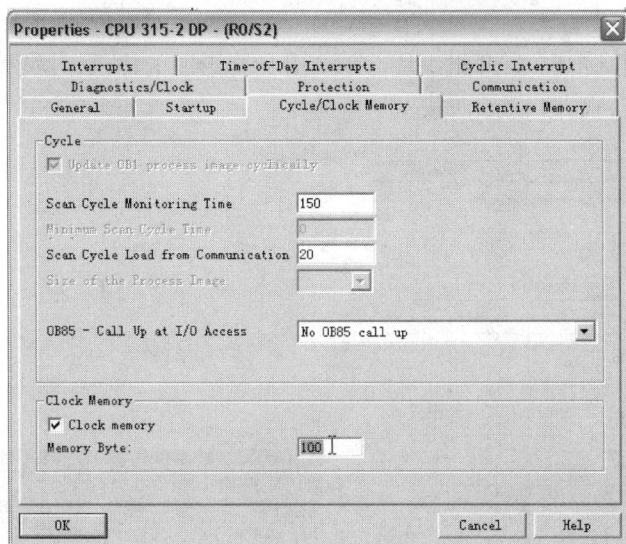

图 4-27　设置 CPU 时钟

表 4-12 　　　　　　　　　　　　　　时钟存储器各位对应的时钟脉冲周期与频率

位	7	6	5	4	3	2	1
周期（s）	2	1.6	1	0.8	0.5	0.4	0.1
频率（Hz）	0.5	0.625	1.25	2	2.5	5	10

四、建立符号表

1. 建立符号表

在 Manager 中，单击 S7program，双击 Symbol，打开符号编辑器，如图 4-28 所示。共享符号（全局符号）在符号表中定义，可供程序中所有的块使用。在程序编辑器中用 View | Display with | SymbolicRepresentation 选择显示方式。

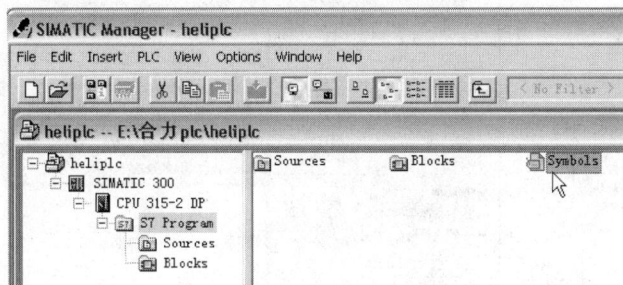

图 4-28　打开符号编辑器

2. 生成与编辑符号表

CPU 将自动地为程序中的全局符号加双引号，在局部变量的前面自动加"♯"号。生成符号表和块的局域变量表时不用为变量添加引号和♯号。生成符号表如图 4-29 所示。

数据块中的地址（DBD，DBW，DBB 和 DBX）不能在符号表中定义。应在数据块的声明表中定义。

3. 打开组织块 OB1

单击 block，双击 OB1，打开组织块 OB1，开始梯形图的输入。逻辑块包括组织块 OB、功能块 FB 和功能 FC，如图 4-30 所示。

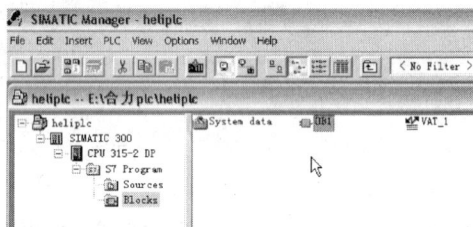

	Symbol	Addres	Data type
1	输送链综合报警	I 6.0	BOOL
2	厢子烘干循环故障	I 6.1	BOOL
3	厢子烘幕1故障	I 6.2	BOOL
4	厢子烘风2	I 6.3	BOOL
5	厢子烘干废气风机故障	I 6.4	BOOL
6	厢子烘干燃烧机电源故障	I 6.5	BOOL
7	底漆烘干循环风机故障	I 6.6	BOOL
8	底漆烘干风幕风机1故障	I 6.7	BOOL
9	底漆烘干风幕风机2故障	I 7.0	BOOL
10	底漆烘干废气风机故障	I 7.1	BOOL
11	底漆烘干燃烧机电源故障	I 7.2	BOOL
12	厢子强冷室送风机故障	I 7.3	BOOL
13	厢子强冷室排风机故障	I 7.4	BOOL
14	清洗室排风机故障	I 7.5	BOOL
15	手动/自动 选择	I 8.0	BOOL
16	系统启动	I 8.1	BOOL
17	喷漆室超浓度	I 8.6	BOOL
18	喷漆室超CO	I 8.7	BOOL
19	悬链上件处急停	I 9.0	BOOL
20	悬链下件处急停	I 9.1	BOOL
21	悬链底漆室急停	I 9.2	BOOL
22	悬链面漆室急停	I 9.3	BOOL
23	悬链补厢子处急停	I 9.4	BOOL
24	急ting	M 0.0	BOOL
25	手动	M 0.1	BOOL
26	自动	M 0.2	BOOL
27	run	M 0.3	BOOL
28	stop	M 0.4	BOOL
29	输送链急tin	M 2.5	BOOL

图 4-29　符号表　　　　　　　　　　　图 4-30　打开组织块 OB1

4. 打开或关闭符号

菜单命令 View | Display | Symbol Information 命令用来打开或关闭符号信息，如图 4-31 所示。

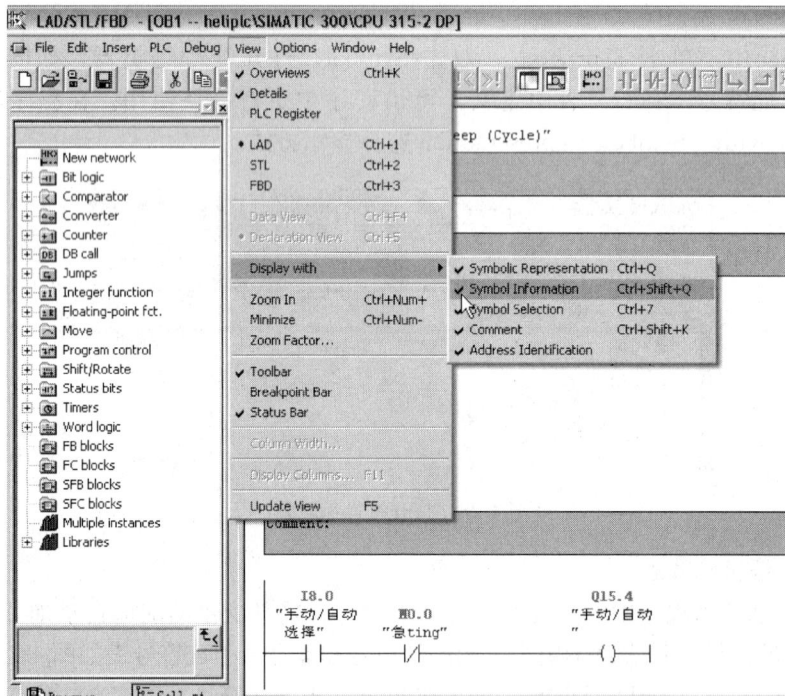

图 4-31　打开或关闭符号

五、如何输入梯形图组件

在段中选择一点，梯形图组件将在该点后面插入。

用下列方法之一，在段中插入所需的组件：①在菜单 Insert 中选择合适的菜单命令，例如，Insert＞LAD Element＞Normally Open Contact；②用功能键 F2、F3 或 F7 输入一个动断触点、动合触点或输出线圈；③选择菜单命令 Insert＞Program Elements，打开 program Elements（编程组件）对话框并在目录中选择所需的组件。

所选的梯形图组件被插入，问号被用来表示地址和参数，可以修改地址和参数。

六、如何输入语句表语句

通过单击灰色注释框下面的任意区域就可打开正文框（或者若不显示段注释则在段标题的下面）。

输入指令、按空格键，然后输入地址（直接或间接地址）。

按空格键并输入以双斜线"//"开始的注释（可选）。

在完成一条（一行）带注释或不带注释的语句后按 Return。

一行完成后，运行语法检查，这条语句形成并显示，指令中或绝对地址中的任何小写字母都转换为大写。任何查到的语法错误都显示为红色斜体，在存储该逻辑块之前必须修改所有错误。

七、S7-PLCSIM 仿真软件在程序调试中的应用

1. S7-PLCSIM 的主要功能

在计算机上对 S7-300/400 PLC 的用户程序进行离线仿真与调试。模拟 PLC 的输入/输出存储器区来控制程序的运行，观察有关输出变量的状态。在运行仿真 PLC 时可以使用变量表和程序状态等方法来监视和修改变量。可以对大部分组织块（OB）、系统功能块（SFB）和系统功能（SFC）进行仿真。

2. 使用 S7-PLCSIM 仿真软件调试程序的步骤

（1）在 STEP 7 编程软件中生成项目，编写用户程序。

（2）打开 S7-PLCSIM 窗口，自动建立了 STEP 7 与仿真 CPU 的连接。仿真 PLC 的电源处于接通状态，CPU 处于 STOP 模式，扫描方式为连续扫描。

（3）在管理器中打开要仿真的项目，选中 Blocks 对象，将所有的块下载到仿真 PLC。

（4）生成视图对象。

（5）用视图对象来模拟实际 PLC 的输入/输出信号，检查下载的用户程序是否正确。

八、STEP 7 与 PLC 的在线连接与在线操作

系统数据（System Data）包括硬件组态、网络组态和连接表，也应下载到 CPU。下载的用户程序保存在装载存储器的快闪存储器（FEPROM）中。CPU 电源断电又重新恢复时，FEPROM 中的内容被重新复制到 CPU 存储器的 RAM 区。

1. 在线连接的建立与在线操作

（1）建立在线连接。必须通过硬件接口连接计算机和 PLC，然后通过在线的项目窗口访问 PLC。管理器中执行菜单命令 View→Online、View→Offline 进入在线或离线状态。在线窗口显示的是 PLC 中的内容，离线窗口显示的是计算机中的内容。如果 PLC 与 STEP 7 中的程序和组态数据是一致的，在线窗口显示的是 PLC 与 STEP 7 中的数据组合。

（2）处理模式与测试模式。在设置 CPU 属性的对话框中的 Protection（保护）标签页

选择处理（Process）模式或测试（Test）模式。

（3）在线操作。进入在线状态后，执行菜单命令 PLC | Diagnostics/Settings 中不同的子命令。

2. 下载与上传

（1）下载的准备工作。计算机与 CPU 之间必须建立连接，要下载的程序已编译好；在 RUN-P 模式一次只能下载一个块，建议在 STOP 模式下载。

在保存块或下载块时，STEP 7 首先进行语法检查，应改正检查出来的错误。下载前应将 CPU 中的用户存储器复位。可以用模式选择开关复位，CPU 进入 STOP 模式，再用菜单命令 PLC | Clear/Reset 复位存储器。

（2）下载的方法。在管理器的块工作区选择块，可用 Ctrl 键和 Shift 键选择多个块，用菜单命令 PLC→Download 将被选择的块下载到 CPU。在管理器左边的目录窗口中选择 Blocks 对象，下载所有的块和系统数据。

对块编程或组态硬件和网络时，在当时主窗口上，用菜单命令 PLC | Download 下载当前正在编辑的对象，如图 4-32 所示。

（3）上传程序。可以用 PLC | Upload 命令从 CPU 的 RAM 加载到存储器中，把块的当前内容上传到计算机打开的项目中。

3. 用变量表调试程序

（1）系统调试的基本步骤。首先进行硬件调试，可以用变量表来测试硬件，通过观察 CPU 模块上的故障指示灯，使用故障诊断工具来诊断故障。下载程序之前应将 CPU 的存储器复位，将 CPU 切换到 STOP 模式，下载用户程序时应同时下载硬件组态数据。

（2）变量表的生成。在管理器中生成新的变量表，或在变量表编辑器中，用主菜单 Table 生成一个新的变量表。在变量表中输入变量，可以从符号表中复制地址，将它粘贴到变量表中。

（3）变量表的使用。

1）建立与 CPU 的连接。

2）定义变量表的触发方式。用菜单命令 Variable | Trigger 打开对话框选择触发方式，如图 4-33 所示。

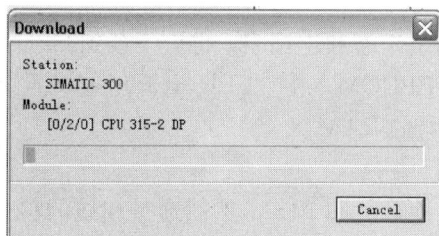

图 4-32　下载到 CPU

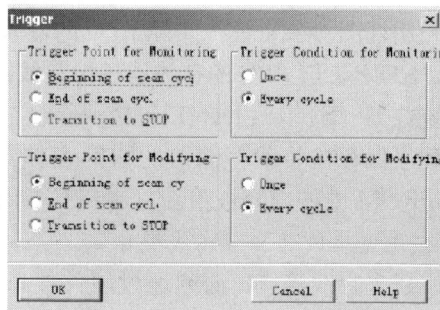

图 4-33　定义变量表的触发方式

3）监视变量。用菜单命令 Variable | Update Monitor Values 对所选变量的数值做一次立即刷新。

4）修改变量。在 STOP 模式修改变量时，各变量的状态不会互相影响，并且有保持功能。在 RUN 模式修改变量时，各变量同时又受到用户程序的控制。

5）强制变量。强制变量操作给用户程序中的变量赋一个固定的值，不会因为用户程序的执行而改变，如图 4-34 所示。

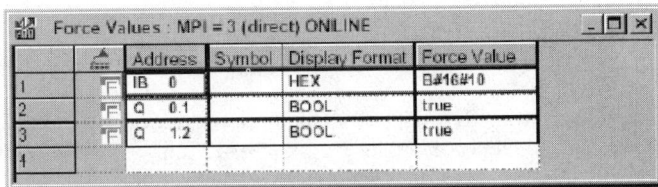

图 4-34　强制数值窗口

强制操作只能用菜单命令 Variable｜Stop Forcing 来删除或终止。

4. 用程序状态功能调试程序

（1）启动程序状态。进入程序状态的条件：经过编译的程序下载到 CPU；打开逻辑块，用菜单命令 Debug｜Monitor 进入在线监控状态；将 CPU 切换到 RUN 或 RUN-P 模式。

（2）语句表程序状态的显示，如图 4-35 所示。

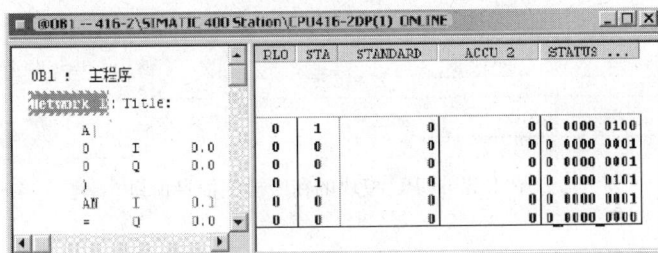

图 4-35　用程序状态监视语句表程序

从光标选择的网络开始监视程序状态。右边窗口显示每条指令执行后的逻辑运算结果（RLO）和状态位 STA（Status）、累加器 1（STANDARD）、累加器 2（ACCU 2）和状态字（STATUS…）。

用菜单命令 Options｜Customize 打开对话框，在 STL 选项卡中选择需要监视的内容，在 LAD/FBD 选项卡中可以设置梯形图（LAD）和功能块图（SFB）程序状态的显示方式。

（3）梯形图程序状态的显示。LAD 和 FBD 中用绿色连续线来表示状态满足，即有"能流"流过，见图 4-36 左边较粗较浅的线；用蓝色点状线表示状态不满足，没有"能流"流过；用黑色连续线表示状态未知。

梯形图中加粗的字体显示的参数值是当前值，细体字显示的参数值来自以前的循环。

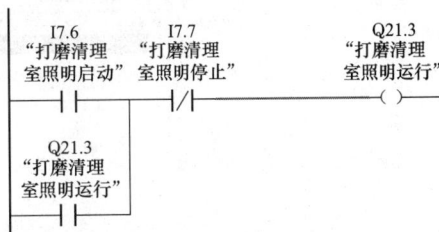

图 4-36　梯形图程序状态的显示

九、故障诊断

可以在管理器中用 View｜Online 打开在线窗口。查看是否有 CPU 显示诊断符号。

1. 模块信息在故障诊断中的应用

建立在线连接后，在管理器中选择要检查的站，执行菜单命令 PLC | Diagnostics/Settings | Module Information，显示该站中 CPU 模块的信息。如图 4-37 所示，诊断缓冲区（diagnostic buffer）标签页中，给出了 CPU 中发生的事件一览表。

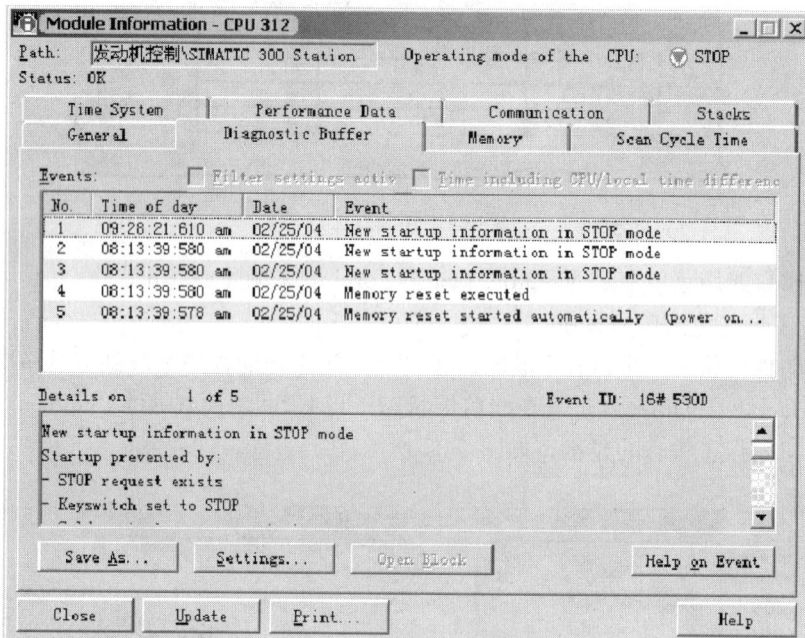

图 4-37　CPU 模块的在线模块信息窗口

最上面的事件是最近发生的事件。因编程错误造成 CPU 进入 STOP 模式，选择该事件，并单击 Open Block 按钮，将在程序编辑器中打开与错误有关的块，显示出错的程序段。

2. 用快速窗口和诊断窗口诊断故障

管理器中选择要检查的站，用命令 PLC | Diagnostics/Settings | Hardware Diagnose 打开 CPU 的硬件诊断快速窗口（quick view），显示该站中的故障模块，如图 4-38 所示。用

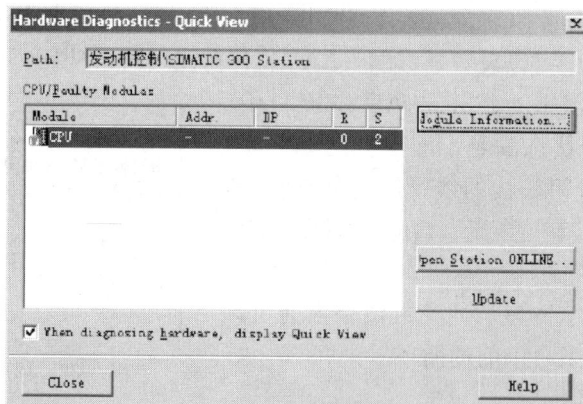

图 4-38　快速窗口

命令 Option→Customize，在打开的对话框中的 View 选项卡中，激活"诊断时显示快速窗口"。

诊断窗口实际上就是在线的硬件组态窗口。在快速窗口中单击 Open Station Online（在线打开站）按键，打开硬件组态的在线诊断窗口。

在管理器中与 PLC 建立在线连接。打开一个站的 Hardware 对象，可以打开诊断窗口。诊断窗口显示整个站在线的组态。用命令 PLC｜ModuleInformation 查看其模块状态。

第五章

人机界面（HMI）的工作原理

第一节　人机界面（HMI）产品的组成及工作原理

人机界面产品，常被大家称为"触摸屏"，从严格意义上来说，两者是有本质上的区别的。因为"触摸屏"仅是人机界面产品中可能用到的硬件部分，是一种替代鼠标及键盘部分功能，安装在显示屏前端的输入设备，而人机界面产品则是一种包含硬件和软件的人机交互设备。在工业中，人们常把具有触摸输入功能的人机界面产品称为"触摸屏"，但这是不科学的。

人机界面产品是为了解决 PLC 的人机交互问题而产生的，但随着计算机技术和数字电路技术的发展，很多工业控制设备都具备了串口通信能力，所以只要有串口通信能力的工业控制设备，如变频器、直流调速器、温控仪表、数采模块等都可以连接人机界面产品，来实现人机交互功能。

人机界面产品（触摸屏），包含 HMI 硬件和相应的专用画面组态软件，一般情况下，不同厂家的 HMI 硬件使用不同的画面组态软件，连接的主要设备种类是 PLC。而通用的组态软件（WinCC、KingVIEW）是运行于 PC 硬件平台、Windows 操作系统下的一个通用工具软件产品，和 PC 机或工控机一起也可以组成 HMI 产品。通用的组态软件支持的设备种类非常多，如各种 PLC、PC 板卡、仪表、变频器、模块等设备，而且由于 PC 的硬件平台性能强大（主要反应在速度和存储容量上），通用组态软件的功能也强很多，适用于大型的监控系统中。

一、人机界面（HMI）产品的组成原理

人机界面产品由硬件和软件两部分组成，硬件部分包括处理器、显示单元、输入单元、通信接口、数据存储单元等，如图 5-1 所示，其中处理器的性能决定了 HMI 产品的性能高低，是 HMI 的核心单元。根据 HMI 的产品等级不同，处理器可分别选用 8 位、16 位、32 位的处理器。如图 5-2 所示，HMI 软件一般分为两部分，即运行于 HMI 硬件中的系统软件和运行于 PC 机 Windows 操作系统下的画面组态软件（WinCC Flexible 画面组态软件）。用户都必须先使用 HMI 的画面组态软件制作"工程文件"，再通过 PC 机和 HMI 产品的串行通信口，把编制好的"工程文件"下载到 HMI 的处理器中运行。

任何人机界面产品都有系统软件部分，系统软件运行在 HMI 的处理器中，支持多任务处理功能，处理器中需有小型的操作系统管理系统软件的运行。基于平板计算机的高性能人机界面产品中，一般使用 Windows CE、Linux 等通用的嵌入式操作系统。

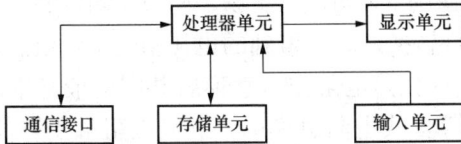

图 5-1　人机界面硬件组成　　　　图 5-2　人机界面软件构成

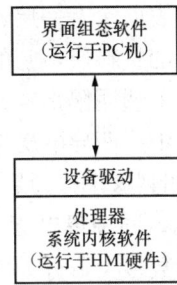

二、触摸屏的工作原理

触摸屏仅是人机界面产品中可能用到的硬件部分，是一种替代鼠标及键盘部分功能，安装在显示屏前端的输入设备。各种触摸屏技术都是依靠传感器来工作的，甚至有的触摸屏本身就是一套传感器。各自的定位原理和各自所用的传感器决定了触摸屏的反应速度、可靠性、稳定性和寿命。

触摸屏由触摸检测部件和触摸屏控制器组成。触摸检测部件安装在显示器屏幕前面，用于检测用户触摸位置，接受后送触摸屏控制器；而触摸屏控制器的主要作用是从触摸点检测装置上接收触摸信息，并将它转换成触点坐标，再送给 CPU，它能接收 CPU 发来的命令并执行。

按照触摸屏的工作原理和传输信息的介质，把触摸屏分为四种，分别为电阻式、电容感应式、红外线式以及表面声波式。每一类触摸屏都有其各自的优缺点，要了解哪种触摸屏适用于哪种场合，关键就在于要懂得每一类触摸屏技术的工作原理和特点。

1. 红外线式触摸屏

红外线触摸屏原理很简单，只是在显示器上加上光点距架框，无需在屏幕表面加上涂层或接驳控制器。光点距架框的四边排列了红外线发射管及接收管，在屏幕表面形成一个红外线网。用户以手指触摸屏幕某一点，便会挡住经过该位置的横竖两条红外线，计算机便可即时算出触摸点位置。红外触摸屏不受电流、电压和静电干扰，适宜某些恶劣的环境条件。其主要优点是价格低廉、安装方便、不需要卡或其他任何控制器，可以用于各档次的计算机上。不过，由于只是在普通屏幕上增加了框架，在使用过程中架框四周的红外线发射管及接收管很容易损坏，且分辨率较低。

2. 电容式触摸屏

电容式触摸屏的构造主要是在玻璃屏幕上镀一层透明的薄膜体层，再在导体层外加上一块保护玻璃，双玻璃设计能彻底保护导体层及感应器。

电容式触摸屏在触摸屏四边均镀上狭长的电极，在导电体内形成一个低电压交流电场。用户触摸屏幕时，由于人体电场，手指与导体层间会形成一个耦合电容，四边电极发出的电流会流向触点，而电流强弱与手指到电极的距离成正比，位于触摸屏幕后的控制器便会计算电流的比例及强弱，准确算出触摸点的位置。电容触摸屏的双玻璃不但能保护导体及感应器，更有效地防止外在环境因素对触摸屏造成的影响，就算屏幕沾有污秽、尘埃或油渍，电容式触摸屏依然能准确算出触摸位置。

3. 电阻式触摸屏

触摸屏的屏体部分是一块与显示器表面非常配合的多层复合薄膜，由一层玻璃或有机玻璃作为基层，表面涂有一层透明的导电层（OTI，氧化铟），上面再盖有一层外表面硬化处理、光滑防刮的塑料层，它的内表面也涂有一层 OTI，在两层导电层之间有许多细小（小于 0.001/in）的透明隔离点把它们隔开绝缘。当手指接触屏幕，两层 OTI 导电层出现一个接触点，因其中一面导电层接通 Y 轴方向的 5V 均匀电压场，使得侦测层的电压由 0 变为非0，控制器侦测到这个接通后，进行 A/D 转换，并将得到的电压值与 5V 相比，即可得触摸点的 Y 轴坐标，同理得出 X 轴的坐标，这就是电阻技术触摸屏共同的最基本的原理。电阻屏根据引出线数多少，分为四线、五线等多线电阻触摸屏。五线电阻触摸屏的 A 面是导电玻璃而不是导电涂覆层，导电玻璃的工艺使其的寿命得到极大的提高，并且可以提高透光率。

电阻式触摸屏的 OTI 涂层比较薄且容易脆断，涂得太厚又会降低透光且形成内反射，降低清晰度，OTI 外虽多加了一层薄塑料保护层，但依然容易被尖锐物件所破坏；且由于经常被触动，表层 OTI 使用一定时间后会出现细小裂纹，甚至变形，如其中一点的外层OTI 受破坏而断裂，便失去作为导电体的作用，触摸屏的寿命并不长久。但电阻式触摸屏不受尘埃、水、污物影响。

电阻式触摸屏工作在与外界完全隔离的环境中，它不怕灰尘、水汽和油污，可以用任何物体来触摸，比较适合工业控制领域使用。缺点是由于复合薄膜的外层采用塑料，太用力或使用锐器触摸可能会划伤触摸屏。

4. 表面声波触摸屏

表面声波触摸屏的触摸屏部分可以是一块平面、球面或是柱面的玻璃平板，安装在CRT、LED、LCD 或是等离子显示器屏幕的前面。这块玻璃平板只是一块纯粹的强化玻璃，与其他触摸屏技术的区别是没有任何贴膜和覆盖层。玻璃屏的左上角和右下角各固定了竖直和水平方向的超声波发射换能器，右上角则固定了两个相应的超声波接收换能器。玻璃屏的四个周边则刻有 45°角由疏到密，间隔非常精密的反射条纹。

发射换能器把控制器通过触摸屏电缆送来的电信号转化为声波能量向左方表面传递，然后由玻璃板下边的一组精密反射条纹把声波能量反射成向上的均匀面传递，声波能量经过屏体表面，再由上边的反射条纹聚成向右的线传播给 X 轴的接收换能器，接收换能器将返回的表面声波能量变为电信号。发射信号与接收信号波形在没有触摸的时候，接收信号的波形与参照波形完全一样。当手指或其他能够吸收或阻挡声波能量的物体触摸屏幕时，X 轴途经手指部位向上走的声波能量被部分吸收，反应在接收波形上即某一时刻位置上波形有一个衰减缺口。接收波形对应手指挡住部位信号衰减了一个缺口，计算缺口位置即得触摸坐标，控制器分析到接收信号的衰减并由缺口的位置判定 X 坐标。之后，Y 轴同样的过程判定出触摸点的 Y 坐标。除了一般触摸屏都能响应的 X、Y 坐标外，表面声波触摸屏还响应第三轴Z 轴坐标，也就是能感知用户触摸压力大小值。三轴一旦确定，控制器就把它们传给主机。

表面声波触摸屏不受温度、湿度等环境因素影响，分辨率极高，有极好的防刮性，寿命长（5000 万次无故障）；透光率高（92%），能保持清晰透亮的图像质量；没有漂移，最适合公共场所使用。但表面感应系统的感应转换器在长时间运作下，会因声能所产生的压力而受到损坏。一般羊毛或皮革手套都会接收部分声波，对感应的准确度也受一定的影响。屏幕表面或接触屏幕的手指如沾有水渍、油渍、污物或尘埃，也会影响其性能，甚至令系统停止运作。

三、人机界面接口能力

大多数情况下，人机界面只能通过标准的串行通信口与其他设备相连接。但随着计算机和数字电路技术的发展，人机界面产品的接口能力越来越强，除了传统的串行（RS-232、RS-422/RS-485）通信接口外，有些人机界面产品已具有以太网、并口、USB、Profibus-DP等数据接口，它们就可与具有以太网、并口、USB口、Profibus-DP等接口的工业控制设备相连接，来实现设备的人机交互。

通用的人机界面产品都提供了大量的、可供选择的常用设备通信驱动程序。一般情况下，只要在人机界面的画面组态软件中选择与连接设备相对应的通信驱动程序，就可以完成HMI和设备的通信连接。如果所选HMI产品的组态软件中没有要连接设备的通信驱动程序，用户则可以把要连接设备的通信口类型和协议内容告知HMI产品的生产商，请HMI厂商代为编制该设备的通信驱动程序。

第二节　人机界面产品的基本功能及选型指标

一、基本功能

（1）设备工作状态显示，如指示灯、按钮、文字、图形、曲线等，可以显示直线、圆和长方形等简单图形，还可以显示数字和英文、日文、中文等文字。位图也可以作为预定义画面组件导入和显示。显示PLC中字元件设定值和当前值，可以以数字或棒图的形式显示，供监视用。图形组件的指定区域可以根据PLC中位元件的开/关状态反转显示。

（2）数据、文字输入操作、打印输出、监视并改变数值数据，可以监视和改变每个元件的开/关状态和PLC中每个定时器、计数器的设定值和当前值，以及数据寄存器的值。

（3）生产配方存储，设备生产数据记录，可以将报警（位元件ON）存储为报警历史，每个元件的报警频率可以作为历史数据存储。使用画面创建软件可通过个人计算机读出报警历史信息，并将信息传入打印机。

（4）简单的逻辑和数值运算，如与、或、非、加、减等。

（5）可连接多种工业控制设备组网，配置各种接口，例如，RS-232（串口）、RS-422、RS-485接口，MPI、Profibus-DP、USB，可选以太网接口。可远程下载/上传组态和硬件升级产品。

二、人机界面产品

（1）人机界面产品分类。①薄膜键输入的HMI，显示尺寸小于5.7in，画面组态软件免费，属初级产品。如POP-HMI小型人机界面。②触摸屏输入的HMI，显示屏尺寸为5.7～12.1in，画面组态软件免费，属中级产品，如三菱F940、F970。③基于平板PC计算机的、多种通信口的、高性能HMI，显示尺寸大于10.4in，画面组态软件收费，属高端产品，如研华平板IPC、西门子平板PC PPC154T。价格较低的有MCGS的产品，送组态软件。

（2）国内触摸屏市场。国内触摸屏市场中三菱、PRO-FACE、SIEMENS、OMRON、ABB、WEINVIEW、松下、台达的市场占有率较高。PRO-FACE在全球市场占有率比较高，在我国的占有率也比较高。三菱、SIEMENS等公司多以触摸屏与其他产品配套来占领市场，而且价格昂贵，针对自己的产品性能较佳，于是以品牌和配套共同分享了一部分客户。国产的 EVIEW、WEINVIEW 等触摸屏多以价格来赢得客户，所以备受一些小型企业或个人的青睐。

（3）典型国内人机界面产品。

1）OMRO N 新一代触摸屏 NS10 可编程终端，如图 5-3 所示。

① 有效显示区域尺寸：10.4in。

② 显示材料：TFT。

③ 像素：640×480。

④ 显示色彩：256 色。

⑤ 画面数据容量：60MB。

⑥ 支持存储卡，PLC 梯形图监控（仅 CJ1 和 CS1），支持 4 路视频输入，能接入 Controller Link 网络。

图 5-3　NS10 可编程终端

2）研华嵌入式触摸平板电脑（TPC 系列），如图 5-4 所示。超薄、超轻、无风扇和抗振设计。TPC 系列为大多数自动化应用提供了一个完美的 HMI 平台。TPC 产品的显示器尺寸可为：5.7、6.4、12.1in 和 15in。TPC 使用低功耗的 ARM 和 Transmeta Crusoe 处理器，因此无需风扇，这使得其适合于工业环境。此外，此产品外壳用镁合金制造，因而重量较轻、防腐蚀和散热性能良好。

3）SIMATIC 操作员面板，如图 5-5 所示。

图 5-4　研华嵌入式触摸平板电脑　　图 5-5　SIMATIC 操作员面板

除标准功能外，OP 系列还提供功能如参量管理、线性转换、可变限值变量、在线语言选择等，还具有下列优点：

① 基于 Windows CE，无需硬盘驱动器和冷却扇。

② 具有较高的电磁兼容性（EMC）和抗振性能。

③ 在组态计算机上进行组态模拟，不需要 PLC 和触摸屏。

④ 可显示曲线及棒图。

⑤ 结构紧凑，易于安装。

4）Proface 的 GP3000 系列，如图 5-6 所示。有从 5.7～15in 多达 14 种机型，全新引入"制造现场指挥中心"的概念。标准配置 1 个 USB 接口和两个高速 COM 接口，支持新一代画面编辑软件 GP-Pro EX，不仅监视设备和控制器，同时还可以采集、测量、显示和管理生产过程中的数据。

5）EVIEW 触摸屏 MT5000 系列，如图 5-7 所示。

图 5-6　GP3000 触摸屏　　　　　　图 5-7　EVIEW 触摸屏

① 具有 65536 色显示方式。

② 拥有 200～400MHz 强大的 32 位 RISC 处理器。

③ 支持多串口同时通信功能，标准硬件 2 个串口可同时使用不同协议，连接不同的控制器。

④ 全面支持以太网通信功能，多个触摸屏可以任意组网。

⑤ 增加图形文件支持。支持 24 位位图 JPEG、GIF 等格式图像导入。

⑥ 标准 C 语言兼容的宏代码可以以多种方式被触发，功能强大，灵活易用。

⑦ 强大的定时器功能。

⑧ USB 下载极大地加快了用户组态的下载速度。

三、选型指标

（1）显示屏尺寸及色彩，分辨率。

（2）HMI 的处理器速度性能。

（3）输入方式：触摸屏或薄膜键盘。

（4）画面存储容量，注意厂商标注的容量单位是字节（byte），还是位（bit）。

（5）通信口种类及数量，是否支持打印功能。

（6）触摸屏漂移。传统的鼠标是一种相对定位系统，只和前一次鼠标的位置坐标有关。而触摸屏则是一种绝对坐标系统，要选哪就直接点哪，与相对定位系统有着本质的区别。绝对坐标系统的特点是每一次定位坐标与上一次定位坐标没有关系，每次触摸的数据通过校准转为屏幕上的坐标，不管在什么情况下，触摸屏这套坐标在同一点的输出数据是稳定的。不过由于技术原理的原因，并不能保证同一点触摸每一次采样数据是相同的，不能保证绝对坐标定位，点不准，这就是触摸屏最怕的问题：漂移。对于性能质量好的触摸屏来说，漂移的情况出现得并不是很严重。

四、人机界面的一般使用方法

（1）明确监控任务要求，选择适合的 HMI 产品。

（2）在 PC 机上用画面组态软件编辑工程文件。

（3）测试并保存已编辑好的工程文件。

（4）PC 机连接 HMI 硬件，下载工程文件到 HMI 中。

（5）连接 HMI 和工业控制器（如 PLC、仪表等），实现人机交互。

五、未来人机界面的发展趋势

随着数字电路和计算机技术的发展，未来的人机界面产品在功能上的高、中、低划分将越来越不明显，HMI 的功能将越来越丰富；5.7in 以上的 HMI 产品将全部是彩色显示屏，其寿命也将更长。由于计算机硬件成本的降低，HMI 产品将以平板 PC 计算机为 HMI 硬件的高端产品为主，因为这种高端的产品在处理器速度、存储容量、通信接口种类和数量、组网能力、软件资源共享上都有较大的优势，是未来 HMI 产品的发展方向。当然，小尺寸的（显示尺寸小于 5.7in）HMI 产品，由于其在体积和价格上的优势，随着其功能的进一步增强（如增加 IO 功能），将在小型机械设备的人机交互应用中得到广泛应用。

第三节　人机界面与 PLC 联机原理

人机界面与可编程控制器 CPU 连接时，通过输入单元（如触摸屏、键盘、鼠标等）写入工作参数或输入操作命令，实现人与机器信息交互，人机界面所进行的动作最终由 PLC 来完成，人机界面仅仅是改变或显示 PLC 的数据，下面举例说明。

一、触摸开关的工作原理

从画面的触摸板进行输入，按下接触画面上的触摸开关，PLC 作用的位（"通知位"）的状态就会改变，它可以以下面四种方式的任一种方式变化。

瞬动：当按下触摸开关时，通知位置成"1"（ON），释放时，通知位还原成"0"（OFF）。

交替：每次按下触摸开关时，如果当前状态是"0"（OFF）则通知位置成"1"（ON）；如果当前状态是"1"（ON）则通知位置成"0"（OFF）。

置位：按下触摸开关，通知位置成"1"（ON）。

复位：按下触摸开关，通知位置成"0"（OFF）。

如图 5-8 所示，要通过触摸开关实现单按钮启停风机，在梯形图上，线圈 1.00 由 20.00 决定，只要画面上的触摸开关设置 20.00 为交替：按下触摸开关，通知位 20.00 置成"1"（ON），PLC 根据梯形图让线圈 1.00 得电；再次按下触摸开关，通知位 20.00 置成"0"（OFF），PLC 根据梯形图让线圈 1.00 失电。但如果触摸开关设置 1.00 为交替，按下触摸开关，就不能实现单按钮启停，因为 PLC 根据梯形图让线圈 1.00 失电。

如果是自锁电路如图 5-9 所示，就可以直接设置触摸开关为风机线圈 1.00。

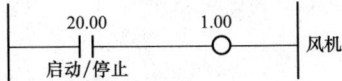

图 5-8　触摸开关实现单按钮启停　　　　　　图 5-9　风机自锁电路

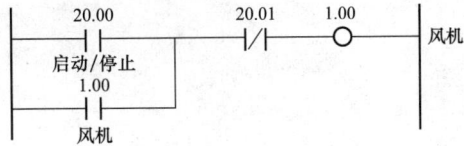

二、通过画面监视各种设备并改变 PLC 数据

（1）如图 5-10 所示，在触摸 GOT 的触摸开关"启动"时，分配到触摸开关中的位软元件 M0 将为 ON。

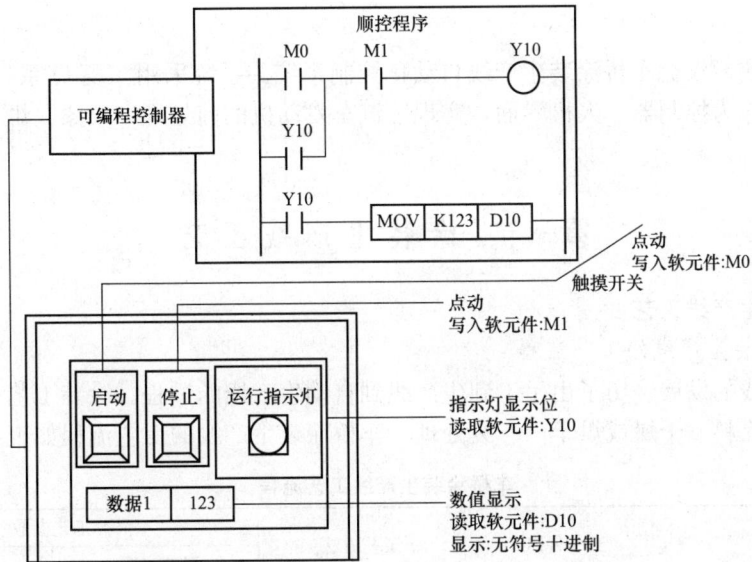

图 5-10　通过画面监视各种设备并改变 PLC 数据

（2）位软元件 M0 为 ON 时，位软元件 Y10 也为 ON。此时，分配了位软元件 Y10 的 GOT 的指示灯显示"运行指示灯"将显示 ON 图形。

（3）由于位软元件 Y10 处于 ON 状态，因此"123"被存储到字软元件 D10 中。此时，分配了字软元件 D10 的 GOT 的数值显示中，将显示"123"。

（4）触摸 GOT 的触摸开关"停止"时，分配到触摸开关中的位软元件 M1 将为 ON。由于该位软元件 M1 为位软元件 Y10 的 OFF 的条件，因此 GOT 的指示灯显示"运行指示灯"将变为 OFF 状态。

87

第六章

三菱 G1175 触摸屏和 QPLC 在涂装生产线上的应用

本章介绍陕西汉德车桥涂装生产线自动化控制系统。系统采用三菱 Q 系列 PLC 和三菱 G1175 触摸屏作为控制器、人机界面，实现了汽车发动机的前处理、喷漆、烘干等生产过程的自动化。

第一节　涂装生产线工艺

一、涂装生产线工艺

1. 车桥涂装生产线的工艺流程

涂装生产线的发展经历了由手工到生产线到自动生产线的过程。涂装工艺可以简单归结为前处理—喷涂料—干燥或烘干—三废处理。车桥涂装生产线的工艺流程如表 6-1 所示。

表 6-1　　　　　　　　　　　　车桥涂装生产线工艺流程

序号	工序名称	工艺方法	工艺参数	
			温度（℃）	时间（min）
1	上件	人工＋机械	—	—
2	前处理	—	—	—
（1）	预脱脂	喷淋	60	1.5
（2）	脱脂	喷淋	60	1.5
（3）	水洗	喷淋	常温	1
（4）	水洗	喷淋	常温	1
（5）	表调	喷淋	常温	1
（6）	磷化	喷淋	40～50	3
（7）	水洗	喷淋	常温	1
（8）	水洗	喷淋	常温	1
3	热风吹干	—	100	10
4	喷漆	手工	—	7.5
5	晾干		—	6
6	烘干	热风循环	60～80	23
7	冷却	送冷排热	—	3
8	下件	人工＋机械	—	—

2. 被控对象介绍

（1）前处理设备（交错喷淋布置），包括预脱脂、脱脂、水洗、水洗、表调、磷化、水洗、

88

水洗等工序。①预脱脂设备采用喷淋的方式对工件进行冲洗，主要由槽体、室体、油水分离装置、喷淋系统、排风系统、过滤系统、加热系统、供水管路等组成。②脱脂设备采用喷淋的方式对工件进行冲洗，主要由槽体、棚体、油水分离装置、喷淋系统、排风系统、过滤系统、加热系统、供水管路、补液系统等组成。③水洗、表调喷淋设备采用喷淋的方式对工件进行冲洗，主要由槽体、室体、喷淋系统、过滤系统等组成。④磷化喷淋设备采用喷淋的方式对工件进行冲洗，主要由槽体、棚体、喷淋系统、送排风系统、过滤系统、加热系统、除渣系统等组成。

（2）吹水工位。为了吹去工件沟槽内的积水，设置人工吹水工位。在人工吹水工位处设置照明装置。设备为框架式无室体设备，照明灯安装在框架上，框架由镀锌 C 型钢连接而成，地面设有排水沟，操作面设有格栅，工件运行周围设有防水板，其高度以高过工件最高点为准。

（3）水分烘干。水分烘干室由室体及底座、室内风管、三元体热风循环加热装置、电控系统等部分组成。

（4）喷漆、晾干室。

（5）油漆烘干室的组成包括：室体及底座、室内风管、带废气焚烧的天然气四元体热风循环加热装置、电控系统等部分。

（6）强冷室主要由室体、室内风管（装有可调喷嘴）、送/排风系统、平台等部件组成。

（7）空调送风系统由进风段—初效段—中间段—加热段 1—中间段—喷淋加湿段—中间段—加热段 2—风机段—均流段—中间段—消声段—送风段组成。

（8）普通悬挂输送链。为连续式输送机，传动速度可调速，在 0～2.0m/min 范围内调节，主要由如下几方面组成：驱动部分、链条部分、张紧部分、吊具部分及轨道部分。

二、电控总体要求

涂装车间电控系统首先满足车间工艺要求，结合目前国际、国内自动化水平和同类行业的实际情况，选择应用成熟、技术先进可靠、功能实用的控制方式与控制设备。要求电控系统要保证人员和设备的安全性、运行可靠、维修方便、便于扩展。

对自动控制系统的要求如下：

（1）面烘室温度控制、水烘室温度控制。按照设定值进行温度自动控制，保证槽液温度范围在规定的温度之内。

（2）槽液液位控制。通过液位计、电磁阀实现 PLC 对电泳槽、极液槽的液位控制。

（3）通过触摸屏能控制系统的按顺序自动启动和停机。

（4）实施监测并显示各设备的运行情况，可实现对生产线 65 个故障信息的自动声光报警。

其他设备控制要求不再详细描述，空调机组要求如下：

（1）空调出风口要求自动控制温度、控制湿度、空调进风口在空调器上显示温度。

（2）湿度控制采用定露点间接控制法，冬季通过改变一次加热后空气温度，再通过水喷淋、等焓加湿来达到控制露点的目的，从而控制送风湿度；夏季送自然风。

（3）冬季温度通过调节二次加热蒸汽量，来达到控制温度的要求。

（4）进风口电动风阀及蒸汽调节阀要求与送风机连锁，启动时先开电动风阀，再开蒸汽阀，然后启动送风机，关闭时相反。

（5）过滤段及喷漆室动、静压室设压差计，压差超过设定值时报警。

（6）空调机组内设防冻开关，测量加热器盘管表面温度，当温度低于设定值时（可调整），关闭新风阀并打开蒸汽阀。

（7）加湿段水槽内设高、低液位计，显示液位；室体内装防水灯及防水接线盒。

（8）加湿泵出口设压差开关，显示出口压力。

（9）空调在送风室体动压室内设一套温/湿度检测装置。

（10）空调检修门上设一个压线开关。当检修门打开时室内照明装置打开。

第二节　控制系统总体设计

一、控制系统的选型

根据生产线的实际控制要求，采用触摸屏控制与手动控制并用的控制方式。

系统有输入 135 点，输出 53 点。所以 PLC 选用三菱 Q 系列，CPU 型号 Q01HCPU，基板型号 Q312B，电源模块 Q64B，扩展基板五槽，输入模块 QX80，输出模块 QY10。为了以后扩展使用，留有部分余量，输入模块用了 12 块，输出模块用了 5 块。触摸屏选用三菱 GT1175 型。GT1175 型具有以下特点：

（1）实现了多语言显示功能，由于采用了 TrueType、字体质量较高。

（2）配备有 256 色显示和单色显示的 3 种机型，实现了 16 阶灰度单色显示。

（3）最大 115.2kb/s 的高速通信。实现了高速显示和高速的触摸开关响应。

（4）装备了标准 3MB 的用户内存。

（5）装备了 CF 卡的接口（仅 GT1175、GT1165）。

（6）GOT 的背面配置了 USB 连接器，通过使用 FA 机器设置工具可以更有效地启动系统。

（7）可与 A、QnA、Q、FX 系列 PLC 直接连接，可以通过连接在 GOT 上的个人计算机进行顺控程序的传送、监视（透明功能）。

二、控制方式

如图 6-1 所示，生产线有手动操作、单工位操作、全线联动操作三种工作方式。

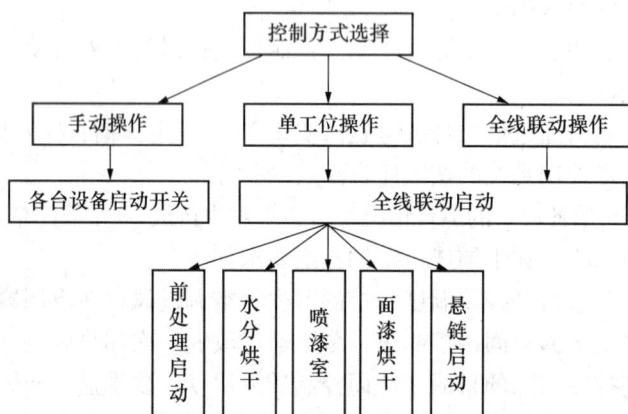

图 6-1　控制方式

（1）手动操作时将旋钮拨到手动操作位置，通过现场按钮站可独立启停各设备。这种方式可以任意启动停止每一台设备，控制灵活多变。但是由于生产线的设备多，启动/停止需要时间长。

（2）单工位操作时将旋钮拨到单工位操作位置，通过现场按钮可以启停各室体的每套设备，各室体相对独立，包括前处理启停、悬链启停、水分烘干启停、喷漆室启停、面漆烘干启停。各室体的启动、停止顺序可以根据实际需要任意改变。

（3）全线联动时将旋钮拨到全线联动操作位置，只要按总启动停止按钮就可以按时序或顺序逐一启停各台设备，并完成所有参数的测量、显示及报警功能。

第三节　PLC 程序设计

一、PLC 输入/输出触点分配

PLC 输入/输出触点分配如表 6-2 所示。

表 6-2　　　　　　　　　　PLC 输入/输出触点分配

触　点	功　能	触　点	功　能
X0	单工位操作	X23	表调补液泵停止
X1	手动操作	X24	磷化循环泵启动
X2	全线联动工作	X24	磷化循环泵停止
X3		X25	磷化热水泵 1 启动
X4		X26	磷化热水泵 1 停止
X5	系统手动/自动	X27	磷化热水泵 2 启动
X6	前处理启动	X28	磷化热水泵 2 停止
X7	前处理停止	X29	磷化反冲洗泵启动
X8	水烘启动	X2A	磷化反冲洗泵停止
X9	水烘停止	X2B	磷化补液泵启动
XA	漆烘及强冷启动	X2C	磷化补液泵启动
XB	漆烘及强冷停止	X2D	磷化补液泵停止
XC	喷漆室启动	X2E	磷化轴封泵启动
XD	喷漆室停止	Y0E6	喷漆室水泵 2 运行
XE	全线联动启动	Y0E7	喷漆室高压泵运行
XF	全线联动停止	Y0E8	晾干室排风机运行
X10	预脱脂循环泵启动	Y0E9	空调风阀开
X11	预脱脂循环泵停止	Y0EA	空调风阀关
X12	预脱脂加热泵启动	Y0EB	—
X13	预脱脂加热泵停止	Y0EC	—
X14	预脱脂油水分离泵启动	Y0ED	—
X15	预脱脂油水分离泵停止	Y0EE	—
X16	脱脂循环泵启动	Y0EF	—
X17	脱脂循环泵停止	Y0F0	系统运行
X18	脱脂加热泵启动	Y0F1	系统待机
X19	脱脂加热泵停止	Y0F2	系统故障灯光
X1A	脱脂补液泵启动	Y0F3	系统故障声响
X1B	脱脂补液泵停止	Y0F4	悬链预启动铃
X1C	水洗 1 循环泵启动	Y0F5	悬链运行
X1D	水洗 1 循环泵停止	Y0F6	速度给定 1
X1E	水洗 2 循环泵启动	Y0F7	速度给定 2
X1F	水洗 2 循环泵停止	Y0F8	速度给定 3
X20	表调循环泵启动	Y0F9	速度给定 4
X21	表调循环泵停止	Y0FA	—
X22	表调补液泵启动	Y0FB	—

续表

触 点	功 能	触 点	功 能
X2F	磷化轴封泵停止	X5A	喷漆室循环水泵 1 启动
X30	磷化沉淀泵启动	X5B	喷漆室循环水泵 1 停止
X31	磷化沉淀泵停止	X5C	喷漆室循环水泵 2 启动
X32	磷化除渣泵启动	X5D	喷漆室循环水泵 2 停止
X33	磷化除渣泵停止	X5E	喷漆室高压泵启动
X34	水洗 3 循环泵启动	X5F	喷漆室高压泵停止
X35	水洗 3 循环泵停止	X60	晾干室排风机启动
X36	水洗 4 循环泵启动	X61	晾干室排风机停止
X37	水洗 4 循环泵停止	X62	急停复位
X38	前处理送风机启动	X63	系统急停
X39	前处理送风机停止	X64	停报警声响
X3A	前处理排风机 1 启动	X65	空调风阀开
X3B	前处理排风机 1 停止	X66	空调风阀关
X3C	前处理排风机 2 启动	X67	空调风阀开到位
X3D	前处理排风机 2 停止	X68	空调风阀关到位
X3E	前处理排风机 3 启动	X69	—
X3F	前处理排风机 3 停止	X6A	—
X40	水烘室循环风机启动	X6B	—
X41	水烘室循环风机停止	X6C	水烘风机运行
X42	水烘室燃烧机启动	X6D	面烘风机 1 运行
X43	水烘室燃烧机停止	X6E	面烘风机 2 运行
X44	面烘室循环风机 1 启动	X6F	空调风机运行
X45	面烘室循环风机 1 停止	X70	预脱脂循环泵故障
X46	面烘室燃烧机 1 启动	X71	预脱脂加热泵故障
X47	面烘室燃烧机 1 停止	X72	预脱脂油水分离泵故障
X48	面烘室循环风机 2 启动	X73	脱脂循环泵故障
X49	面烘室循环风机 2 停止	X74	脱脂加热泵故障
X4A	面烘室燃烧机 2 启动	X75	脱脂补液泵故障
X4B	面烘室燃烧机 2 停止	X76	水洗 1 循环泵故障
X4C	油漆烘干强冷送风机启动	X77	水洗 2 循环泵故障
X4D	油漆烘干强冷送风机停止	X78	表调循环泵故障
X4E	油漆烘干强冷排风机启动	X79	表调补液泵故障
X4F	油漆烘干强冷排风机停止	X7A	磷化循环泵故障
X50	喷漆室送风机启动	X7B	磷化热水泵 1 故障
X51	喷漆室送风机停止	X7C	磷化热水泵 2 故障
X52	喷漆室排风机 1 启动	X7D	磷化反冲洗泵故障
X53	喷漆室排风机 1 停止	X7E	磷化补液泵故障
X54	喷漆室排风机 2 启动	X7F	磷化轴封泵故障
X55	喷漆室排风机 2 停止	X80	磷化沉淀泵故障
X56	喷漆室排风机 3 启动	X81	磷化除渣泵故障
X57	喷漆室排风机 3 停止	X82	水洗 3 循环泵故障
X58	喷漆室排风机 4 启动	X83	水洗 4 循环泵故障
X59	喷漆室排风机 4 停止	X84	前处理送风机故障

续表

触　点	功　能	触　点	功　能
X85	前处理排风机 1 故障	X0B5	张紧及限位故障
X86	前处理排风机 2 故障	X0B6	VF2 速度给定 1
X87	前处理排风机 3 故障	X0B7	VF2 速度给定 2
X88	水烘循环风机故障	X0B8	VF2 速度给定 3
X89	水烘燃烧机故障	X0B9	VF2 速度给定 4
X8A	面烘循环风机 1 故障	Y0C0	预脱脂循环泵运行
X8B	面烘燃烧机 1 故障	Y0C1	预脱脂加热泵运行
X8C	面烘循环风机 2 故障	Y0C2	预脱脂油水分离泵运行
X8D	面烘燃烧机 2 故障	Y0C3	脱脂循环泵运行
X8E	强冷室送风机故障	Y0C4	脱脂加热泵运行
X8F	强冷室排风机故障	Y0C5	脱脂补液泵运行
X90	空调送风机故障	Y0C6	水洗 1 循环泵运行
X91	喷漆室排风机 1 故障	Y0C7	水洗 2 循环泵运行
X92	喷漆室排风机 2 故障	Y0C8	表调循环泵运行
X93	喷漆室排风机 3 故障	Y0C9	表调补液泵运行
X94	喷漆室排风机 4 故障	Y0CA	磷化循环泵运行
X95	喷漆室水泵 1 故障	Y0CB	磷化热水泵 1 运行
X96	喷漆室水泵 2 故障	Y0CC	磷化热水泵 2 运行
X97	喷漆室高压泵故障	Y0CD	磷化反冲洗泵运行
X98	晾干室排风机故障	Y0CE	磷化补液泵运行
X9A	预脱脂超温	Y0CF	磷化轴封泵运行
X9B	脱脂超温	Y0D0	磷化沉淀泵运行
X9C	磷化液超温	Y0D1	磷化除渣泵运行
X9D	面烘室超温	Y0D2	水洗 3 循环泵运行
X9E	水烘室超温	Y0D3	水洗 4 循环泵运行
X9F	空调室超温	Y0D4	前处理送风机运行
X0A0	水烘室风机段压差开关	Y0D5	前处理排风机 1 运行
X0A1	水烘室过滤侧压差开关	Y0D6	前处理排风机 2 运行
X0A2	面烘室风机 1 段压差开关	Y0D7	前处理排风机 3 运行
X0A3	面烘室风机 2 段压差开关	Y0D8	水烘循环风机运行
X0A4	面烘室过滤侧 1 压差开关	Y0D9	水烘燃烧机运行
X0A5	面烘室过滤侧 2 压差开关	Y0DA	面烘循环风机 1 运行
X0A6	强冷送风段压差开关	Y0DB	面烘燃烧机 1 运行
X0A7	强冷排风段压差开关	Y0DC	面烘循环风机 2 运行
X0A8	空调过滤段夺压差报警	Y0DD	面烘燃烧机 2 运行
X0A9	喷漆室动压室压差报警	Y0DE	强冷室送风机运行
X0AA	喷漆室静压室压差报警	Y0DF	强冷室排风机运行
X0AB	加温泵出口处压差报警	Y0E0	空调送风机运行
X0B0	悬链启动	Y0E1	喷漆室排风机 1 运行
X0B1	悬链停止	Y0E2	喷漆室排风机 2 运行
X0B2	悬链故障	Y0E3	喷漆室排风机 3 运行
X0B3	VF1 故障	Y0E4	喷漆室排风机 4 运行
X0B4	VF2 故障	Y0E5	喷漆室水泵 1 运行

二、急停程序

如图 6-2 所示，采用主控指令实现急停功能，MC 和 MCR 之间为工艺 PLC 程序，当 X62 的输入急停按钮按下时，M0 得电自锁，其动合触点操作，不执行 MC 和 MCR 之间为工艺 PLC 程序。所有的输出复位。

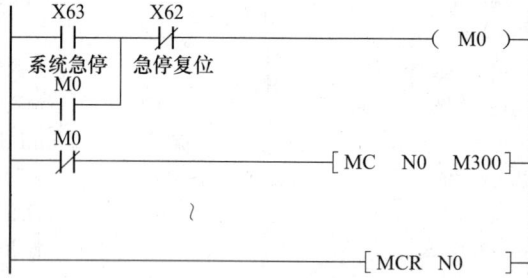

图 6-2　急停程序

三、悬链控制程序

悬链控制是这条生产线的重点，它是把各个工序串联起来的纽带，是产品质量的关键部分。悬链启动受张紧故障、悬链故障、VF1 故障、VF2 故障的限制，只要其中有一个故障，悬链就不能启动。悬链启动前先响铃 60s，悬链控制程序如图 6-3 所示。

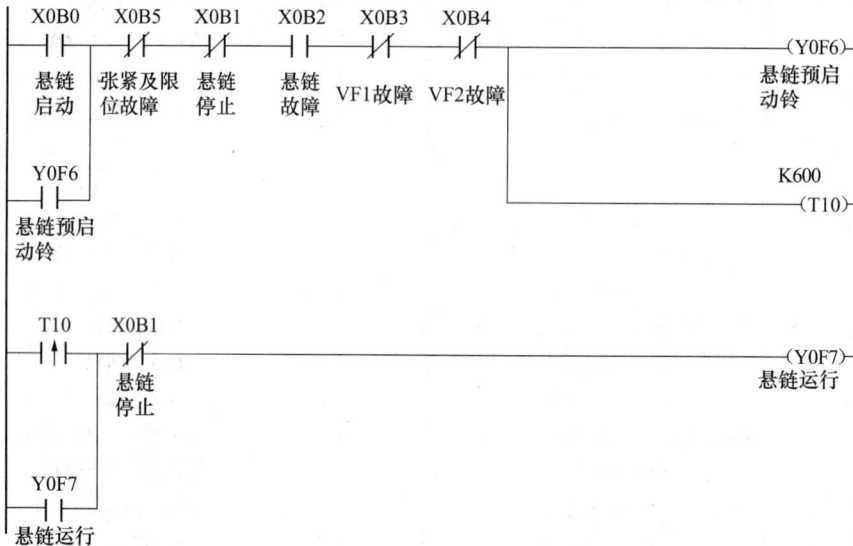

图 6-3　悬链控制程序

四、预脱脂循环泵程序

如图 6-4 所示。控制过程可以分成自动和手动两部分：一路自动经过 X5、X2/X0、M72、X70、Y0C0，另一路手动经过 X1、X10、X5、X11、X70、Y0C0。

第一条路是这样工作的：把旋钮打到单工位操作或全线联动工作，这样 X0 或 X2 就闭合，再把另一个旋钮开关打到自动的工作方式，X5 闭合，Y0C0 的输出就受 M72、X70 的

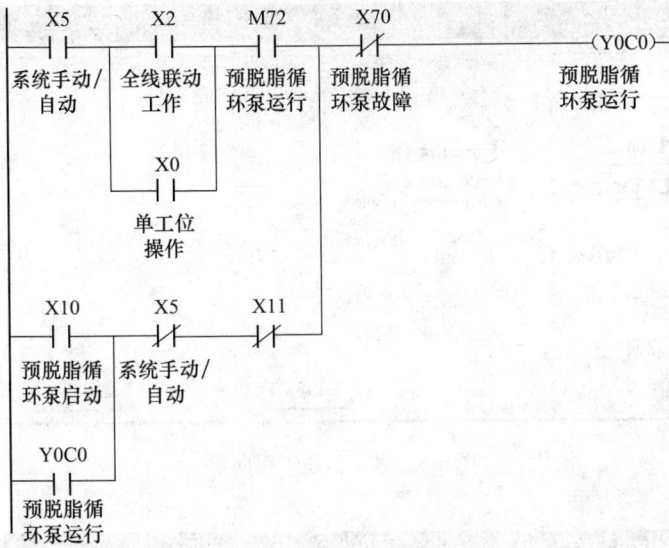

图 6-4　预脱脂循环泵程序

控制，X70 是预脱脂循环泵故障，只要预脱脂循环泵无故障，X70 就闭合，这样 Y0C0 输出
继电器就受中间继电器 M72 的控制，中间继电器 M72 又受前面程序中时间继电器控制，一
到设定的时间，M72 就导通，动断触点就闭合，Y0C0 就得电输出。

另一路的工作过程：当把旋钮打到手动操作挡，X5＝0；再按启动按钮 X10 预脱脂循环
泵启动，如果要停止，则需按 X11 预脱脂循环泵停止。

具体 PLC 程序见本书光盘。

第四节　触摸屏界面制作

一、新建工程

1. 选择工程

启动 GT Designer 2，单击"新建"按钮，显示如图 6-5 所示的画面，单击"新建"
按钮。

2. 选择显示新建工程向导

显示如图 6-6 所示的画面（新建工程向导的开始）
后，单击"下一步"按钮。

如果在显示"新建工程向导"的选择框内取消勾
选，将从下一步的新建开始不显示向导。

3. 选择所使用的 GOT 的类型

图 6-5　新建工程

显示如图 6-7 所示的画面（GOT 的系统设置）后，选择所使用的 GOT 类型及颜色
设置。

GOT 类型：GT1175-V（640×480）。

颜色设置：256 色。

选择结束后，单击"下一步"按钮。

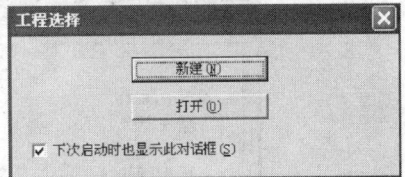

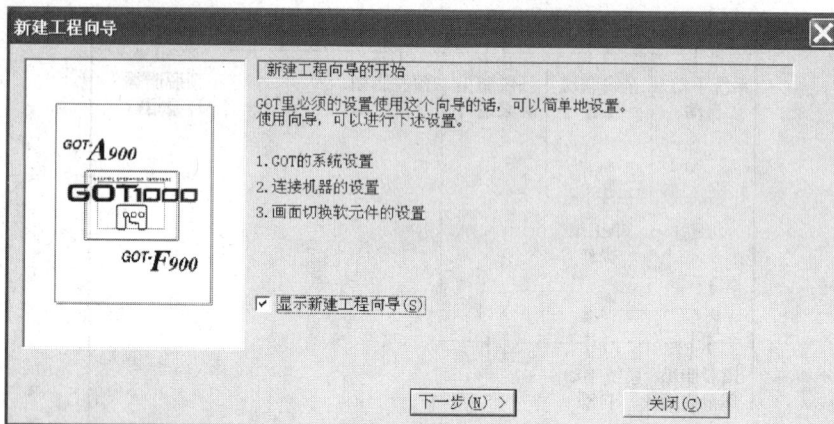

图 6-6　显示新建工程向导

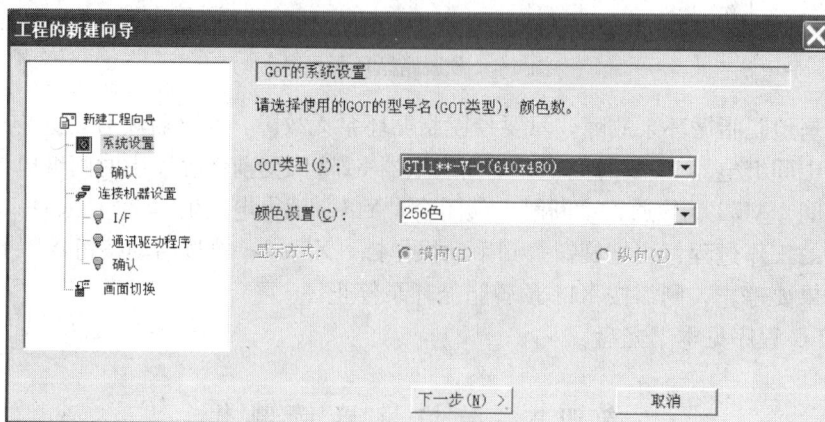

图 6-7　GOT 类型选择

4. GOT 类型确定

显示如图 6-8 所示的画面（GOT 的系统设置）后，单击"下一步"按钮确认。

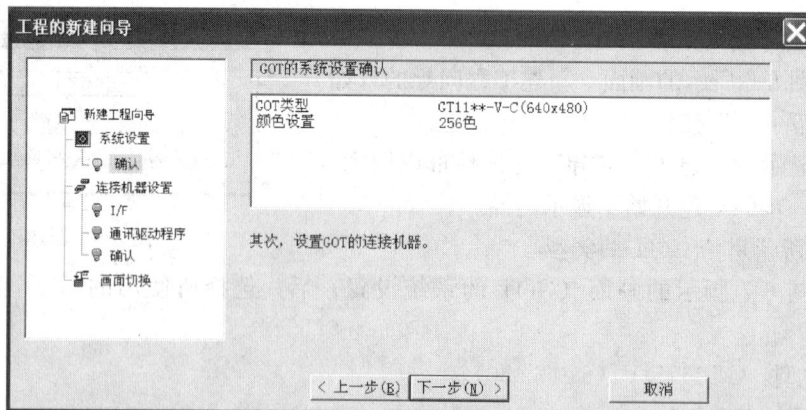

图 6-8　GOT 类型确定

5. 选择与 GOT 相连接的机器

显示如图 6-9 所示的画面 [连接机器设置（第 1 台）] 后，选择与 GOT 相连接的机器。选择结束后，单击"下一步"按钮。

连接机器类型：MELSEC-QnA/Q。

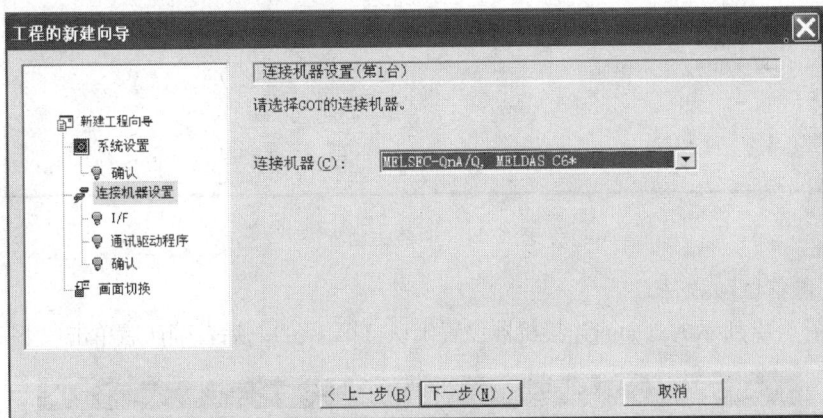

图 6-9　连接机器类型

6. 选择 MELSEC-QnA/Q 的连接 I/F

显示如图 6-10 所示的画面 [连接机器设置（第 1 台）] 后，选择 MELSEC-QnA/Q 的连接 I/F。选择结束后，单击"下一步"按钮。

I/F：标准 I/F-1。

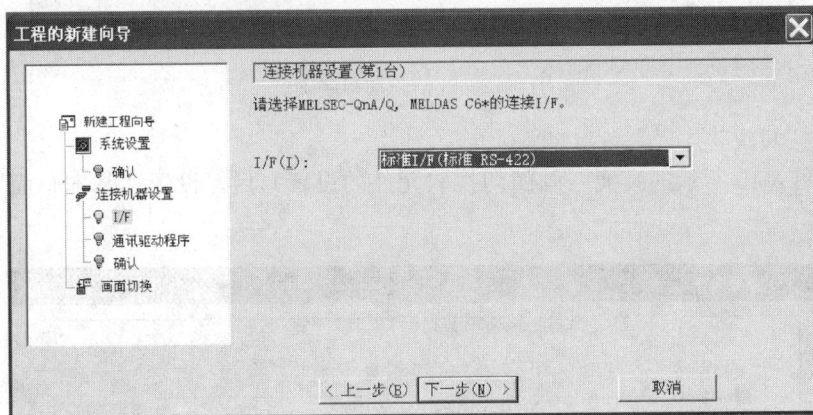

图 6-10　I/F 确定

7. 选择通信驱动程序

显示如图 6-11 所示的画面 [连接机器设置（第 1 台）] 后，选择 MELSEC-QnA/Q 的通信驱动程序。

选择结束后，单击"下一步"按钮。

通信驱动程序：MELSEC-QnA/Q。

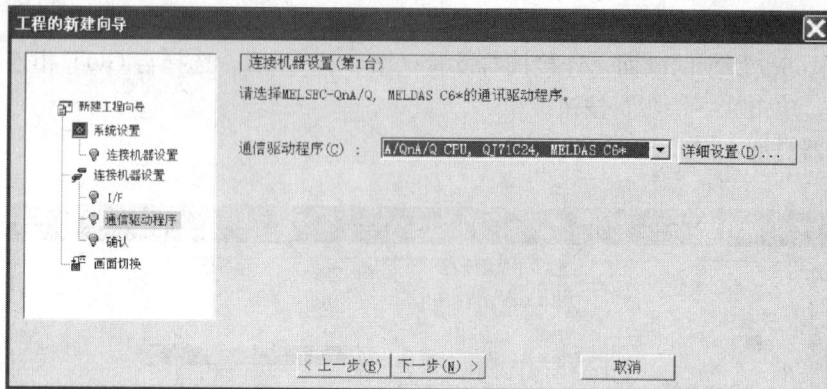

图 6-11　通信驱动程序

8. 确定通信驱动程序

显示如图 6-12 所示的画面［连接机器设置确认（第 1 台）］后，确认后单击"下一步"按钮。

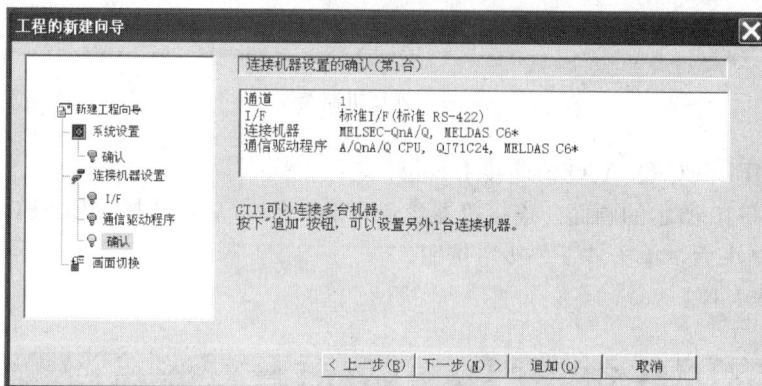

图 6-12　通信驱动程序确定

9. 设置"切换软元件"

显示如图 6-13 所示的画面（画面切换软元件的设置）后，设置"基本画面"的"切换软元件"。

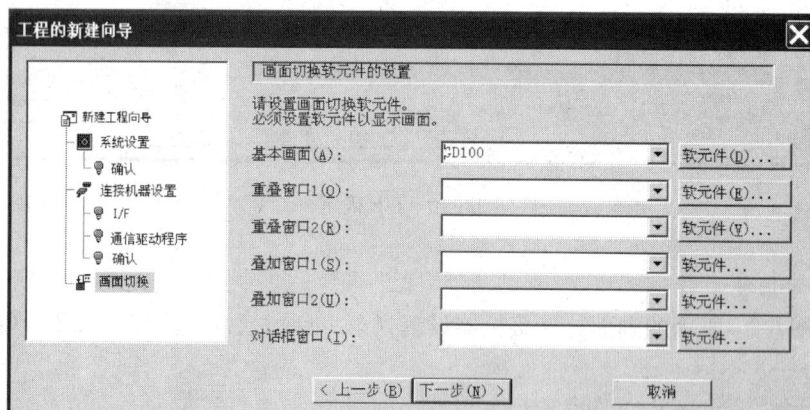

图 6-13　画面切换软元件设置

设置结束后，单击"下一步"按钮。

基本画面切换软元件：GD100。

注：GD100 是 GT1175-V（640 480）的内部画面寄存器。

10. 系统环境的设置确认

将显示如图 6-14 所示的画面（系统环境的设置确认），确认后单击"结束"按钮。

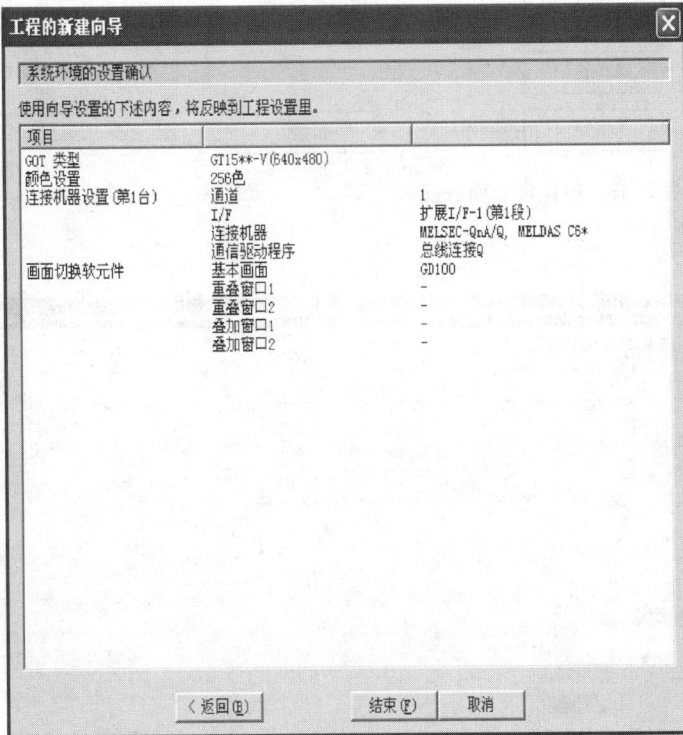

图 6-14　系统环境设置确认

二、触摸屏画面分配

1. 触摸屏画面分配

根据工艺要求，设计出 9 幅画面分别是开始、喷漆室、水分烘干室、面漆烘干室、前处理脱脂、操作说明、报警、前处理磷化、报警 2。通过画面切换按钮可以切换到各个画面，如图 6-15 所示。

2. 画面的创建

如图 6-16 所示，用鼠标右击位于工程工作区的树型目录上的基本画面，选择"新建"。

3. 输入画面标题

如图 6-17 所示，显示"画面的属性"对话框后，输入画面标题。单击"确定"按钮后，第 2 幅画面将被创建。

4. 创建 9 幅空的画面

用上面的方法依次创建 9 幅空的画面，如图 6-18 所示。

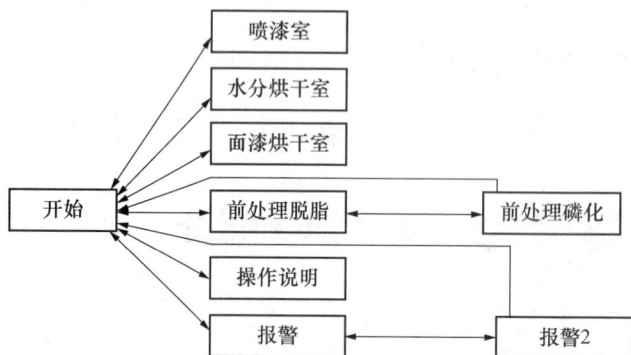

图 6-15　触摸屏画面分配

图 6-16　画面的新建

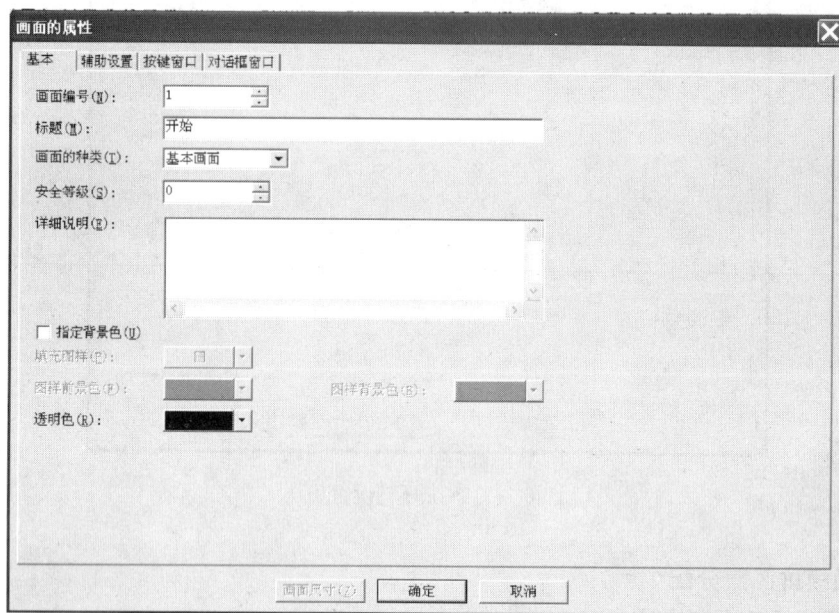

图 6-17　输入画面标题

三、工艺流程（开始画面）的制作

1. 开始画面的功能介绍

开始画面的功能介绍如图 6-19 所示。

开始画面有下列控件：

（1）按钮：系统急停，急停复位，全线联动启动，全线联动停止。

（2）指示灯：单工位操作、手动操作、全线联动、手动/自动、悬链运行、速度给定、空调风阀的工作状态显示、报警指示灯。

（3）画面切换开关：前处理脱脂、水分烘干室、喷漆室、面漆烘干室、报警1、帮助的画面切换。

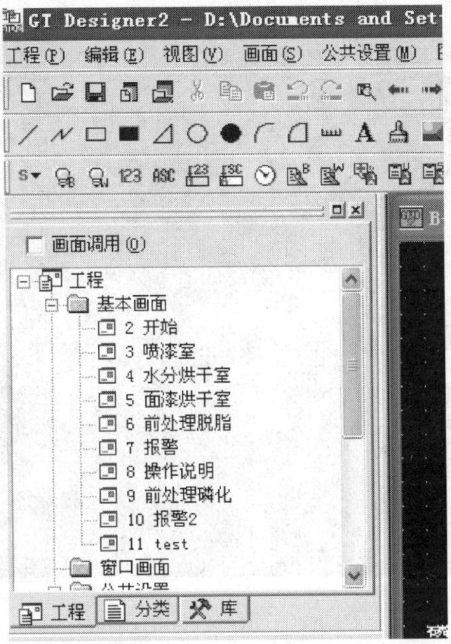

图 6-18 创建 9 幅空的画面

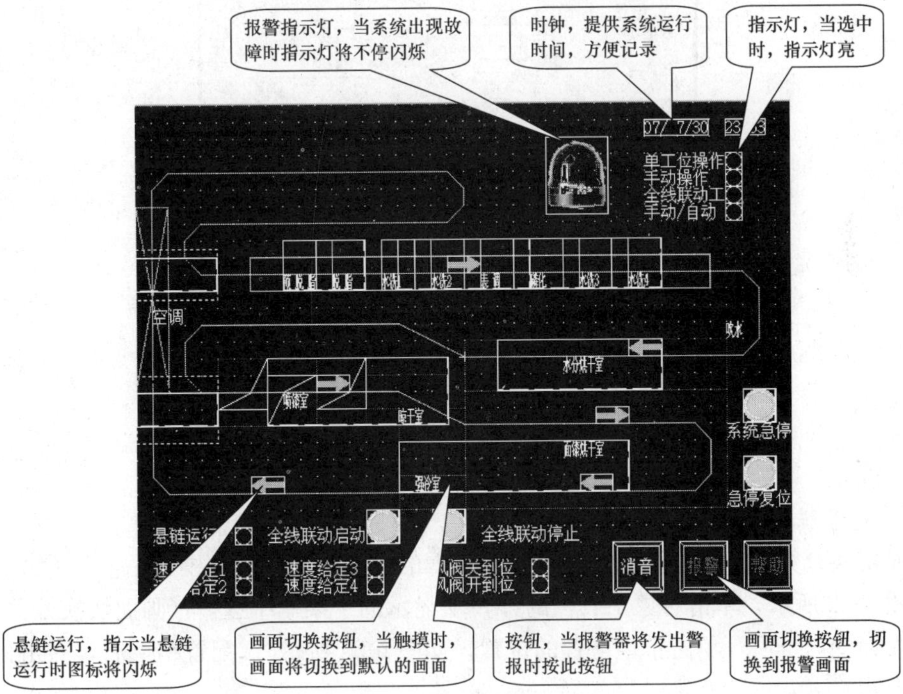

图 6-19 开始画面的功能介绍

（4）时钟：显示时间。

下面分别介绍各部分功能的制作过程。

2. 涂装生产线的图形制作

用直线和折线划出悬链的形状，如 6-20 所示。设定线的颜色，如图 6-21 所示。

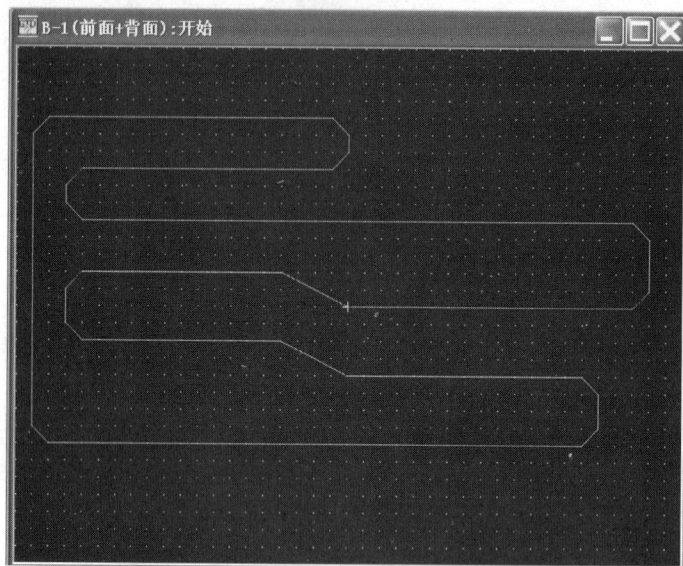

图 6-20　流水线图的制作

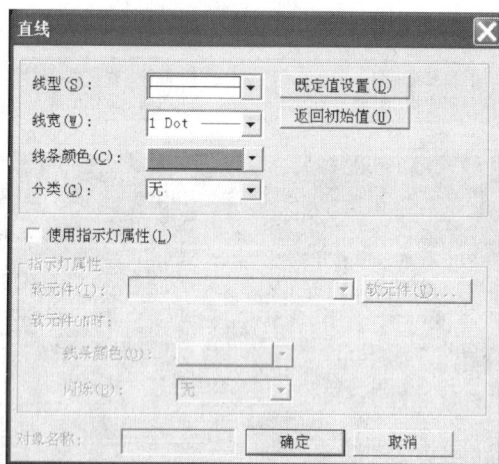

图 6-21　设定线的颜色

3. 前处理脱脂画面切换开关的制作

画面切换开关的作用是把画面切换到要查看的前处理脱脂画面中去。

如图 6-22 所示，单击对象工具栏的▪▪，从显示的子菜单中选择（画面切换开关）按钮，鼠标的光标变为＋后，单击希望配置的位置，如图 6-23 所示。（配置结束后，右击鼠标，解除配置模式）

如图 6-24 所示，详细设置如下：

切换画面种类：基本。

本工程中的画面都是在基本画面中创建的，窗口画面没有创建画面。

固定画面：6，前处理脱脂。

前处理脱脂的画面编号是 6。

图 6-22 画面切换开关

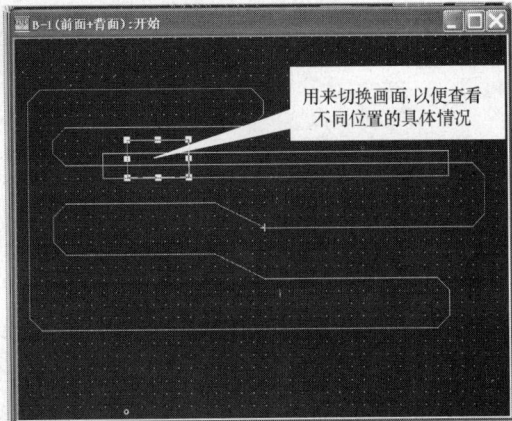

图 6-23 切换开关的布置图

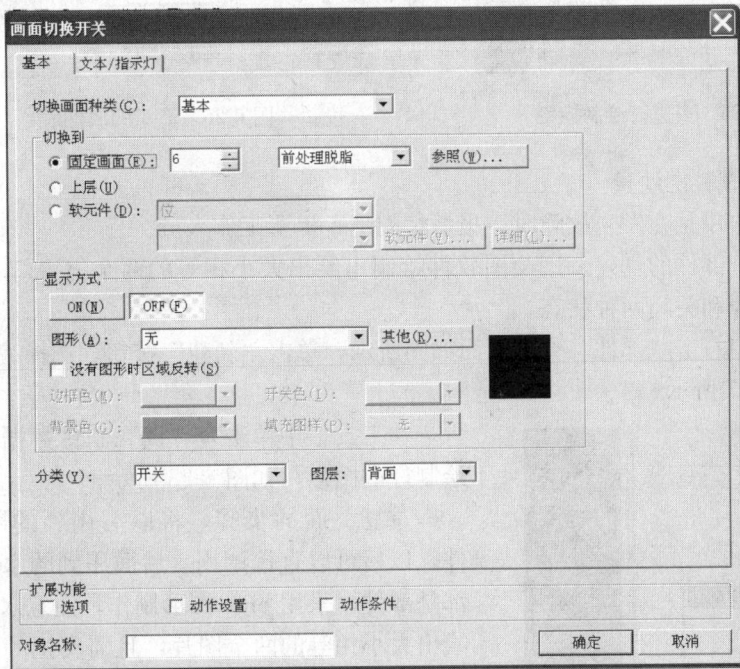

图 6-24 切换开关属性表

4. 箭头的绘制

作用是当悬链运行时，箭头将闪烁，显示悬链的流动状态。

如图 6-25 所示，工具栏中找到 ⊿ "多边形" 按钮，光标变为＋后，单击希望配置的位置，进行绘制。

双击多边形弹出属性窗口，如图 6-26 所示，箭头的属性表详细设置如下：

软元件：Y00F7；线条颜色：绿；填充图样：黑；图样前景色：白；图样背景色：红；闪烁：中速。

Y00F7 是 PLC 的一个输出悬链运行继电器。PLC 程序前面已介绍。

图 6-25　多边行绘制控键

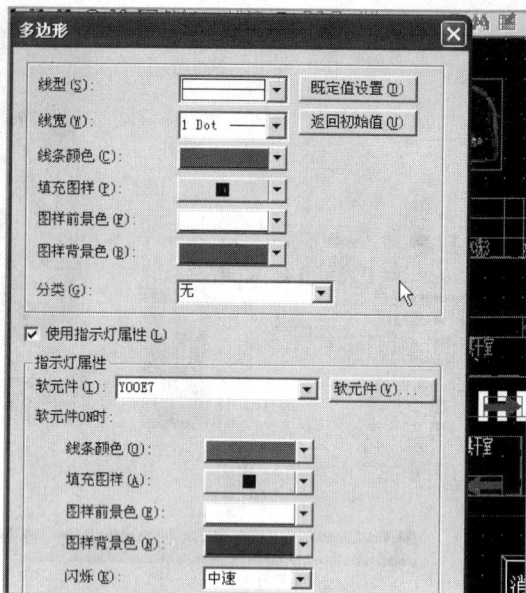

图 6-26　箭头的属性表

5. 报警灯的制作过程

报警灯的作用是在发生故障时，报警灯闪烁，提醒工作人员。

（1）报警灯部件的创建。用绘图软件绘制出绘出大小相等的两个报警灯 bmp 图，分别表示报警灯打开和关闭两种状态。

在工作区中右击"部件"弹出画面如图所示，单击"新建"按钮，选择编号，输入名称即可，如图 6-27 所示。

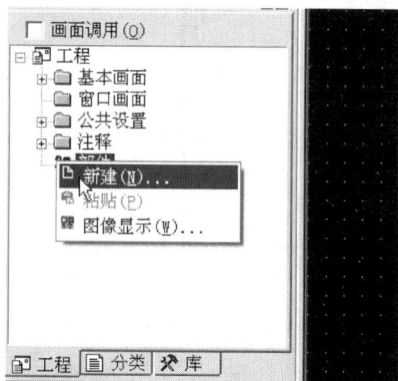

图 6-27　部件工作框的打开

在工具栏中单击 ▣ "读入图像数据"中选择已经绘制好的图形，如图 6-28 所示。

重复上面的步骤，将以后用到的图片制作成部件，以后可以直接调用。后面用到的水泵、风扇、火都是部件，采用 bmp 图形制作，注意水泵、风扇都要绘出大小相等的两个图片，且需要把叶片绘出不同的角度，这样才能当两幅图在切换时才能显示出转动的动态来。可以在网上找到一段火的 flash 动画，然后再拆开成 8 幅图片，制作成 8 幅部件。

（2）报警灯部件显示。在工具栏中找到 ▣ "部件显示"按钮，鼠标的光标变为＋后，放置到合适的位置，配置属性如图 6-29 所示。

软元件：Y00F2；ON 时部件编号：19；OFF 时部件编号：20；闪烁：中速。

Y00F2 是 PLC 的一个输出系统故障灯光继电器。

故障 PLC 程序如图 6-30 所示。当有一个报警开关动作后，报警灯的输出继电器 Y0F2 就会动作，触摸屏上报警灯就会呈现红色，且不停地闪烁。

图 6-28　选择图形

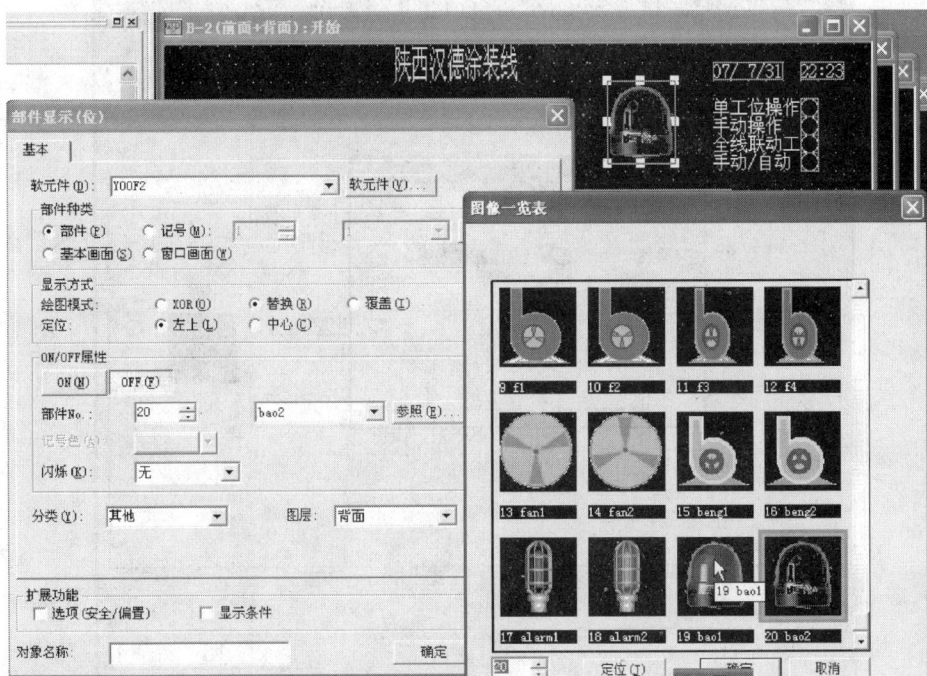

图 6-29　配置部件属性

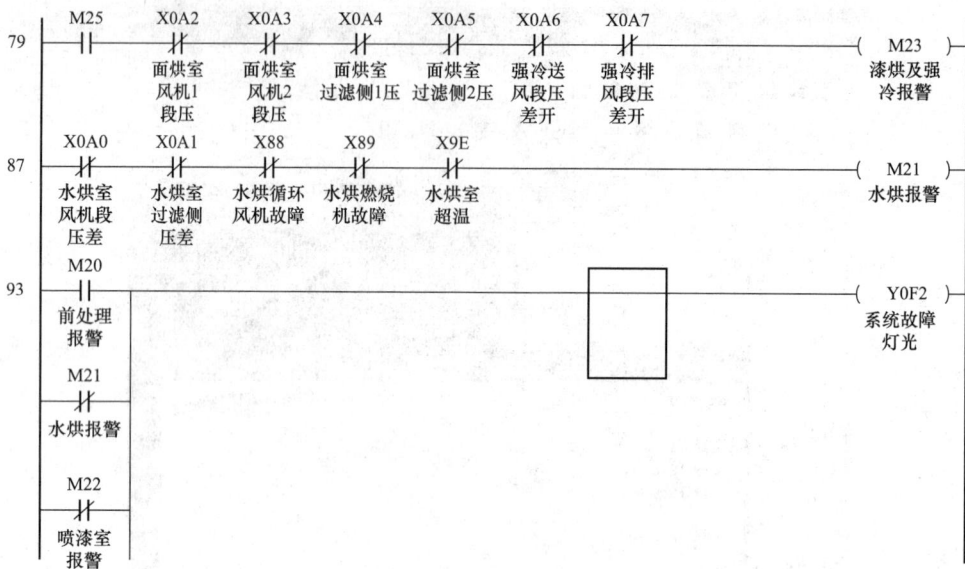

图 6-30　故障 PLC 程序

6. 时钟的制作过程

在工具栏中找到⊙ "时刻显示"按钮，鼠标的光标变为＋后，放置到合适的位置，配置属性如图 6-31 所示。

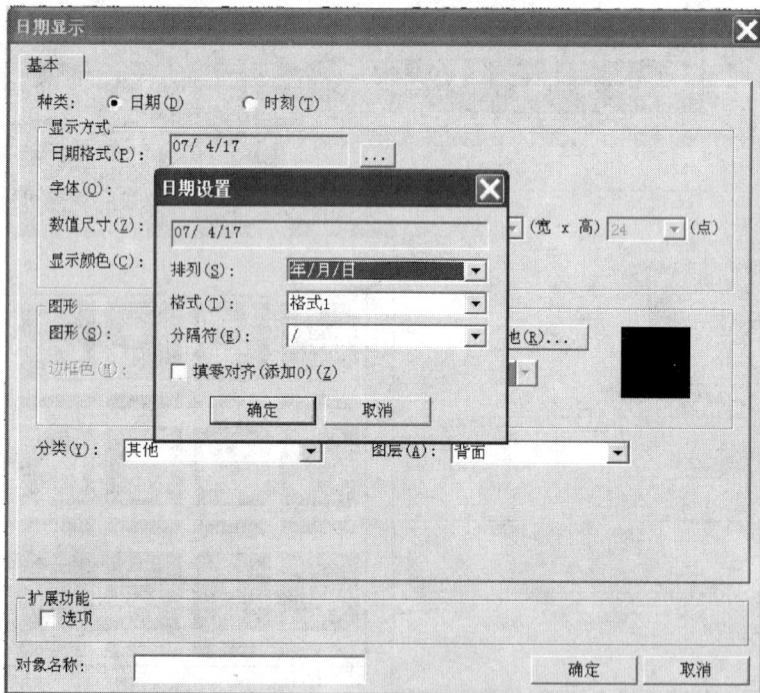

图 6-31　时刻显示属性表

这里显示的是人机界面的自己的时刻，准确时间通过系统主菜单来修改，同时按人机界面的两个角进入系统主菜单，单击"时钟的显示及设置"；将人机界面（GOT）的时钟数据与连接机器的时钟数据调整为一致，如图 6-32 所示。

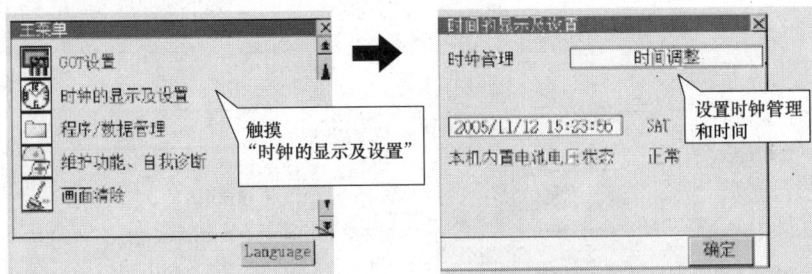

图 6-32　修改人机界面时钟

7. 手动/自动等指示灯的制作

指示灯能方便鲜明地显示设备的工作状态。开始画面有手动/自动、全线联动工作、手动操作、单工位操作；悬链运行、速度给定1、空调风阀关到位指示灯，制作过程差不多。下面以手动/自动等指示灯为例进行说明。

在工具栏中找到 "指示灯显示（位）"按钮，鼠标的光标变为＋后，放置到合适的位置，配置属性如图 6-33 所示。

软元件（D）：X0005。

ON 时图形：其他 39（图形编号）。

OFF 时图形：其他 40（图形编号）。

8. 文本的制作

在工具栏中找到 "文本"按钮，鼠标的光标变为＋后，放置到合适的位置，输入相应的文本即可。配置属性如图 6-34 所示。

图 6-33　指示灯属性表

9. 全线联动启动按钮功能的实现

当触摸全线联动启动按钮时，将使 PLC 中的中间继电器 M2 置 1，依次接通时间继电器 T0、T1、T2，通过时间继电器去打开相应的设备。它的功能同控制柜全线联动启动按钮一样，也就是多点控制。PLC 程序如图 6-35 所示。

选菜单"对象"｜"开关"｜"位开关"，放置到合适位置，如图 6-36 所示。

双击"位开关"打开属性对话框，动作设置软元件为 M2，置位；选择 ON、OFF 时的图形，如图 6-37 所示。

四、喷漆室界面的创建

1. 喷漆室功能介绍

如图 6-38 所示，喷漆室画面有下列控件：

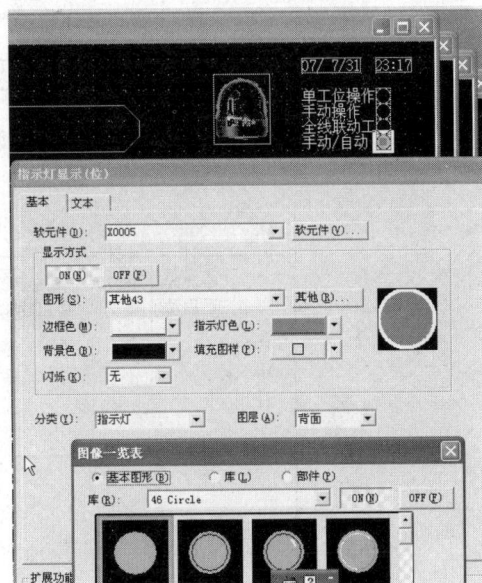

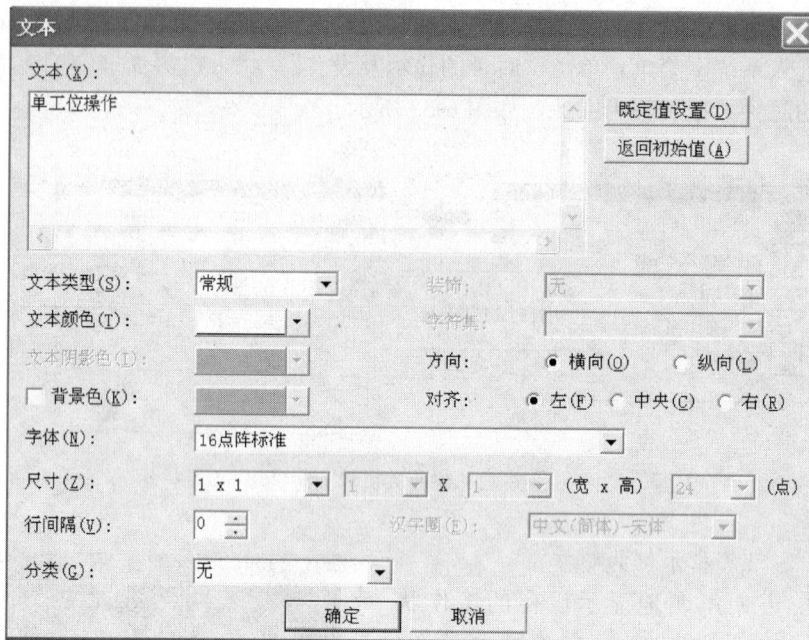

图 6-34　文本属性

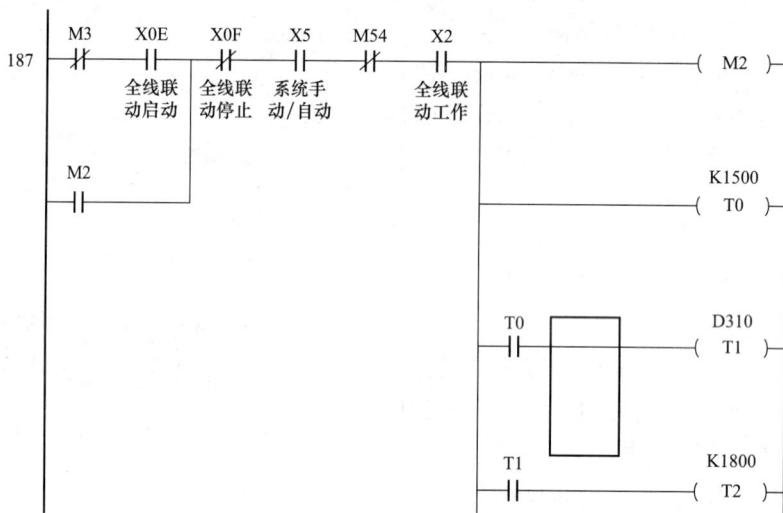

图 6-35　全线联动启动 PLC 程序

（1）风机，喷漆室空调送风机、喷漆室排风机 1、喷漆室排风机 2、喷漆室排风机 3、喷漆室排风机 4、晾干室排风机。

（2）水泵，喷漆室水泵 1、喷漆室水泵 2、喷漆室高压泵。

（3）报警，显示报警。

（4）消音，报警后解除声音。

（5）指示灯，单工位操作、手动操作、全线联动、手动/自动的状态指示。

（6）返回按钮，画面将切换到开始画面。

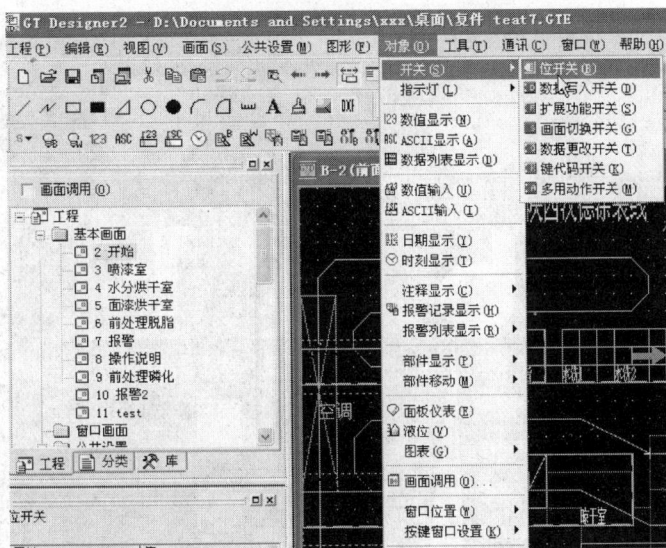

图 6-36 位开关菜单

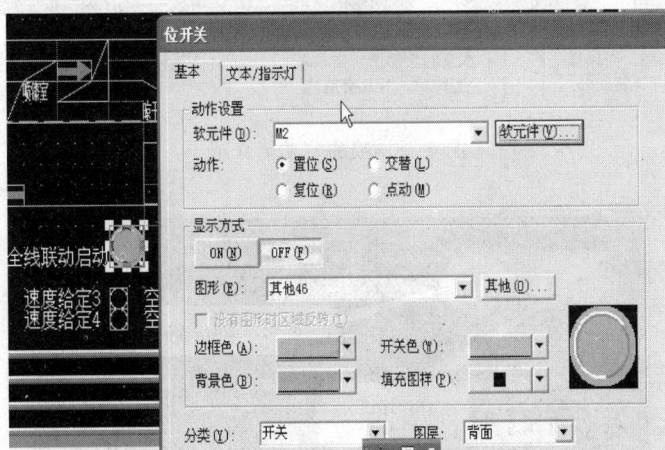

图 6-37 位开关属性

(7) 系统急停，紧急情况下系统停机。

(8) 急停复位，急停之后重新启动前使用。

(9) 喷漆室启动，单工位操作启动时使用。

(10) 喷漆室停止，单工位操作停止时使用。

2. 空调送风机的旋转动画制作

通过交替显示两个部件产生旋转动画的效果，如图 6-39 所示。

在对象菜单中找到部件显示模块，放置到合适的位置，配置属性如图 6-40 所示。

软元件：M155。

显示方式：替换。

ON 时部件编号：14。

OFF 时部件编号：13。

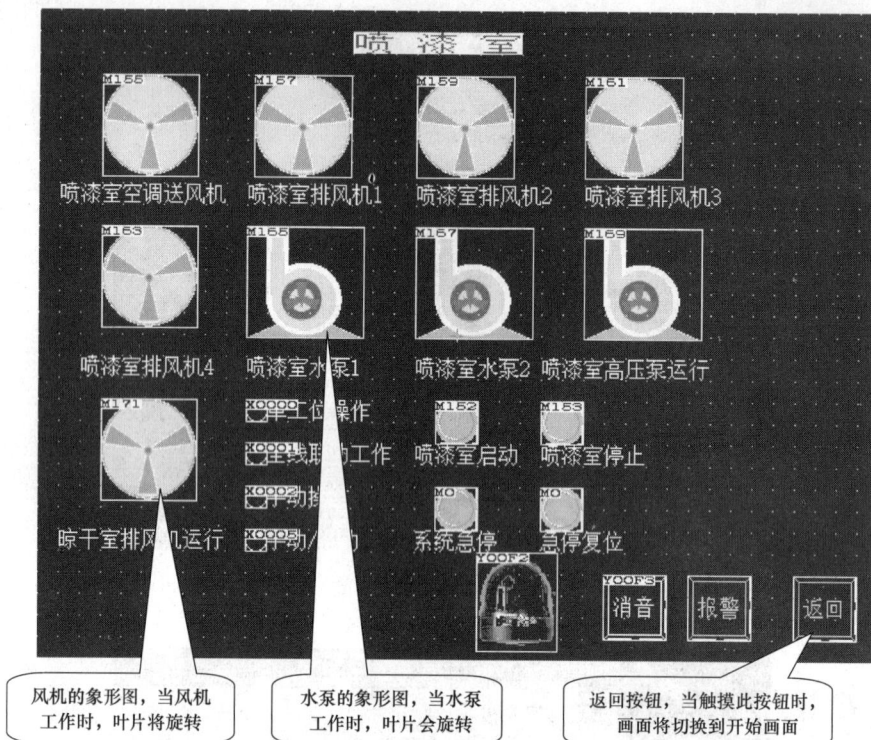

图 6-38　喷漆室功能介绍

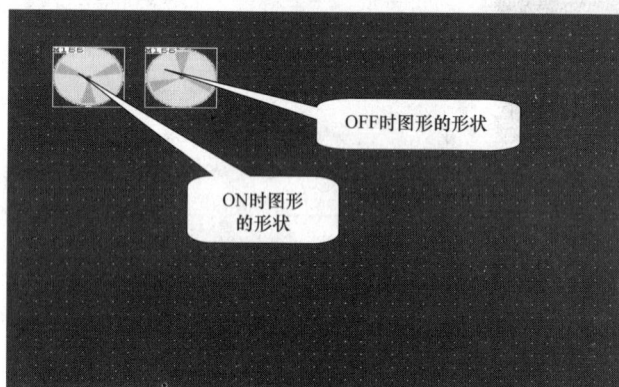

图 6-39　风机动画图

　　PLC 程序如图 6-41 所示，通过 Y0E0 的长开触点与三菱内部的闪烁触点 SM412 串联（以 0.5 s 时间间隔，在 ON 和 OFF 之间重复改变），用辅助继电器 M155 输出。这样 M155 就一会儿 ON，一会儿 OFF，由于风扇的风叶是交辏的，这样风扇就显示出转动的状态。

　　喷漆室空调送风机，喷漆室排风机 1，喷漆室排风机 2，喷漆室排风机 3，喷漆室排风机 4，喷漆室水泵 1，喷漆室水泵 2，喷漆室高压水泵，晾干室排风机的动画制作过程与上面相同。

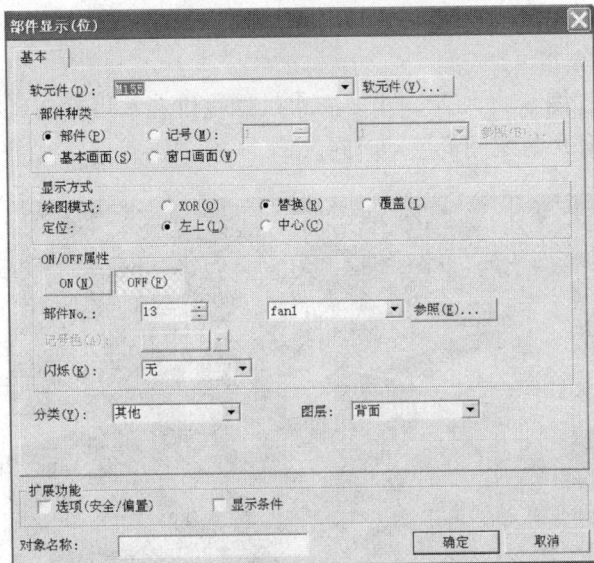

图 6-40　风机部件显示属性

3. 削音开关功能的实现

削音开关按钮采用位开关模块，属性设置如图 6-42所示。

软元件：Y00F3。

动作：复位。

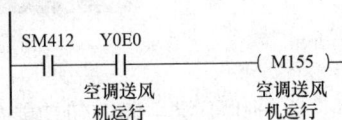

图 6-41　风机动画 PLC 程序

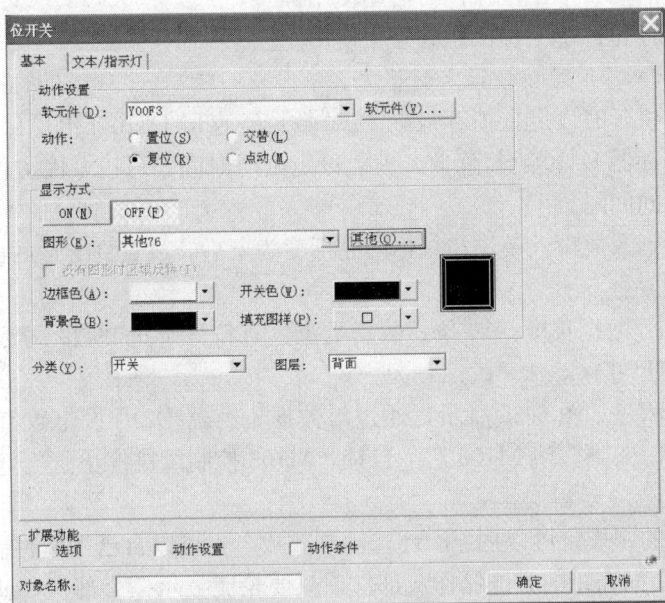

图 6-42　削音开关的属性表

111

五、水分烘干室的创建

1. 水分烘干功能介绍

水分烘干室界面如图 6-43 所示，主要有水烘燃烧机和水烘循环风机。可以方便地改变水烘燃烧机与水烘循环风机之间的启动时间。

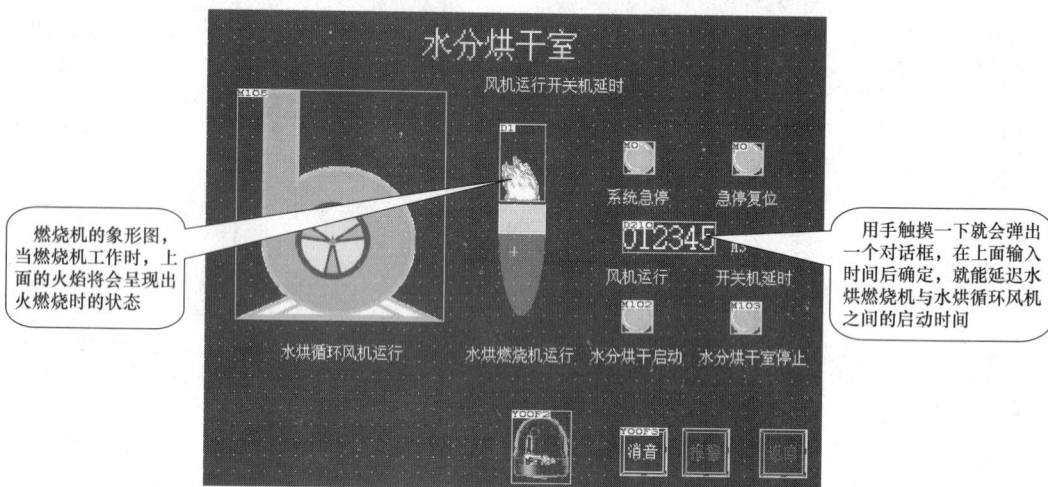

图 6-43　水分烘干室界面

水分烘干室主要按钮功能如下：

（1）系统急停：紧急情况下系统停机。

（2）急停复位：急停之后重新启动前。

（3）水分烘干启动：单工位操作时启动使用。

（4）水分烘干停止：单工位操作时停止使用。

2. 风机运行开关机延时参数设定制作

风机运行开关机延时设定数值存放在 PLC 数据寄存器 D210（停电保持型），通过数值输入模块对数据寄存器 D210 进行修改，就能设定延时时间，可以及时方便地修改燃烧机与循环风机的启动时间间隔。

在工具栏中找到数值输入模块，鼠标的光标变为＋后，放置到合适的位置，配置属性如图 6-44 所示。

软元件：D210；数据长度：16 位；数据类型：有符号十进制数；显示位数：6；字体：16 点阵标准；数值尺寸：2×2；闪烁：无。

延时时间设定程序如图 6-45 所示，通过对数据寄存器 D210 设定数值就能设定 T78 延时时间，T78 延时时间到，使 M103 解除自锁，M103 控制风机停止。

3. 水烘燃烧机燃烧动画制作

（1）火焰部件的制作。可以用 FLASH 动画改成，也可以自己用软件制作火焰燃烧的 7 个 BMP 图。再用前面介绍的方法制作成部件，只要轮流显示 7 个部件，就会产生燃烧动画的效果。

（2）PLC 程序的编程，如图 6-46 所示。水烘燃烧机的输出继电器 Y0D9 与触点 SM411（以 0.2s 时间间隔，在 ON 和 OFF 之间重复改变）串联，SM411 闪烁一次计数器 C0 就加

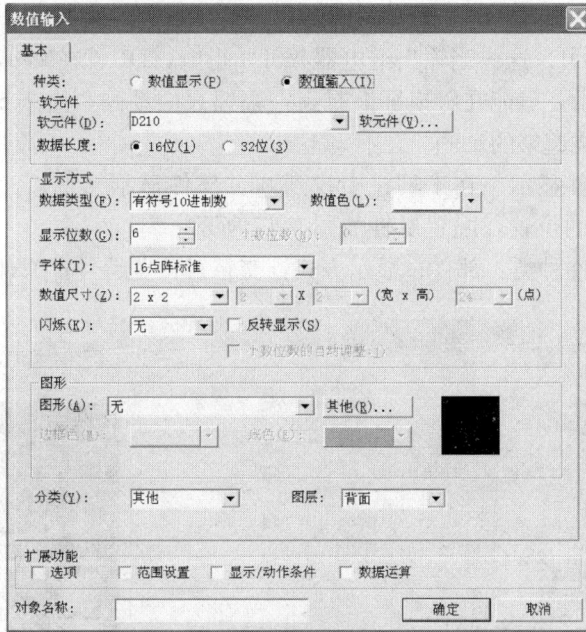

图 6-44 数值输入属性表

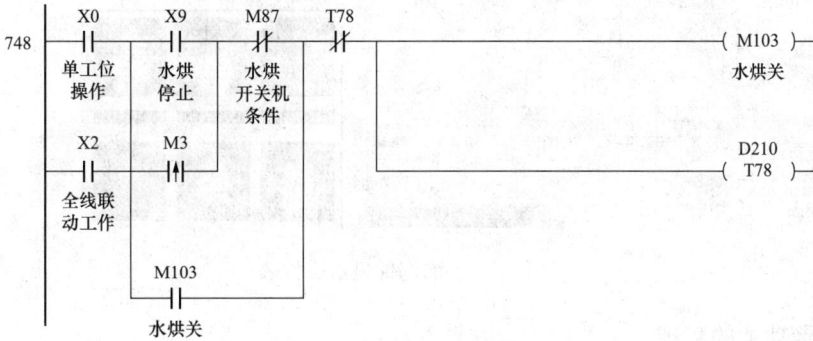

图 6-45 延时时间设定程序

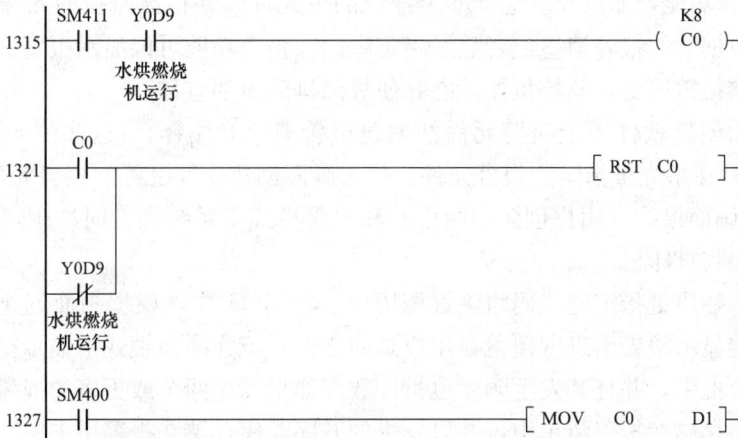

图 6-46 火焰控制梯形图

1，又因为 C0 最多就记到 7，到 8 就又返回到 0 重新计数。再通过传送指令把计数器中的数据传送给数据寄存器 D1。这样当输出继电器 Y0D9 得电，D1 就在 0～7 之间变化，通过 D1 控制触摸屏部件的显示，就能在触摸屏上看到一幅幅火的动画，由于 SM411 的闪烁速度很快，看起来就是火燃烧起来的动画。

（3）触摸屏上部件显示。在工具栏中找到 "部件显示（字）" 按钮，鼠标的光标变为＋后，放置到合适的位置，配置属性如图 6-47 所示。

软元件：D1；部件种类：部件；显示方式：交替；预览编号：2（图形编号）。

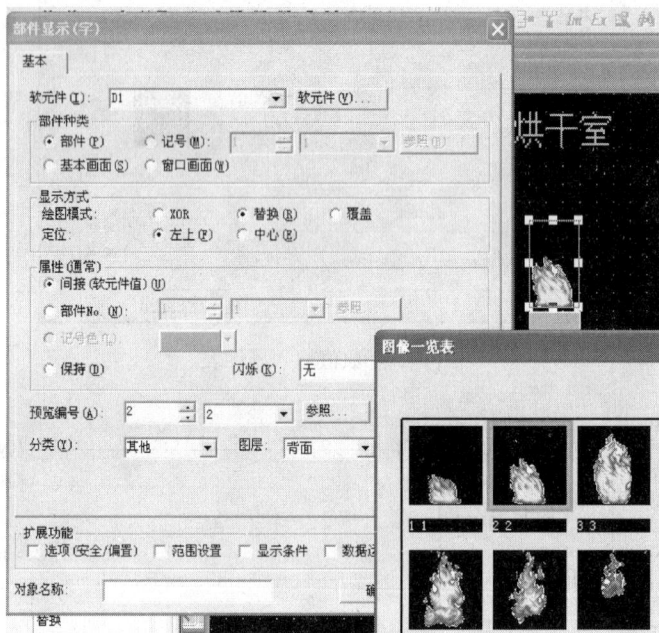

图 6-47　火焰部件显示属性表

六、报警功能的实现

1. GOT 的报警功能

GOT 的报警功能，能监控多达 256 个连续的位元件，并在被监控的元件变成 ON 时在画面上显示用户创建的报警消息或者显示指定画面。报警功能可以显示报警消息和当前报警清单，可以存储报警历史，监控机器状态并使故障排除更加容易。

可以用画面创建软件指定报警元件并创建报警消息（注释）。这些位元件（如 X、Y、M、S、T 和 C）在事先被指定为报警元件。如果画面创建软件设置的报警元件从 OFF 变成 ON，则在用户画面模式（用户创建的画面）和报警模式（系统画面时）中可以显示相应的报警消息并输出到打印机。

可以为一个触摸键指定键代码清除报警历史。在 GOT 中，根据画面创建软件初始设置内容的不同，会显示报警消息（覆盖在用户画面之上）或在画面模式下显示指定画面，报警元件被存储在历史中，并且其发生频度也被计数。如果发生两个或更多的报警，它们会以报警元件编号升序存储在报警清单中，并以发生的升序顺序存储在报警历史中。

在报警历史和报警频率中，可以存储的最大报警数量最多 1000 个。如果发生了 1001 或更多的报警，则记录被更新，从最早的一条消息开始，相应地，即使电源关闭它们仍然被保存。

可以将一个已经发生的报警（处于 ON 状态的辅助继电器）复位为 OFF。将光标用滚动键移到要复位的报警处，按下 reset 键。报警元件（辅助继电器）被复位时，相应的报警消息从清单中被删除。但是如果和 ACK 键一起设置了 reset 键，即使报警元件被设置为 OFF，相应的报警消息也不会从清单中被删除。在这种情况下，执行确认操作。

例如，在如图 6-48 所示的顺控程序中，即使用复位操作将辅助继电器设置成 OFF，如果触点 X100 为 ON，则 M100 会重新变成 ON。

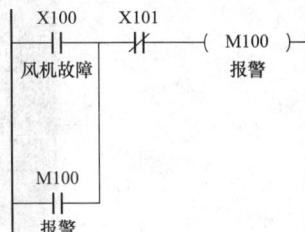

图 6-48 复位报警顺控程序

2. 用位开关实现报警功能

通过文字颜色的改变来显示报警，当文字变成红色时表示该设备发生故障，如图 6-49 所示。

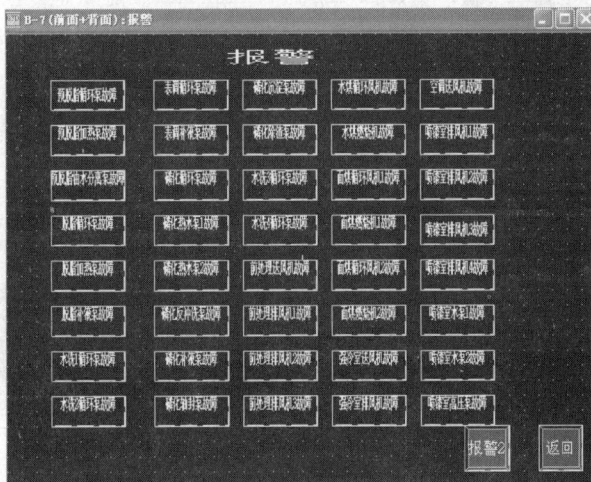

图 6-49 采用位开关实现的报警画面

以预脱脂循环泵故障说明如下。

放置一位开关在画面上，打开属性对话框，选文本/指示灯对话框，文本框输入文字"ON"，OFF 都是预脱脂循环泵故障，文本颜色 ON 选白色，OFF 选红色；指示灯功能选位，软元件选 X70，也就是预脱脂循环泵故障 PLC 输入点的地址，如图 6-50 所示。

3. 采用报警记录模块

（1）报警记录显示模块在指定的位元件打开或激活字元件值时，显示有关发生时间，注释以及其他信息的历史记录数据。当确认元件打开（即错误发生）时，可显示有关日期和时间，信息以及其他事项的历史记录列表，如图 6-51 所示。

（2）创建报警消息（注释）：双击"注释"｜"基本注释"打开注释对话框，新建注释，选择文本颜色等参数，如图 6-52 所示。

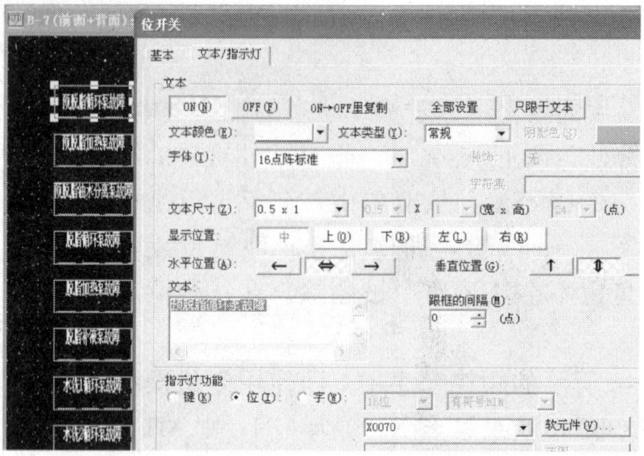

图 6-50 预脱脂循环泵故障位开关设置

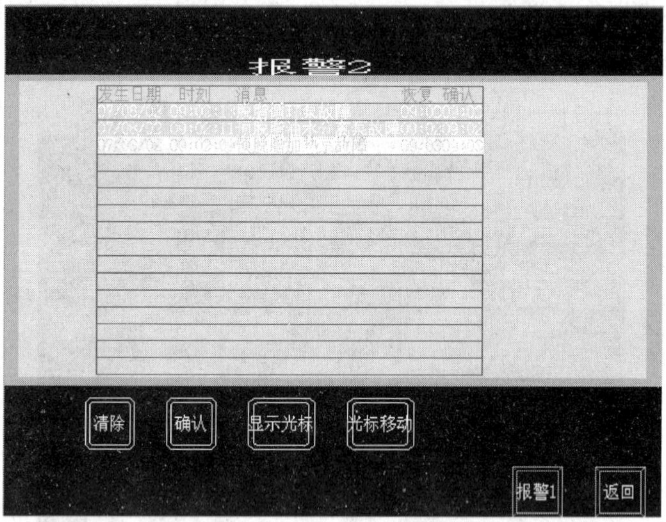

图 6-51 报警记录模块实现报警

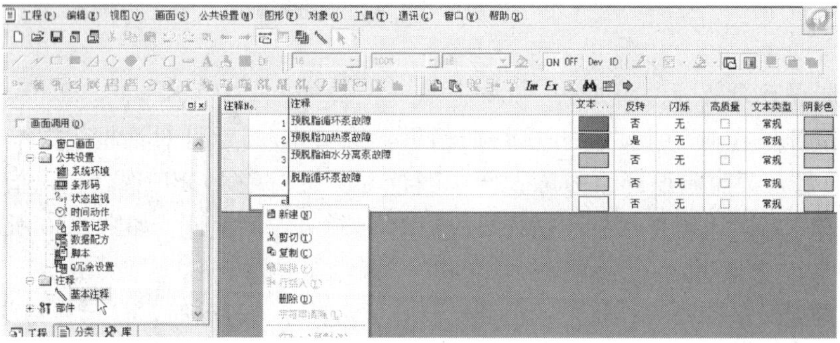

图 6-52 报警注释对话框

（3）创建报警记录：双击"报警记录"打开报警记录对话框，新建报警记录，选择软元件等参数，如图 6-53 所示。

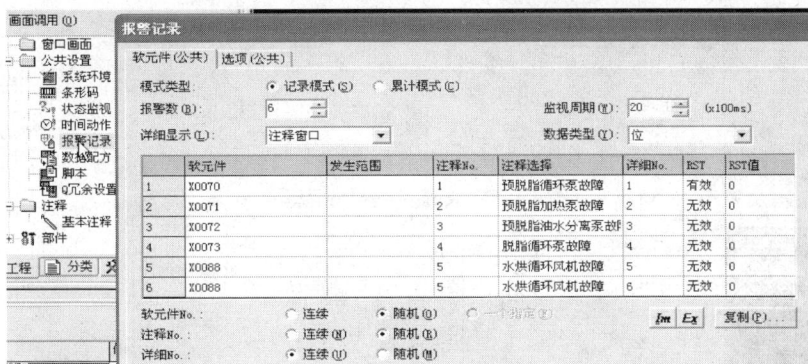

图 6-53 新建报警记录

（4）选择"对象"｜"报警记录显示"放置到合适位置，双击"报警记录显示"打开报警记录显示对话框，选择显示行数等参数，如图 6-54 所示。

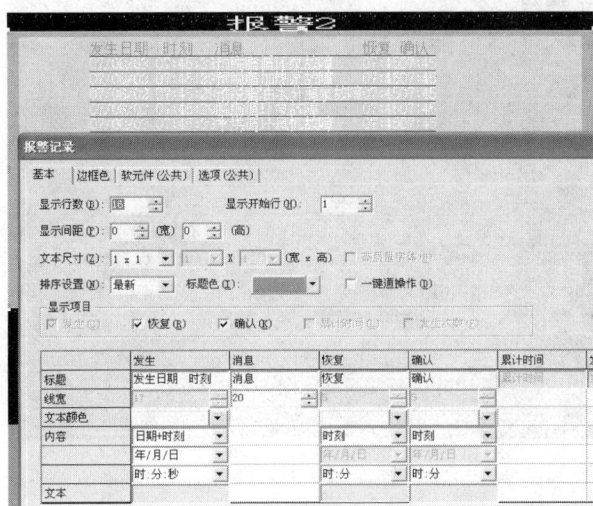

图 6-54 报警记录显示

（5）设置报警记录显示操作按钮。选择"对象"｜"开关"｜"键代码开关"放置到合适位置；双击"键代码开关"打开对话框，选择键代码类型为报警。数据列表，动作类型选择为删除，如图 6-55 所示。

4. 采用列表报警

（1）列表报警可显示出错时的出错信息，或者按照优先级显示与多个元件相对应的注释。监视 GOT/PLC CPU/MELSECNET 的通信，每隔 3s 检查是否出错，并显示出错时的出错代码或出错信息。运用该功能可检测 PLC CPU/MELSECNET 的通信错误，如图 6-56 所示。

（2）选择"对象"｜"报警列表显示"｜"用户报警"放置到合适位置；双击"列表显示"打开属性对话框，选择注释号、软元件参数，如图 6-57 所示。

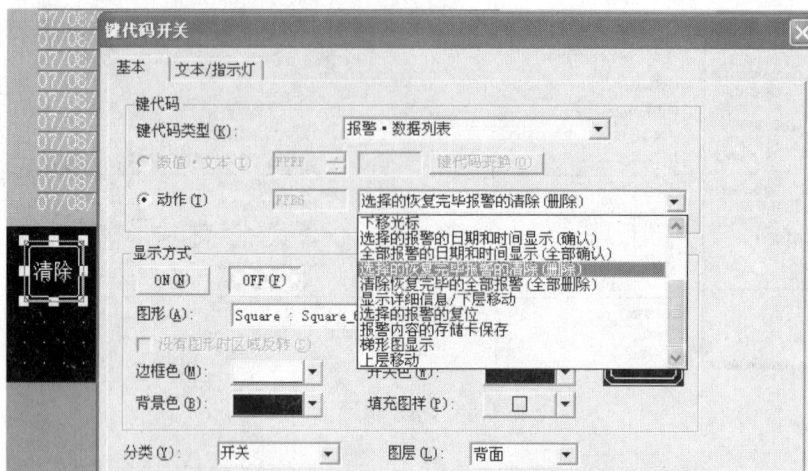

图 6-55　报警记录显示操作按钮设置

图 6-56　列表报警

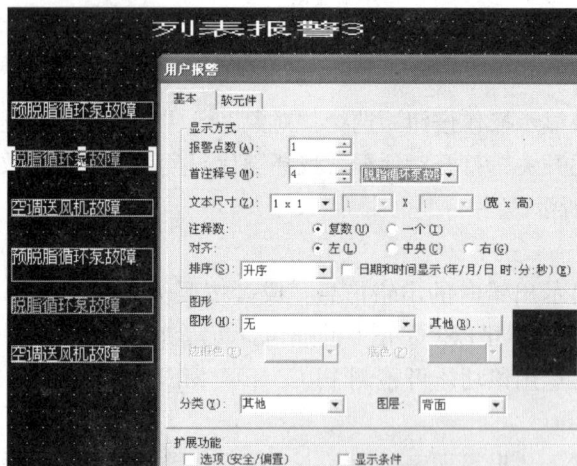

图 6-57　报警列表属性对话框

第五节　连　接　设　备　设　置

1. 通道-驱动程序分配

同时按人机界面的两个角进入系统主菜单，单击"连接设备设置"。

如图 6-58 所示，在"连接设备设置"中触摸按"通信驱动程序分配"按钮。

当然必须先将通信驱动程序 A/QnA/QCPU、QJ71C24 安装到 GOT 中。（通过从 GT Designer2 下载"连接机器设置"）。安装通信驱动后，显示如图 6-59 所示的画面，按下"分配变更"按钮。如图 6-60 所示，选择通信驱动程序（A/QnA/QCPU，QJ71C24）。返回通道驱动程序分配画面。确认后按下"确定"按钮，重新启动 GOT。

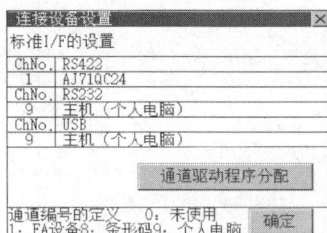
图 6-58　连接设备设置

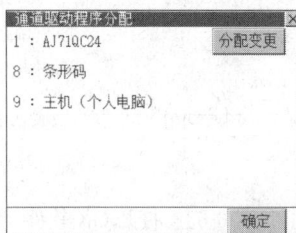
图 6-59　驱动程序分配

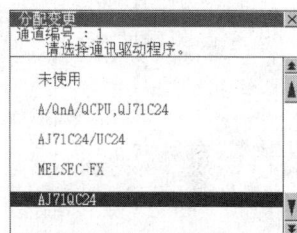
图 6-60　选择通信驱动程序

2. 通道号设置操作

触摸想设置的通道号指定菜单对话框。在通道号指定菜单对话框上显示光标，同时，用键盘输入显示数值。在键盘上输入通道号后，按"确定"键确认输入值。将通道号设置为 1 时，GT Designer2 的通道 1 里分配的通信驱动程序名将显示在驱动程序显示对话框中，如图 6-61 和图 6-62 所示。

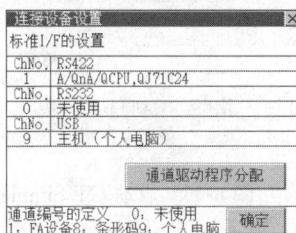
图 6-61　通道号设置 1

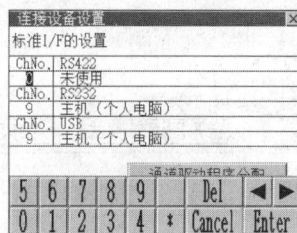
图 6-62　通道号设置 2

第六节　软　件　仿　真

1. 仿真的意义

在程序设计中进行仿真模拟实验的主要目的是检验程序完整，可以及时发现程序中出现的错误和不足，三菱提供的仿真软件 Gx Simulator 和 GT Simulator2 功能强大，可以实现无硬件（PLC 和触摸屏）仿真调试，极大地方便了用户。

2. 仿真过程描述

步骤 1：用 GT Developer 打开 PLC 程序，如图 6-63 所示。

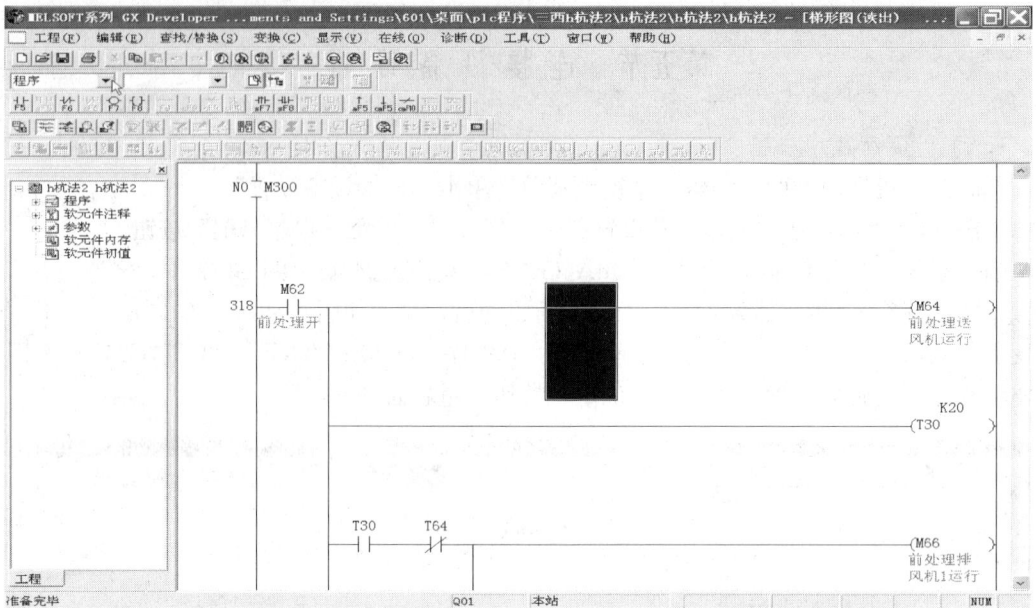

图 6-63　打开 GX 软件

步骤 2：启动梯形图逻辑测试，如图 6-64 所示。

步骤 3：启动 GT Simulator2 选择 GOT 1000 系列（GT11）仿真，如图 6-65 所示。

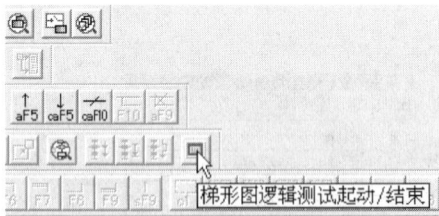

图 6-64　启动梯形图逻辑测试

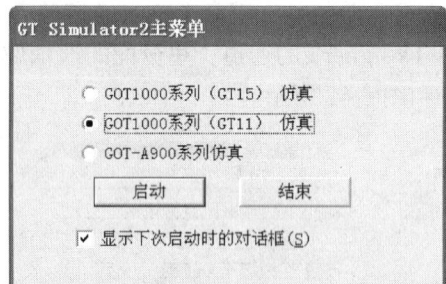

图 6-65　启动 GT Simulator2

步骤 4：载入触摸屏程序，如图 6-66 所示。出现仿真界面如图 6-67 所示。

此时 GT Developer 软件和 GT Simulator2 软件内部进行通信。

步骤 5：和 PLC 联动仿真。

可以单击触摸屏仿真界面，监视梯形图看动作正确与否，也可以单击软元件测试按钮，强制输入和输出，观察触摸屏仿真界面。例如强制 X02 置位，如图 6-68 所示，强制 X05 置位，然后用鼠标单击全线联动启动按钮，观察触摸屏、PLC 程序运行。

图 6-66　载入触摸屏程序对话框

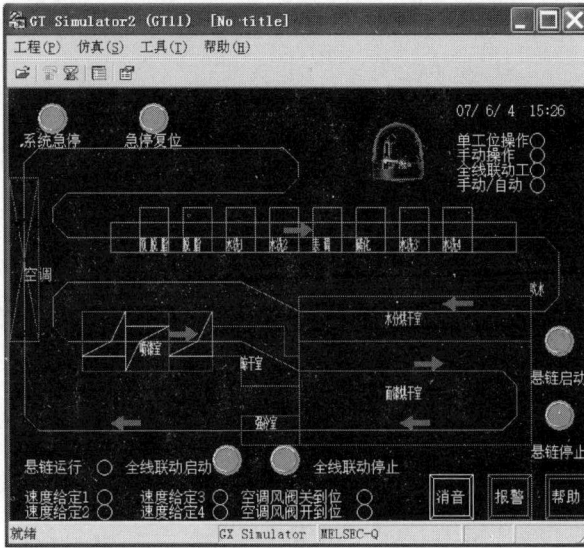

图 6-67　触摸屏仿真界面

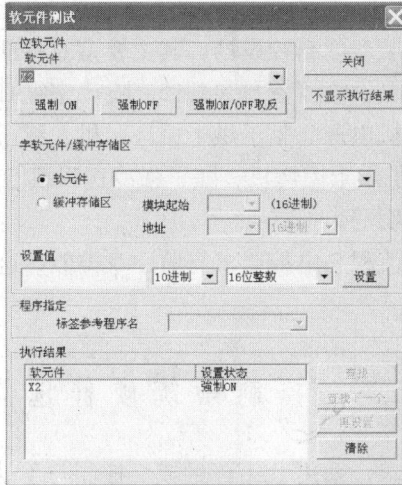

图 6-68　强制 X02 置位

第七章

三菱 A975 与西门子 S7315-2DP 在常柴柴油机涂装线的应用

第一节 概　　述

本章介绍了三菱 A975 与西门子 S7315-2DP 在常柴柴油机涂装线中具体应用，通过触摸屏控制电机启、停以及调速等，并能及时处理各种异常情况。本章重点讨论触摸屏和 PLC 的程序的通信方法和设置。

本章是针对常柴柴油机涂装线的自控设计，其主要是对各部分的电动机控制，包括喷漆室空调送风机、喷漆室排风机 1、喷漆室排风机 2、喷漆室循环水泵、喷漆室左侧照明灯、喷漆室右侧照明灯、空调燃烧机电源、腻子烘干循环风机、腻子烘干风幕机 1、腻子烘干风幕机 2、腻子废气排风机、腻子烘干燃烧机、腻子强冷送风机、腻子强冷排风机、打磨、清理室排风机、打磨、清理室照明等。

常柴柴油机涂装线的工艺流程与电控要求与前一章类似，这里就不再赘述了，不清楚的地方请参考第六章。

第二节　控制系统硬件选型

根据生产线的实际控制要求，采用 PLC＋触摸屏控制与手动控制并用的控制方式。

PLC 选用西门子系列，CPU 型号 S7315-2DP，电源模块 PS307，输入模块 4 块，直流 24 伏。输出模块有 3 块，详细的型号和 PLC 地址如图 7-1 所示。不清楚的地方请参考第四

S..		Module	...	Order number	...	Firmware	MPI address	I add..	Q address
1		PS 307 10A		6ES7 307-1KA00-0AA0					
2		CPU 315-2 DP		6ES7 315-2AG10-0AB0		V2.0	2		
X2		DP						2047*	
3									
4		DI32xDC24V		6ES7 321-1BL00-0AA0				0...3	
5		DI32xDC24V		6ES7 321-1BL00-0AA0				4...7	
6		DI32xDC24V		6ES7 321-1BL00-0AA0				8...11	
7		DI32xDC24V		6ES7 321-1BL00-0AA0				12...15	
8		DO16xDC24V/0.5A		6ES7 322-1BH01-0AA0					16...17
9		DO16xDC24V/0.5A		6ES7 322-1BH01-0AA0					20...21
10		DO16xDC24V/0.5A		6ES7 322-1BH01-0AA0					24...25

图 7-1　和 PLC 模块的型号和地址

章。触摸屏选用三菱 A975，它的价格比西门子 TP270 低近 3000 元，且使用简单，但由于是不同厂家的产品，需加西门子 HMI 通信 Adapter。

第三节 PLC I/O 位的定义

S7-300PLC I/O 位的定义。

S7-300PLC I/O 位的定义如图 7-2～图 7-5 所示。

	Symbol	Address		Symbol	Address		Symbol	Address
1	系统自动	I 0.0	16	清洗排风机1启动	I 2.0	31	油漆循环风机1停止	I 3.7
2	系统手动	I 0.1	17	清洗排风机1停止	I 2.1	32	油漆循环风机2启动	I 4.0
3	系统急停	I 0.2	18	清洗排风机2启动	I 2.2	33	油漆循环风机2停止	I 4.1
4	系统复位	I 0.3	19	清洗排风机2停止	I 2.3	34	油漆风幕风机启动	I 4.2
5	自动启动	I 0.4	20	吹水排风机启动	I 2.4	35	油漆风幕风机停止	I 4.3
6	自动停止	I 0.5	21	吹水排风机停止	I 2.5	36	电加热器A1启动	I 4.4
7	消音	I 0.6	22	进口风幕风机启动	I 2.6	37	电加热器A1停止	I 4.5
8	预脱脂泵启动	I 1.0	23	进口风幕风机停止	I 2.7	38	电加热器A2启动	I 4.6
9	预脱脂泵停止	I 1.1	24	水烘循环风机启动	I 3.0	39	电加热器A2停止	I 4.7
10	脱脂泵启动	I 1.2	25	水烘循环风机停止	I 3.1	40	电加热器B1启动	I 5.0
11	脱脂泵停止	I 1.3	26	水烘风幕风机1启动	I 3.2	41	电加热器B1停止	I 5.1
12	热水洗泵启动	I 1.4	27	水烘风幕风机1停止	I 3.3	42	电加热器B2启动	I 5.2
13	热水洗泵停止	I 1.5	28	水烘风幕风机2启动	I 3.4	43	电加热器B2停止	I 5.3
14	油水分离泵启动	I 1.6	29	水烘风幕风机2停止	I 3.5	44	吸附装置启动	I 5.4
15	油水分离泵停止	I 1.7	30	油漆循环风机1启动	I 3.6	45	吸附装置停止	I 5.5

图 7-2 S7-300 PLC 位的定义 1

	Symbol	Address		Symbol	Address		Symbol	Address
46	1号喷漆送风机启动	I 5.6	61	2号喷漆排污泵停止	I 7.5	76	自动吹水工件检测	I 9.4
47	1号喷漆送风机停止	I 5.7	62	水烘强冷送风机启动	I 7.6	77	1号喷漆浓度报警	I 9.5
48	1号喷漆排风机启动	I 6.0	63	水烘强冷送风机停止	I 7.7	78	2号喷漆浓度报警	I 9.6
49	1号喷漆排风机停止	I 6.1	64	水烘强冷排风机启动	I 8.0	79	预脱脂故障	I 10.0
50	1号喷漆循环水泵启动	I 6.2	65	水烘强冷排风机停止	I 8.1	80	脱脂故障	I 10.1
51	1号喷漆循环水泵停止	I 6.3	66	漆烘强冷送风机启动	I 8.2	81	热水洗泵故障	I 10.2
52	1号喷漆排污泵启动	I 6.4	67	漆烘强冷送风机停止	I 8.3	82	油水分离泵故障	I 10.3
53	1号喷漆排污泵停止	I 6.5	68	漆烘强冷排风机启动	I 8.4	83	清洗排风机1故障	I 10.4
54	2号喷漆送风机启动	I 6.6	69	漆烘强冷排风机停止	I 8.5	84	清洗排风机2故障	I 10.5
55	2号喷漆送风机停止	I 6.7	70	悬挂链启动	I 8.6	85	吹水工位排风机故障	I 10.6
56	2号喷漆排风机启动	I 7.0	71	悬挂链停止	I 8.7	86	进口风幕风机故障	I 10.7
57	2号喷漆排风机停止	I 7.1	72	1号喷漆液位上限	I 9.0	87	水烘循环风机故障	I 11.0
58	2号喷漆循环水泵启动	I 7.2	73	1号喷漆液位下限	I 9.1	88	水烘风幕风机1故障	I 11.1
59	2号喷漆循环水泵停止	I 7.3	74	2号喷漆液位上限	I 9.2	89	水烘风幕风机2故障	I 11.2
60	2号喷漆排污泵启动	I 7.4	75	2号喷漆液位下限	I 9.3	90	油漆循环风机1故障	I 11.3

图 7-3 S7-300 PLC 位的定义 2

	Symbol	Address		Symbol	Address		Symbol	Address
91	油漆循环风机2故障	I 11.4	106	水烘强冷送风机故障	I 13.3	121	漆烘电加热B组控温上限	I 15.2
92	油漆风幕风机故障	I 11.5	107	水烘强冷排风机故障	I 13.4	122	漆烘电加热B组控温下限	I 15.3
93	电加热器A1故障	I 11.6	108	漆烘强冷送风机故障	I 13.5	123	悬挂链急停	I 15.4
94	电加热器A2故障	I 11.7	109	漆烘强冷排风机故障	I 13.6	124	急停	M 0.0
95	电加热器B1故障	I 12.0	110	悬挂链故障	I 13.7	125	手动状态	M 0.1
96	电加热器B2故障	I 12.1	111	预脱脂超温	I 14.0	126	自动状态	M 0.2
97	吸附装置故障	I 12.2	112	脱脂超温	I 14.1	127	自动运行	M 0.3
98	1号喷漆送风机故障	I 12.3	113	热水洗超温	I 14.2	128	自动停止运行	M 0.4
99	1号喷漆排风机故障	I 12.4	114	水烘室超温	I 14.3	129	加热器与风机联锁	M 2.1
100	1号喷漆循环水泵故障	I 12.5	115	漆烘超温1	I 14.4	130	预脱脂泵运行	Q 16.0
101	1号喷漆排污泵故障	I 12.6	116	漆烘超温2	I 14.5	131	脱脂泵运行	Q 16.1
102	2号喷漆送风机故障	I 12.7	117	喷漆室1超温	I 14.6	132	热水洗泵运行	Q 16.2
103	2号喷漆排风机故障	I 13.0	118	喷漆室2超温	I 14.7	133	油水分离泵运行	Q 16.3
104	2号喷漆循环水泵故障	I 13.1	119	漆烘电加热A组控温上限	I 15.0	134	清洗排风机1运行	Q 16.4
105	2号喷漆排污泵故障	I 13.2	120	漆烘电加热A组控温下限	I 15.1	135	清洗排风机2运行	Q 16.5

图 7-4 S7-300 PLC 位的定义 3

	Symbol	Address		Symbol	Address		Symbol	Address
136	吹水排风机运行	Q 16.6	151	1号喷漆循环水泵运行	Q 20.5	166	设备运行正常	Q 24.4
137	进口风幕风机运行	Q 16.7	152	1号喷漆排污泵运行	Q 20.6	167	设备系统待机	Q 24.5
138	水烘循环风机运行	Q 17.0	153	2号喷漆送风机运行	Q 20.7	168	设备故障信号灯	Q 24.6
139	水烘风幕风机1运行	Q 17.1	154	2号喷漆排风机运行	Q 21.0	169	设备故障声响	Q 24.7
140	水烘风幕风机2运行	Q 17.2	155	2号喷漆循环水泵运行	Q 21.1	170	手动状态自动停风机	T 41
141	油漆循环风机1运行	Q 17.3	156	2号喷漆排污泵运行	Q 21.2			
142	油漆循环风机2运行	Q 17.4	157	水烘强冷送风机运行	Q 21.3			
143	油漆风幕风机运行	Q 17.5	158	水烘强冷排风机运行	Q 21.4			
144	电加热A1运行	Q 17.6	159	漆烘强冷送风机运行	Q 21.5			
145	电加热A2运行	Q 17.7	160	漆烘强冷排风机运行	Q 21.6			
146	电加热B1运行	Q 20.0	161	悬挂链运行	Q 21.7			
147	电加热B2运行	Q 20.1	162	悬挂链电铃预警	Q 24.0			
148	吸附装置运行	Q 20.2	163	1号喷漆室水加水阀	Q 24.1			
149	1号喷漆送风机运行	Q 20.3	164	1号喷漆室水加水阀	Q 24.2			
150	1号喷漆排风机运行	Q 20.4	165	自动吹水电磁阀	Q 24.3			

图 7-5　S7-300 PLC 位的定义 4

第四节　S7-300 与三菱 A975 通信设置

GOT-A900 系列和 GOT-F900 系列也是两种三菱电机的人机界面产品，对于 GOT-A900 系列，在使用之前需要安装操作系统（包括基本操作系统、通信驱动等），如图 7-6 所示。其中的通信驱动需要根据所连接的对象以及所采用的连接方式选择安装，本工程要求选中 S7-300/400 通信驱动。

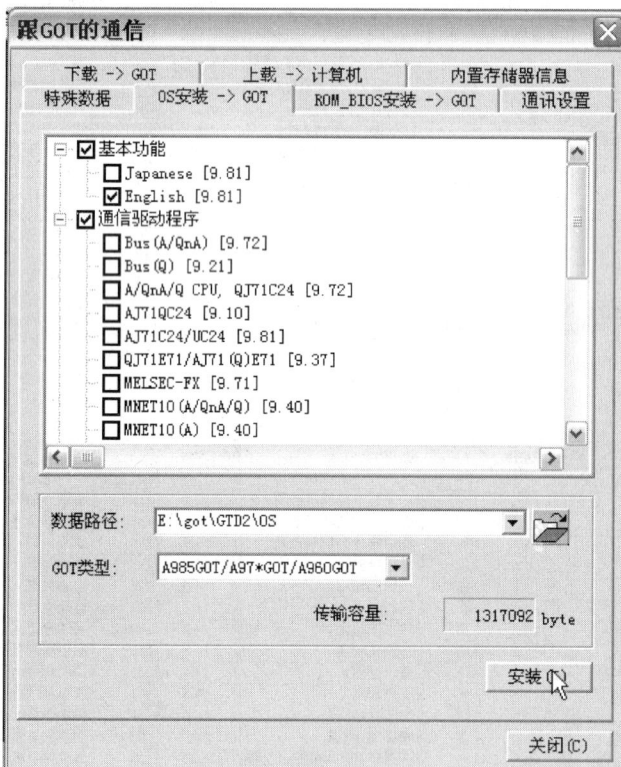

图 7-6　安装操作系统

以 A970 GOT 为例，应在 A970 GOT 上安装 A9GT-RS2 串行通信板，并安装对应的通信驱动（SIEMENS S7-300/400），且需通过西门子制造的 HMI Adapter（6ES7 972-0CA11-0XA0）或 System Helmholz 公司的产品 SSW7-HMI（700-751-9VK11）与西门子 S7-300 系列 PLC 进行连接。

1. 西门子 S7-300 系列 PLC 的设置

在 STEP7 软件中按照以下步骤进行设置：

（1）双击 SIMATIC 300 项，如图 7-7 所示。

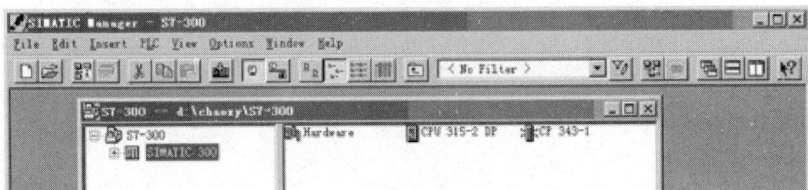

图 7-7　打开 STEP7 软件

（2）双击 Hardware 项，如图 7-8 所示。

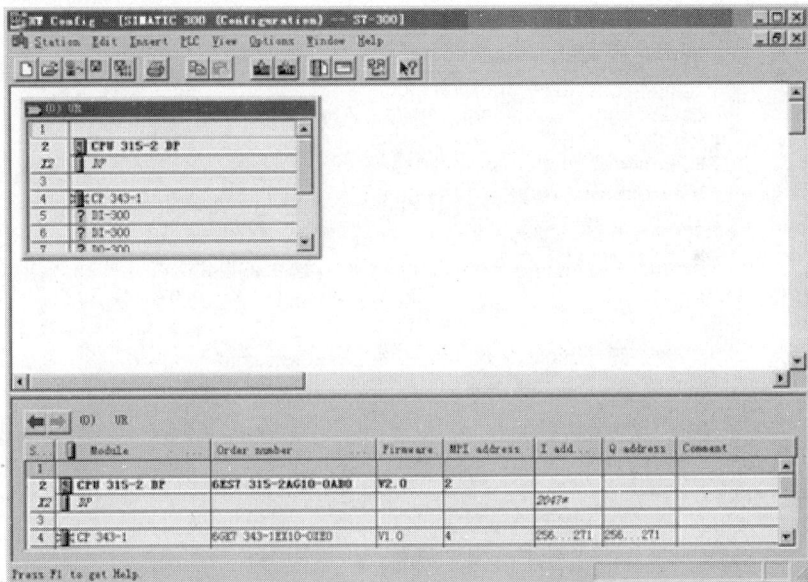

图 7-8　打开 Hardware 对话框

（3）双击 CPU 315-2 DP 一栏，打开 CPU 对话框，如图 7-9 所示。

（4）单击 Properties 按钮，在弹出的对话框中进行如图 7-10 所示的设置。

（5）在 SIMATIC Manager 窗口的 Options 菜单中选择 Set PG/PC Interface，如图 7-11 所示。

（6）双击 PC Adapter（MPI）一栏，进行如图 7-12 所示的设置。

（7）选择 Local Connection 选项卡，进行如图 7-13 所示的设置。

2. GOT 的设置

（1）在 GOT 实用菜单的 SETUP 中设置，如图 7-14 所示。

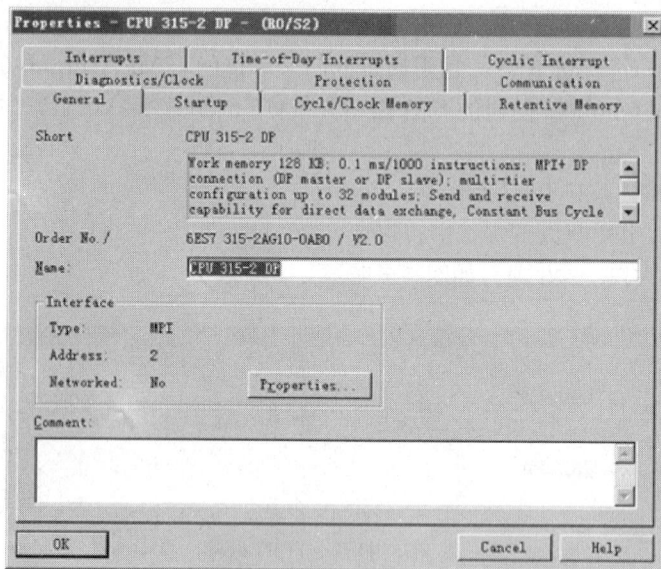

图 7-9　打开 CPU 对话框

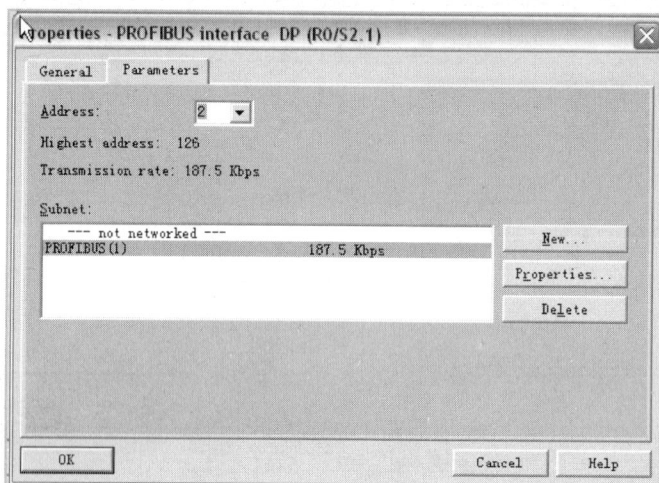

图 7-10　设置 MPI 通信

（2）在画面组态软件 GT Desiner2 中组态连接机器设置，选择 PLC 为 S7-300/400，如图 7-15 所示。

（3）西门子 HMI Adapter 与 GOT（A9GT-RS2）接线，如图 7-16 所示。

西门子制造的电缆（6ES7 901-1BF00-0XA0）也可使用。

对于 GOT-F900 系列（F940GOT，F930GOT），需通过其内置的 RS-232 C 口经过西门子制造的 HMI Adapter（6ES7 972-0CA11-0XA0）与西门子 S7-300 系列 PLC 进行连接。西门子 S7-300 系列 PLC 的设置（同上），在 GOT 的系统画面中设置 DST 站号（目标站号）（根据在 S7-300 中的设置）为 2；西门子 HMI Adapter 与 GOT（RS-232C 口）接线图，如图 7-16 所示。

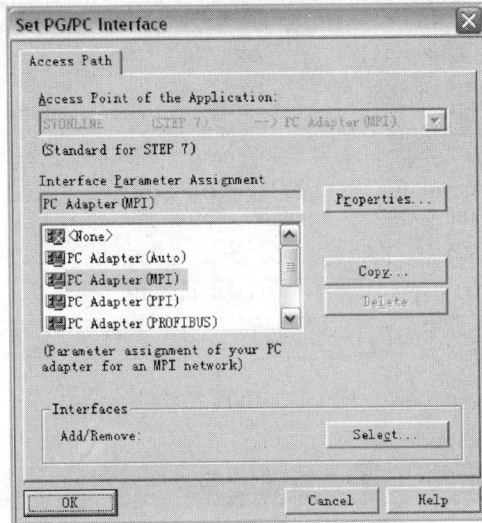

图 7-11　Set PG/PC Interface

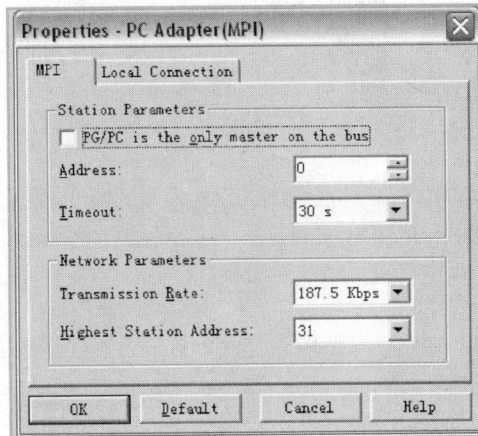

图 7-12　设置 PC Adapter

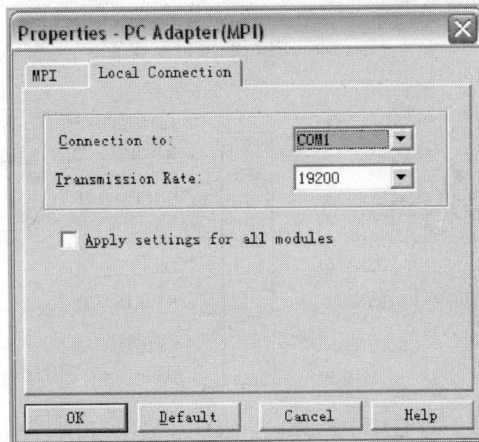

图 7-13　串口设置

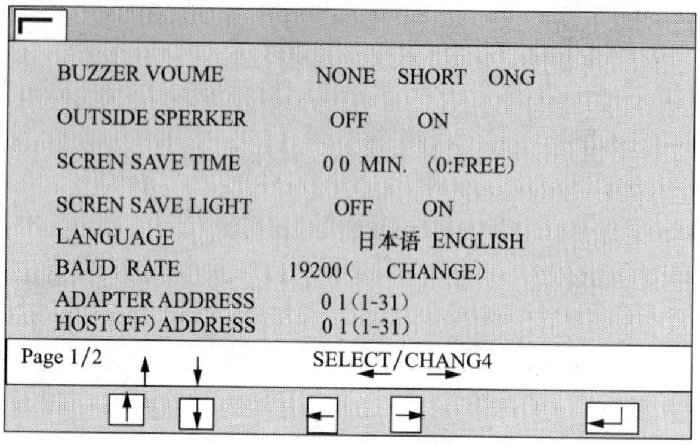

图 7-14　GOT 的设置

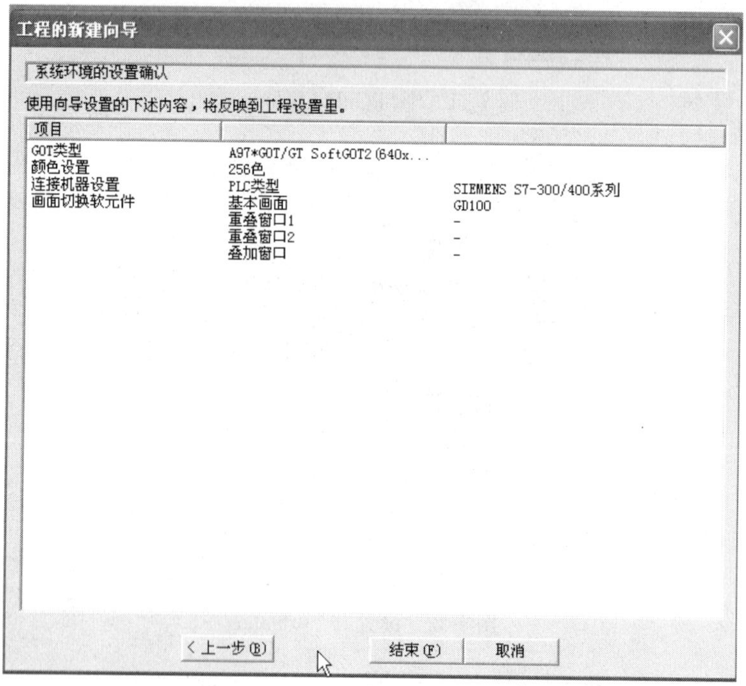

图 7-15　组态连接机器设置

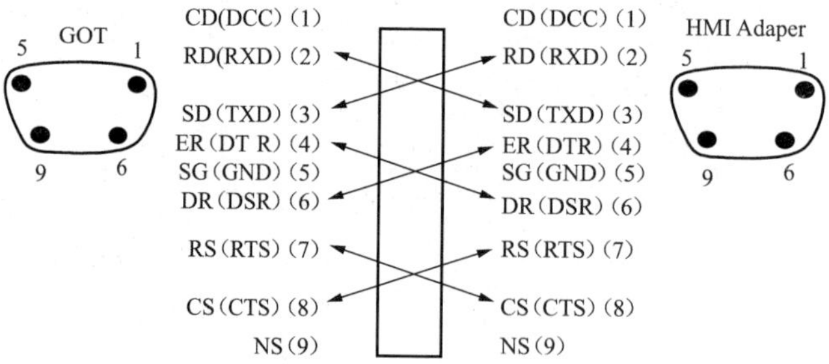

图 7-16　HMI Adapter 与 GOT（A9GT-RS2）接线

第五节　部分界面介绍

A975 触摸屏界面也是用 GT Desiner2 制作，过程差不多，这里就不详细介绍了。三菱 A975 触摸屏文件与 G1175 触摸屏文件不一样，A975 触摸屏文件是 ∗.GTD，G1175 触摸屏文件 ∗.GTE，除文本外，相互不能复制，功能上 G1175 更强大和方便。

1. 开始画面

如图 7-17 所示，开始画面有下列控件：

按钮：系统急停，急停复位，系统自动启动，系统自动停止。

指示灯：单工位操作、手动操作、全线联动、手动/自动、悬链运行、速度给定、空调风阀的工作状态显示、报警指示灯。

画面切换开关：前处理脱脂、水分烘干室、喷漆室、面漆烘干室、报警、帮助的画面切换等。

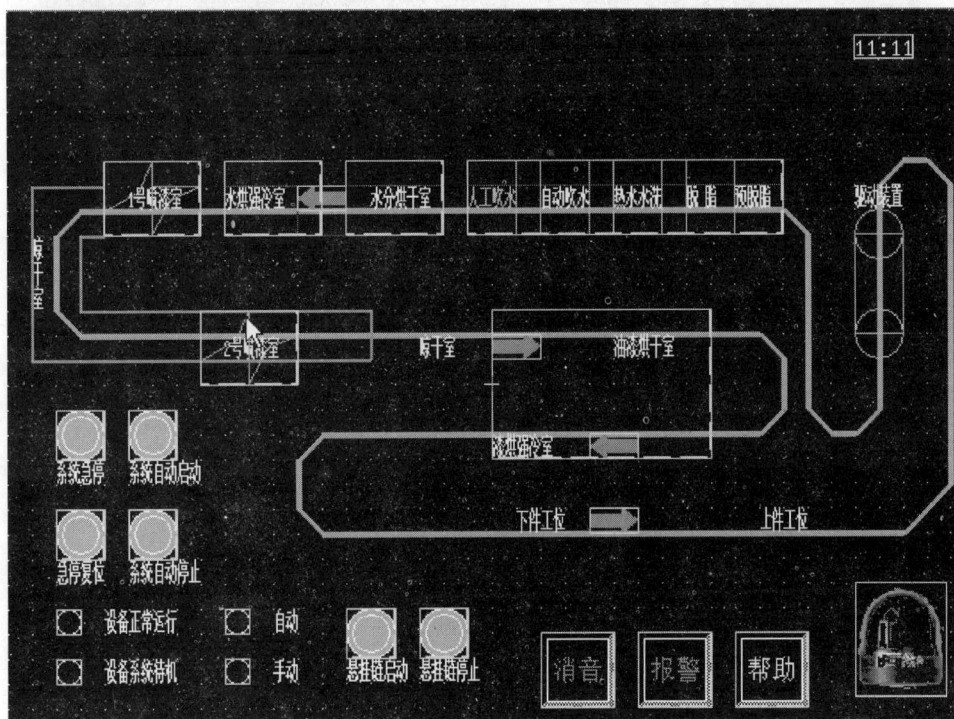

图 7-17　开始画面

2. 喷漆室界面

喷漆室的界面如图 7-18 所示。界面上共设置了消音按钮、系统时间显示、空调送风机、喷漆排风扇、启动和停止按钮、复位和系统急停按钮以及界面切换按钮等。

喷漆流平室界面画面号为 2，此画面用来显示系统运行时喷漆流平室的运行情况，当手动时，按下相应的按钮将启动或停止相应的电机或水泵，当自动时，按下相应的按钮也可以启动或停止相应的电机或水泵，电机和水泵会旋转动画。

3. 帮助画面

帮助画面如图 7-19 所示。

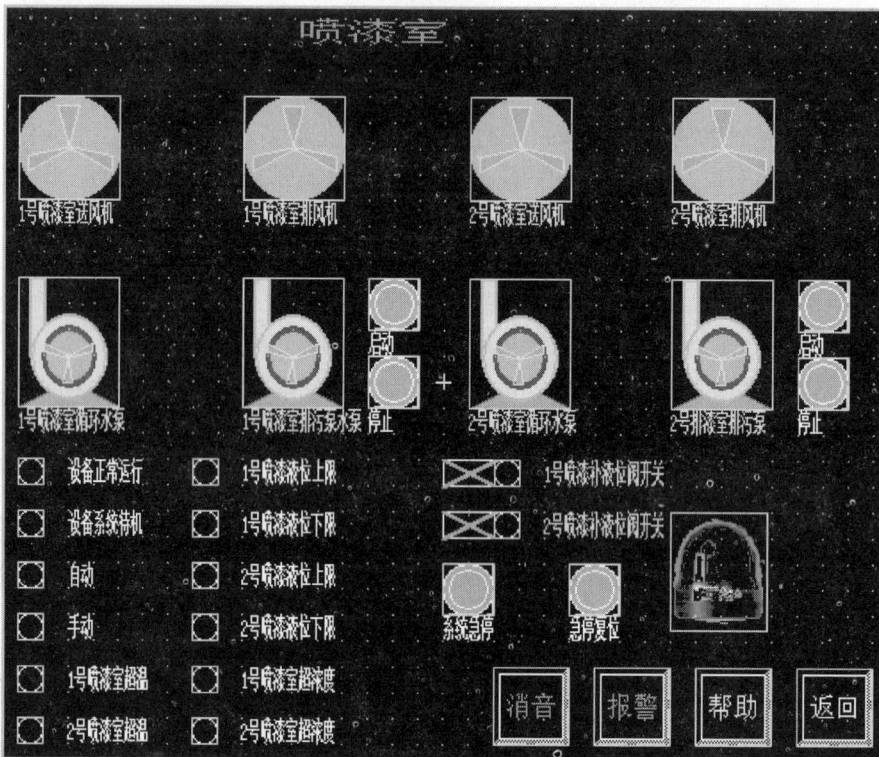

图 7-18 喷漆室

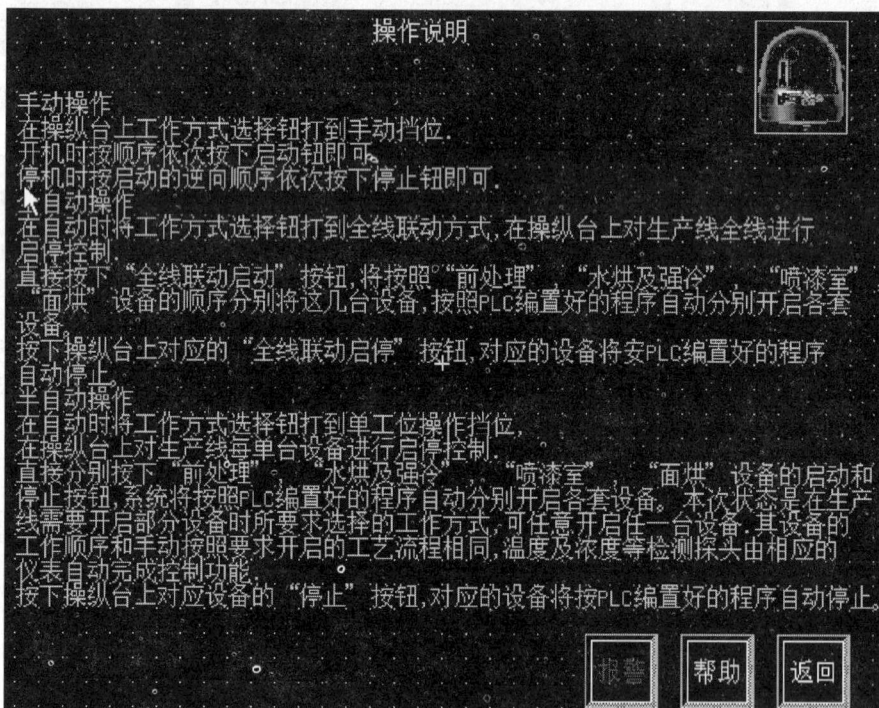

图 7-19 帮助画面

第八章

TP270 触摸屏和 S7-300 在江淮重工生产线上的应用

第一节 概　　述

本章介绍了西门子 TP270 触摸屏和 S7-300 在江淮重工生产线上的应用，通过触摸屏改变 PLC 程序中的参数，使操作工人可方便快捷地设定和查阅重要工艺参数，查询生产记录，控制电机启、停以及调速等，并能及时处理各种异常情况，改善生产工艺、提高劳动生产效率。本章重点讨论了触摸屏和 PLC 程序的详细编制方法和技巧。

本章是针对江淮银联重工叉车结构件涂装线的自控设计，其主要是对各部分电动机的控制，包括喷漆室空调送风机、喷漆室排风机 1、喷漆室排风机 2、喷漆室循环水泵、喷漆室左侧照明灯、喷漆室右侧照明灯、空调燃烧机电源、流平室照明、烘干室循环风机 1、烘干室循环风机 2、烘干室风幕风机 1、烘干室风幕风机 2、烘干室废气排风机 1、烘干室废气排风机 2、烘干室燃烧机 1、烘干室燃烧机 2、强冷室送风机、强冷室排风机、刮腻子工位照明、腻子烘干循环风机、腻子烘干风幕机 1、腻子烘干风幕机 2、腻子废气排风机、腻子烘干燃烧机、腻子强冷送风机、腻子强冷排风机、打磨、清理室排风机、打磨、清理室照明等。

江淮银联重工叉车结构件涂装线的工艺流程与电控要求与前一章类似，这里就不再赘述了，不清楚的地方请参考第六章。

第二节　控制系统硬件选型

根据生产线的实际控制要求，采用触摸屏控制与手动控制并用的控制方式。

PLC 选用西门子系列，CPU 型号 S7315-2DP，电源模块 PS307，输入模块 QX80，输出模块 4 块直流 24 伏。输出模块有 3 块，继电器输出。详细的型号和 PLC 地址如图 8-1 所示。不清楚的地方请参考第 2 章。触摸屏选用西门子 TP 270。

TP 270 坚固耐用，结构紧凑，易于安装；基于 Windows CE，无需硬盘驱动器和冷却扇，可靠性高，快速启动。TP 270 设计坚固，前面板防护等级 IP 65，具有较高的电磁兼容性（EMC）和抗振性能；结构紧凑，安装厚度只有 55/59mm。

TP 270 HMI 设备具有下列优点：

（1）高组态效率。

（2）在组态计算机上进行组态模拟——不需要 PLC。

（3）使用基于 Windows 的用户界面，显示清晰，过程操作简单。

S...	Module	...	Order number	Firmware	MPI address	I address	Q address
1	PS 307 10A		6ES7 307-1KA00-0AA0				
2	CPU 315-2 DP		6ES7 315-2AG10-0AB0	V2.0	2		
X2	DP					2047*	
3							
4	DI32xDC24V		6ES7 321-1BL00-0AA0			0...3	
5	DI32xDC24V		6ES7 321-1BL00-0AA0			4...7	
6	DI32xDC24V		6ES7 321-1BL00-0AA0			8...11	
7	DI32xDC24V		6ES7 321-1BL00-0AA0			12...15	
8	DO16xAC120V/230V/0,5A		6ES7 322-1FH00-0AA0				16...17
9	DO16xAC120V/230V/0,5A		6ES7 322-1FH00-0AA0				18...19
10	DO16xAC120V/230V/0,5A		6ES7 322-1FH00-0AA0				20...21

图 8-1　PLC 型号和 I/O 地址

（4）组态期间，大量预定义画面对象可供选择。

（5）动态画面对象，例如移动对象。

（6）处理配方和数据记录简单、快速。

（7）使用 WinCC flexible 组态软件，不需外部图形编辑器就可创建矢量图形。

（8）自动切换到传送模式，通过 MPI、PROFIBUS DP、USB 和以太网传送，串行传送，通过远程服务传送。

第三节　触摸面板 TP 270 连接组态和操作

1. 概述

触摸面板 TP 270HMI 功能强大，可用于全集成自动化（TIA）系统，以降低工程造价。组态时可以访问 STEP7 数据库，以避免重复数据输入。同时，SIMATIC TP 270/OP270 型面板还可以与不同制造商的控制系统/设备连接。所需驱动程序免费提供。

2. TP 270 接口和连接

（1）连接 HMI 设备接口。

如图 8-2 所示，TP 270 接口排列如下：

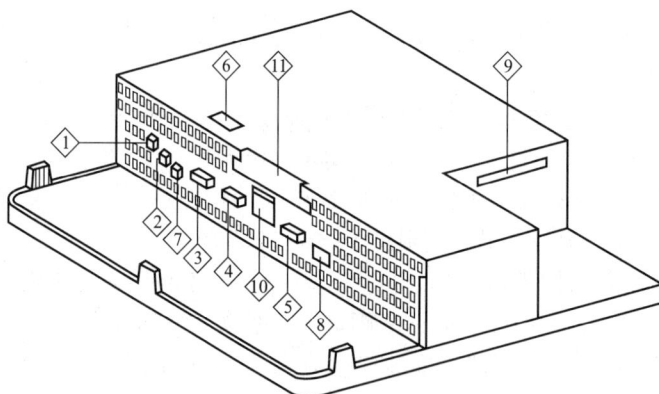

图 8-2　TP 270 接口

1）标号 1 是接地连接，用于连接到机架地线。

2）标号 2 是电源，连接到电源＋24V（DC）。

3）标号 3 是接口 IF1B，RS-422/RS-485（未接地），用于 PLC、PC、PU。

4）标号 4 是接口 IF1A，用于 PLC 的 RS-232。

5）标号 5 是接口 IF2，用于 PC、PU、打印机的 RS-232。

6）标号 6 是开关，用于组态接口 IF1B。

7）标号 7 是电池，连接可选备用电池。

8）标号 8 是 USB 接口，用于外部键盘、鼠标等的连接。

9）标号 9 是插槽 B，用于 CF 卡。

10）标号 10 是以太网接口（只用于 MP 270B），连接 RJ45 以太网线。

11）标号 11 是插槽 A，用于 CF 卡。

（2）图 8-3 给出了 HMI 设备与 PLC 之间可能的基本连接。

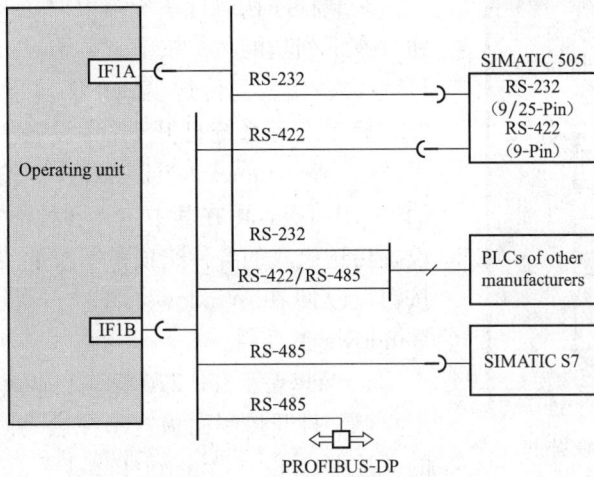

图 8-3 HMI 设备与 PLC 的连接

（3）图 8-4 说明了组态计算机（PG 或 PC）到 HMI 设备的连接。

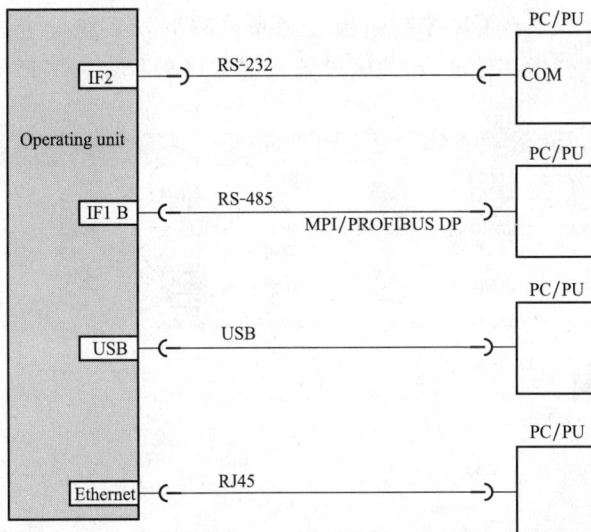

图 8-4 组态计算机（PG 或 PC）到 HMI 设备的连接

3. TP 270 硬件操作

（1）接通并测试 HMI 设备。

1）断开与外部单元的所有连接，并拆除插槽中的各种板卡。

2）将 HMI 设备连接到电源。

3）打开电源。如果 HMI 设备没有启动，很可能是接反了。

4）当 HMI 设备启动后，为其连接组态计算机或其他外围设备。

5）功能测试。能出现下列情形时，表明 HMI 工作正常：①显示了"传送"对话框；②显示了装载程序；③打开了项目。

（2）HMI 设备装载程序。

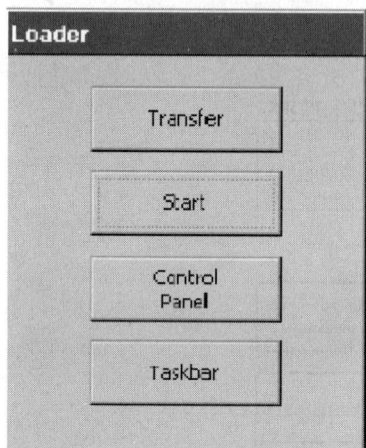

图 8-5　HMI 设备装载程序

图 8-5 显示了 HMI 设备启动期间出现的装载程序。

装载程序在运行系统结束时也将出现。装载程序按钮具有下列功能：①按下"Transfer（传送）"按钮，将 HMI 设备切换到传送模式；②按下"Start（开始）"按钮，启动运行系统打开 HMI 设备上装载的项目；③按下"Control Panel（控制面板）"按钮，访问 Windows CE 控制面板，可在其中定义各种不同的设置，如可在此设置传送模式的各种选项；④按下"Taskbar（任务栏）"按钮，以便在 Windows CE"开始"菜单打开时显示 Windows 工具栏。

4. 触摸面板 TP 270 操作和参数设置

（1）打开控制面板。①在启动阶段按下装载程序中的"控制面板（Control Panel）"按钮，打开 Windows CE 的控制面板。可能还必须输入一个口令；②在正常操作期间，如果已作了组态，按相应的按钮就可打开控制面板；③控制面板也可从 Windows CE 的开始菜单中通过选择"设置（Settings）"｜"控制面板（Control Panel）"来打开。

如图 8-6 所示，Windows CE 控制面板可用来修改下列系统设置：日期/时间，网络，设备属性（如触摸屏的亮度和校准），地区设置，屏幕保护程序，屏幕键盘，音量（触摸确

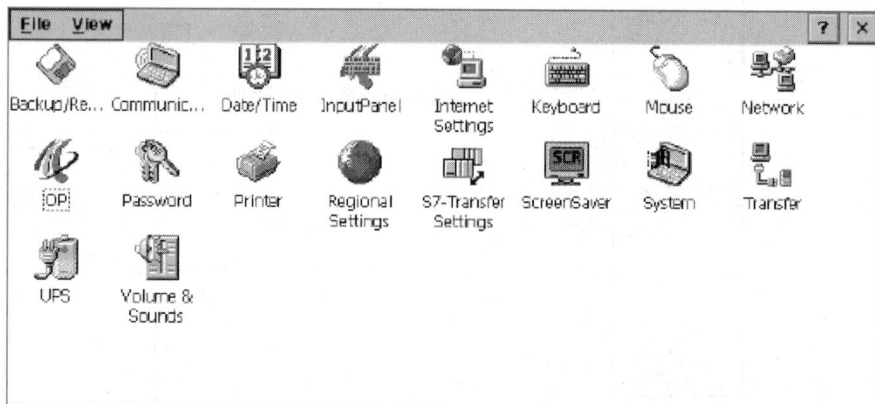

图 8-6　Windows CE 控制面板

认），打印机，备份/恢复，传送，UPS（可选）。

（2）传送设置。可以在 HMI 设备启动阶段手动启动传送模式，也可以在 HMI 设备运行期间，按下项目中对应的操作元素，可手动启动传送模式。也可以在 HMI 设备运行期间自动启动传送模式。

手动启动传送步骤：①使用合适的标准电缆将 HMI 设备 IF2（串行）连接到组态计算机 COM1；②接通 HMI 设备的电源；③打开"控制面板"选项"通信（Communication）"新建串行，波特率为 115 200b/s，打开 HMI 设备上的"传送设置（Transfer Settings）"窗口，然后选择此连接；④关闭控制面板，并切换至传送模式；⑤启动组态计算机上的项目传送操作。组态计算机上传送设置波特率也为 115 200b/s。

自动启动传送步骤：当连接的组态计算机已启动传送时，HMI 设备可在正常操作期间自动切换到传送模式。无需干预，HMI 设备完成传送操作。因此，该选项尤其适合于新项目的测试阶段。为从有效操作切换到传送模式，可打开 HMI 设备上的"传送设置（Transfer Settings）"窗口，并选择所需的连接及相应的"远程控制（Remote Control）"功能。

当"远程控制（Remote Control）"选项激活时，运行系统将自动终止，并切换到传送模式。如果打开了对话框或 HMI 设备上已启动了传送操作，则运行系统将无法终止。

（3）HMI 设备与 PLC 之间的通信设置。可打开 HMI 设备上的控制面板，双击 S7 转换图标，打开"Transfer Settings（传送设置）"窗口，如图 8-7 所示。选 Channet 2 的 Enable 项，如果 HMI 与 PLC 的 DP 口连接，通信就选用 PROFIBUS-DP，如果 HMI 与 PLC 的 MPI 连接，就选 MPI。

按下"Advanced"（高级）按钮，定义 Profibus-DP 地址（Address），可定义为 6，要与 PLC 不一样就可以了；可定义传输速率（Transmission Rate）为 187.5，要与 PLC 一样。

（4）HMI 日期/时间的设置。在"日期/时间（Date/Time）"选项中，设置 HMI 设备的日期、时间以及时区。使日期/时间与 PLC 同步；如果已经在项目和 PLC 程序中进行了组态，则可使 HMI 设备的日期和时间与 PLC 同步。

图 8-7　"Transfer Settings（传送设置）"对话框

当需要由 HMI 设备触发 PLC 中受时间控制的响应时，应同步它们的日期和时间。

如果不提供任何电源，HMI 设备将只能缓冲日期和时间几天。如果 HMI 设备已几天没有使用，可通过 PLC 对日期和时间进行同步。

（5）校准触摸屏幕。控制面板中的 OP 选项设置，可设置亮度、对比度（只用于 OP 270 和 TP 270）、校准触摸屏幕（只用于 MP 270BTouch 和 TP 270）、显示设备数据、备份非电阻数据。

在"OP Properties（OP 属性）"对话框中打开"Touch（触摸）"标签，如图 8-8 所示，按下"Recalibrate（重新校准）"按钮，启动校准过程；在屏幕上连续显示 5 个校准交叉。根据屏幕提供的指示，触摸每个校准交叉。校准过程后，触摸屏幕上的任何一点，使新校准

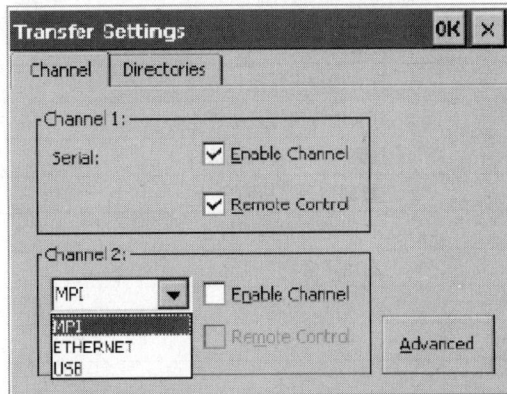

数据生效。30s 之后（直到计数器到达 0）还不产生动作，新校准就会被取消。

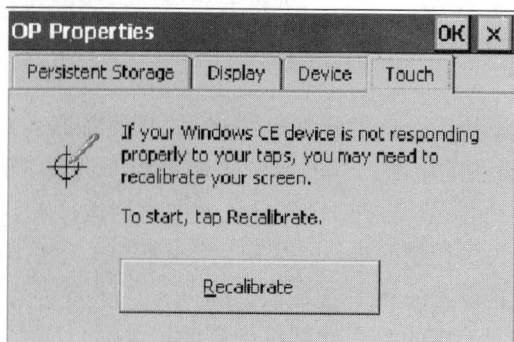

图 8-8 校准触摸屏幕属性对话框

第四节 江淮重工生产线 PLC 程序

1. PLC 位的定义

PLC 位的定义如表 8-1 所示。

表 8-1   PLC 位的定义

类　型	地　址	数据类型
打磨清理室排风机故障	I　10.6	Bool
打磨清理室排风机启动	I　7.4	Bool
打磨清理室排风机停止	I　7.5	Bool
打磨清理室排风机运行	Q　21.2	Bool
打磨清理室照明启动	I　7.6	Bool
打磨清理室照明停止	I　7.7	Bool
打磨清理室照明运行	Q　21.3	Bool
复位	I　0.4	Bool
故障	Q　21.6	Bool
故障 1	M　1.0	Bool
故障 2	M　1.1	Bool
故障 3	M　1.2	Bool
故障 4	M　1.3	Bool
烘干废气排风机 1 故障	I　9.1	Bool
烘干废气排风机 1 启动	I　4.0	Bool
烘干废气排风机 1 停止	I　4.1	Bool
烘干废气排风机 1 运行	Q　17.4	Bool
烘干废气排风机 2 故障	I　9.2	Bool
烘干废气排风机 2 启动	I　4.2	Bool
烘干废气排风机 2 停止	I　4.3	Bool
烘干废气排风机 2 运行	Q　17.5	Bool
烘干风幕风机 1 故障	I　8.7	Bool

续表

类　型	地　址		数据类型
烘干风幕风机 1 启动	I	3.4	Bool
烘干风幕风机 1 停止	I	3.5	Bool
烘干风幕风机 1 运行	Q	17.2	Bool
烘干风幕风机 2 故障	I	9.0	Bool
烘干风幕风机 2 启动	I	3.6	Bool
烘干风幕风机 2 停止	I	3.7	Bool
烘干风幕风机 2 运行	Q	17.3	Bool
烘干燃烧机 1 故障	I	9.3	Bool
烘干燃烧机 1 启动	I	4.4	Bool
烘干燃烧机 1 停止	I	4.5	Bool
烘干燃烧机 1 运行	Q	17.6	Bool
烘干燃烧机 2 故障	I	9.4	Bool
烘干燃烧机 2 启动	I	4.6	Bool
烘干燃烧机 2 停止	I	4.7	Bool
烘干燃烧机 2 运行	Q	17.7	Bool
烘干室超温	I	11.1	Bool
烘干循环风机 1 故障	I	8.5	Bool
烘干循环风机 1 启动	I	3.0	Bool
烘干循环风机 1 停止	I	3.1	Bool
烘干循环风机 1 运行	Q	17.0	Bool
烘干循环风机 2 故障	I	8.6	Bool
烘干循环风机 2 启动	I	3.2	Bool
烘干循环风机 2 停止	I	3.3	Bool
烘干循环风机 2 运行	Q	17.1	Bool
急停	I	0.3	Bool
空调燃烧机电源故障	I	8.4	Bool
空调燃烧机电源启动	I	2.4	Bool
空调燃烧机电源停止	I	2.5	Bool
空调燃烧机电源运行	Q	16.6	Bool
空调送风机故障	I	8.0	Bool
空调送风机启动	I	1.0	Bool
空调送风机停止	I	1.1	Bool
空调送风机运行	Q	16.0	Bool
流平室照明启动	I	2.6	Bool
流平室照明停止	I	2.7	Bool
流平室照明运行	Q	16.7	Bool
腻子工位照明启动	I	5.4	Bool
腻子工位照明停止	I	5.5	Bool
腻子工位照明运行	Q	20.2	Bool
腻子烘干废气排风机故障	I	10.2	Bool
腻子烘干废气排风机启动	I	6.4	Bool

续表

类　　型	地　　址		数据类型
腻子烘干废气排风机停止	I	6.5	Bool
腻子烘干废气排风机运行	Q	20.6	Bool
腻子烘干风幕风机 1 故障	I	10.0	Bool
腻子烘干风幕风机 1 启动	I	6.0	Bool
腻子烘干风幕风机 1 停止	I	6.1	Bool
腻子烘干风幕风机 1 运行	Q	20.4	Bool
腻子烘干风幕风机 2 故障	I	10.1	Bool
腻子烘干风幕风机 1 启动	I	6.2	Bool
腻子烘干风幕风机 1 停止	I	6.3	Bool
腻子烘干风幕风机 1 运行	Q	20.5	Bool
腻子烘干燃烧机故障	I	10.3	Bool
腻子烘干燃烧机启动	I	6.6	Bool
腻子烘干燃烧机停止	I	6.7	Bool
腻子烘干燃烧机运行	Q	20.7	Bool
腻子烘干室超温	I	11.2	Bool
腻子烘干循环风机故障	I	9.7	Bool
腻子烘干循环风机启动	I	5.6	Bool
腻子烘干循环风机停止	I	5.7	Bool
腻子烘干循环风机运行	Q	20.3	Bool
腻子强冷室排风机故障	I	10.5	Bool
腻子强冷室排风机启动	I	7.2	Bool
腻子强冷室排风机停止	I	7.3	Bool
腻子强冷室排风机运行	Q	21.1	Bool
腻子强冷室送风机故障	I	10.4	Bool
腻子强冷室送风机启动	I	7.0	Bool
腻子强冷室送风机停止	I	7.1	Bool
腻子强冷室送风机运行	Q	21.0	Bool
喷漆室超浓度	I	11.3	Bool
喷漆室超温	I	11.0	Bool
喷漆室排风机 1 故障	I	8.1	Bool
喷漆室排风机 1 启动	I	1.2	Bool
喷漆室排风机 1 停止	I	1.3	Bool
喷漆室排风机 1 运行	Q	16.1	Bool
喷漆室排风机 2 故障	I	8.2	Bool
喷漆室排风机 2 启动	I	1.4	Bool
喷漆室排风机 2 停止	I	1.5	Bool
喷漆室排风机 2 运行	Q	16.2	Bool
喷漆室循环水泵故障	I	8.3	Bool
喷漆室循环水泵启动	I	1.6	Bool
喷漆室循环水泵停止	1	1.7	Bool
喷漆室循环水泵运行	Q	16.3	Bool

续表

类　型	地　址		数据类型
喷漆室右侧照明启动	I	2.2	Bool
喷漆室右侧照明停止	I	2.3	Bool
喷漆室右侧照明运行	Q	16.5	Bool
喷漆室左侧照明启动	I	2.0	Bool
喷漆室左侧照明停止	I	2.1	Bool
喷漆室左侧照明运行	Q	16.4	Bool
强冷室排风机故障	I	9.6	Bool
强冷室排风机启动	I	5.2	Bool
强冷室排风机停止	I	5.3	Bool
强冷室排风机运行	Q	20.1	Bool
强冷室送风机故障	I	9.5	Bool
强冷室送风机启动	I	5.0	Bool
强冷室送风机停止	I	5.1	Bool
强冷室送风机运行	Q	20.0	Bool
声响	Q	21.7	Bool
手动/自动	I	0.2	Bool
手动指示	Q	21.4	Bool
系统急停	M	0.2	Bool
系统手动	M	0.0	Bool
系统自动	M	0.1	Bool
消音	I	0.7	Bool
消音工作	M	2.0	Bool
延时停烘干循环风机 1	T	20	Timer
延时停烘干循环风机 2	T	21	Timer
延时停腻子烘干循环风机	T	22	Timer
延时停条件	M	0.5	Bool
自动启动	I	0.5	Bool
自动启动打磨清理排风机	T	13	Timer
自动启动废气风机 1-2	T	6	Timer
自动启动烘干风幕风机 1-2	T	5	Timer
自动启动烘干循环风机 1	T	3	Timer
自动启动烘干循环风机 2	T	4	Timer
自动启动腻子烘干废-风幕	T	10	Timer
自动启动腻子烘干循环风机	T	9	Timer
自动启动腻子强冷排风机	T	12	Timer
自动启动腻子强冷送风机	T	11	Timer
自动启动喷漆排风机	T	1	Timer
自动启动喷漆排风机 2	T	2	Timer
自动启动喷漆送风机	T	0	Timer
自动启动强冷排风机	T	8	Timer
自动启动强冷送风机	T	7	Timer

类　型	地　址	数据类型
自动停各废排强排	T　104	Timer
自动停各烘干循环风机	T　100	Timer
自动停烘干各风幕 1-2	T　106	Timer
自动停喷漆排风 1-2	T　103	Timer
自动停喷漆送风机	T　101	Timer
自动停强送风	T　105	Timer
自动停水泵打磨排风	T　102	Timer

2. 系统自动延时启动 PLC 程序

系统自动延时启动程序如图 8-9 所示。（SD）是接通延时定时器线圈指令，用于在 RLO 状态出现上升沿时，启动指定的具有给定时间值的定时器，当时间值已经结束，未出现错误并且 RLO 仍为"1"，则该定时器的信号状态为"1"。当定时器运行时，如果 RLO 从"1"变为"0"，则定时器复位。

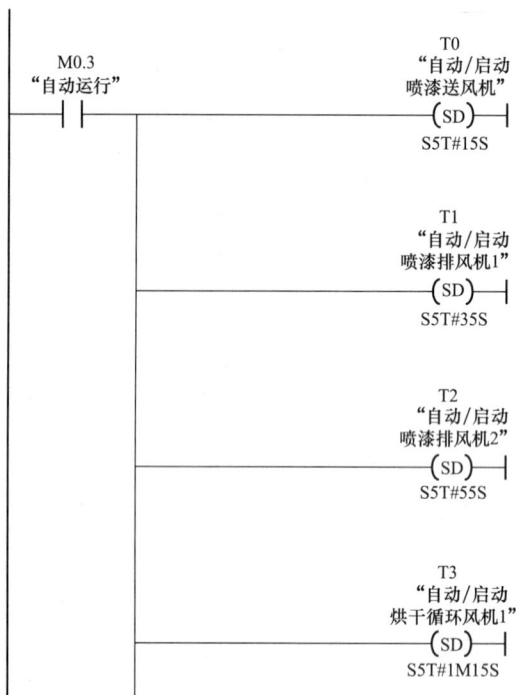

图 8-9　自动延时启动程序

3. 喷漆室水泵的 PLC 程序

喷漆室水泵的 PLC 程序如图 8-10 所示。系统在手动运行（即 M0.0 为 1）情况下，按下喷漆室循环水泵"启动"按钮（I1.6），喷漆室循环水泵在无故障的情况下（即 I8.3 被置1），喷漆室循环水泵运行线圈得电运行，同时触点 Q16.3 自锁，保持喷漆室循环水泵持续运行，按下喷漆室循环水泵"停止"按钮（I1.7 置 1），喷漆室循环水泵运行线圈失电停止运行。当系统在自动运行的情况下（M0.3 置 1），喷漆室循环水泵运行线圈得电，由 T102

控制其开关。

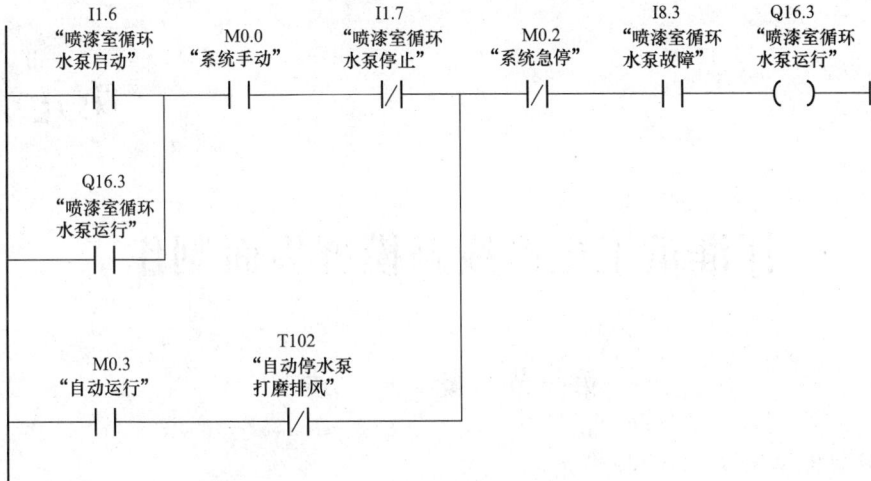

图 8-10 喷漆室水泵的 PLC 程序

4. 烘干循环风机 1 的 PLC 程序

烘干循环风机 1 的 PLC 程序如图 8-11 所示。系统在手动运行（即 M0.0 为 1）情况下，按下烘干循环风机 1 "启动" 按钮（I3.0），烘干循环风机 1 在无故障的情况下（即 I8.5 被置 1），烘干循环风机 1 运行线圈得电运行，同时触点 Q17.0 自锁，保持烘干循环风机 1 持续运行，按下烘干循环风机 1 "停止" 按钮（I3.1 置 1），烘干循环风机 1 运行线圈失电停止运行。系统在自动运行情况下（M0.3 置 1），由 T100 控制其关闭，由 T3 控制其打开。

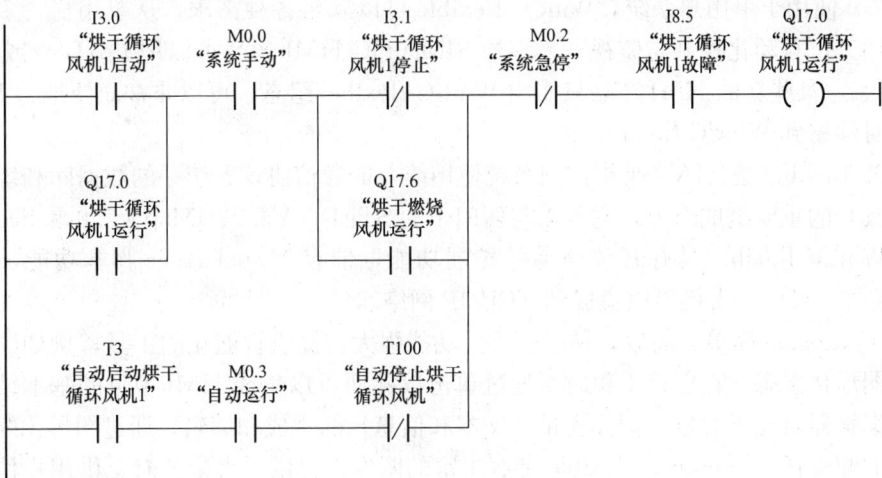

图 8-11 烘干循环风机 1 的 PLC 程序

第九章

江淮重工生产线触摸屏界面制作

第一节 概　　述

1. 开发软件 WinCC flexible 简介

西门子的人机界面过去用 ProTool 组态，SIMATIC WinCC flexible 是在被广泛认可的 ProTool 组态软件的基础上发展而来的，并且与 ProTool 保持了一致性，多种语言使它可以全球通用。WinCC flexible 综合了 WinCC 的开放性和可扩展性，以及 ProTool 的易用性。

WinCC flexible 提出了新的设备级自动化概念，可以显著地提高组态效率，它可以为所有基于 Windows CE 的 SIMATIC HMI 设备组态，从最小的微型面板到最高档的多功能面板，还可以对西门子的 C7（人机界面与 S7-300 相结合的产品）系列产品组态。除了用于 HMI 设备的组态外，WinCC flexible 高级版的运行软件还可以用于 PC，将 PC 作为功能强大的 HMI 设备使用。

ProTool 使用于单用户系统，WinCC flexible 可以满足各种需求，从单用户、多用户到基于网络的工厂自动化控制与监视。大多数 SIMATIC HMI 产品可以用 ProTool 或 WinCC flexible 组态，某些新的 HMI 产品只能用 WinCC flexible 组态。可以非常简便地将 ProTool 组态的项目移植到 WinCC flexible 中。

WinCC flexible 是 TIA（是指控制系统使用统一的通信协议、统一的数据库和统一的编程组态工具）的重要组成部分，它可以与西门子的 STEP 7 V5.2、iMap V2.0 和 Scout 集成在一起。WinCC flexible 具有开放简易的扩展功能，带有 Visual Basic 脚本功能，集成了 ActiveX 控件，可以将人机界面集成到 TCP/IP 网络。

WinCC flexible 简单、高效，易于上手，功能强大，提供智能化的工具，例如图形导航和移动的图形化组态。在创建工程时，通过单击鼠标便可以生成 HMI 项目的基本结构。基于表格的编辑器简化了对象（例如变量、文本和信息）的生成和编辑。通过图形化配置，简化了复杂的配置任务。WinCC flexible 带有丰富的图库，提供了大量的对象供用户使用，其缩放比例和动态性能都是可变的。使用图库中的元件，可以快速方便地生成各种美观的画面。用户可以增减图库中的元件，也可以建立自己的图库。用户生成的可重复使用的对象可以分类存在库中，也可以将其他绘图软件绘制的图形装入图库中。根据用户和工程的需要，还可以将简单的图形对象组合成面板，供本项目或其他项目使用。

WinCC flexible 与 CBA（基于组件的自动化）一起支持 Profinet。可以针对控制和 HMI 任务创建共享的标准化组件，将 HMI 组件和控制组件构成一个 CBA 目标，该目标能使用

SIMATIC iMap V2.0 工程设计工具与其他 CBA 目标进行图形化互连。

2. 开发流程

开发流程主要包括创建项目、创建变量、创建画面、创建报警系统、通信组态、仿真调试等。

3. 江淮触摸屏界面总体规划

针对江淮银联重工叉车结构件涂装线，共设计了 8 幅画面，包括模板界面、喷漆平流室界面、烘干强冷室界面、腻子打磨室界面、帮助界面、系统界面、报警界面、开机界面。各界面的制作和功能将在后面小节中一一说明。

第二节 创建江淮触摸屏新项目

一、创建一个新项目

在 WinCC flexible 中仅可打开一个项目。如果已经在 WinCC flexible 中打开了一个项目，又要创建一个新项目，则出现一个提示窗口，提示用户保存打开的项目。这个项目随后被自动关闭。

1. 创建新项目

在"项目"菜单中选择"新建"命令，也可单击工具栏中的"创建新项目"图标，创建新的项目。如图 9-1 所示，项目向导被打开。项目向导在各个步骤中提供建立项目所需的支持。下面只要按照项目向导所给出的指示进行操作。

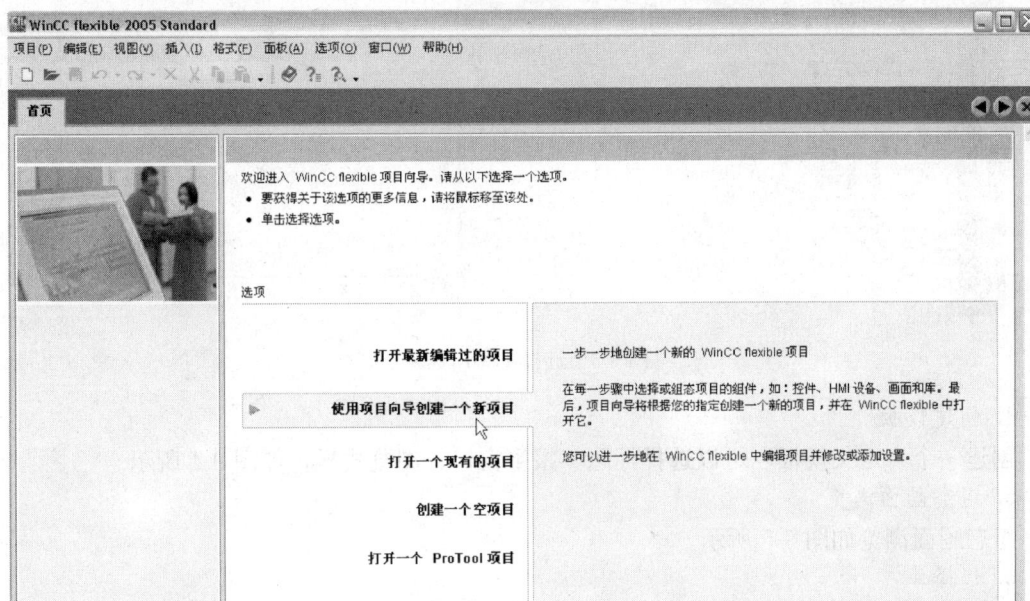

图 9-1 创建新项目

2. 选择设备

选择小型设备，PLC 控制器直接与 TP270 相连接，如图 9-2 所示。

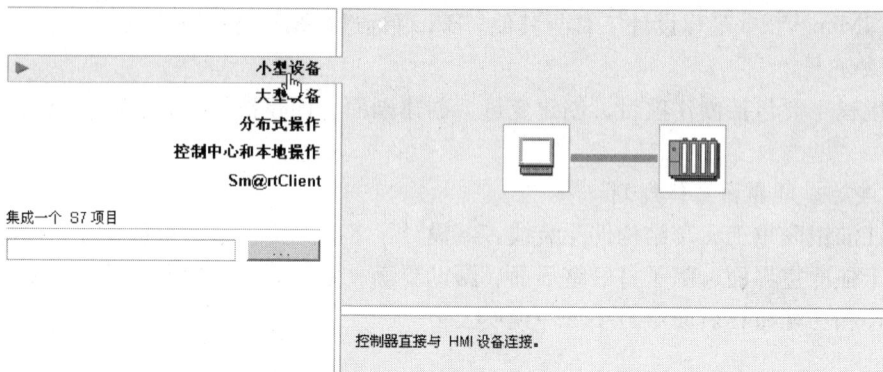

图 9-2　选择设备

3. 选择 HMI 设备

选择 HMI 设备为 TP270，如图 9-3 所示。

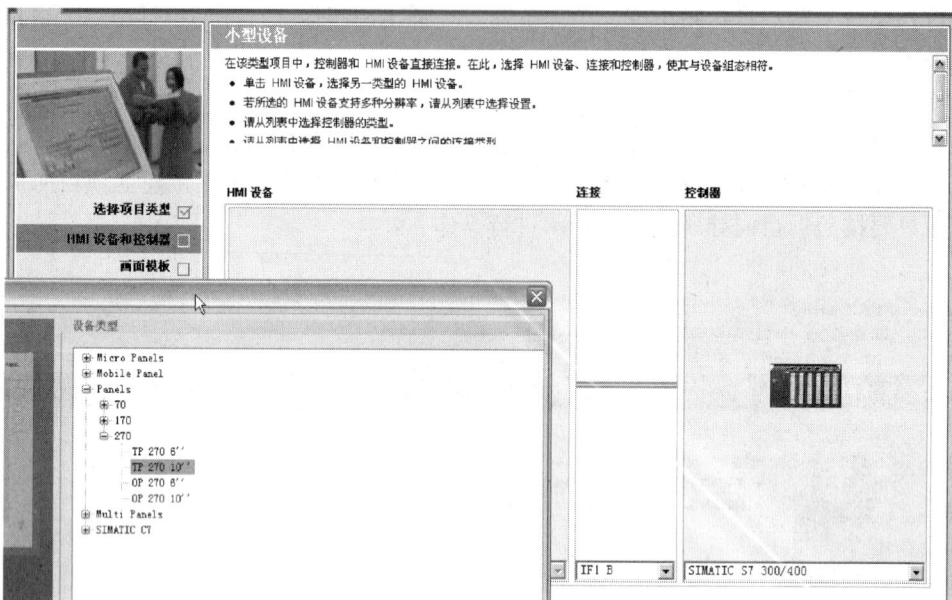

图 9-3　选择 HMI 设备

4. 创建模板

创建一个自定义模板，可以选择标题、报警窗口、浏览式样，如图 9-4 所示。

5. 组态画面浏览

组态画面浏览如图 9-5 所示。

6. 选择库

选择集成在项目中的库，如图 9-6 所示。

7. 输入信息

输入项目相关信息，如图 9-7 所示。

8. 完成向导

完成项目向导。进入组态界面，如图 9-8 和图 9-9 所示。

小型设备

为您的画面创建一个自定义模板。在项目中使用此模板来创建 HMI 设备的每一个新画面。

- 如果需要，可以定制标题、浏览条和报警行或报警窗口。
- 选择标题中要包括的元素。可以指定一个图形文件作为公司标志。
- 选择浏览条和报警行/报警窗口的位置和样式。

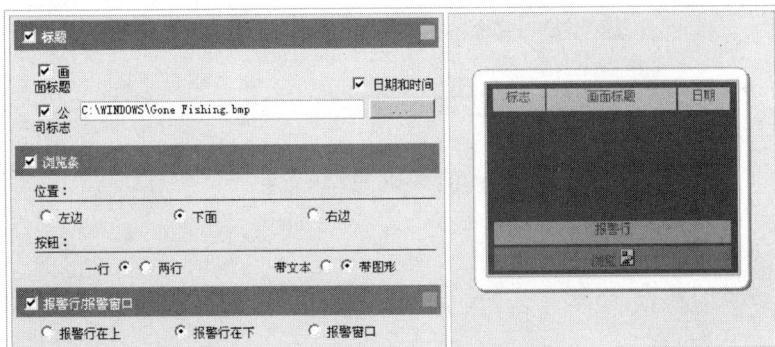

图 9-4　创建模板

小型设备

组态画面浏览。

- 请选择组成画面的数量。
- 为每一个组成画面选择要创建的详细画面的数量。

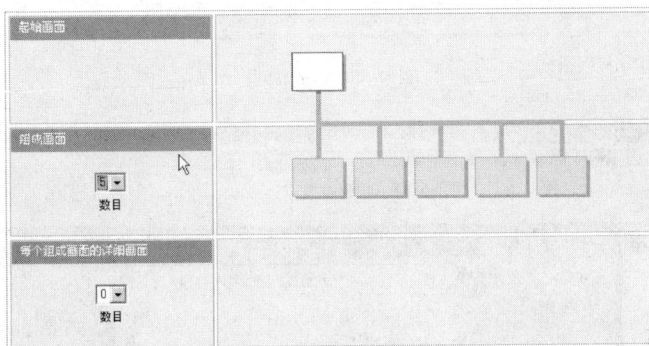

图 9-5　组态画面浏览

小型设备

选择要集成在项目中的库。

- 从标准库列表中选择所需要的库。
- 可选择多达六个作为"自定义库"被集成的文件。

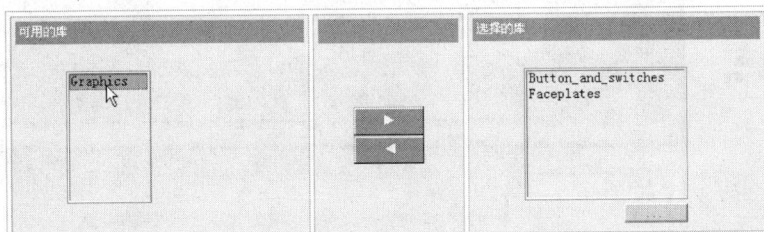

图 9-6　选择库

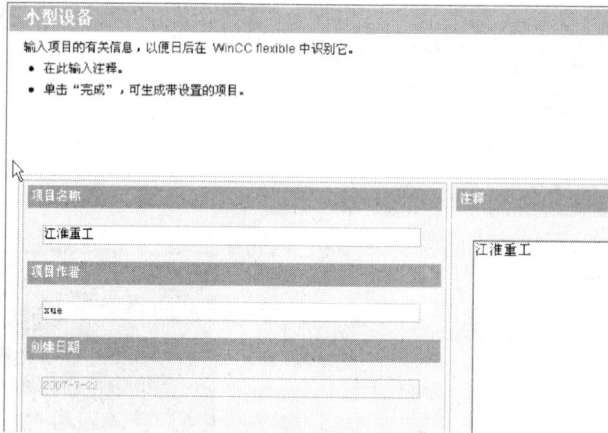

图 9-7　输入信息

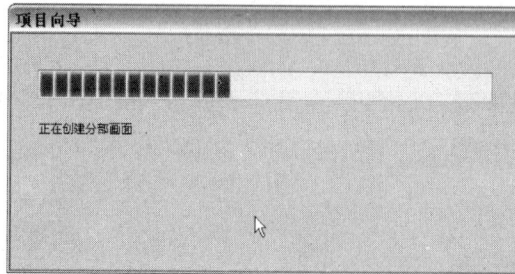

图 9-8　完成向导

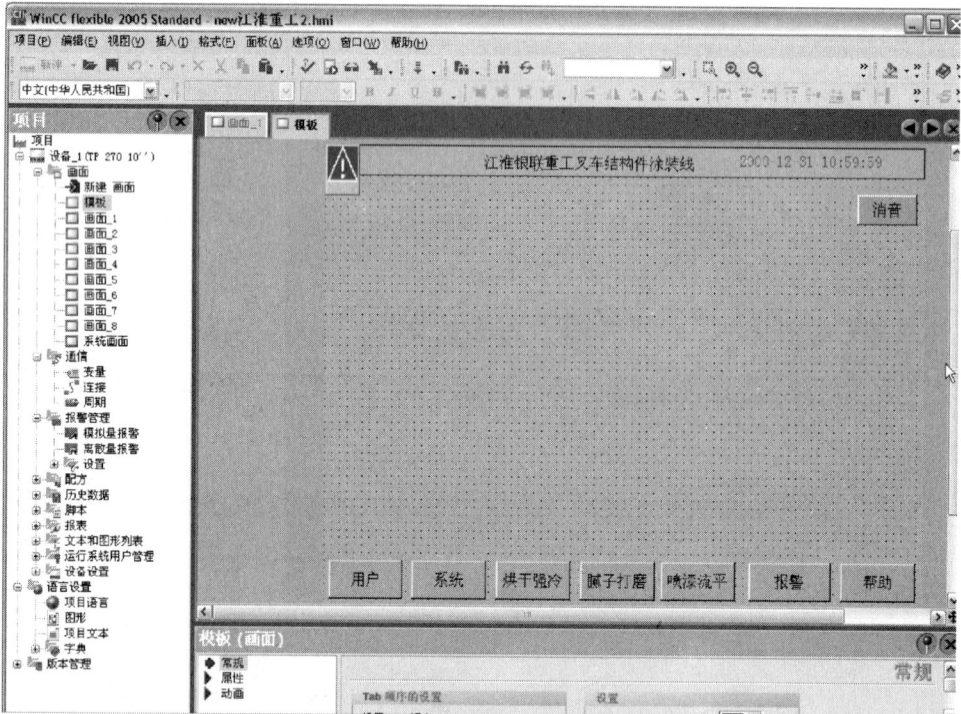

图 9-9　WinCC 组态界面

二、修改（重命名）组态连接

在项目视图中，打开"通信"组。双击"连接"，"连接"编辑器打开，如图 9-10 所示。

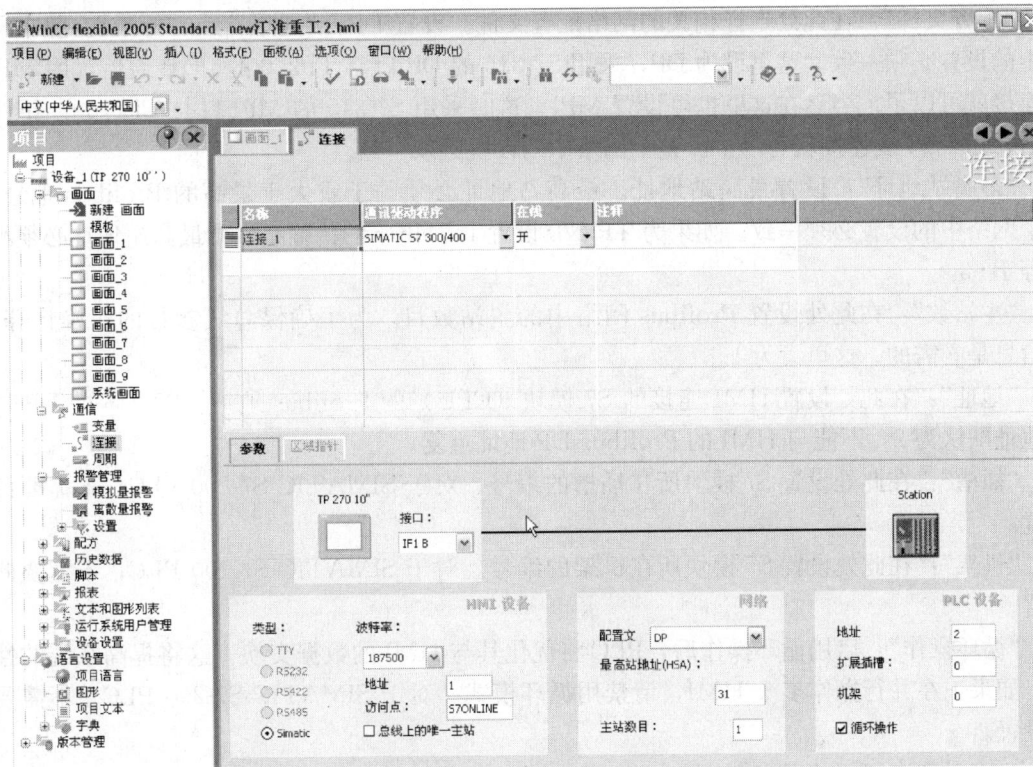

图 9-10　组态连接

1. 重命名该连接

根据需要，在"名称"列中重命名该连接。从"通信驱动程序"列中，选择"SIMAT-IC S7-300/400"通信驱动程序。

2. 设置通信参数

系统自动在"参数"标签中设置适合于通信伙伴的值。

3. 设置 HMI 的网络参数

选择"HMI 设备"以设置 HMI 的网络参数。所作修改将应用于所有通信伙伴。

"接口"：此处选择 HMI，通过其可连接到 Profibus 网络的 HMI 接口。本工程 TP 270 采用 IF1B 接口与 S7-300DP 口通信。

"传输率"：在此处设置网络的数据传输率。数据传输率由网络中最慢的 HMI 确定。整个网络中的设置必须一致。这里设为 187500。S7-315 的 DP 口的数据传输率的设置必须一致，也设为 187500。

"地址"：在此处设置 HMI 的 Profibus DP 地址。Profibus DP 地址在 Profibus 网络中必须唯一。这里设为 1。S7-315 的 DP 口的地址默认为 2，不能与 HMI 的 Profibus DP 地址

重复。

"仅总线上的主站"：这将禁用附加的安全功能，当 HMI 连接至网络时，该功能可避免产生总线干扰。从站只能在收到主站请求时发送数据。如果 HMI 上只连接了从站，请通过设置"仅总线上的主站"复选框来禁用此安全功能。

"配置文件"：在此处选择相关的网络配置文件。设置 DP、"通用"或"标准"。整个网络中的设置必须一致。这里设为 DP，采用 S7-315 的 DP 口与 TP270 的 IF1B 通信，用 MPI 线连接就可以了。当然在这里也可设置 MPI。这时采用 S7-315 的 MPI 口与 TP270 的 IF1B 通信，用 MPI 线连接就可以了。整个网络中的设置必须一致。

"最高站地址"：设置最高站地址。最高站地址必须等于或大于最高的 Profibus 地址。整个网络中的设置必须一致。如果为 TP 270 设置 1.5Mb/s 的传输率，则最高站地址必须小于等于 63。

"主站数"：在此处设置 Profibus 网络中的主站数目。为了确保总线参数的正确计算，该信息是必需的。这里设为 1。

"地址"：在此处设置 HMI 连接的 S7 模块（CPU）的 Profibus 地址。S7-315 的 DP 口的地址默认为 2，不能与 HMI 的 Profibus DP 地址重复。

"插槽"：在此处设置 S7 模块所在插槽的编号。对于 SIMATIC S7-200 PLC，不需要此设置。

"机架"：在此处设置 S7 模块所在机架的编号。对于 SIMATIC S7-200 PLC，不需要此设置。

"循环操作"：启用循环操作后，PLC 将优化其与 HMI 的数据交换。这将提高系统的性能。如果正在并行操作多个 HMI，请禁用循环模式。对于 SIMATIC S7-200 PLC，不需要此设置。

4. 设置并激活某区域指针

区域指针是参数域，WinCC flexible 运行系统可通过它们来获得控制器中数据区域的位置和大小的信息。在通信过程中，控制器和 HMI 设备相互读、写这些数据区中的信息。通过评估伙伴设备在这些区域中输入的数据，控制器和 HMI 设备触发定义的操作。物理上，区域指针位于控制器的内存中。其地址是在"连接"编辑器中设置的。

WinCC flexible 使用控制请求、项目标识号、画面号、数据集、日期/时间、日期/时间控制器、协调区域指针。

选择"通信"｜"连接"来设置并激活某区域指针之后才可对其使用，如图 9-11 所示。

"画面编号"区域指针是控制器内存中的一个数据区，它具有 5 个字长的固定长度。如表 9-1 所示。HMI 设备将 HMI 设备上调用的画面信息存储在"画面编号"区域指针中。允许将 HMI 设备当前画面内容的信息传送到控制器，并可从控制器触发某些反应，例如调用另一画面。

只能在一个控制器上创建"画面号"区域指针，且只能在该控制器上创建一次。画面号将自发地传送到控制器；换言之，每当在 HMI 设备上选择一个新画面时都会对其进行传送。因此，不必组态采集周期。

最后保存项目。

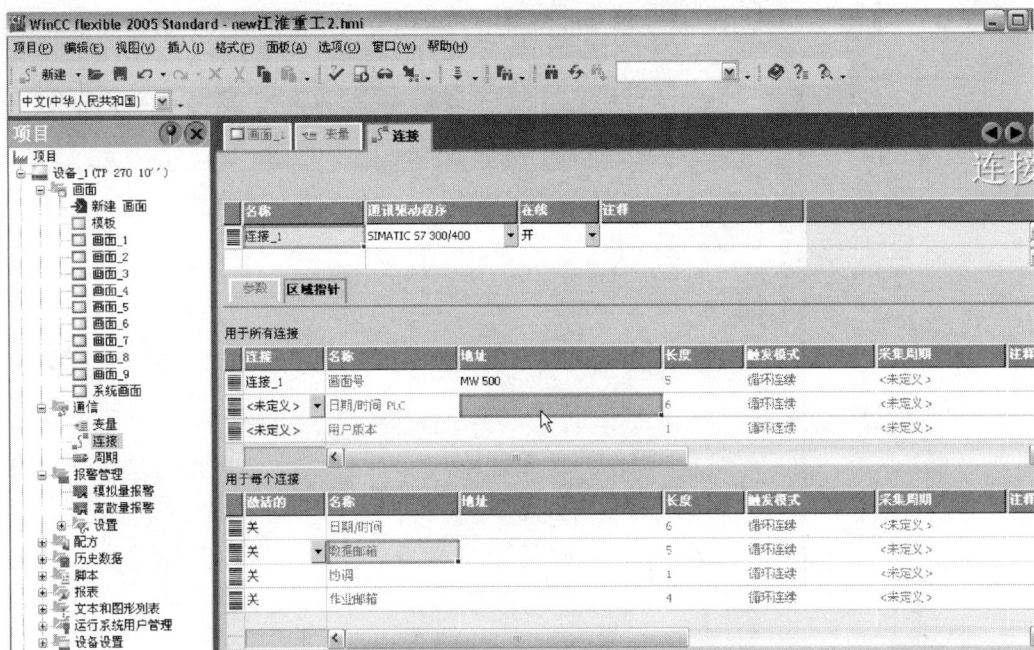

图 9-11　激活区域指针

表 9-1　　　　　　　　　　　　　　　**"画面编号"区域指针**

	15	14	13	12	11	10	9	8	7	6	5	4	3	2	1	0
第 1 个字								当前画面类型								
第 2 个字								当前画面号								
第 3 个字								保留								
第 4 个字								当前域号								
第 5 个字								保留								

第三节　创　建　变　量

WinCC flexible 变量有内部变量和外部变量两种。

（1）内部变量存储在 HMI 设备的内存中。因此，只有这台 HMI 设备能够对内部变量进行读写访问。例如，可以创建内部变量用于执行本地计算。

（2）外部变量使得自动化过程的组件之间（例如 HMI 设备与 PLC 之间）能够进行通信（数据交换）。外部变量是在 PLC 中定义的存储位置的映像。无论是 HMI 设备还是 PLC，都可对该存储位置进行读写访问。

由于外部变量是在 PLC 中定义的存储位置的映像，因而它能采用的数据类型取决于与 HMI 设备相连的 PLC。

创建和组态变量在变量编辑器中，具体步骤如下。

一、打开变量编辑器

双击项目窗口中的"变量"条目打开变量编辑器。从"变量"工作区的快捷菜单中选择

"添加变量"，如图 9-12 所示，从变量属性窗口中，可以输入变量的名称，数据类型等参数。

图 9-12　变量编辑器

二、打开属性窗口

如果属性窗口未打开，可以选择"视图"菜单中的"属性"命令，如图 9-13 所示。下面以输入"自动运行"变量为例进行说明。

图 9-13　打开"属性"窗口

三、输入变量名称

打开属性视图的"常规"组，在"名称"域中输入一个明确的变量名称"自动运行"。

四、选择连接

选择至所期望 PLC 的"连接 _ 1"。如果期望的 PLC 未显示，必须首先使用对象列表或"连接"编辑器连接到 PLC。

五、选择数据类型

选择所期望的"数据类型"。所选择的"连接"确定将显示哪些数据类型。选择 Bool 数据类型。

在 WinCC flexible 中，可用于所有变量的数据类型如表 9-2 所示。

表 9-2　　　　　　　　　　　　　WinCC flexible 数据类型

数据类型	宽度	取值范围
String	〈可选〉	—
Bool	—	true（1）、false（0）
Char	8 位	−128～127
Byte	8 位	0～255
Int	16 位	−32 768～32 767
UINT	16 位	0～65 535
Long	32 位	−2 147 483 648～2 147 483 647
Ulong	32 位	0～4 294 967 295
Float	32 位	上限：±3.402 823e+38 下限：±1.175 495e−38

由于外部变量具有与 PLC 的连接，因此可用的数据类型取决于 PLC 的类型。对于应包含文本的变量（例如数据类型 String），在"长度"中输入变量应包含的最大字符数。对于所有其他数据类型，自动定义长度。如果想要从数组元素组成变量，输入期望的数组计数数目。如果数组元素的数目大于 1，则"长度"将表示单个数组元素的长度。

如果想要改变采集周期，只要在采集周期中选择就可以，或使用"对象列表"定义自己的周期。这里选择 300ms，如图 9-14 所示。采集周期确定 HMI 设备将在何时从 PLC 读取外部变量的过程值。对采集周期进行设置，使其适合过程值的改变速率。例如，烤炉的温度改变比电气传动装置的速度改变慢得多。

图 9-14　采集周期

如果采集周期设置得太低，将极大地增加过程的通信负荷。

周期的最小可能值取决于项目所使用的 HMI 设备。对于大多数 HMI 设备，该数值为 100ms。其他所有周期值总是最小值的整数倍。

如果在 WinCC flexible 中预定义的标准周期不能满足项目的要求，可以定义自己的周期。然而，这些自定义的周期必须以标准周期为基础。

六、寻址

单击"属性"组中的"寻址"。输入对应的 PLC 地址，如图 9-15 所示。如果正在集成的 STEP 7 环境中工作，从 PLC 程序的图标列表中为变量选择一个"图标"。然后，地址将被自动输入。

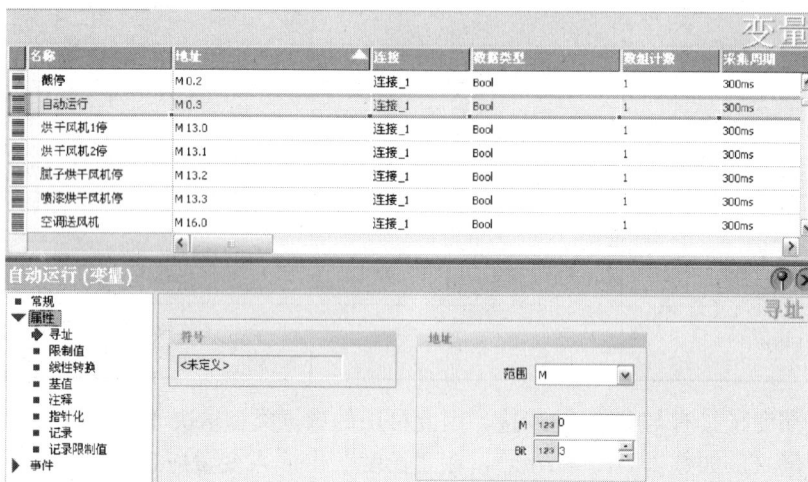

图 9-15　对应的 PLC 地址

在 WinCC Flexible 中，可以选择的 S7 由 300 PLC 的数据类型有 DB、M、I、PI、PQ、Q，没有定时器和 Counter 数据类型，定时器和 Counter 的参数设置，需要先将设定值传送到 MW、DB 上。

七、输入关于变量使用的注释

可以输入关于变量使用的注释。为此，单击"属性"组中的"注释"，并输入注释文本。

八、内部变量

对内部变量而言，必须至少设置名称和数据类型。选择"内部变量"项，而不是与 PLC 连接。依上述步骤建立本工程的变量如表 9-3 所示。

表 9-3　　　　　　　　　　　　　　建立工程的变量

名称	地址	连接	数据类型	数组计数	采集周期
烘干燃烧机 2	M17.7	连接 _ 1	Bool	1	300ms
空调送风机 _ 15	M20.0	连接 _ 1	Bool	1	300ms
强冷室排风机	M20.1	连接 _ 1	Bool	1	300ms
刮腻子工位照明	M20.2	连接 _ 1	Bool	1	300ms
腻子烘干循环风机	M20.3	连接 _ 1	Bool	1	300ms
腻子烘干风幕风机 1	M20.4	连接 _ 1	Bool	1	300ms
腻子烘干风幕风机 2	M20.5	连接 _ 1	Bool	1	300ms
腻子烘干废气风机	M20.6	连接 _ 1	Bool	1	300ms
腻子烘干燃烧机	M20.7	连接 _ 1	Bool	1	300ms
腻子强冷送风机	M21.0	连接 _ 1	Bool	1	300ms
腻子强冷排风机	M21.1	连接 _ 1	Bool	1	300ms

续表

名称	地址	连接	数据类型	数组计数	采集周期
打磨清理排风机	M21.2	连接_1	Bool	1	300ms
打磨清理室照明	M21.3	连接_1	Bool	1	300ms
报警2	MW10	连接_1	Int	1	300ms
报警1	MW8	连接_1	Int	1	300ms
空调送风机_1	Q16.0	连接_1	Bool	1	1s
喷漆排风机1_0	Q16.1	连接_1	Bool	1	1s
喷漆排风机2_0	Q16.2	连接_1	Bool	1	1s
喷漆循环水泵_0	Q16.3	连接_1	Bool	1	1s
喷漆室左侧照明_0	Q16.4	连接_1	Bool	1	1s
喷漆室右侧照明_0	Q16.5	连接_1	Bool	1	1s
截停	M0.2	连接_1	Bool	1	300ms
自动运行	M0.3	连接_1	Bool	1	300ms
烘干风机1停	M13.0	连接_1	Bool	1	300ms
烘干风机2停	M13.1	连接_1	Bool	1	300ms
腻子烘干风机停	M13.2	连接_1	Bool	1	300ms
喷漆烘干风机停	M13.3	连接_1	Bool	1	300ms
空调送风机	M16.0	连接_1	Bool	1	300ms
喷漆排风机1	M16.1	连接_1	Bool	1	300ms
喷漆排风机2	M16.2	连接_1	Bool	1	300ms
喷漆循环水泵	M16.3	连接_1	Bool	1	300ms
喷漆室左侧照明	M16.4	连接_1	Bool	1	300ms
喷漆室右侧照明	M16.5	连接_1	Bool	1	300ms
空调燃烧机电源	M16.6	连接_1	Bool	1	300ms
流平室照明	M16.7	连接_1	Bool	1	300ms
烘干循环风机1	M17.0	连接_1	Bool	1	300ms
烘干循环风机2	M17.1	连接_1	Bool	1	300ms
烘干风幕风机1	M17.2	连接_1	Bool	1	300ms
烘干风幕风机2	M17.3	连接_1	Bool	1	300ms
烘干废气排风机1	M17.4	连接_1	Bool	1	300ms
烘干废气排风机2	M17.5	连接_1	Bool	1	300ms
烘干燃烧机1	M17.6	连接_1	Bool	1	300ms
空调燃烧机电源_0	Q16.6	连接_1	Bool	1	1s
流平室照明_0	Q16.7	连接_1	Bool	1	1s
烘干循环风机1_0	Q17.0	连接_1	Bool	1	1s
烘干循环风机2_0	Q17.1	连接_1	Bool	1	1s
烘干风幕风机1_0	Q17.2	连接_1	Bool	1	1s
烘干风幕风机2_0	Q17.3	连接_1	Bool	1	1s
烘干废气排风机1_0	Q17.4	连接_1	Bool	1	1s
烘干废气排风机2_0	Q17.5	连接_1	Bool	1	1s
烘干燃烧机1_0	Q17.6	连接_1	Bool	1	1s
烘干燃烧机2_0	Q17.7	连接_1	Bool	1	1s
空调送风机_15-0	Q20.0	连接_1	Bool	1	1s
强冷室排风机_0	Q20.1	连接_1	Bool	1	1s
刮腻子工位照明_0	Q20.2	连接_1	Bool	1	1s
腻子烘干循环风机_0	Q20.3	连接_1	Bool	1	1s

名称	地址	连接	数据类型	数组计数	采集周期
腻子烘干风幕风机 1 _ 0	Q20.4	连接 _ 1	Bool	1	1s
腻子烘干风幕风机 2 _ 0	Q20.5	连接 _ 1	Bool	1	1s
腻子烘干废气风机 _ 0	Q20.6	连接 _ 1	Bool	1	1s
腻子烘干燃烧机 _ 0	Q20.7	连接 _ 1	Bool	1	1s
腻子强冷送风机 _ 0	Q21.0	连接 _ 1	Bool	1	1s
腻子强冷排风机 _ 0	Q21.1	连接 _ 1	Bool	1	1s
打磨清理排风机 _ 0	Q21.2	连接 _ 1	Bool	1	1s
打磨清理室照明 _ 0	Q21.3	连接 _ 1	Bool	1	300ms
手动	Q21.4	连接 _ 1	Bool	1	300ms
自动	Q21.5	连接 _ 1	Bool	1	300ms
故障	Q21.6	连接 _ 1	Bool	1	300ms
声响	Q21.7	连接 _ 1	Bool	1	1s

第四节　触摸屏模板界面的制作

一、模板界面功能

模板是触摸屏界面的背景，可以在模板上添加或删除按钮并设置其属性，一般将所有界面上共同需要的功能放到模板上。本界面的主要功能是切换画面，比如当按下用户按钮时，画面将切换到用户界面。

模板界面如图 9-16 所示，画面号为 1，界面上由消音、界面切换等按钮组成，同时可显示系统的日期和时间以及系统报警指示灯。

图 9-16　模板界面

二、消音按钮的制作

按钮与接在 PLC 输入端的物理按钮的功能相同，主要用来给 PLC 提供开关量输入信号，通过 PLC 的用户程序来控制生产过程。画面中的按钮元件不能直接与 S7 系列 PLC 的数字量（即开关量）输入连接，应与存储器位（例如 M0.0）连接。

（1）消音按钮的生成。单击工具箱中的"简单对象"组，出现常见的画面元件的图标。将其中的"按钮"图标拖放到画面中，拖动的过程中鼠标的光标变成十字形，按钮图标跟随十字形光标一起移动。放开鼠标左键，按钮被放置在画面上，其左上角在十字形光标的中心。按钮的四周有 8 个小正方形，可以用鼠标根据需要来移动和放大、缩小按钮。

（2）消音按钮的属性设置。选中某个按钮后，在工作区域下方的属性视图（见图 9-17）中，选中左侧树形结构中的"常规"，在右侧的对话框中选择按钮的模式为"文本"。可以分别设置"按下时"和"弹起时"的文本。未选中该复选框时，按钮按下时和弹起时显示的文本相同。

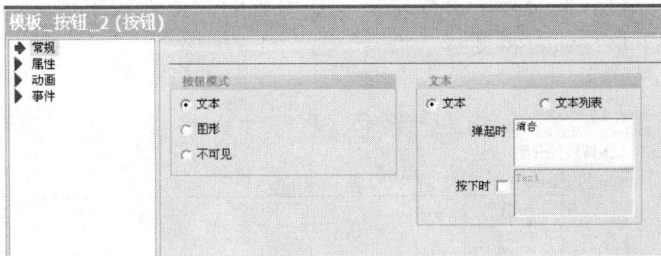

图 9-17　消音按钮的常规属性组态

选中属性视图左侧窗口的"属性"类中的"外观"（见图 9-18），"外观"左侧的正方形图标变为指向左侧的箭头。在右侧的对话框中，将按钮的背景色修改为浅灰色。图中的"焦点颜色"和"选择宽度"用来设置表示焦点虚线框的属性，一般采用默认的设置。选中"属性"类的其他"子类"，可以修改按钮的名称，设置对象所在的"层"，一般使用默认的第 0 层。

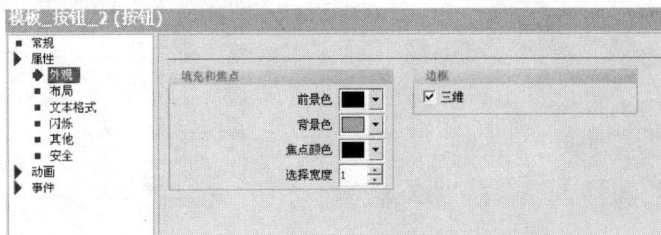

图 9-18　消音、按钮的外观组态

图 9-19 是按钮属性视图的"属性"类的"布局"对话框，如果选中"自动调整大小"复选框，系统将根据按钮上的文本字数和字体大小自动调整按钮的大小。一般在工作区域画面上可直接用鼠标设置画面元件的位置和大小，这样比在"布局"对话框中修改参数更为直观。

文本对话框（见图 9-20）包含静态文本或动态文本的外观，例如可以选择字的样式和大小，或者设置下划线等附加效果。

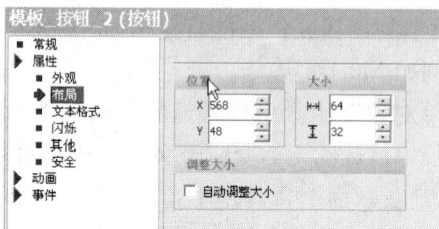

图 9-19 消音按钮的布局组态

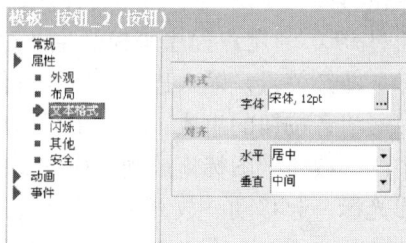

图 9-20 消音按钮的文本格式组态

（3）消音按钮功能的设置。选中文本为"消音"的按钮，打开属性视图的"事件"类的"按下"对话框，如图 9-21 所示。单击视图右侧最上面一行，在其右侧出现下拉菜单（在单击之前是隐藏的），在出现的系统函数列表中选择"计算"文件夹中的函数 Setvalue，直接单击函数列表中第二行右侧隐藏的下拉菜单，在出现的变量列表中选择"消音"，如图 9-22 所示，在运行时按下该按钮，将变量"消音"置为 1 的状态。

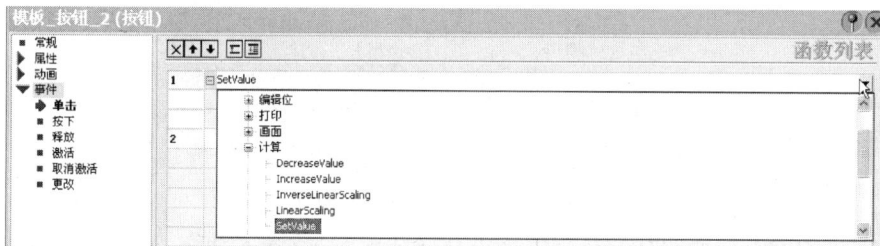

图 9-21 组态按钮按下时执行的函数

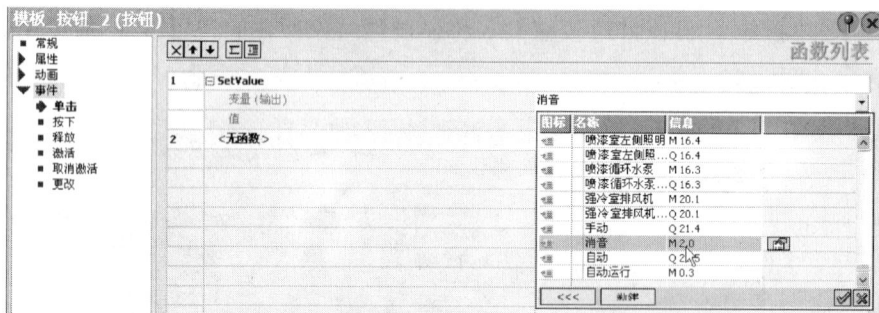

图 9-22 组态按钮按下时操作的变量

当"消音"按钮弹起时，对应的 PLC 程序里的点 M2.0 产生动作，系统的声音将关闭，消音按钮所用的函数名称为 setvalue，其 PLC 程序如图 9-23 所示。

当触摸屏上消音按钮按下后或外界 I0.7 点置 1，在系统无故障时即 Q21.6 为 1 时，PLC 的点 M2.0 得电产生动作并且自锁，同时动合触点 M2.0 也被置为 1 而断开，声响线圈（Q21.7）失电，声音消除。

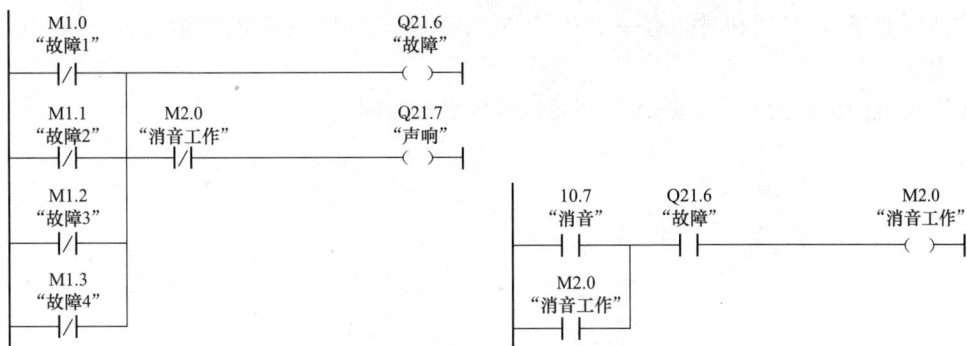

图 9-23　消音 PLC 程序

三、报警指示灯的制作

（1）报警指示灯的功能：当系统错误、诊断事件、警告以及报警类别 1 和报警类别 2 发生时，报警指示灯闪烁。所用系统函数是 showalarmwindow（显示报警窗口）。

报警指示器是指当有报警激活时，显示在画面上的组态好的图形符号。在画面模板中组态的报警指示器将成为项目中所有画面上的一个元素。

报警指示器的状态可以为以下两种之一：

闪烁：至少存在一条未确认的待决报警。

静态：报警已确认，但其中至少有一条尚未取消激活。

（2）单击工具箱中的"简单对象"组，出现常见的画面元件的图标。将其中的"报警指示"图标拖放到画面中。

（3）报警指示灯属性设置。选中报警指示灯后，在工作区域下方的属性视图中，选中左侧树形结构中的"常规"，在右侧对话框中选择报警的类别，如图 9-24 所示。

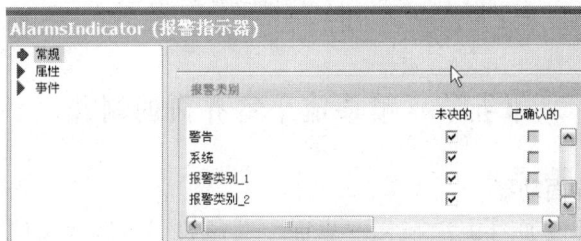

图 9-24　报警指示灯的常规属性组态

四、时钟与日期时间的制作

将工具箱中"简单视图"组中的"日期时间域"图标和"复杂视图"中的"时钟"图标拖放到画面中。

在属性视图的"属性"类的"外观"对话框中，可以设置钟面的颜色。钟面的填充样式可以选择"实心的"、"透明的"和"透明框"。时钟的指针可以选择填充色或"空心的"。

日期时间域在工具箱的"简单对象"组中，其类型如果组态为"输出"，只用于显示；如果组态为"输入/输出"，还可以作为输入域来修改当前的时间。可以选择只显示时间，或者只显示日期，如图 9-25 所示。可以使用触摸屏系统时间作为日期和时间的数据库。如果选择"使用变量"，日期和时间有一个 DATA _ AND _ TIME 类型的变量提供，该变量值可以来自 PLC。

可以从触摸屏系统主菜单进入控制面板设置显示时间。

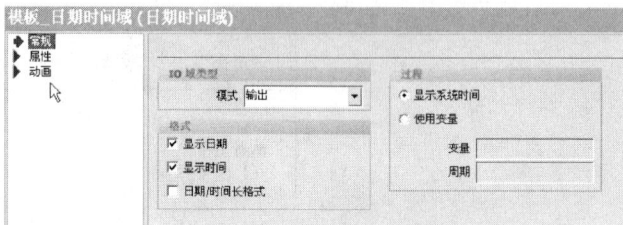

图 9-25   日期时间域的常规组态

五、画面切换按钮设置

当按下要切换的画面时，系统将转换成需要监控的画面，所用的函数为 Activate-Screen。例如，烘干强冷画面切换按钮设置如下，在按钮属性窗口，单击"事件"｜"单击"，设函数为 ActivateScreen，画面号为 8（烘干强冷画面号），如图 9-26 所示。

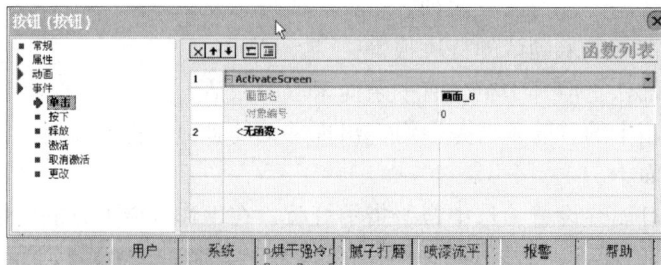

图 9-26   烘干强冷画面切换按钮设置

第五节   喷漆流平室界面的制作

一、喷漆流平室界面功能

在喷漆流平室的界面如图 9-27 所示。界面上共设置了空调送风机、喷漆排风扇 1 和喷漆排风扇 2、启动和停止按钮、喷漆循环水泵、喷漆室左侧和右侧照明灯、空调燃烧机电源、指示灯、流平室照明灯、自动启动和停止按钮、系统复位和系统急停按钮以及界面切换按钮。

喷漆流平室界面画面号为 2，此画面用来显示系统运行时喷漆流平室的运行情况，当手动时，按下相应的按钮将启动或停止相应的电机或水泵，当自动时，按下相应的按钮也可以启动或停止相应的电机或水泵，电机和水泵会旋转动画。

下面就结合 PLC 程序来说明一下该界面的设计。

二、风扇旋转动画制作

方法一：用互差 30°的 3 个图形轮流切换，就可以模拟风扇的旋转。下面以风扇为例，介绍模拟物体转动的动画显示详细方法。

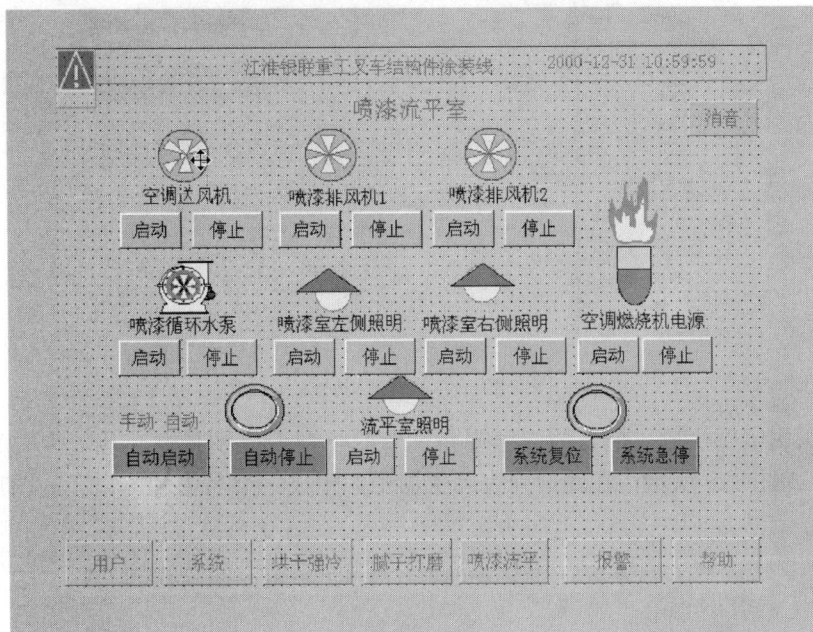

图 9-27　喷漆流平室界面

在 Visio 中用图形旋转功能绘制中心对称图形比较方便。首先绘制风扇中间的小圆点，然后绘制一片扇叶，用菜单命令"形状"→"组合"→"组合"将它们组合为一个整体。用鼠标左键单击该组合图形，在出现的矩形轮廓线的中心延长线上有一个小圆圈，如图 9-28 所示。将鼠标放在它的上面，在它周围出现一个包围它的带箭头的圆圈，用鼠标左键按住这个小圆圈左右拖动，就可以绕着该物体的中心点按级旋转。记住旋转 90°所需要的次数，就可以知道每次旋转的角度。将它们分别向左和向右旋转 120°，再将得到的这 3 个图形的小圆准确地叠加在一起，就得到了有 3 个中心对称的扇叶的风扇，如图 9-29 所示。

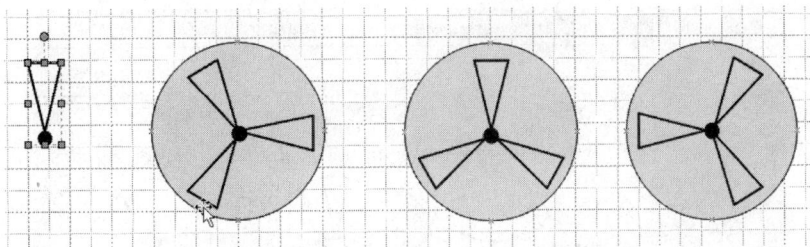

图 9-28　电风扇图形的绘制

如果没有图中的大圆，包络 3 个扇叶互差 120°的风扇的矩形的中心对称点不在风扇的中心，在轮流切换的过程中风扇将会摆动。为此用扇叶之外的一个大圆作为风扇的背景来解决这一问题。生成较晚的大圆将放在风扇的上面。可以在选中大圆后，用菜单"形状"→"顺序"→"置于底层"命令将它放置在风扇的下面。

在第一个风扇图的基础上，用旋转的方法很容易得到另外两个风扇图，3 个图的扇叶互差 30°。绘制好图 9-29 中的 3 个风扇后，分别将它们保存为 3 个 *.gif 格式的文件。

图 9-29　生成风扇指针变量

在变量编辑器中生成一个名为"风扇指针"的整型 I/O 变量，其地址为 MW14，限制值为 0～2，如图 9-29 所示。在图形列表编辑器中，生成一个名为"风扇"的图形列表，如图 9-30 所示。

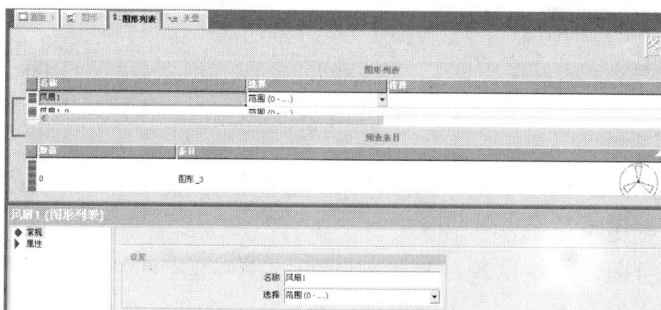

图 9-30　生成风扇图形列表

将工具箱中的"图形 IO 域"对象图标拖放到画面工作区，如图 9-31 所示，将它设置为输出模式，用于显示名为"风扇"的图形列表，用变量"风扇指针"的值来选择要显示的图形。

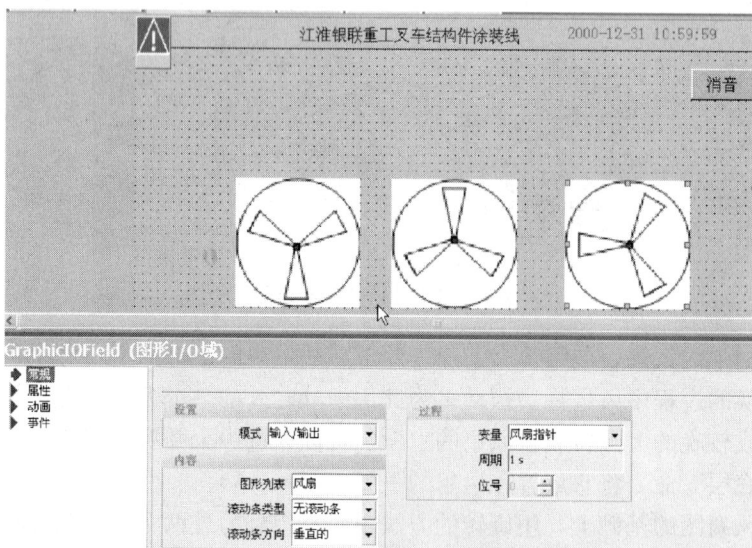

图 9-31　风扇组态画面

如果用离线模拟中的"增量"功能来使"风扇指针"从 1～3 之间循环变化，因为切换速度太慢（最小周期为 1s），动画效果很差，使用在线模拟可以获得较好的效果。在 PLC 的循环中断组织模块 OB35 中编写图 9-32 所示的语句表程序，使"风扇指针"MW14 在 1～3 之间变化。也可以用脉冲 M100.3 和计数器实现 MW14 在 1～3 之间变化，如图 9-32 所示。

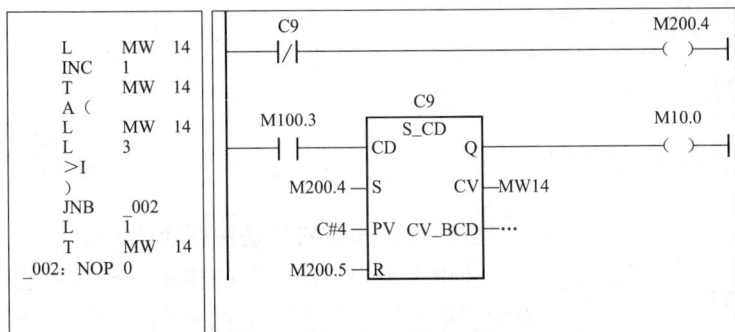

图 9-32　风扇指针变量的实现程序

方法二：送风机的动画是用两片重叠的多边形叶片来实现的，把两片叶片交叉重叠，当一个叶片显示时另一个叶片隐藏，这样交替显示便实现了动画效果，如图 9-33 所示。图形的添加与上面所述的相同。

用多边形画出风扇的 3 个叶片，在属性设置中填充颜色为黄色，如图 9-34 所示。

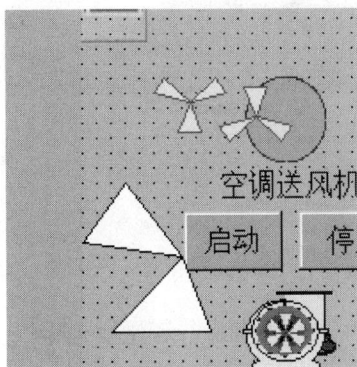

图 9-33　风扇的动画实现方法二

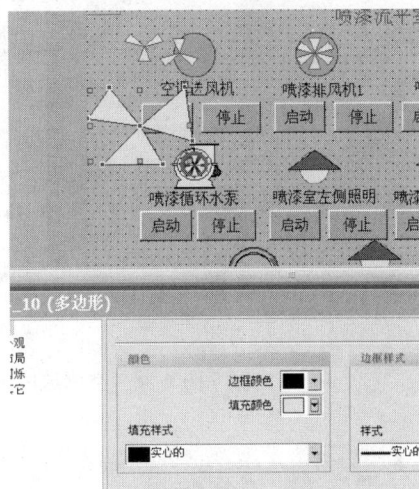

图 9-34　叶片属性设置

单击"动画"启用"可见性"，选择变量为空调送风机，分别设置一个叶片为隐藏，一个叶片为可见，范围 0-0，如图 9-35 和图 9-36 所示。

其 PLC 程序如图 9-37 所示。其中，M100.3 为 0.5s 梯形波脉冲输出，可在 PLC 的 CPU 系统时钟参数中设置。Q16.0 为空调送风机 PLC 输出点，M16.0 为空调送风机触摸屏变量地址，当 Q16.0 为 1 时，M16.0 在 0～1 之间变化，使叶片不停地切换，产生旋转动画的效果。

161

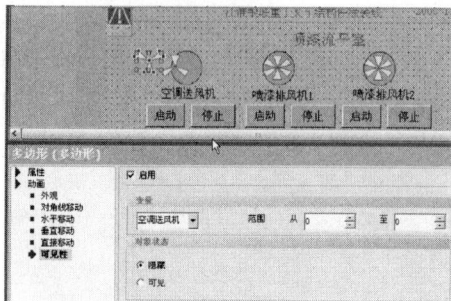

图 9-35　可见性设置 1

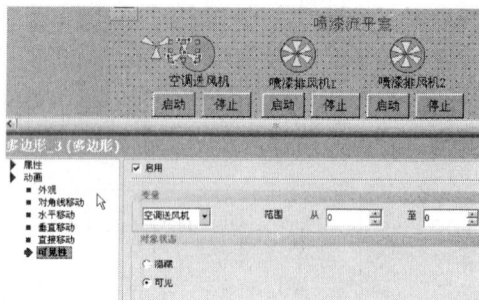

图 9-36　可见性设置 2

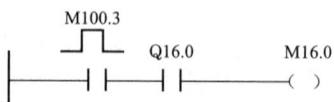

图 9-37　风扇动画 PLC 程序

三、空调送风机启动按钮功能的设置

选中文本为"启动"的按钮，打开属性视图的"事件"类的"单击"对话框，如图 9-38 所示。单击视图右侧最上面一行，再单击其右侧下拉菜单（在单击之前是隐藏的），在出现的系统函数列表中选择"计算"文件夹中的函数 Setvalue（给指定变量赋予一个新值），直接单击函数列表中第二行右侧隐藏的下拉菜单，在出现的变量列表中选择"空调送风机 _1"，在运行时按下该按钮，就会将变量"空调送风机 _1"置为 1 的状态，如图 9-39 所示。

图 9-38　空调送风机"启动"按钮功能的设置 1

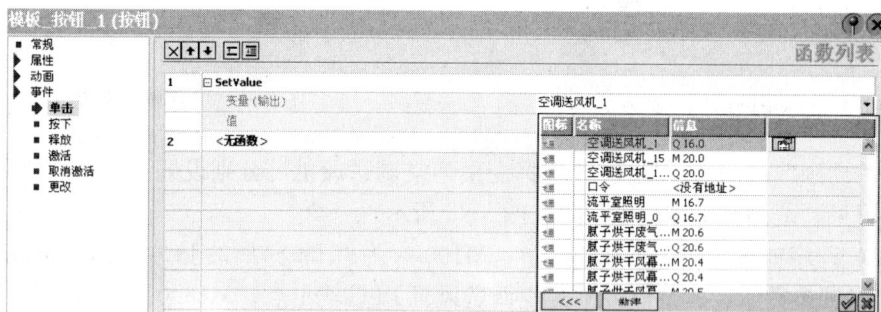

图 9-39　空调送风机"启动"按钮功能的设置 2

空调送风机对应的 PLC 点为 Q16.0，当按下触摸屏"启动"按钮时，在"启动"按钮单击事件中，用函数 Setvalue 使变量空调送风机（Q16.0）置 1，"停止"按钮使变量空调送风机（Q16.0）置 0；其 PLC 程序如图 9-40 所示。触摸屏启动按钮的功能同 I1.0 外部实际启动按钮，如果条件不满足（如 M0.2＝1），则不能使变量空调送风机（Q16.0）置 1。

若系统手动时，当启动空调送风机按钮时，I1.0 置 1 闭合，在空调送风机无故障时，空调送风机线圈即 Q16.0 得电运行，空调送风机开始运行，同理当系统在自动启动时，T0 被置 1 接通，Q16.0 得电运行。在手动时要停止空调送风机时只要按下"停止"按钮 I1.1，在自动时只要 T101 置 1，或使系统的"急停"按钮即 M0.2 置 0。这里将 Q16.0 与 I1.1 并联，只要空调燃烧机电源运行（Q16.6），空调送风机"停止"按钮无效，只有 Q16.6 停止运行时，空调送风机才被停止运行。

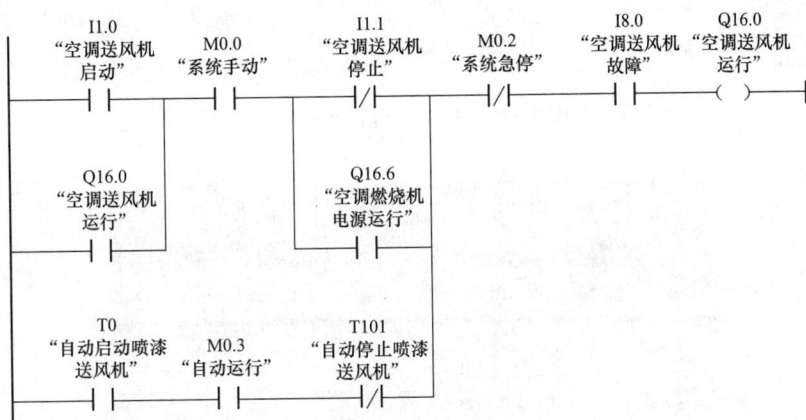

图 9-40　空调送风机 PLC 程序

四、自动启动/停止指示灯设置

将工具箱的"简单对象"组中的"椭圆"图标拖放到画面工作区。在图像属性视图的"外观"对话框的颜色对话框中，如图 9-41 所示，可以选择边框颜色和填充颜色。在此设置中选择边框颜色为黑色，填充颜色为绿色。填充样式为实心的，边框样式的宽度为 1。

图 9-41　自动启动/停止指示灯组态

选中属性视图左侧窗口的"动画"类中的"外观"子类，如图 9-41 所示，变量名称设置为自动运行，类型为位，变量为 1 时显示为红色，为 0 时显示为蓝色。其余设置如图 9-42 所示。自动运行变量对应地址为 M0.3，如图 9-43 所示。

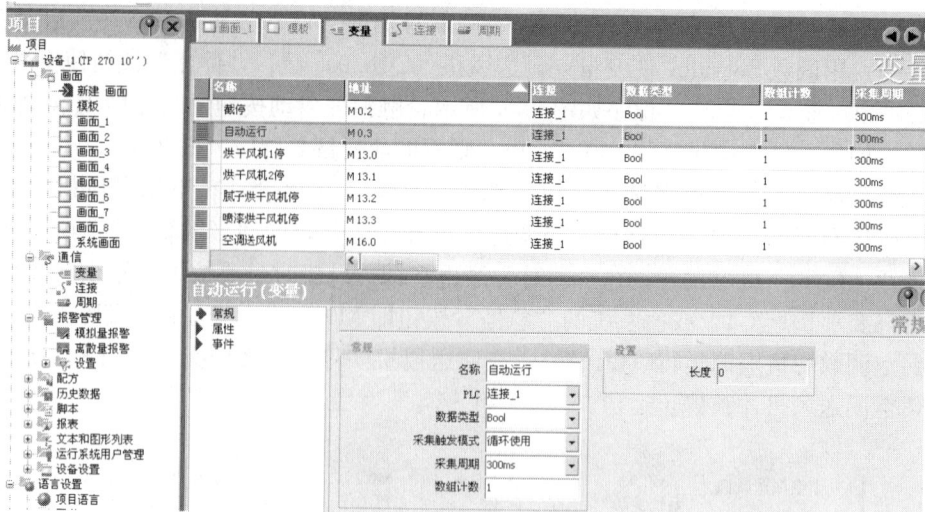

图 9-42 "自动运行"变量地址

图 9-43 "自动运行"按钮设置

五、自动"启动"按钮设置

打开按钮属性视图的"外观"子类，在颜色和填充样式对话框中设置颜色，在动画中的"单击事件"对话框中设置函数 Setvalue（给指定变量赋予一个新值），值为"1"，变量名为自动运行，如图 9-43 所示。自动"停止"按钮设置与之类似，只要修改变量为自动停止就可以了。

自动启动按钮 PLC 程序如图 9-44 所示。

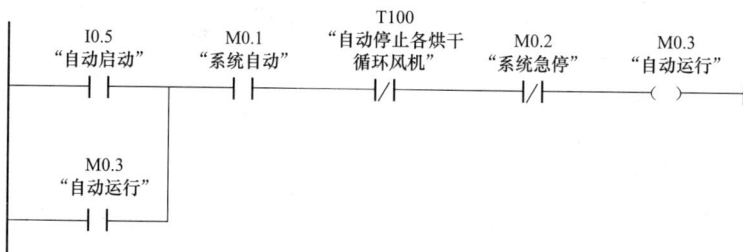

图 9-44 "自动启动"按钮 PLC 程序

当系统的触摸屏上自动启动按钮或 I0.5 按下时，运行触点（M0.3）被置为 1 接通，当系统在自动运行情况下（即 M0.1 为 1），自动运行（M0.3）线圈得电运行，并且自锁保持系统持续自动运行。

六、手动自动文字显示

只要在对应的文本设置中隐藏动画就可以了，如图 9-45 所示。在可见性动画中设手动变量，当该变量为 1 时，手动文字显示。自动文字显示可以采用类似设置实现。

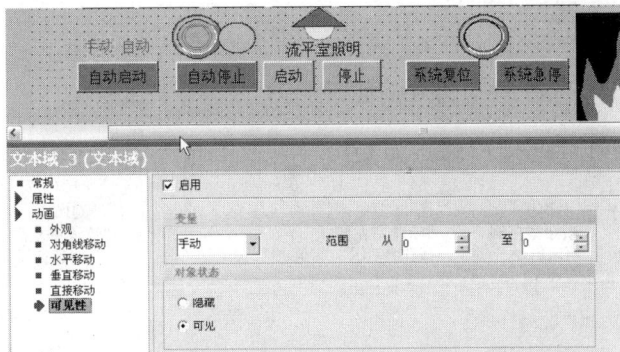

图 9-45　手动自动文字显示

七、喷漆室左侧照明灯组态

喷漆室左侧照明灯由两部分组成，即由一个填充黄色的圆和一个填充绿色的三角形组成，两者轮流显示和隐藏来实现照明灯的开和关，从而实现动画效果。

单击圆，打开属性视图的"外观"子类，在颜色和填充样式对话框中设置颜色，在动画视图中的"可见性"子类中的状态对话框中设置"可见"，范围"1-1"，变量名为喷漆室左侧照明，如图 9-46 所示。

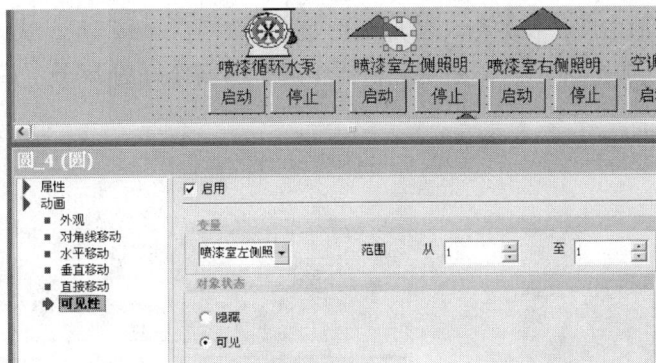

图 9-46　喷漆室左侧照明灯组态

八、喷漆室左侧照明灯"启动"按钮组态

单击"启动"按钮图标，打开属性视图的"外观"子类，在颜色和填充样式对话框中设置颜色，在动画中的"单击事件"对话框中设置函数 Setvalue（给指定变量赋予一个新值），值为"1"，变量名为喷漆室左侧照明，如图 9-47 所示。

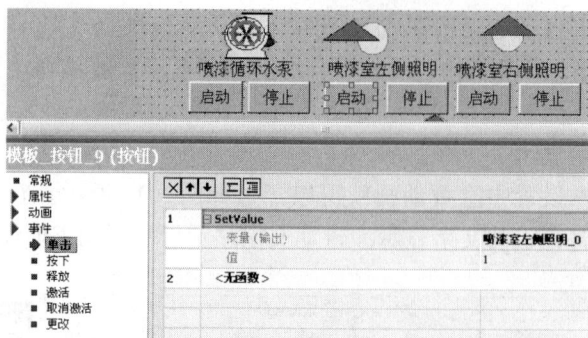

图 9-47　喷漆室左侧照明灯"启动"按钮组态

喷漆室左侧照明灯对应的 PLC 点为 Q16.4，其 PLC 程序如图 9-48 所示。

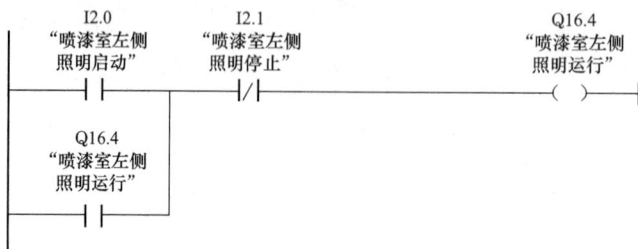

图 9-48　喷漆室左侧照明灯 PLC 程序

当触摸屏按钮喷漆室左侧照明灯"启动"按钮（I2.0）按下时，Q16.4 被置 1 并自锁，画面上黄色的圆显示，表示照明灯得电运行。

九、空调燃烧机电源的制作

空调燃烧机电源由上方的火焰和下面的燃烧罐组成，在运行状态时，可以设置火焰的隐藏和显现来实现燃烧的动画效果。

空调燃烧机图形由圆、长方形、图形视图组成，如图 9-49 所示。火焰图形视图从工具"图形视图"加入，如图 9-50 所示。从对话框中选择已制作好的 BMP、GIF 文件就可以了，如图 9-51 所示。

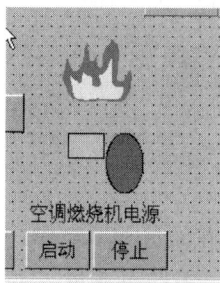

图 9-49　空调燃烧机图形组成

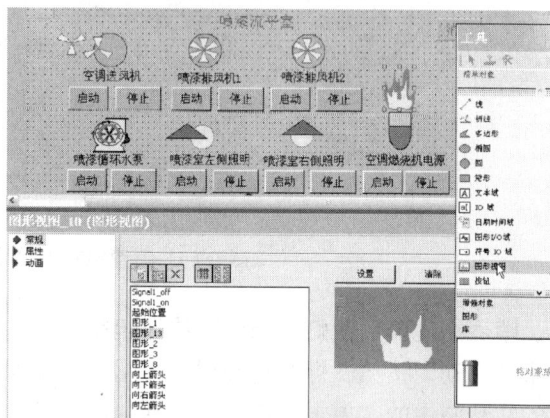

图 9-50　空调燃烧机火焰图形视图

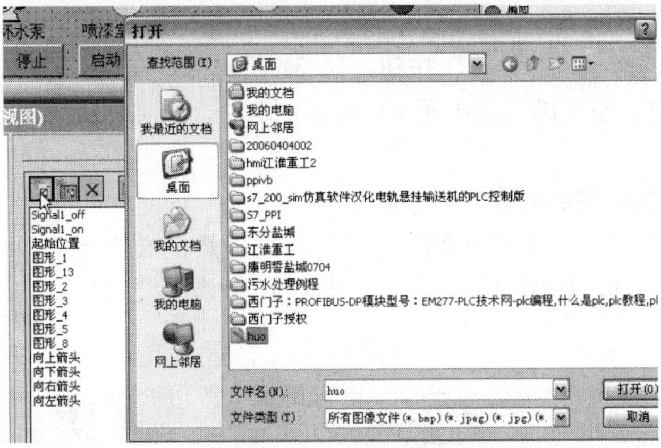

图 9-51　选择火焰图形文件

单击火焰图形，打开"常规"视图的设置火焰和相关参数，在动画视图中的"可见性"子类中的状态对话框中设置"可见"，范围"1-1"，变量名为空调燃烧机电源，如图 9-52 所示。

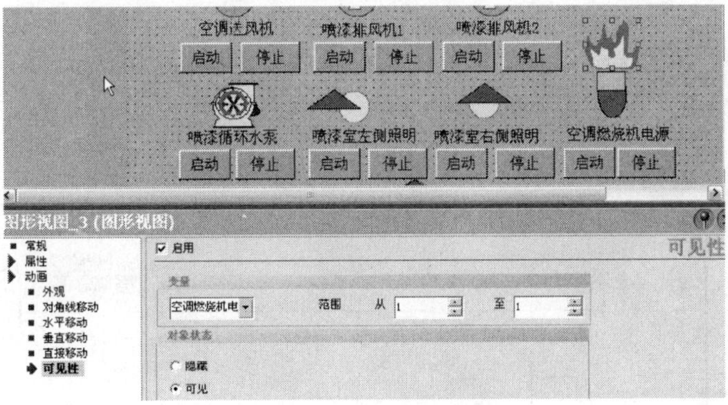

图 9-52　燃烧动画组态

空调燃烧机电源的 PLC 程序如图 9-53 所示。

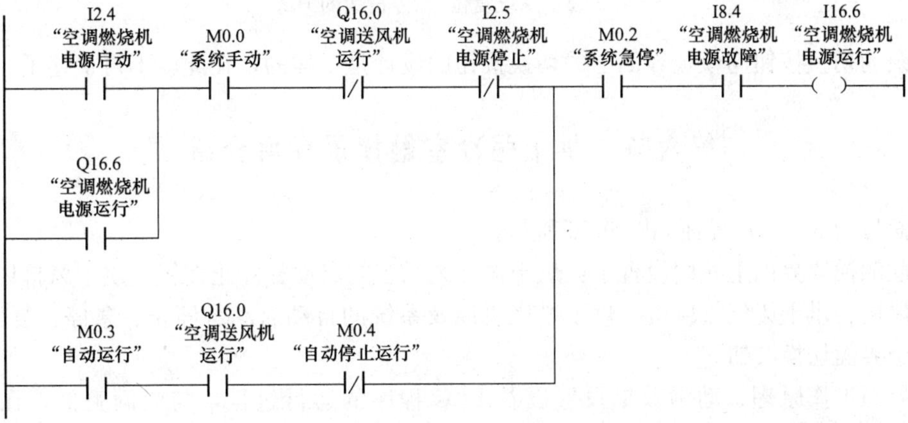

图 9-53　空调燃烧机电源的 PLC 程序

在系统手动运行条件下，当屏幕上空调燃烧机电源按钮（I2.4）按下，同时空调送风机（Q16.0）运行，空调送风机"停止"按钮（I2.5）和"系统急停"（M0.2）置0，并且空调燃烧机电源无故障时，空调燃烧机电源（Q16.6）启动，同时自锁。在系统自动时由 M0.3、M0.4 控制开关。

十、系统复位/急停按钮的设置

系统急停按钮的变量名设置为截停，系统函数仍然定义为 Setvalue，其函数值定义为当此按钮按下时值为1，如图 9-54 所示。其 PLC 触点为 M0.2，其 PLC 程序如图 9-55 所示。

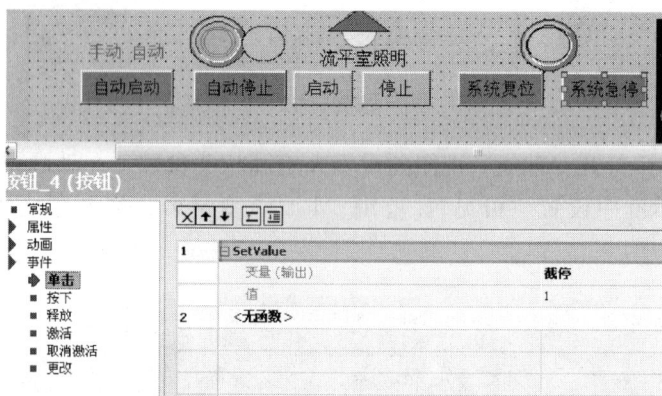

图 9-54　系统急停按钮的设置

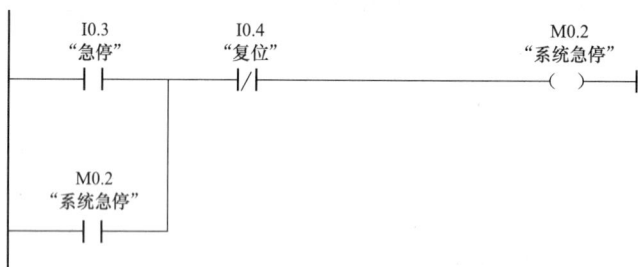

图 9-55　系统复位/急停按钮的 PLC

其余的切换按钮与模板界面上的切换按钮的设计是一样的，在此就不再赘述了。

第六节　烘干强冷室触摸屏界面介绍

画面号为5，模板界面如图 9-56 所示。

在此触摸屏界面上我们设置了：烘干循环风系统的启动、停止按钮、烘干风幕风机、强冷室送风机、烘干废气排风机、烘干燃烧机以及系统的自动启动、停止、急停、复位按钮，还有各个界面切换按钮。

此界面工作原理、动画效果设置以及 PLC 程序的运行过程，与前面类似，在此不再赘述。

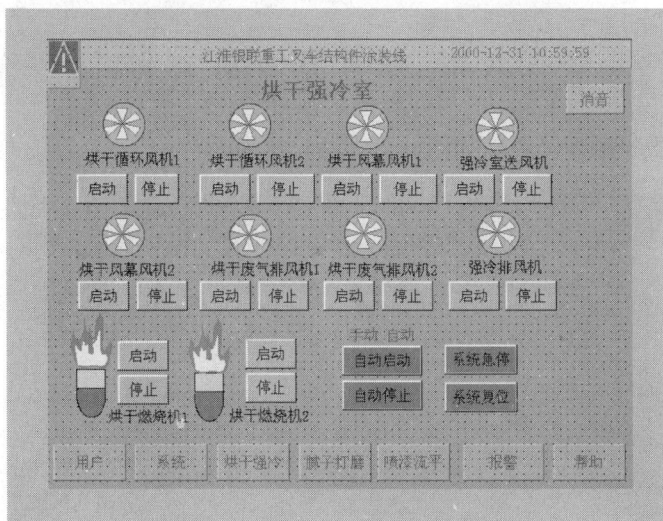

图 9-56　烘干强冷室触摸屏界面

第七节　腻子打磨室触摸屏界面介绍

画面号为 6，模板界面如图 9-57 所示。

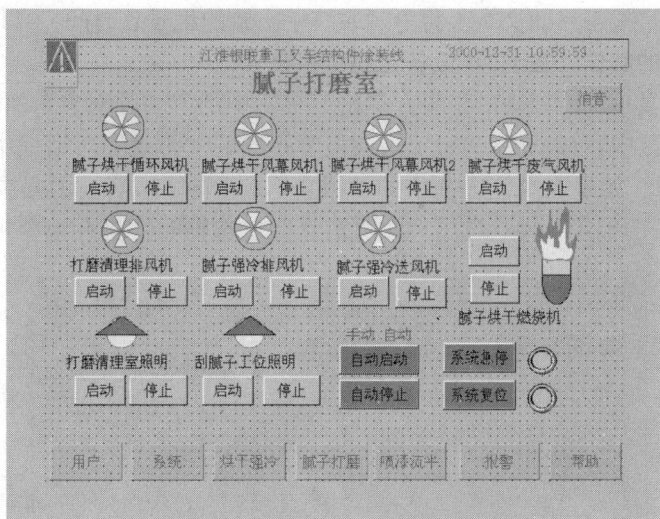

图 9-57　腻子打磨室触摸屏界面

腻子打磨室触摸屏界面设计与烘干强冷室触摸屏界面设计类似，在此，设置了如下界面：腻子烘干循环风机、腻子烘干风幕风机、腻子烘干废气风机、打磨清理排风机、腻子强冷排风机和送风机、系统启动和停止按钮、腻子烘干燃烧机打磨清理室和刮腻子工位照明灯、消声按钮、报警指示灯、系统时间显示、自动启动、系统急停、系统停止和系统复位按钮，以及各界面的切换按钮和指示灯。

此界面工作原理、动画效果设置以及 PLC 程序的运行过程与前面类似，在此不再赘述。

第八节　报警界面的制作

画面号为 1，报警触摸屏界面如图 9-58 所示。

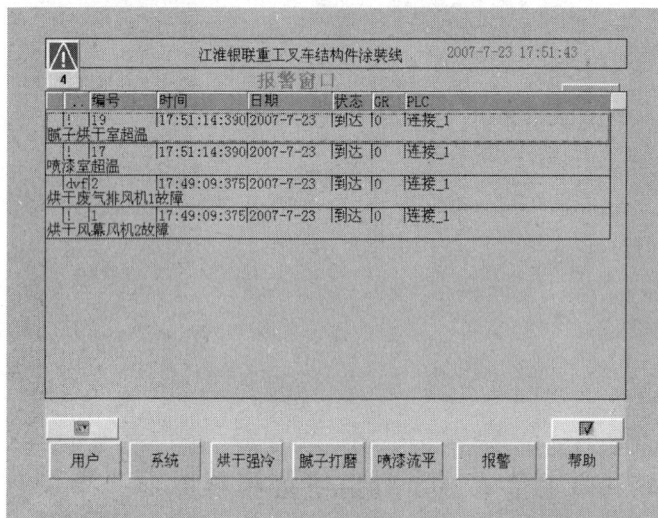

图 9-58　报警界面

在系统报警时，报警界面文本上将显示系统中出错的编号、时间、日期。

一、报警组态的制作（在 HMI 设备上显示报警）

报警视图用于显示当前出现的报警。单击工具箱中的"增强对象"，将报警视图拖放到画面编辑器的工作区中，如图 9-59 所示。在报警视图的"常规"对话框中选择要显示的内容，如图 9-60 所示。如果选择单选框中的"报警"，只能显示当前的报警。选中"报警事件"，可以保留过去的报警事件。选中"未决消息"复选框时，将在报警视图中显示"已进

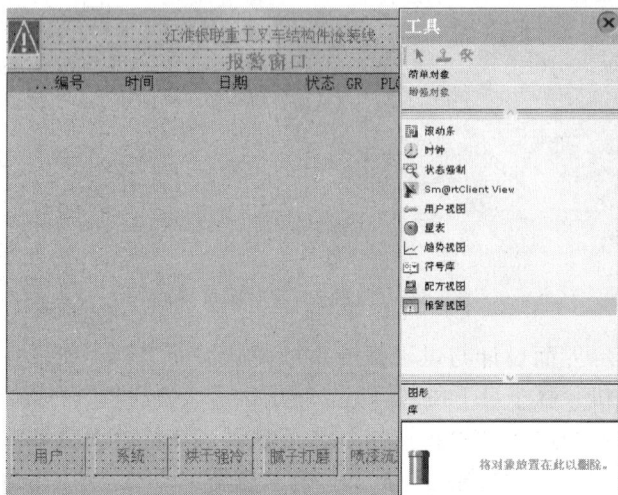

图 9-59　报警视图部件选择

入"但尚未"离开",或"已确认"的报警。此外,还可以选择是否显示需要确认但是未确认的报警。属性视图的"属性"类的"外观"对话框用于设置报警信息和报警视图的颜色,如图 9-61 所示。

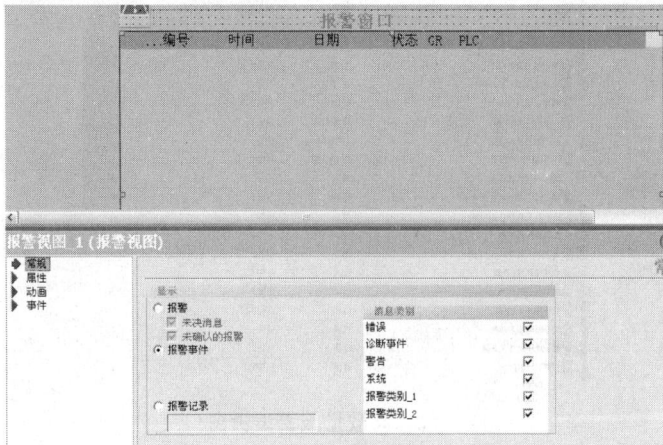

图 9-60　报警视图报警事件对话框

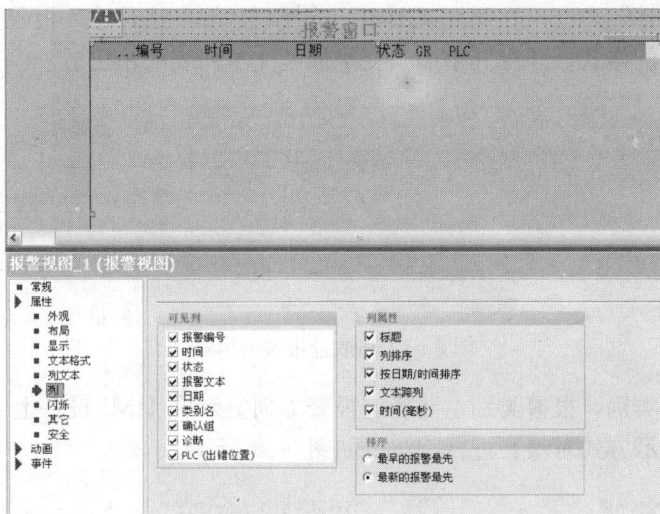

图 9-61　报警视图"列"属性对话框

二、组态离散量报警

要实际实现报警功能,必须对触摸屏报警进行组态,否则无法显示报警数据。组态包括离散量报警组态和模拟量报警组态,由于模拟量报警可以通过 PLC 程序转化成离散量报警,所以这里主要讲述离散量报警,实际上两者组态差不多,模拟量报警与离散量报警的唯一区别在于:模拟量报警将组态限制值,而不是位号。如果超出上限值,则触发上限报警;低于下限时,触发下限报警。

对于新的离散量报警,至少必须组态下列属性:报警文本、报警类别、触发变量和位号。步骤如下:

（1）在项目视图中，打开"离散量报警"编辑窗口，如图 9-62 所示。

图 9-62　离散量报警编辑窗口

（2）在"离散量报警"的快捷菜单中选择"添加离散量报警"命令。将显示带有新的离散量报警的"离散量报警"编辑器，如图 9-63 所示。如果属性窗口未打开，可以选择"视图"菜单中的"属性"命令。在属性视图中，选择"常规"组，输入报警文本。可以逐个字符地处理报警文本的格式，并在其中插入变量值或文本列表的输出域。

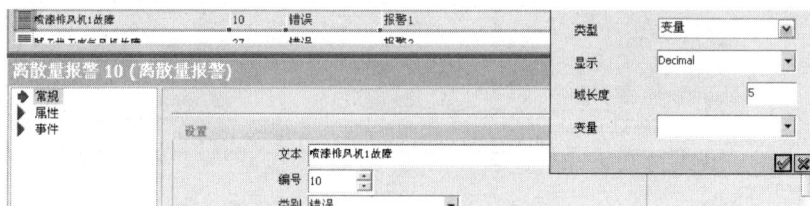

图 9-63　离散量报警编辑器

（3）选择报警类别。报警类别主要确定报警如何显示在 HMI 设备上。报警类别还可以用于针对不同的显示方式对报警进行编组，如图 9-64 所示。

图 9-64　选择"报警类别"

WinCC flexible 中既包含预定义的报警类别，也包含用于组态自定义报警类别的选项。

最多可组态 16 个报警类别，对于新的报警类别，至少必须指定下列属性：名称、确认、颜色与闪烁模式；在项目视图中，打开"报警"｜"设置"组。在报警类别的快捷菜单中选择"添加报警类别"命令，如图 9-65 所示。

图 9-65　自定义报警类别

可以为每个报警类别定义下列设置：

1）确认，该类别的报警必须进行确认。

2）文本、颜色和闪烁模式，在显示报警时用于标识每个报警的状态。

3）报警记录，用于记录与该类别的报警相关的所有事件。

4）当报警显示在 HMI 设备上时，置于报警编号前的文本指示报警类别。

5）电子邮件地址，与该类别报警相关的事件的所有消息均将发送到该地址。

WinCC flexible 中的预定义报警类别如下。

"错误"：用于离散量和模拟量报警，指示紧急或危险操作和过程状态。该类报警必须始终进行确认。

"事件"：用于离散量和模拟量报警，指示常规操作状态、过程状态和过程顺序。该类别中的报警不需要进行确认。

"系统"：用于系统报警，提示操作员关于 HMI 设备和 PLC 的操作状态。该报警类别不能用于自定义的报警。

（4）选择触发变量。在属性视图中，选择"属性"｜"触发组"。在"触发变量"列中，将把所组态的报警与所创建的变量相链接。具有允许数据类型的所有变量均将显示在选择表中，如图 9-66 所示。

图 9-66　选择触发变量

如果看不到需要的变量，可以创建变量。本例中需在"变量"编辑器中创建变量报警 1mw8，报警 2mw10，如图 9-67 所示。mw8 包含实际的故障信息，梯形图如图 9-68 所示，使用的数据类型将取决于所使用的控制器。如果选择的数据类型不正确，则在"离散量报警"和"模拟量报警"编辑器中将不会显示变量。

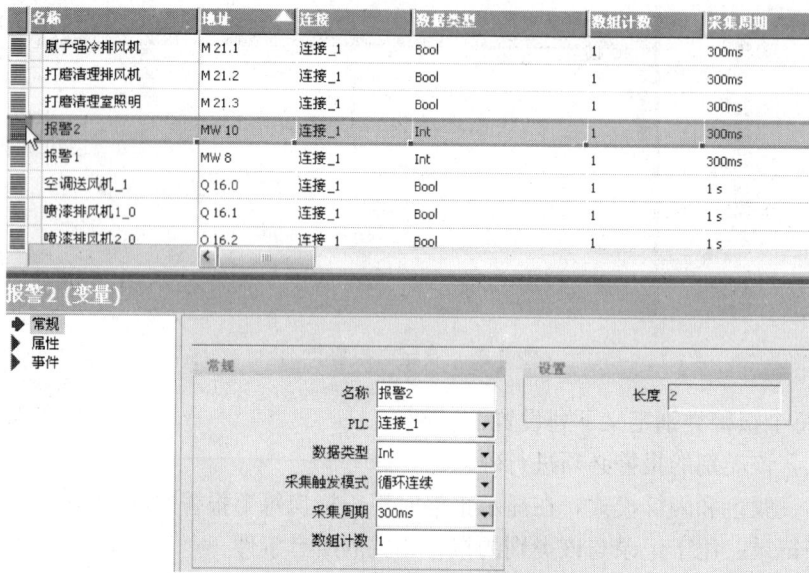

图 9-67 创建变量报警 1mw8，报警 2mw10

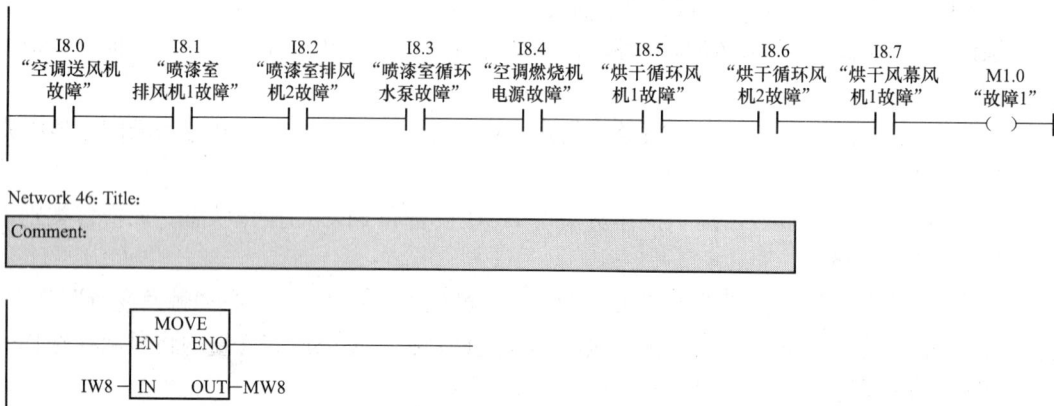

图 9-68 故障梯形图

对于 SIMATIC S7 控制器，离散量报警支持数据类型有 word、int；模拟量报警允许的数据类型有 char、byte、int、word、dint、dword、real、counter、time。

（5）选择触发报警的变量和位。如果想要选择的对象（例如变量或报警类别）尚不存在，可以直接在"对象列表"中创建，并随后对其属性进行修改。

指定位号：在"位号"列中，指定相关位在所创建的变量中的位置。只要在控制器上置了变量的位，并在所组态的采集周期内将其传送给了 HMI 设备，那么，HMI 设备就将报警识别为"已进入"。当该位在控制器上被复位后，HMI 设备将把报警识别为"已离开"。

SIMATIC S7 控制器，位位置按以表 9-4 中的方式计数。

表 9-4　　　　　　　　　　内存位区域和数据块中的计数方法

位位置的计数方法	字节 0							字节 1						
	最高有效位							最低有效位						
在 SIMATIC S7 控制器中	7						0	7						0
在 WinCC flexible 中组态	15						8	7						0

如在 WinCC flexible 中 IW6＝IB6＋IB7 组态为报警触发变量，则在 WinCC flexible 中组态 IW6 的八（0～15）位对应 S7-300 中的 I6.0，IW6 的 15（0～15）位对应 S7-300 中的 I6.7，IW6 的 0（0～15）位对应 S7-300 中的 I7.0，IW6 的 8（0～15）位对应 S7-300 中的 I7.7，如图 9-69 所示，喷漆排风机故障的报警触发"变量"为"报警1"，位为 9。

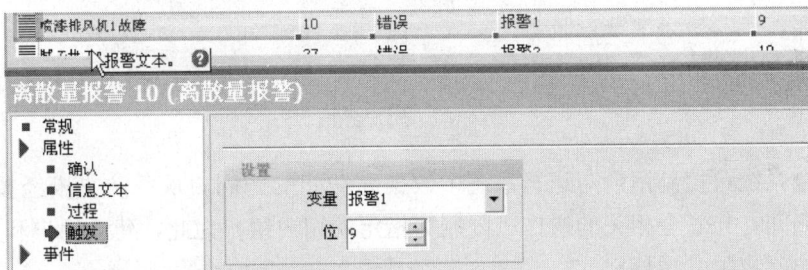

图 9-69　喷漆排风机故障的报警触发变量设置

（6）变量报警的可选和附加设置。

由控制程序确认报警：在属性视图中，选择"属性"｜"确认"组；在"确认写变量"类别中，选择用于确认报警的变量和位。

将报警确认发送到 PLC：在属性视图中，选择"属性"｜"确认"组。在"确认读变量"类别中，选择由报警确认设置的变量和位。

要为报警组分配报警，请在属性视图的"常规"组中选择报警组。

要确保自动报告报警，请在属性窗口中选择"属性"｜"过程"组，然后选择"报表"。检查是否也在报警设置中激活了"报表"。

要输入报警的帮助文本，在属性窗口中选择"属性"｜"帮助文本"组，然后输入所需的文本。

要执行事件控制的任务，请在属性视图中选择"事件"组，并为所需事件组态一个函数列表。

变量报警的可选和附加设置一般工程中使用不多，需要时可以参考有关资料。

第九节　用户界面和权限

一、用户界面的功能

用户界面如图 9-70 所示，画面号为 3。用户管理用于在运行时控制对数据和函数的访问。为此，创建并管理用户和用户组，然后将其传送到工程系统中的 HMI 设备。在运行系统中，通过"用户视图"来管理用户和口令。

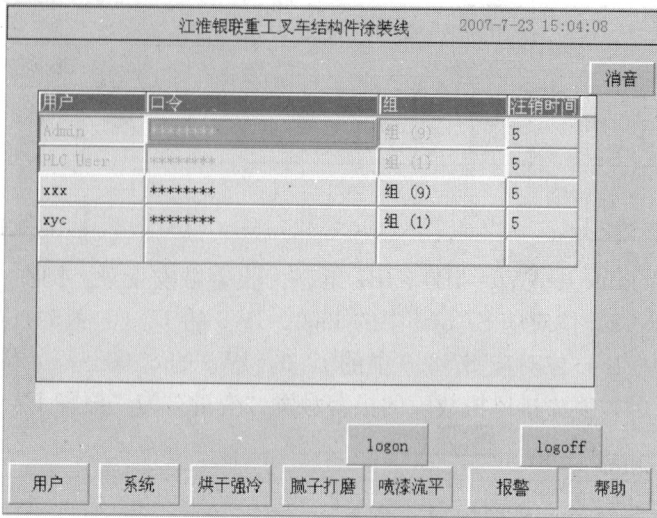

图 9-70　用户界面

访问安全系统可控制用户对运行系统中数据和功能的访问，从而防止未经授权的操作。在项目创建期间，与安全相关的操作已限制为指定的用户组。为此，建立用户和用户组，并分配特定的访问权限（授权）。

在触摸屏界面上按下"用户"按钮，将出现用户界面。用户界面图框中显示所有用户，单击用户名将出现口令对话框，要求用户输入口令，如图 9-71 所示。按下 logoff 按钮退出用户登录。在"浏览"按钮中，对系统按钮实现权限管理，只有 admin 用户可以进入。

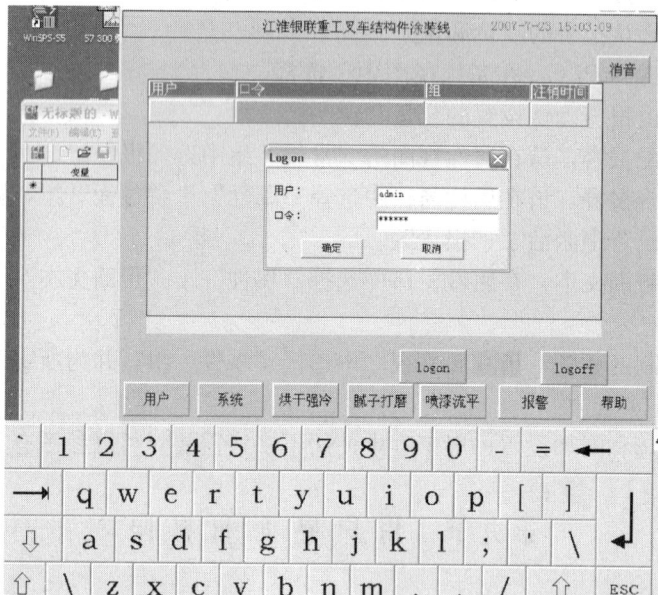

图 9-71　口令对话框

二、用户视图界面制作

单击工具箱中的"增强对象"，将用户视图拖放到画面编辑器的工作区中。在用户视图的"常规"对话框中选择要设置的内容和要填充的表头颜色，如图9-72所示。

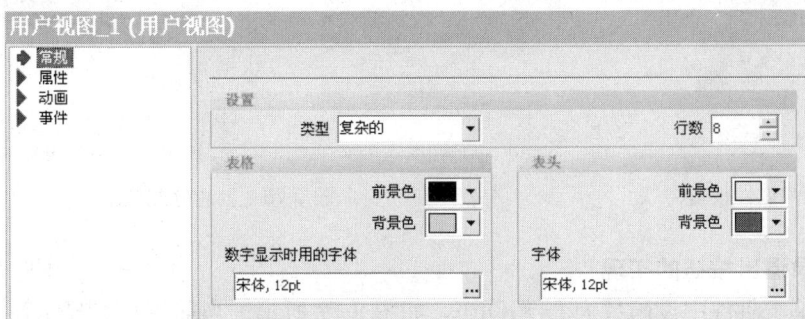

图9-72　用户视图的常规组态

三、创建用户

创建一个用户，以便用户可以在传送项目后，以此用户名称登录到运行系统。或者，也可以通过"用户视图"在运行系统中创建和更改用户。

只有在登录期间输入的用户名与运行系统中的用户一致时，登录才能成功。另外，登录时输入的口令也必须与用户的口令一致。

单击最左侧树形结构框中的用户组，可以设置所需要的用户名称，同时也可以对每个用户设置相应的口令，如图9-73和图9-74所示。

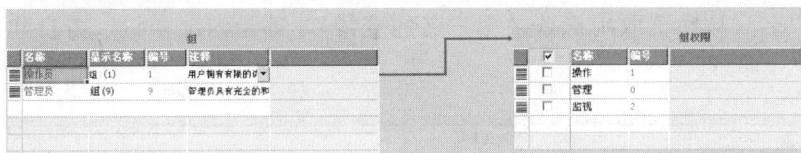

图9-73　用户名设置

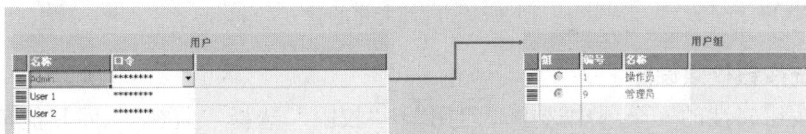

图9-74　用户名口令设置

单击用户属性窗口，在弹出的对话框中可以设置口令有效期的天数、生成用户的个数以及天数提示框，如图9-75所示。

四、分配权限

可以创建权限以将其分配给一个或多个用户组。如图9-76所示，在"组权限"的右键菜单中单击"添加"，输入权限的名称和描述信息。创建权限后就可以将其分配给一个用户了。

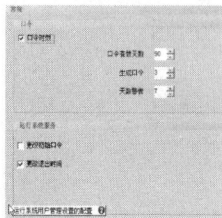

图 9-75　用户属性设置

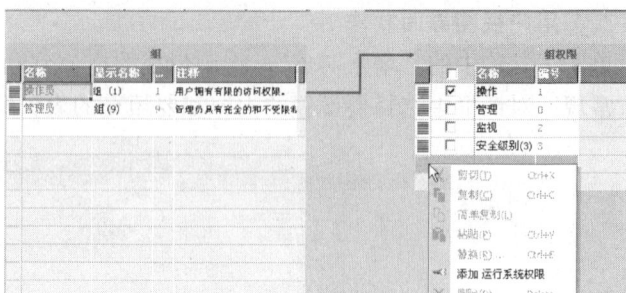

图 9-76　创建分配权限

五、登录退出按钮的实现

在按钮单击事件中设函数为 LOGOFF，如图 9-77 所示。当前用户名显示设置如图 9-78 所示。

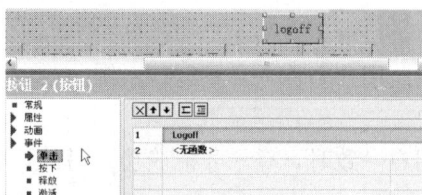

图 9-77　退出按钮设置

图 9-78　当前用户名显示

Logoff 应用在 HMI 设备上注销当前用户，Logon 应用在 HMI 设备上登录当前用户，语法 Logon（口令，用户名），可在脚本中使用，参数包括口令（从中读取用户登录口令的变量）和用户名（从中读取用户登录用户名的变量），都是内部变量，需自建，如图 9-79 所示。

图 9-79　内部变量的建立

六、系统按钮权限设定

只要在按钮属性的安全项中选中"启用"，"权限"选择"监视"。而其他按钮"权限"选择监视为空，如图 9-80 和图 9-81 所示。

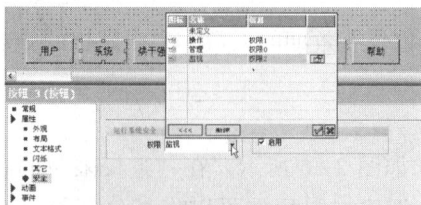

图 9-80　系统按钮权限设定

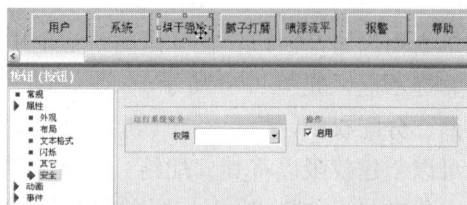

图 9-81　烘干按钮权限设定

第十节 系统界面的制作

一、系统界面组成

系统界面如图 9-82 所示。在此界面上设计了"在线"按钮、"离线"和"传送"按钮、"退出运行系统"、"切换语言"和"控制面板"按钮、"清洁屏幕"按钮、"校准触摸屏"按钮、"调整对比度"按钮以及"显示版本"按钮,"系统切换"按钮。

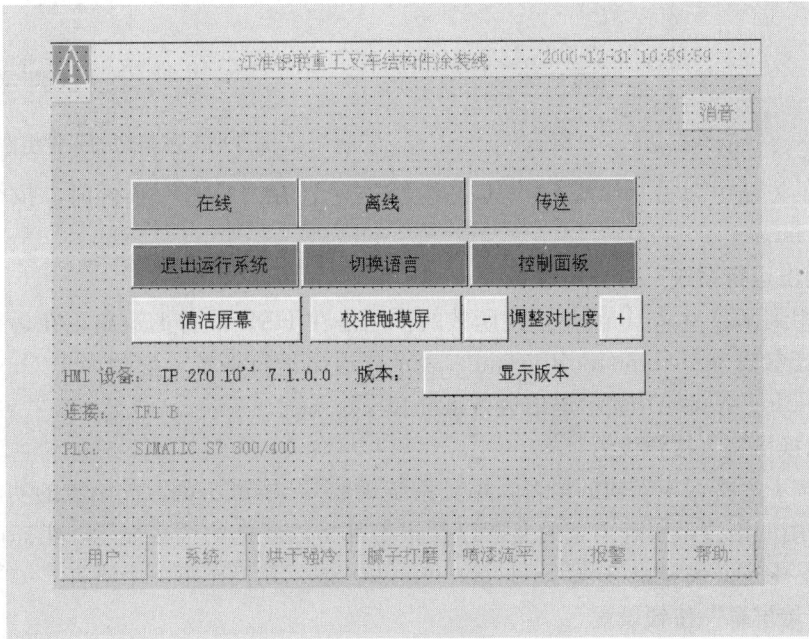

图 9-82 系统界面

二、在线按钮的制作

单击工具箱中的"简单对象"组,出现常见的画面元件的图标。将其中的"按钮"图标拖放到画面中。

选中属性视图左侧窗口的"事件"类中的"单击"对话框,单击视图右侧最上面一行,单击其右侧的下拉菜单(在单击之前是隐藏的),在出现的系统函数列表中选择"设置"文件夹中的函数 SetDviceMode,直接单击函数列表中第二行右侧隐藏的下拉菜单,在出现的变量列表中选择"在线",在运行时按下该按钮,将变量"在线"置为 1 的状态,如图 9-83 所示。

系统函数 SetDeviceMode 可改变 HMI 的操作模式,可以使用下列操作模式,即在线、离线和传送。0(hmionline)=在线,系统将与 PLC 建立连接;1(hmioffline)=离线,系统将断开与 PLC 的连接;2(hmitransfer)=传送时,系统将会把项目从组态计算机传送至 HMI 设备。但值得注意的是,如果系统使用 PC 作为 HMI 设备,切换至"传送"模式时将关闭运行软件。

三、对比度增减按钮的制作

选中工具箱中的"简单对象"组,将其中的"按钮"对象图标拖放到画面工作区。

打开按钮属性视图的"事件"类的"单击"对话框，组态按下按钮时执行系统函数为 AdjustContrast（注：此函数的作用是在 HMI 设备上按减量调整显示的对比度），如图 9-84 所示。

图 9-83　在线按钮的事件组态

图 9-84　减按钮的事件组态

用同样的方法组态另一个按钮，其文本为"＋"，在"单击"事件时，执行系统函数 AdjustContrast。

四、"退出运行系统"按钮的设置

此设置用到函数 stopRuntime，此函数的作用是在 HMI 设备上退出正在运行的软件及当前项目。当参数为 0（hmistopRuntime）表示仅退出运行系统，参数为 1（hmistopRuntime And Perating system）表示退出运行系统和操作系统。

五、"切换语言"按钮设置

此按钮按下后将切换不同的语言，用到系统函数 SetLanguage，此函数的功能是切换在 HMI 设备上用的语言，所有组态的文本以及报警都将以新选的语言显示，组态时可以在项目语言编辑器中定义编号，参数为－1（hmitoggle）表示切换至下一个语言。

六、"清洁屏幕"按钮设置

此按钮按下后产生动作，用到的系统函数是 ActivateCleanScreen，此函数的功能是在 HMI 设备上激活洁屏画面，该函数将取消激活系统一段时间。在这段时间里，触摸屏可以被清洁，而不会触发功能。取消激活时期内，屏幕上出现一个进度条指示剩余时间。取消激活时间是用时间段来表示的，剩余时间以进度条显示出来，其取值范围为 10～300s。

七、"标准触摸屏"按钮设置

此按钮用到的系统函数是 CalibrateTouchScreen，该函数的功能是调用一个程序来校正 HMI 设备的触摸屏。在校准过程期间，将要求用户在 30s 之内触摸触摸屏上的 5 个位置（触摸屏幕显示）以确认校准过程，如果在该时间间隔内没有完成校准，校准设置被放弃。用户提示为英语。

八、"控制面板"按钮的设置

该按钮用到的系统函数为 OpenControlPanel，功能是打开 WinCC 控制面板窗口。

九、"显示版本"按钮的设置

该按钮用到的系统函数是 ShowsoftWareVersion，其功能是显示或隐藏运行系统软件的版本号。指定是否显示版本号的屏幕方式有三种，即：

0（hmioff）＝否，不显示版本号；

1（hmion）＝是，显示版本号；

—1（hmiToggle）＝切换，在两个模式间切换。

第十一节 项目编译与传送

一、检查一致性

完成组态过程后，使用菜单"项目＞编译器＞检查一致性"来检查项目的一致性。在完成一致性检查后，系统将生成编译好的项目文件。该项目文件分配有与项目相同的文件名，但是扩展名为 *.fwx。将编译好的项目文件传送至组态的 HMI 设备，如图 9-85 所示。如果编译有错误，系统会在输出视图提醒，双击错误项，可以打开错误的地方，如图 9-86 所示。如果看不到输出视图，可以在视图菜单中选择"输出视图"，如图 9-87 所示。有时编译的错误找不到，这时重建运行系统，会得到意想不到的效果，如图 9-88 所示。

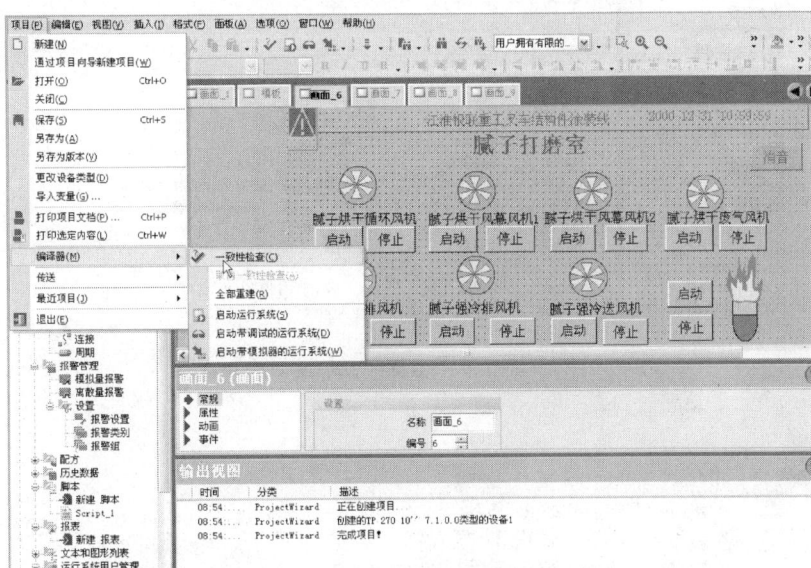

图 9-85 一致性检查

二、传送设置

传送设置包括通信设置和用于传送操作的 HMI 设备的选择。

在组态计算机的传送设置中选定某些 HMI 设备的复选框，那么执行传送操作时，编译后的项目文件将被传送到这些相应的 HMI 设备中。在图 9-89 中单击"项目"｜"传送"｜"传送设置"，就可以打开传送设置窗口。选择传送参数，如图 9-90 所示。

（1）传送模式。根据 HMI 设备的不同，可以使用以下一个或多个传送模式。

1）直接连接，通过连接组态计算机和 HMI 设备的串行电缆或 USB 电缆进行传送。用串行电缆进行传送时，请始终选择可能的最高传输率。传输率较低时，要传送大量数据可能需要几小时的时间。

2）以太网网络连接，组态计算机和 HMI 设备位于同一网络中，或以点对点方式连接。组态计算机和 HMI 设备之间的传送操作通过以太网连接进行。

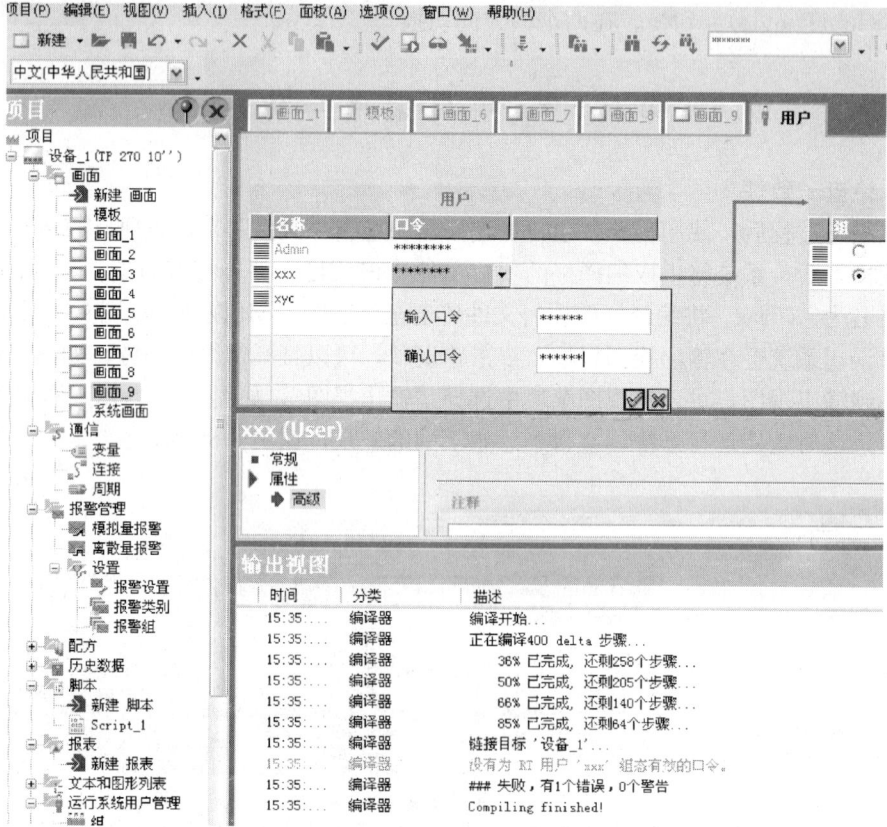

图 9-86　编译错误提醒

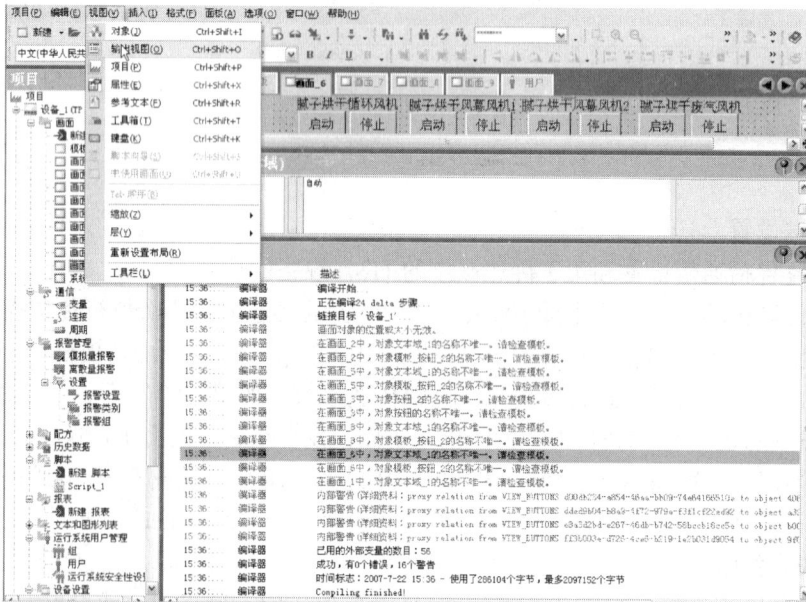

图 9-87　选择"输出视图"

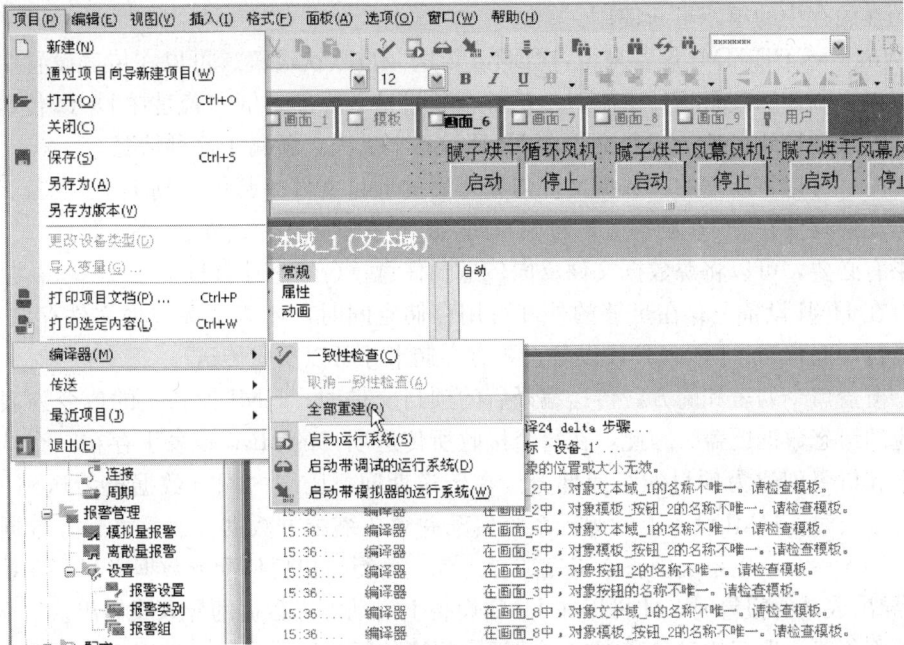

图 9-88 重建运行系统

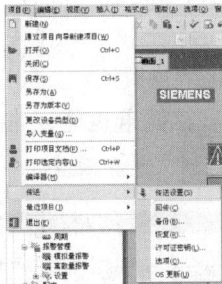

图 9-89 打开传送设置

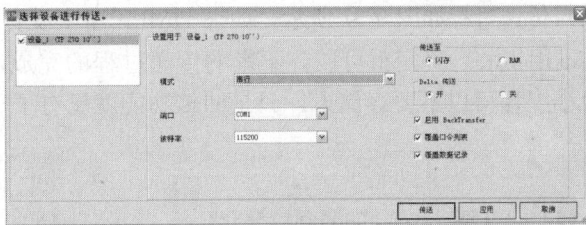

图 9-90 传送设置窗口

3）MPI/PROFIBUS DP，组态计算机和 HMI 设备处于 MPI 网络或 Profibus DP 网络中。使用相应的协议进行传送操作。

4）HTTP，使用 HTTP 协议进行传送操作，例如通过 Internet 或 Intranet 进行。

这里采用直接连接，通过连接组态计算机 COM1 和 HMI 设备的串行电缆进行传送。传输率与在 HMI 设备一样设为 115200bps，TP270 是在控制面板-COMMUNICATION 里选择组态计算机和 HMI 设备，当然必须先在 HMI 设备系统控制面板 START-PROGRAMS-REMORT-MAKE NEW CONNECTION 里新建一个传输率为（115 200b/s）的连接，以供选择。

（2）传送目标地址。在 Windows CE HMI 设备上，可以将编译后的项目文件存储到 HMI 设备的闪存或 RAM 中。

为节省传送时间，在 Windows CE HMI 设备上只能进行 Delta 传送。在 Delta 传送情况下，只有相对于 HMI 设备上的数据发生改变的项目数据才能被传送。

在 Delta 传送期间，可以将数据传送到 RAM 存储器中。如果要在未丢失原组态的情况下测试新的组态，则建议这样做。关闭/重启动 HMI 设备之后，传送到 RAM 的组态将丢失，存储在闪存中的组态重新使用。

对 Windows CE HMI 设备来说，"Delta 传送"是默认设置。可以在传送设置中改变此默认设置以强制传送整个项目。有时传送整个项目是必要的，例如若是在 Delta 传送后由于故障或非一致性导致可执行项目文件在 HMI 设备上丢失，就属于这种情况。

传送时，可以将压缩的源数据文件与编译后的项目文件一起传送到 HMI 设备。压缩后的源数据文件存储在 HMI 设备上，与项目同名，但扩展名为 *.pdz。

如果有必要，可以将源数据文件反向传送到任意一台组态计算机上。

只有在 HMI 设备上存在足够的外部可用存储空间时，才能将源数据文件存储在 HMI 设备上进行反向传送。所以 HMI 设备上要有存储卡才可以反向传送。

（3）覆盖口令列表和配方。传送编译后的项目文件时，HMI 设备上的口令列表和配方将被相应的组态数据覆盖。因此，在每个接收所传送项目的 HMI 设备上存在一个选项，用于将配方和口令创建为项目的组成部分。在传送期间，压缩的配方数据被传送到 HMI 设备。传送结束时，HMI 设备上的运行系统启动并解压缩配方数据。然后将配方数据导入到项目中。导入后会产生系统报警。未完成导入前，不得导出任何配方数据。只有在系统发出了导入/导出成功的报警时，才可以在 HMI 设备上启动配方数据的导入或导出。

为了避免覆盖现有的口令和配方，请清除相应的复选框。另外一种用于保留现有口令列表和配方的方法，就是首先从 HMI 设备中备份。传送操作完成后，口令列表和配方可以从备份中恢复。

（4）传送过程如图 9-91 所示，如果 HMI 设备上没有存储卡就会提醒错误消息，如图 9-92 所示。不用担心，确定就可以，不影响传送过程的完成，TP270 没有存储卡也能正常工作，大多数小工程可以不要存储卡，只是回传功能就没有了。

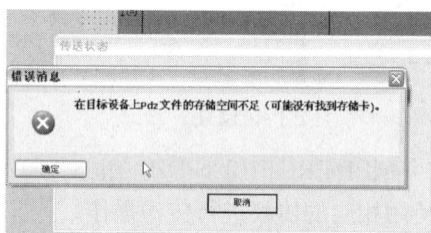

图 9-91　传送过程　　　　　图 9-92　没有存储卡提醒

三、操作系统的传送

只有基于 Windows CE 的设备才能进行操作系统传送，很多触摸屏都采用 Windows CE 操作系统，在使用前都必须先加载操作系统和驱动，如三菱 GOT975。

SIMATIC S7-200 和 SIMATIC S7-300/400 PLC 的通信驱动程序随 WinCC flexible 提供，并自动安装。PLC 不需要任何用于连接的特殊功能块。

TP270 的操作系统传送会删除目标设备上的所有数据，包括现有授权。所以，应提前将授权传送回许可证软盘。

应将内部闪存中所保存的用户数据（如：口令和配方）导出到外部数据存储器中，待传送完操作系统后再将其重新装载到 HMI 设备上。

如果目标设备的 Windows CE 版本早于组态所要求的版本（ProTool/WinCC flexible 版

本），则在传送组态过程中会出现报警，指出必须升级目标设备。

如果由于操作系统版本错误而不能执行项目传送，则通常会终止传送。操作系统传送必须由用户明确触发。

TP270 的操作系统传送采用 ProSave 软件。ProSave 已集成到 ProTool/WinCC flexible 中，并可作为单独的解决方案进行安装。ProSave 提供了在组态计算机与 HMI 设备之间传送数据所需要的全部功能。

如图 9-93 所示，单击"项目"|"传送"|"OS 更新"，就可以打开 OS 更新窗口，如图 9-93 所示。

单击"设备状态"可以查看 Windows CE 和图像的版本，如图 9-94 所示。

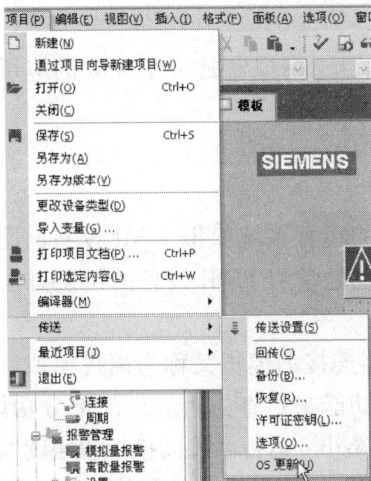

图 9-93　OS 更新

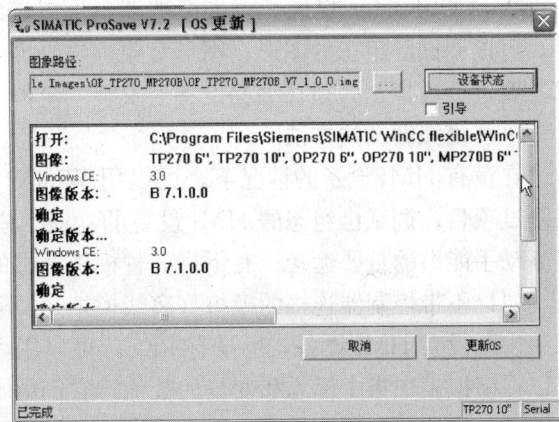

图 9-94　Windows CE 和图像的版本

单击"OS 更新"开始更新，如图 9-95 所示。一般 115 200b/s 下要十几分钟，更新后，所有的数据丢失，包括 TP270 上设置的参数。

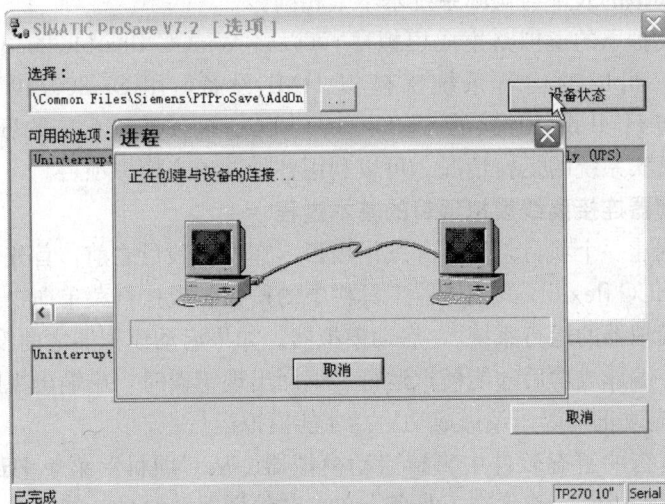

图 9-95　OS 更新中

如果过早终止了操作系统的传送，则目标设备上将不再有操作系统。装载操作系统的唯一选择就是激活"自引导"机制。

进行操作系统传送时，组态计算机和目标设备之间会通过目标设备的操作系统进行通信。另一方面，使用"自引导"机制时，ProSave 将与目标设备的引导装载程序进行通信。因此，只能通过串行连接进行通信。

使用"自引导"机制传送操作系统的优点是：无论什么情况、无论目标设备的操作系统是什么版本，都能执行传送。一旦在 ProSave 中启动了传送，则必须关闭后再打开（引导）目标设备，以便目标设备可以通过引导装载程序进行通信。

第十二节　项　目　测　试

WinCC flexible 提供了一个模拟器，可以离线测试项目。模拟器是一个独立的应用程序，可以调试已组态的图形、图形对象、报警等的功能。

要进行模拟，必须在编程设备上安装"模拟/运行"组件。

一、模拟调试的方法

在没有 HMI 设备的情况下，可以用 WinCC flexible 的运行系统模拟 HMI 设备，用它来测试项目，调试已组态的 HMI 设备的功能。模拟调试也是学习 HMI 设备的组态方法和提高动手能力的重要途径。有下列 3 种模拟调试的方法：

（1）不带控制器连接的模拟（离线模拟）。不带控制器连接的模拟又称为离线模拟，如果手中既没有 HMI 设备，也没有 PLC，可以用离线模拟功能来检查人机界面的部分功能。可以在模拟表中指定标志和变量的数值，它们由 WinCC flexible 运行系统的模拟程序读取。

（2）带控制器连接的模拟（在线模拟）。带控制器连接的模拟又称为在线模拟，设计好 HMI 设备的画面后，如果没有 HMI 设备，但是有 PLC，可以用通信适配器或通信处理器连接计算机和 PLC 的通信接口，进行在线模拟，用计算机模拟 HMI 设备的功能。这样方便了工程的调试，可以减少调试时刷新 HMI 设备的 Flash ROM（内存）的次数，大大节约了调试时间。在线模拟的效果与实际系统基本上相同。

（3）在集成模拟下的模拟（集成模拟）。可以将 WinCC flexible 的项目集成在 STEP 7 中，用 WinCC flexible 的运行系统来模拟 HMI 设备，用 S7-300/400 的仿真软件 S7-PLCSIM 来模拟与 HMI 设备连接的 S7-300/400 PLC。这种模拟不需要 HMI 设备和 PLC 的硬件，比较接近真实系统的运行情况。可以利用各种选项来模拟项目。

二、不带控制器连接离线模拟项目的基本过程

（1）首先，创建一个项目，保存并编译项目。在模拟项目之前，首先应创建、保存和编译项目。单击 WinCC flexible 的编译器工具栏中的按钮 或执行菜单命令"项目"→"编译器"→"启动带模拟器的运行系统"，启动模拟器。如果启动模拟器之前没有预先编译项目，则自动启动编译，编译成功后才能模拟运行。编译出现错误时，用输出视图的红色文字显示如图 9-96 所示。应改正错误，编译成功后，才能模拟运行。

（2）从正在运行的组态软件中直接启动模拟器。从"项目"菜单中选择"编译器"＞"用模拟器启动运行系统"。或者在工具条上单击"编译器"符号，如图 9-97 所示。

首次模拟项目时，模拟器将启动一张新的空模拟表。如果已经为项目创建了模拟表，它

图 9-96 编译后出现的输出视图

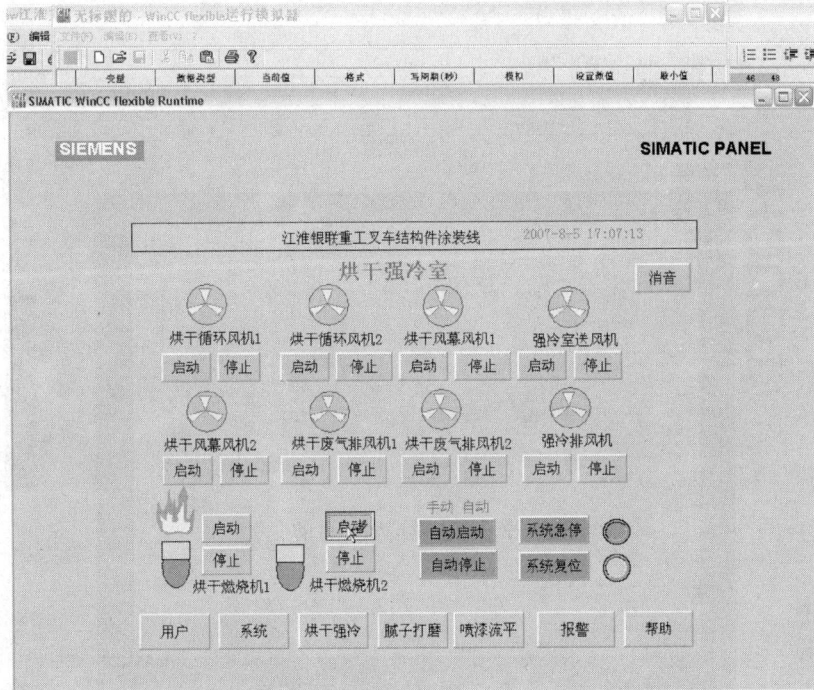

图 9-97 用模拟器启动运行系统

将被打开。模拟表 *.sim 中包含了为变量和标记模拟所做的全部设置。

（3）也可以在模拟器文件中选择组态文件，如图 9-98 所示。

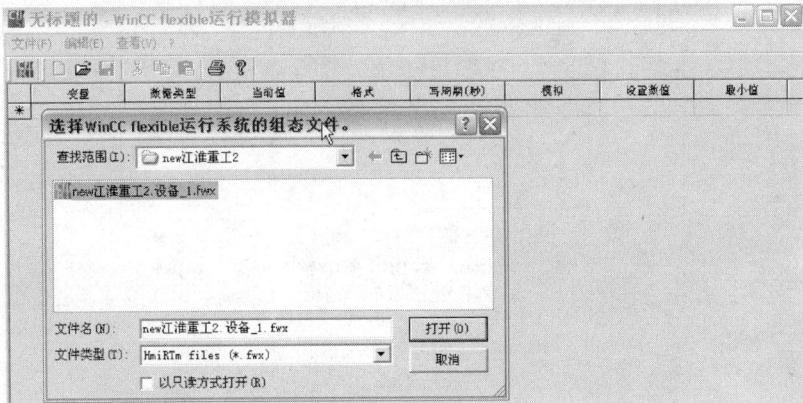

图 9-98 选择组态文件

187

　　此时可以在模拟表中操作项目的变量和标记。可以将任务从模拟切换到项目，由此来监视变量的变化。如选择报警 1 变量，设置值为 5，如图 9-99 所示；否则就会有报警，如图 9-100 所示。

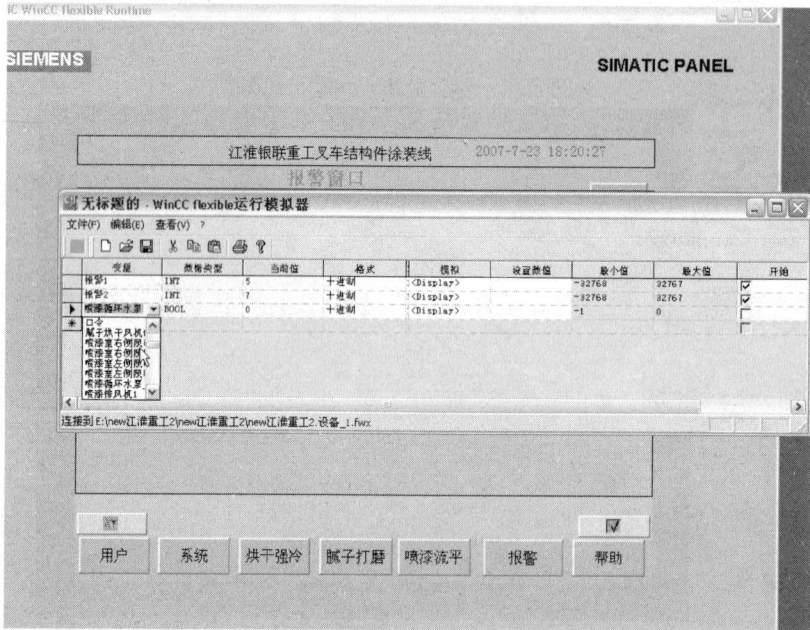

图 9-99　操作模拟表项目的变量

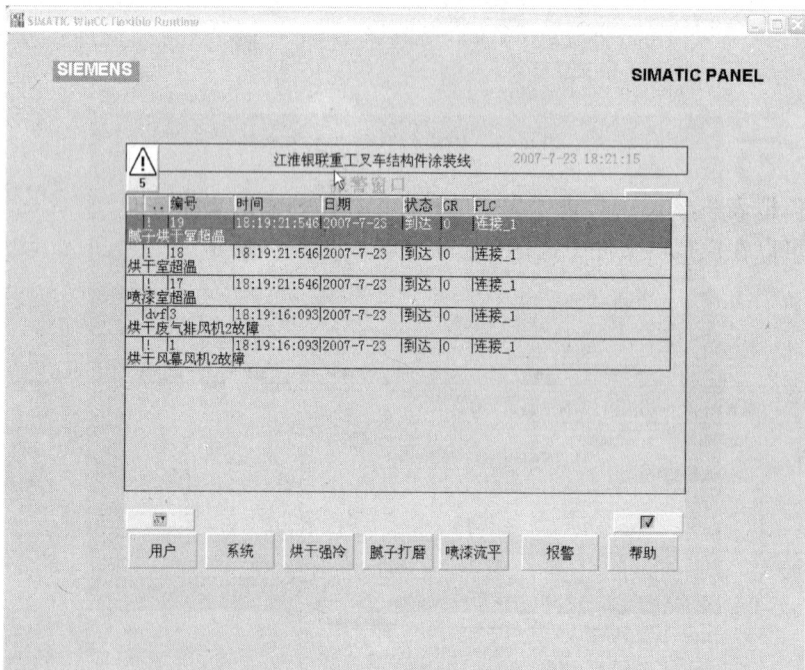

图 9-100　模拟产生的报警

188

可以将该表中所有为项目模拟所做的设置保存到一个文件里。为此，在模拟器中选择"文件"｜"保存"，然后键入文件名（＊.sim）。这样，再次模拟项目时，总是可以重新使用这些设置。

三、WinCC flexible 和 PLCSIM 模拟控制系统

PLCSIM 是一个功能强大的仿真软件，它与 STEP7 编程软件集成在一起，可以在计算机上真实地模拟 S7-300/400 PLC 的绝大部分功能，是学习 S7-300/400 编程、程序调试和故障诊断的有力工具。将 S7-PLCSIM 与 WinCC flexible 运行系统的模拟功能相结合，可以模拟由 S7-300/400 和西门子 HMI 设备组成的控制系统，模拟系统的性能与实际系统的性能相当接近。

PLCSIM 用视图对象（小窗口）来模拟实际 PLC 的输入/输出信号，用它来产生 PLC 的输入信号，通过它来观察 PLC 的输出信号和内部元件的变化情况，检查下载的用户程序是否能正确执行。

在 STEP7 的 SIMATIC 管理器中，单击工具栏中启动 PLCSIM 的按钮，将打开图 9-101 所示的 S7-PLCSIM 窗口，窗口中自动出现 CPU 视图对象。与此同时，自动建立了 STEP7 与 PLCSIM 模拟的仿真 CPU 连接。

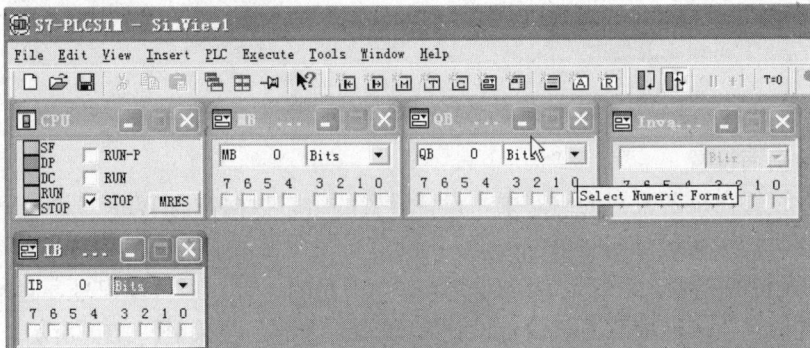

图 9-101　PLCSIM 的窗口

单击 PLCSIM 工具栏内的 I（输入）、Q（输出）、M（位存储器）等按钮，将会在工作区域内生成相应的视图对象。视图左上角的小窗口用来设置视图对象的地址，单击视图对象中的选择按钮，可以选择按位（Bits）、二进制数（Binary）、十进制数（Decimal）、十六进制数（Hex）和 BCD 码等格式输入和显示数据。

在 SIMATIC 管理器中打开项目，选中项目视图中 PLC 最底层的 Blocks（块）对象，单击工具栏中的"下载"按钮，或执行菜单命令 PLC→Download，将块对象下载到仿真 PLC 中。

单击 CPU 视图对象中的 RUN 复选框，使它出现"√"，CPU 视图对象中的 RUN 指示灯变为绿色，闪动几次后保持绿色不变，CPU 进入 RUN 模式。

和实际 PLC 一样，在运行仿真 PLC 时可以使用变量表和程序状态等方法来监视和修改变量，也可以通过在 PLCSIM 窗口中改变输入变量的 ON/OFF 状态来控制程序的运行，通过观察有关输出变量的状态来监视程序运行的结果。

在 WinCC flexible 中单击工具栏中的按钮，启动运行系统，开始在线模拟。按下画面

（见图 9-102）中的腻子工位照明的"启动"按钮，在梯形图中可以看到 Q20.2 变为 1 的状态，画面上的指示灯亮。单击画面上的腻子工位照明的"停止"按钮，Q20.2 变为 0 的状态，指示灯熄火。

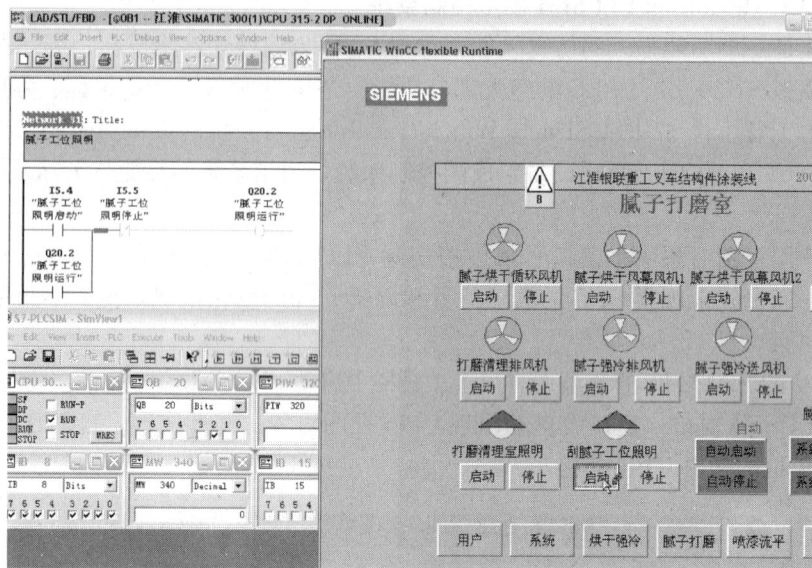

图 9-102　在线模拟调试

四、开始画面设置

开始画面设置在设备设置的组态中，设备设置的组态数据作为 WinCC flexible 项目设备设置的一部分，指定在运行期间可以在 HMI 设备上使用哪些服务。它包含下列数据：输出已组态 HMI 设备的类型，运行系统的启动状态，项目的作者，项目标识号，起始画面。

在"设备设置"区域中双击"设备设置"，选择起始画面，如图 9-103 所示。

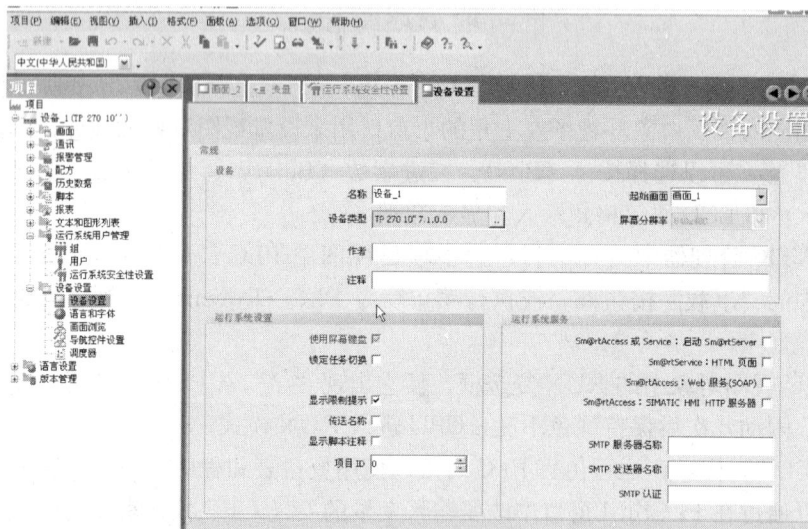

图 9-103　选择起始画面

第十章

TP270 触摸屏和 Profibus 现场总线在合力生产线上的应用

第一节 概　　述

本章介绍了西门子 TP270 触摸屏、S7-300 和 S7-200 通过 Profibus 现场总线在合力生产线上中的具体应用，通过触摸屏改变远程 S7-200 PLC 程序中的参数，设定温度上限值，控制电机启、停以及调速等，并能及时处理各种异常情况。本章重点讨论触摸屏和远程 PLC程序的详细编制方法和技巧。

本章针对合力涂装线的自控设计，主要对各部分的电机控制进行了详细讲解，其内容包括喷漆室空调送风机、喷漆室排风机 1、喷漆室排风机 2、喷漆室循环水泵、喷漆室左侧照明灯、喷漆室右侧照明灯、空调燃烧机电源、腻子烘干循环风机、腻子烘干风幕机 1、腻子烘干风幕机 2、腻子废气排风机、腻子烘干燃烧机、腻子强冷送风机、腻子强冷排风机、打磨、清理室排风机、打磨、清理室照明等。

合力涂装线的工艺流程和电控要求与前一章类似，这里就不再赘述了，不清楚的地方请参考第六章。

第二节　控制系统硬件结构

根据生产线的实际控制要求，采用触摸屏控制与手动控制并用的控制方式。

PLC 选用西门子系列，CPU 型号 S7315-2DP，电源模块 PS307，输入模块 3 块，直流24V。输出模块有 2 块，8 路热电耦一块。详细的型号和 PLC 地址如图 10-1 所示。不清楚的地方请参考第二章。触摸屏选用西门子 TP270，从站采用 EM277＋S7226＋EM221×2。系统总的结构如图 10-2 所示。

第三节　PLC I/O 位的定义

1. S7-300 PLC I/O 位的定义

S7-300PLC I/O 位的定义如图 10-3～图 10-5 所示。

2. S7-200 I/O 位的定义

S7-200 PLC I/O 位的定义如图 10-6 和图 10-7 所示。

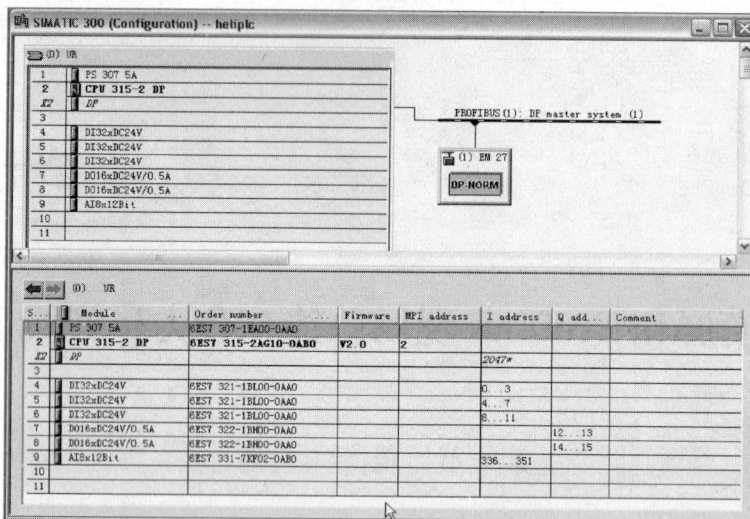

图 10-1　西门子 PLC 模块型号和 PLC 地址

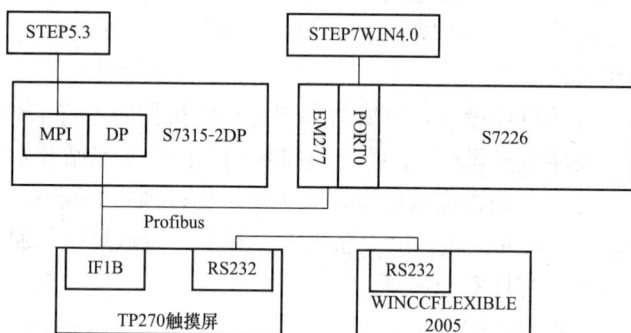

图 10-2　控制系统的结构

Symbol	Addres
输送链综合报警	I　6.0
腻子烘干循环故障	I　6.1
腻子烘风幕1故障	I　6.2
腻子烘风2	I　6.3
腻子烘干废气风机故障	I　6.4
腻子烘干燃烧机电源故障	I　6.5
底漆烘干循环风机故障	I　6.6
底漆烘干风幕风机1故障	I　6.7
底漆烘干风幕风机2故障	I　7.0
底漆烘干废气风机故障	I　7.1
底漆烘干燃烧机电源故障	I　7.2
腻子强冷室送风机故障	I　7.3
腻子强冷室排风机故障	I　7.4
清洗室排风机故障	I　7.5
手动/自动 选择	I　8.0
系统启动	I　8.1
喷漆室超浓度	I　8.6
喷漆室超CO	I　8.7
悬链上件处急停	I　9.0
悬链下件处急停	I　9.1
悬链底漆室急停	I　9.2
悬链面漆室急停	I　9.3
悬链补腻子处急停	I　9.4

Symbol	Addres
输送链电源	Q　12.0
腻子烘干循环风机	Q　12.1
腻子烘干风幕风机1	Q　12.2
腻子烘干风幕风机2	Q　12.3
腻子烘干废气风机	Q　12.4
腻子烘干燃烧机电源	Q　12.5
底漆烘干循环风机	Q　12.6
底漆烘干风幕风机1	Q　12.7
底漆烘干风幕风机2	Q　13.0
底漆烘干废气风机	Q　13.1
底漆烘干燃烧机电源	Q　13.2
腻子强冷室送风机	Q　13.3
腻子强冷室排风机	Q　13.4
清理室排风机	Q　13.5
清理室照明	Q　13.6
面漆喷漆室照明	Q　13.7
面漆流平室照明	Q　14.0
底漆喷漆室照明	Q　14.1
底漆流平室照明	Q　14.2
补腻子工位照明	Q　14.3
面漆喷漆室风幕机1	Q　14.4
面漆喷漆室风幕机2	Q　14.5
底漆喷漆室风幕机1	Q　14.6
底漆喷漆室风幕机2	Q　14.7

图 10-3　S7-300I/O 位的定义 1　　　　　　图 10-4　S7-300I/O 位的定义 2

待机	Q	15.0	
运行	Q	15.1	
系统故障.急停	Q	15.2	
声响	Q	15.3	
手动/自动	Q	15.4	

图 10-5　S7-300 I/O 位的定义 3

Symbol	Address
面漆喷漆送风机	Q0.0
面漆喷漆排风机1	Q0.1
面漆喷漆排风机2	Q0.2
底漆喷漆送风机	Q0.3
底漆喷漆排风机	Q0.4
面漆喷漆循环水泵	Q0.5
底漆喷漆循环水泵	Q0.6
送风空调燃烧机电源	Q0.7
循环水池排污泵	Q1.0
面漆烘干循环风机1	Q1.1
面漆烘干循环风机2	Q1.2
面漆烘干风幕风机1	Q1.3
面漆烘干风幕风机2	Q1.4
面漆烘干废气风机1	Q1.5
面漆烘干废气风机2	Q1.6
面漆烘干燃烧机电源1	Q1.7
面漆烘干燃烧机电源2	Q2.0
面漆强冷送风机	Q2.1
面漆强冷排风机	Q2.2
备用	Q2.3
系统待机	Q2.4
系统运行	Q2.5
故障.急停	Q2.6
声响	Q2.7
循环水池低液位灯	Q3.0
循环水池高液位灯	Q3.1
循环水池补水阀	Q3.2
自动/手动	Q3.3

图 10-6　S7-200 I/O 位的定义 1

Symbol	Address
面漆喷漆送风机故障	I5.0
面漆喷漆排风机1故障	I5.1
面漆喷漆排风机2故障	I5.2
底漆喷漆送风机故障	I5.3
底漆喷漆排风机故障	I5.4
面漆循环水泵故障	I5.5
底漆循环水泵故障	I5.6
空调燃烧机电源故障	I5.7
循环水池排污泵故障	I6.0
面漆烘干循环风机1故障	I6.1
面漆烘干循环风机2故障	I6.2
面漆烘干风幕风机1故障	I6.3
面漆烘干风幕风机2故障	I6.4
面漆烘干废气排风机1故障	I6.5
面漆烘干废气风机2故障	I6.6
面漆烘干燃烧机1电源故障	I6.7
面漆烘干燃烧机2电源故障	I7.0
面漆强冷送风机故障	I7.1
面漆强冷排风机故障	I7.2
循环水池葫芦电源故障	I7.3
循环水池低液位	I7.4
循环水池高液位	I7.5
系统复位	I7.6
系统急停	I7.7

图 10-7　S7-200 I/O 位的定义 2

第四节　S7-300 与 S7-200 的 EM277 之间的 Profibus DP 通信

S7-300 与 S7-200 通过 EM277 进行 Profibus DP 通信，需要在 STEP7 中进行 S7-300 站组态，在 S7-200 系统中不需要对通信进行组态和编程，只需要将要进行通信的数据整理存放在 V 存储区，与 S7-300 的组态 EM277 从站时的硬件 I/O 地址相对应就可以了。

一、Install new GSD

选中 STEP7 的硬件组态窗口中的菜单 Option→Install new GSD，导入 SIEM089D. GSD 文件，安装 EM277 从站配置文件，如图 10-8 所示。

找到有 EM277 的 GSD 文件所在的 SIMAT-IC 文件夹，选择 SIEM089D. GSD 文件，如图 10-9 所示。

二、选择通信字节数

导入 GSD 文件后，在右侧的设备选择列表中找到 EM277 从站，Profibus DP→Additional Field Devices→PLC→SIMATIC→EM277，并

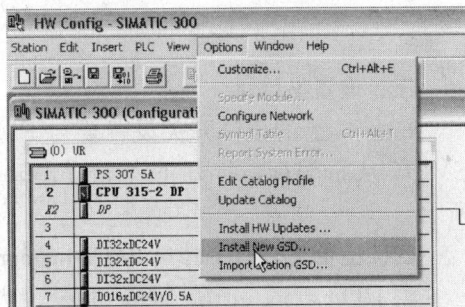

图 10-8　Install New GSD

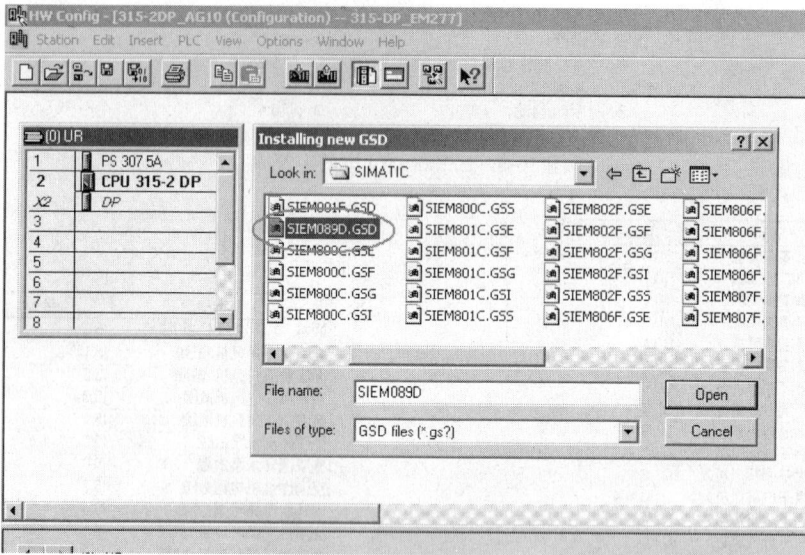

图 10-9　选 SIEM089D. GSD 文件

且根据通信字节数，选择一种通信方式。本例选择了 32 字节入/32 字节出的方式，如图 10-10
所示。

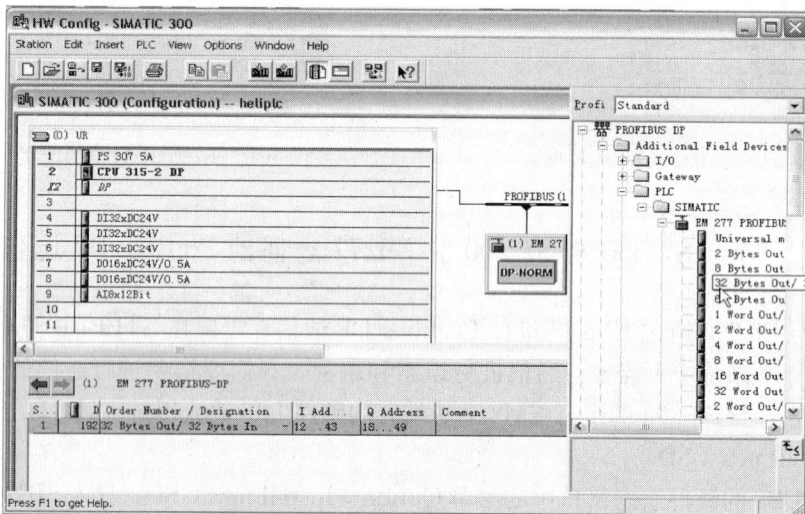

图 10-10　选择 EM277 通信方式

三、设置站地址

EM277 上的拨位开关设置要与 EM277 从站组态的站地址一致，这里都设为 1，双击
EM277 从站图标，打开 EM277 Profibus-DP 属性对话框，将站地址设为 1，如图 10-11
所示。

四、设置 I/O Offset in the V-memory

将 I/O Offset in the V-memory 设为 0，表示 S7-200 通信变量从 vb0 开始，如图 10-12
所示。

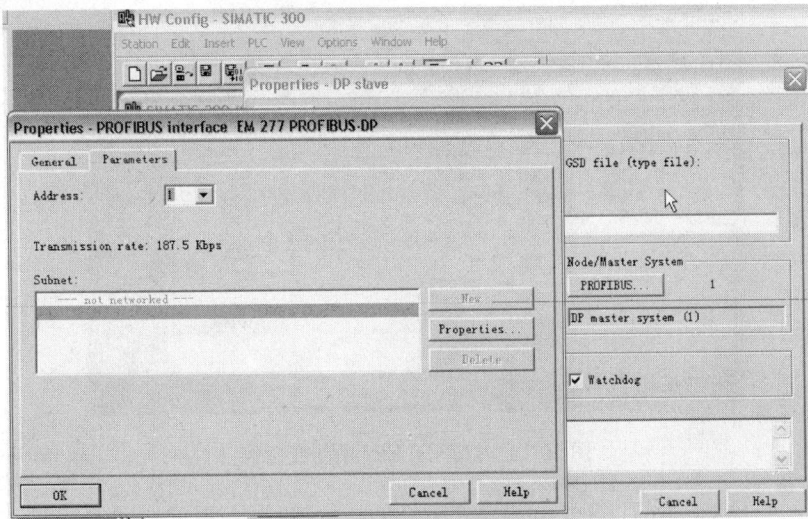

图 10-11　Profibus-DP 属性对话框

五、下载硬件配置

组态完系统的硬件配置后，将硬件信息下载到 S7-300 的 PLC 中，如图 10-13 所示。

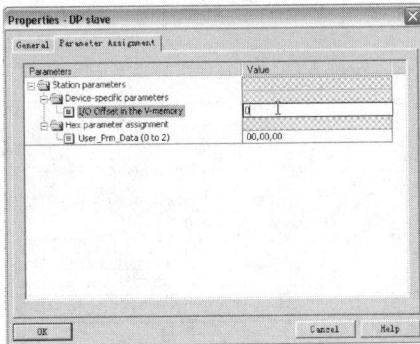

图 10-12　配置 I/O Offset in the V-memory

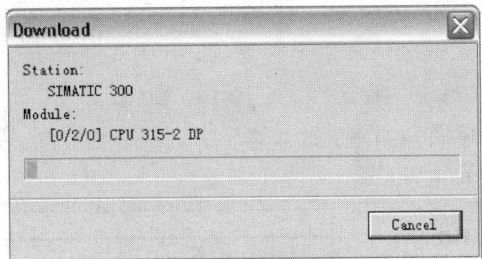

图 10-13　硬件信息下载

六、测试数据交换

S7-300 的硬件下载完成后，将 EM277 的拨位开关拨到与以上硬件组态的设定值一致，在 S7-200 中编写程序将进行交换的数据存放在 VB0～VB63，对应 S7-300 的 PQB18～PQB59 和 PIB12～PIB43，打开 STEP7 中的变量表（见图 10-14）和 Step7 MicroWin32 的状态表进行监控，它们的数据交换结果如图 10-15 和图 10-16 所示。

VB0～VB31 是 S7-300 写到 S7-200 的数据，VB32～VB63 是 S7-300 从 S7-200 读取的值。EM277 上拨位开关的位置一定要和 S7-300 中组态的地址值一致。为了易于控制和监视，在 S7-200 中将 VB0～VB16 送到 MB10～MB26，QB0～QB6 送到 VB32～VB38，MB0～MB4 送到 MB60～MB64，部分程序如图 10-17 所示。

在 S7-300 编程中将 IB8 送到 PQB28，MB460 送到 PQB29，图 10-18 和图 10-19 所示。则 S7-300 的 IB8 对应 S7-200 的 MB20；S7-300 的 MB460 对应 S7-200 的 MB21，PIB12 送到 MB112，PIB132 送到 MB113，PIB14 送到 MB114，PIB15 送到 MB115，PIB272 送到

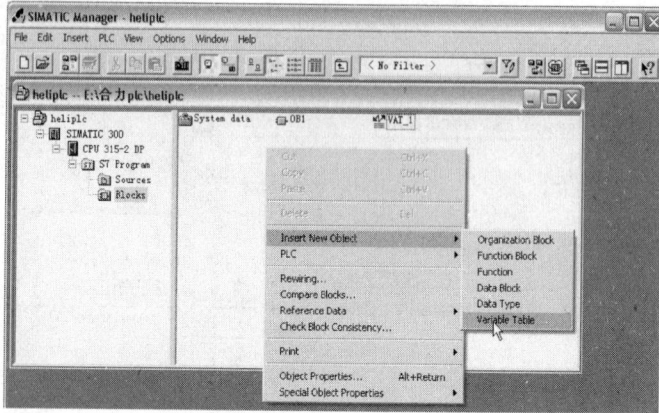

图 10-14　打开 STEP7 中的变量表

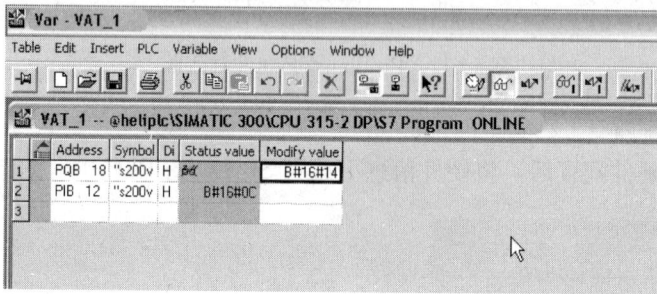

图 10-15　数据交换结果 1

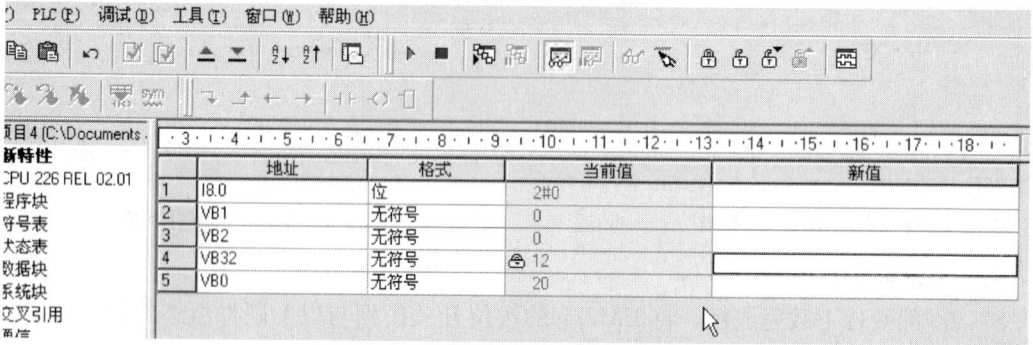

图 10-16　数据交换结果 2

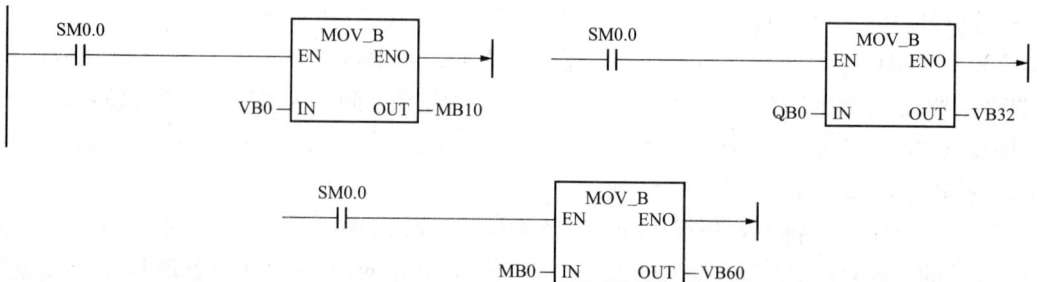

图 10-17　S7-200 通信程序

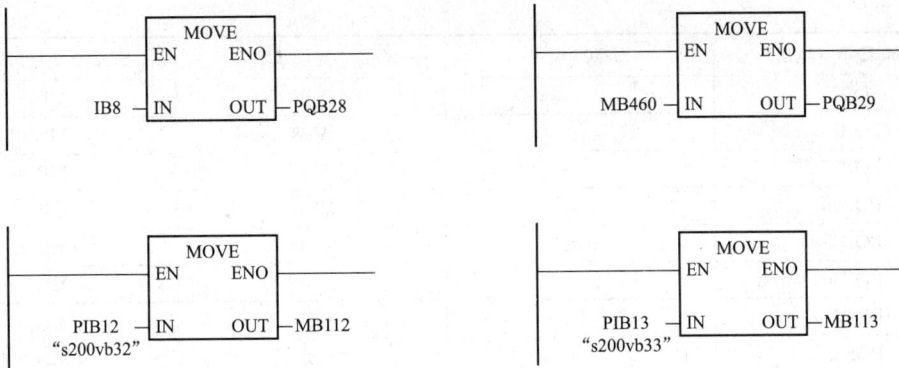

图 10-18　S7-300 通信程序 1

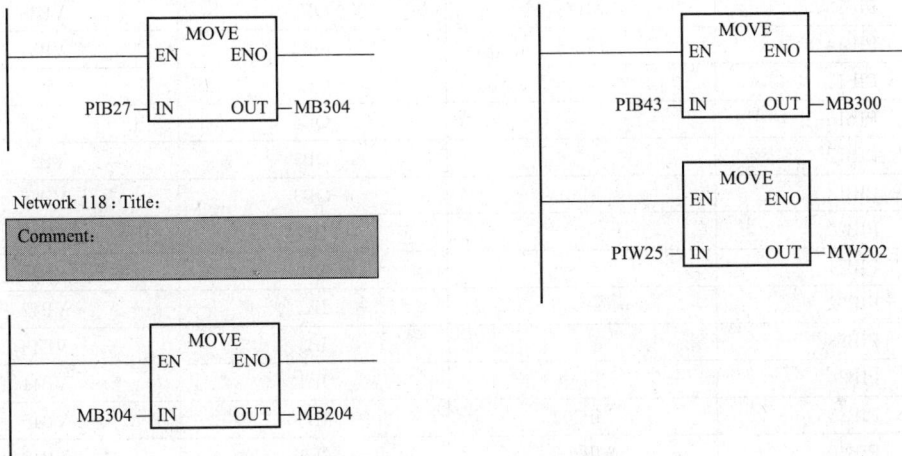

图 10-19　S7-300 通信程序 2

MB304，则 S7-200 的 QB0 对应 S7-300 的 MB112，则 S7-200 的 QB1 对应 S7-300 的 MB113，则 S7-200 的 QB2 对应 S7-300 的 MB114，则 S7-200 的 QB3 对应 S7-300 的 MB115。

七、S7-300 和 S7-200 变量关系表

S7-300 和 S7-200 详细变量关系，如表 10-1 所示。

表 10-1　　　　　　　　　　　　　S7-300 和 S7-200 变量关系 1

S7-300 变量（输出）	S7-300 变量	S7-200 变量（输入）	S7-200 变量（输入）
PQB18		VB0	MB10
PQB19		VB1	MB11
PQB20		VB2	MB12
PQB21		VB3	MB13
PQB22		VB4	MB14
PQB23		VB5	MB15
PQB24		VB6	MB16

S7-300 变量（输出）	S7-300 变量	S7-200 变量（输入）	S7-200 变量（输入）
PQB25		VB7	MB17
PQB26		VB8	MB18
PQB27		VB9	MB19
PQB28	IB8	VB10	MB20
PQB29	MB460	VB11	MB21
PQB30		VB12	MB22
PQB31		VB13	MB23
PQB32		VB14	MB24
PQB33		VB15	MB25
PQB34		VB16	MB26
PIB12	M112	QB0	VB32
PIB13	M113	QB1	VB33
PIB14	M114	QB2	VB34
PIB15	M115	QB3	VB35
PIB16		QB4	VB36
PIB17		QB5	VB37
PIB18		QB6	VB38
PIB20		IB0	VB40
PIB21		IB1	VB41
PIB22		IB2	VB42
PIB23		IB3	VB43
PIB24		IB4	VB44
PIB25	MB202	IB5	VB45
PIB26	MB203	IB6	VB46
PIB27	MB304，MB204	IB7	VB47
PIB28		IB8	VB48
PIB29		IB9	VB49
PIB40		MB0	VB60
PIB41		MB1	VB61
PIB42		MB2	VB62
PIB43	MB300	MB3	VB63
PIB44		MB4	VB64

通过 Profibus DP 总线，在主站 S7-300 上操作 PQB 变量，就相当于操作 S7-200 上的 MB 变量，再通过 S7-200 上的 MB 变量，控制 S7-200 的输出。而 S7-200 的 QB、MB、IB、DB 先送到 S7-200 的 VB，再通过 Profibus DP 总线送给 S7-300 的 PIB 变量。

第五节　创建 WinCC flexible 变量

双击项目窗口中的"变量"选项卡打开变量编辑器。从"变量"工作区的快捷菜单中选择"添加变量"，从下面的变量属性窗口中，可以输入变量的名称、数据类型等参数。本工程建立的变量如表 10-2 所示。

表 10-2　　　　　　　　　　　工 程 变 量 表

名称	地址	连接	数据类型	数组计数	采集周期
m336 温度	MW336	连接_1	Word	1	500ms
m338 温度	MW338	连接_1	Word	1	1s
m340 温度	MW340	连接_1	Word	1	1s
m342 温度	MW342	连接_1	Word	1	1s
m344 温度	MW344	连接_1	Word	1	1s
m346 温度	MW346	连接_1	Word	1	1s
m348 温度	MW348	连接_1	Word	1	1s
m350 温度	MW350	连接_1	Word	1	1s
xq3.0	PI15.0	连接_1	Bool	1	300ms
xq3.1	PI15.1	连接_1	Bool	1	300ms
xq3.3	PI15.3	连接_1	Bool	1	300ms
xi5.0	PI25.0	连接_1	Bool	1	300ms
xi5.1	PI25.1	连接_1	Bool	1	300ms
xi5.2	PI25.2	连接_1	Bool	1	300ms
xi5.3	PI25.3	连接_1	Bool	1	300ms
xi5.4	PI25.4	连接_1	Bool	1	300ms
xi5.5	PI25.5	连接_1	Bool	1	300ms
xi5.6	PI25.6	连接_1	Bool	1	300ms
xi5.7	PI25.7	连接_1	Bool	1	300ms
xi6.0	PI26.0	连接_1	Bool	1	300ms
xi6.1	PI26.1	连接_1	Bool	1	300ms
xi6.2	PI26.2	连接_1	Bool	1	300ms
xi6.3	PI26.3	连接_1	Bool	1	300ms
xi6.4	PI26.4	连接_1	Bool	1	300ms
xi6.5	PI26.5	连接_1	Bool	1	300ms
xi6.6	PI26.6	连接_1	Bool	1	300ms
xi6.7	PI26.7	连接_1	Bool	1	300ms
xi7.0	PI27.0	连接_1	Bool	1	300ms
xi7.1	PI27.1	连接_1	Bool	1	300ms
xi7.2	PI27.2	连接_1	Bool	1	300ms
xi7.3	PI27.3	连接_1	Bool	1	300ms
xi7.4	PI27.4	连接_1	Bool	1	300ms
xi7.5	PI27.5	连接_1	Bool	1	300ms
xi7.6	PI27.6	连接_1	Bool	1	300ms
xi7.7	PI27.7	连接_1	Bool	1	300ms
xm0.0 急停指示	PI40.0	连接_1	Bool	1	300ms
xm0.1 手动	PI40.1	连接_1	Bool	1	300ms
xm0.2 自动	PI40.2	连接_1	Bool	1	300ms
xm0.3	PI40.3	连接_1	Bool	1	300ms
xm0.4	PI40.4	连接_1	Bool	1	300ms
startxm10.0	PQ18.0	连接_1	Bool	1	300ms
startxm10.1	PQ18.1	连接_1	Bool	1	300ms
xm10.2	PQ18.2	连接_1	Bool	1	300ms

名称	地址	连接	数据类型	数组计数	采集周期
xm10.3	PQ18.3	连接_1	Bool	1	300ms
xm12.0	PQ20.0	连接_1	Bool	1	300ms
xm12.1	PQ20.1	连接_1	Bool	1	300ms
xm12.2	PQ20.2	连接_1	Bool	1	300ms
xm12.3	PQ20.3	连接_1	Bool	1	300ms
xm12.4	PQ20.4	连接_1	Bool	1	300ms
xm12.5	PQ20.5	连接_1	Bool	1	300ms
xm12.6	PQ20.6	连接_1	Bool	1	300ms
xm12.7	PQ20.7	连接_1	Bool	1	300ms
xm13.0	PQ21.0	连接_1	Bool	1	300ms
xm13.1	PQ21.1	连接_1	Bool	1	300ms
xm13.2	PQ21.2	连接_1	Bool	1	300ms
xm13.3	PQ21.3	连接_1	Bool	1	300ms
xm13.4	PQ21.4	连接_1	Bool	1	300ms
xm13.5	PQ21.5	连接_1	Bool	1	300ms
xm13.6	PQ21.6	连接_1	Bool	1	300ms
xm13.7	PQ21.7	连接_1	Bool	1	300ms
xm14.0	PQ22.0	连接_1	Bool	1	300ms
xm14.1	PQ22.1	连接_1	Bool	1	300ms
xm14.2	PQ22.2	连接_1	Bool	1	300ms
xm14.3	PQ22.3	连接_1	Bool	1	300ms
xm14.4	PQ22.4	连接_1	Bool	1	300ms
xm14.5	PQ22.5	连接_1	Bool	1	300ms
xm14.6	PQ22.6	连接_1	Bool	1	300ms
xm14.7	PQ22.7	连接_1	Bool	1	300ms
xm15.0	PQ23.0	连接_1	Bool	1	300ms
xm15.1	PQ23.1	连接_1	Bool	1	300ms
xm15.2	PQ23.2	连接_1	Bool	1	300ms
xm15.3	PQ23.3	连接_1	Bool	1	300ms
xm15.4	PQ23.4	连接_1	Bool	1	300ms
xm15.5	PQ23.5	连接_1	Bool	1	300ms
xm15.6	PQ23.6	连接_1	Bool	1	300ms
xm15.7	PQ23.7	连接_1	Bool	1	300ms
xm16.0	PQ24.0	连接_1	Bool	1	300ms
xm16.1	PQ24.1	连接_1	Bool	1	300ms
xm16.2	PQ24.2	连接_1	Bool	1	300ms
xm16.3	PQ24.3	连接_1	Bool	1	300ms
xm16.4	PQ24.4	连接_1	Bool	1	300ms
xm16.5	PQ24.5	连接_1	Bool	1	300ms
xm16.6	PQ24.6	连接_1	Bool	1	300ms
q12.0	Q12.0	连接_1	Bool	1	300ms

名称	地址	连接	数据类型	数组计数	采集周期
q12.1	Q12.1	连接_1	Bool	1	300ms
q12.2	Q12.2	连接_1	Bool	1	300ms
q12.3	Q12.3	连接_1	Bool	1	300ms
q12.4	Q12.4	连接_1	Bool	1	300ms
q12.5	Q12.5	连接_1	Bool	1	300ms
q12.6	Q12.6	连接_1	Bool	1	300ms
q12.7	Q12.7	连接_1	Bool	1	300ms
q13.0	Q13.0	连接_1	Bool	1	300ms
q13.1	Q13.1	连接_1	Bool	1	300ms
q13.2	Q13.2	连接_1	Bool	1	300ms
q13.3	Q13.3	连接_1	Bool	1	300ms
q13.4	Q13.4	连接_1	Bool	1	300ms
q13.5	Q13.5	连接_1	Bool	1	300ms
q13.6	Q13.6	连接_1	Bool	1	300ms
q13.7	Q13.7	连接_1	Bool	1	300ms
q14.0	Q14.0	连接_1	Bool	1	300ms
q14.1	Q14.1	连接_1	Bool	1	300ms
q14.2	Q14.2	连接_1	Bool	1	300ms
q14.3	Q14.3	连接_1	Bool	1	300ms
q14.4	Q14.4	连接_1	Bool	1	300ms
q14.5	Q14.5	连接_1	Bool	1	300ms
q14.6	Q14.6	连接_1	Bool	1	300ms
q14.7	Q14.7	连接_1	Bool	1	300ms
q15.0	Q15.0	连接_1	Bool	1	300ms
q15.1	Q15.1	连接_1	Bool	1	300ms
q15.2	Q15.2	连接_1	Bool	1	300ms
q15.3	Q15.3	连接_1	Bool	1	300ms
q15.4	Q15.4	连接_1	Bool	1	300ms
故障	Q21.6	连接_1	Bool	1	300ms
声响	Q21.7	连接_1	Bool	1	300ms

在 WinCC flexible 中可以直接应用总线的远程输入输出点，如从站 S7-200 的 I6.4 就对应主站 S7-300 的 PI6.4，如从站 S7-200 的 M13.0 就对应主站 S7-300 的 PQ21.0，使用比较方便；但 PLC 梯形图程序不能直接使用 PQ21.0，所以要 M 中间继电器转换，用 M 中间继电器控制 PQ，再用从站 S7-200 的对应 M 去实现从站的控制。

第六节　面漆喷漆室界面的制作

一、面漆喷漆室界面功能

喷漆流平室的界面如图 10-20 所示。界面上共设置了"消音"按钮、系统时间显示、空调送风机、喷漆排风扇 1 和喷漆排风扇 2、"启动"和"停止"按钮、喷漆循环水泵、喷漆室照明灯、空调燃烧机电源、指示灯、流平室照明灯、"自动启动"和"自动停止"按钮、"系统复位"和"系统急停"按钮以及"界面切换"按钮。

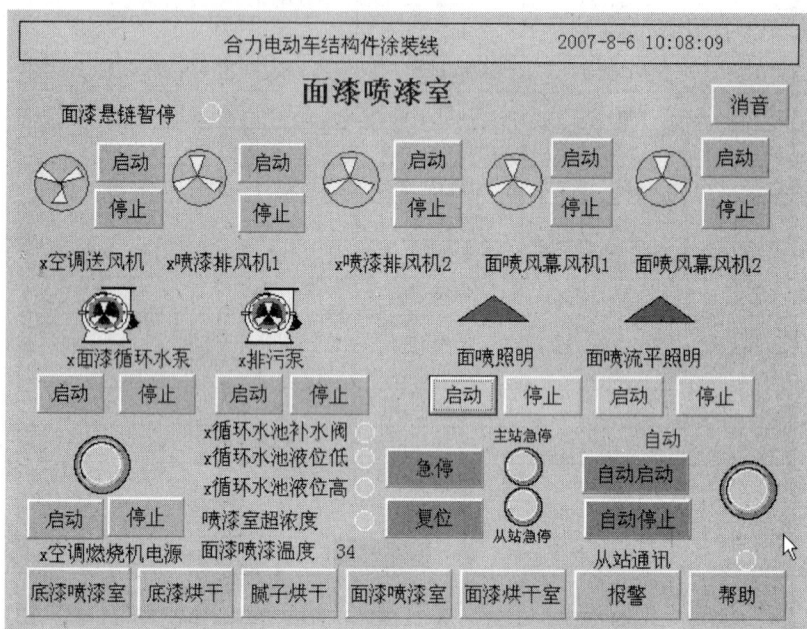

图 10-20　喷漆流平室的界面

喷漆流平室界面画面号为 2，此画面用来显示系统运行时喷漆流平室的运行情况，当手动时，按下相应的按钮将启动或停止相应的电机或水泵；当自动时，按下相应的按钮也可以启动或停止相应的电机或水泵，电机和水泵会旋转动画。

下面就结合 PLC 程序来说明一下该界面的设计。

二、空调送风机"启动"按钮功能的设置

选中文本为"启动"按钮，打开属性视图的"事件"类的"单击"对话框，如图 10-21 所示。单击视图右侧最上面一行，单击其右侧的下拉菜单（在单击之前是隐藏的），在出现的系统函数列表中选择"计算"文件夹中的函数 Setvalue（给指定变量赋予一个新值），直接单击函数列表中第二行右侧隐藏的下拉菜单，在出现的变量列表中选择 XM12.0。

图 10-21　空调送风机"启动"按钮功能的设置

空调送风机对应的 S7-200PLC 点为 Q0.0，当按下触摸屏"启动"按钮时，在"启动"按钮按下事件中，设函数 Setvalue，使变量 M12.0 置 1，按钮放下事件中使变量 M12.0 置 0；其 PLC 程序如图 10-22 所示。触摸屏启动按钮的功能同 I0.0 外部实际启动按钮，如果条件不满足（如 M0.1＝0），则不能使变量空调送风机（Q0.0）置 1。

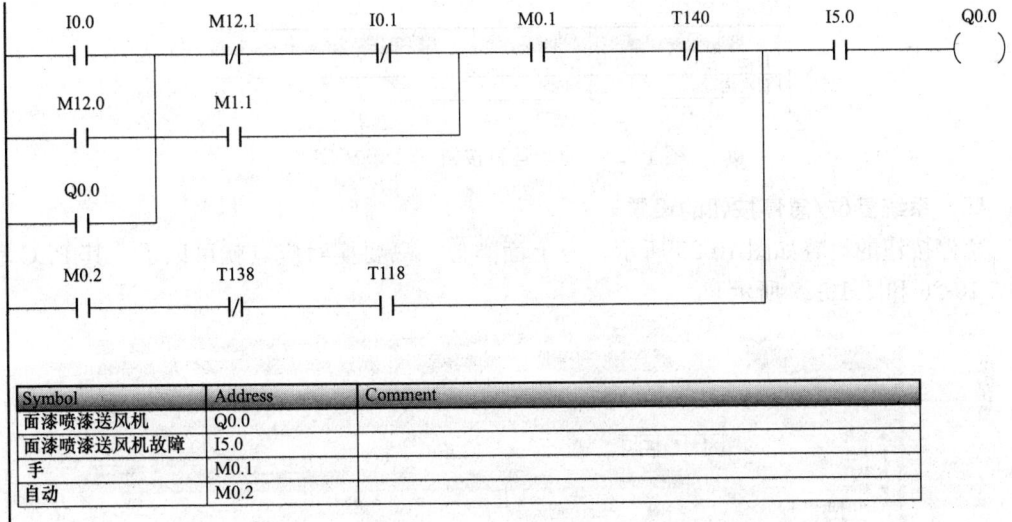

Symbol	Address	Comment
面漆喷漆送风机	Q0.0	
面漆喷漆送风机故障	I5.0	
手	M0.1	
自动	M0.2	

图 10-22 空调送风机 S7-200PLC 程序

空调送风机"停止"按钮只要将函数 Setvalue 的变量改成 M12.1 就可以了。

三、"自动运行"按钮的设置

要求能同时启动 S7-300 和 S7-200 的程序的点。

启动 S7-300 的程序设置，如图 10-23 所示，在"启动"按钮按下事件中，设函数 Setvalue，使变量 M10.0 置 1，按钮放下事件中使变量 M10.0 置 0；S7-200 梯形图如图 10-24 所示。其中 M20.1 是 S7-300 的外部"启动"按钮 I8.1 对应点及通过控制柜实际按钮也能启动系统。

图 10-23 自动运行按钮的设置

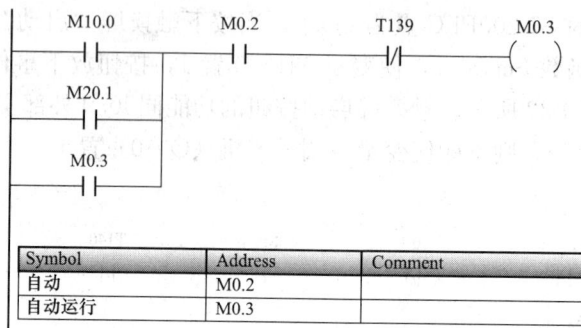

图 10-24　自动运行按钮 S7-200 程序

四、系统复位/急停按钮的设置

急停按钮的设置如图 10-25 所示。与上面类似，只要换对应点就可以了，其 PLC 程序如图 10-26 和图 10-27 所示。

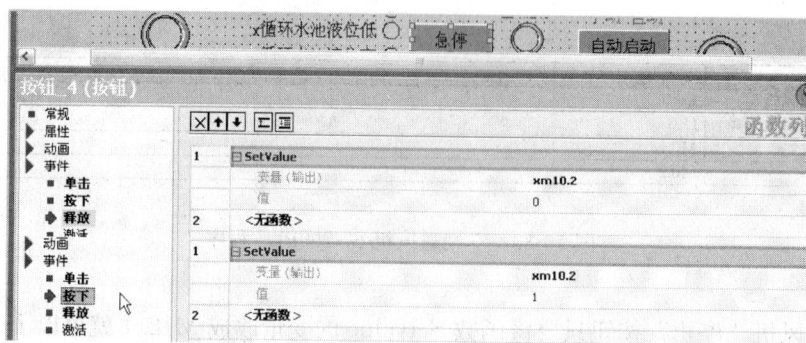

图 10-25　系统复位/急停按钮的设置

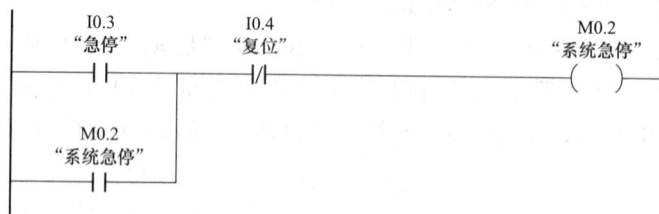

图 10-26　S7-300 系统复位/急停程序

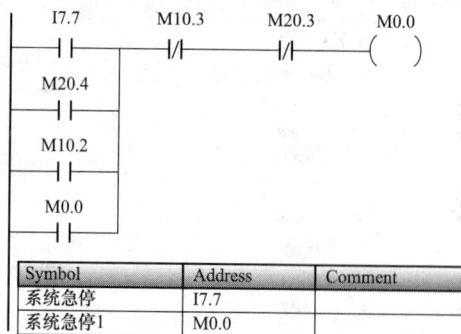

图 10-27　S7-200 系统复位/急停程序

其余的切换按钮与模板界面上的切换按钮的设计是一样的，在此就不再赘述了。

第七节　温度参数设定界面的制作

一、温度参数设定界面功能

温度参数设定界面如图 10-28 所示。用于显示系统实时温度，包括面漆喷漆温度、面漆烘干温度 1、底漆烘干温度 1、腻子烘干温度 1，并设定各个温度上限值。

二、面漆喷漆温度显示

如图 10-29 所示，采用 IO 域模块，模式设为输出，选中相应的温度变量，可以参考 PLC 程序。PIW336、PIW346 都是喷漆温度值，除以 100 便于显示。

三、面漆喷漆温度设定

（1）PLC 编程。设定的数据放在 S7-300 的 DB1. DBW0 里，即使停电数据也能保存。先在 S7-300 里新建 DB1，如图 10-30 所示，然后在程序里打开 DB1 块，就可以使用 DB1 块了。

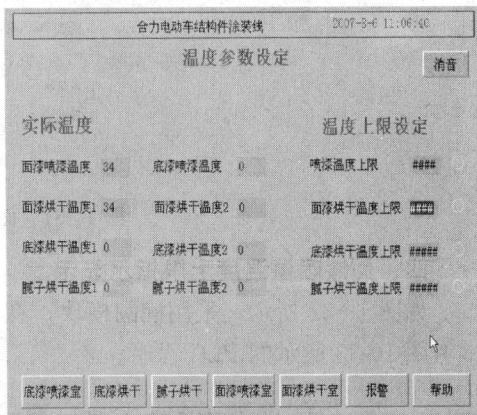

图 10-28　温度参数设定界面

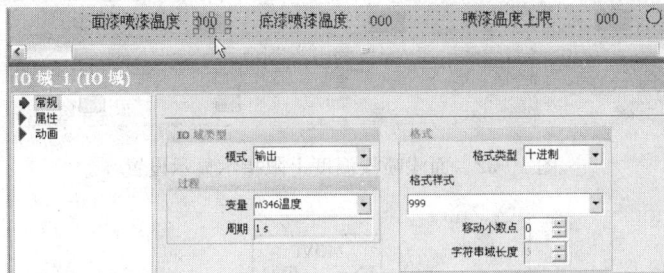

图 10-29　面漆喷漆温度显示

图 10-30　DB1 块

（2）触摸屏设置。如图 10-31 所示，采用 IO 域模块，模式设为输入/输出，选中相应的温度 DB1 块变量，数据类型采用十进制。可以参考图 10-32 所示的 PLC 程序。

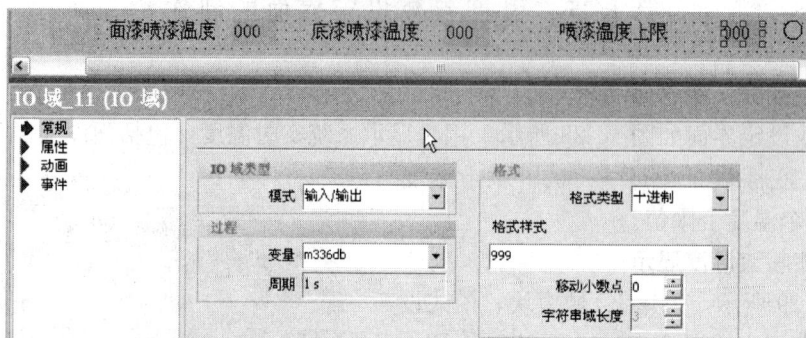

图 10-31　面漆喷漆温度上限值显示

四、面漆喷漆温度上限指示显示

如图 10-32 所示，采用椭圆模块，在动画属性里，设定外观动画变量为 M460.0，可以参考图 10-33 所示的 PLC 程序。

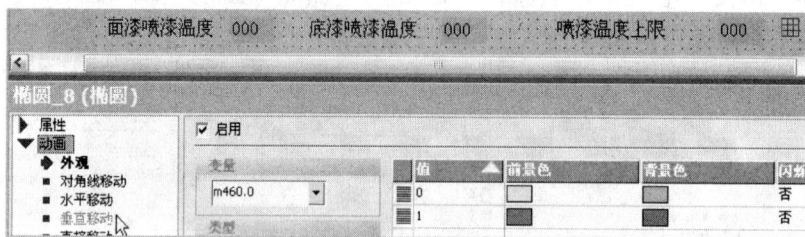

图 10-32　面漆喷漆温度上限指示显示设置

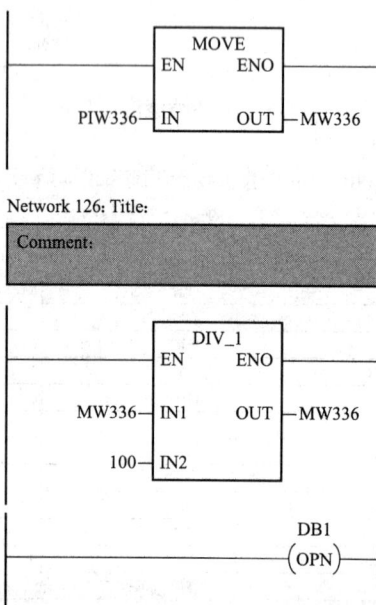

图 10-33　温度显示 PLC 程序 1

206

Network 143: Title:

Comment:

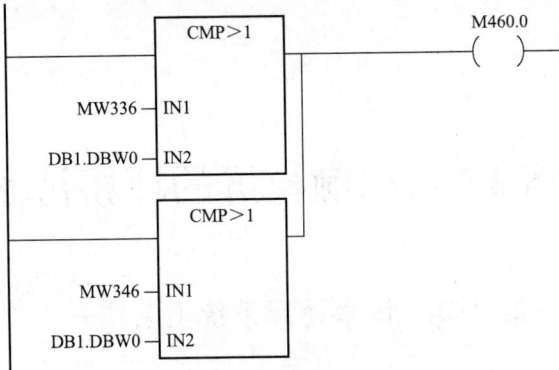

图 10-33　温度显示 PLC 程序 2

第十一章

基于 OMRON PLC 和触摸屏的坪桥污水处理系统

第一节　污水处理系统工艺流程

一、概述

详细介绍了污水处理工艺流程、设备使用情况以及自动控制的要求，详细介绍整个污水自动控制系统的硬件和软件。在污水处理的电气控制系统中，采用 OMRON CJIGPLC 和 NT631 触摸屏为操作核心，重点描述了 PLC 和 NT631 触摸屏的基本概念与编程技巧。

二、污水处理系统工艺流程

1. 污水处理的工艺流程图介绍

污水处理工艺流程如图 11-1 所示，从原油脱水系统排出的含油污水经进水管流入污水接收罐。接收罐起调节水质、水量的作用，兼具有除油和悬浮物的功能。污水接收罐出水通过投加一定比例的混凝剂和助凝剂后经一级提升泵进行混合反应，反应后形成矾花的污水进入除油罐，污水自上而下的流动过程中，污油携带大部分悬浮物上浮至油层，经过油管流出。少量相对密度比较大的悬浮物下沉至罐底。混凝除油罐以除悬浮物为主，对悬浮物和油均有较好的处理效果，可以作为后续改性纤维球过滤器的保障措施，同时也是事故处理的可靠的预处理单元。

反冲洗采用水洗加机械搅拌，反冲洗水利用精滤器精滤后出水。反冲洗排水回收后，排入污水接收罐。污水接收罐、混凝除油罐以及反洗排水产生的污泥，定期外排到污泥干化场进行干化处置。接收罐、混凝除油罐以及反洗水回收产生的污油，外排到污油池，经提升泵提升至油站。

经过三级改性纤维球过滤器（初滤、细滤、精滤）过滤，可除去 95％以上的油分。

2. 系统各部分控制要求

（1）接收水罐。接收水罐的主要功能是缓冲沉降罐来水，并使得需要处理的污水的水质均匀，设有进水管线、出水管线、排泥管线、溢流管线、放空管线。从沉降罐分离出的污水通过进水管线进入到接收水罐，进入接收水罐的污水通过出水管线进入到一级提升泵的进口，当接收水罐的液位超过 5.50m 时，污水会从溢流管线流出，进入到站区的排水管网最后进入到污水池。排泥管线是接收水罐定期排泥的管线，污泥通过排泥管线进入到污泥滤池。当接收水罐底部污泥沉积太多时，可通过阀门调节将排泥管线变成临时的反冲洗管线，开启反冲洗泵进行反冲，再关闭反冲洗泵，切换阀门后排泥。接收水罐的进水管线有 3 个辅助管线和阀门，分别是纤维球过滤器反冲洗的出水管线、污水处理站的旁通管线和杀菌剂的

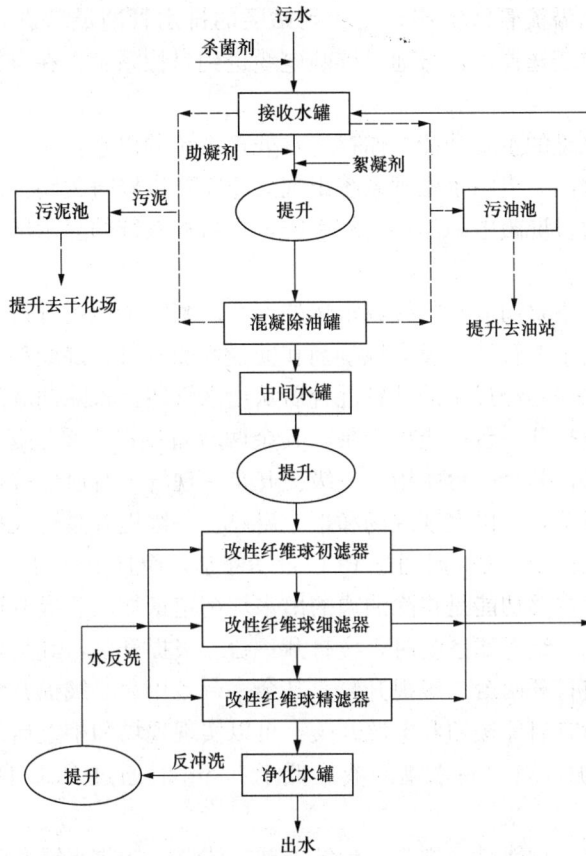

图 11-1　污水处理工艺流程框图

加药管线，反冲洗管线设有一个单向阀和动断蝶阀，旁通管线也设有一个动合蝶阀，当污水处理系统出现故障或大修等情况时，可将此阀门打开，污水可以直接进入到清水罐，从而不影响整个站区的正常工作。加药管线也设有一个球阀，另一端与杀菌剂加药泵相连，当正常加药时，阀门动断而不加药时则为动合。接收水罐底部还设有一个液位变送器，信号通过屏蔽电缆送到自控系统，在自控系统的显示屏中实现液位的实时数据显示。

（2）除油罐。除油罐的主要功能是实现污水的油水分离和泥水分离，设有进水管线、出水管线、排泥管线、收油管线、放空管线。从接收水罐的出水经一级提升泵（泵前加入混凝剂和助凝剂）混合提升后均量进入到除油罐的进水管线，进入除油罐的污水经过粗粒化、斜管沉降分离处理后实现了油水分离和泥水分离，上部的污油进入到收油槽集中后定期从排油管线排出进入到污水池，底部的污泥定期通过排泥管线排到污泥滤池。当除油罐底部污泥沉积太多时，可通过阀门调节将排泥管线变成临时的反冲洗管线，开起反冲洗泵进行反冲，再关闭反冲洗泵，切换阀门后排泥。

（3）中间水罐。中间水罐的主要功能是缓冲除油罐出水，设有进（出）水管线、溢流管线、放空管线。当除油罐的出水流量大于二级提升泵的出水流量时，从除油罐分离出的部分污水通过进（出）水管线进入到中间水罐；当除油罐的出水流量小于二级提升泵的出水流量时，中间水罐的污水通过进（出）水管线进入到二级提升泵的进口；当中间水罐的液位超过

3.90m 时，污水就会从溢流管线流出，进入到站区的排水管网最后进入到污水池。中间水罐底部还设有一个液位变送器，信号通过屏蔽电缆送到自控系统，在自控系统的显示屏实现液位的实时数据显示。

（4）清水罐。清水罐的主要功能是储存污水处理系统的出水。污水处理三级过滤器的出水管线处有一个动断阀门，当污水处理系统出现故障需要维修时关闭。清水罐底部还设有一个液位变送器，信号通过屏蔽电缆送到自控系统，在自控系统的显示屏实现液位的实时数据显示。

（5）一级提升泵。主要功能是将接收水罐的污水均衡定量地提升进入除油罐，并实现泵前加药及混合完全。进水总管线上设有混凝剂和助凝剂加药口，混凝剂和助凝剂分别通过计量泵定量注入，与污水一起经过泵的叶轮混合后从出水管线进入除油罐的进口。当系统只运行一组过滤系统时，应打开一台一级提升泵，其余两台备用；当系统运行两组过滤系统时，应打开两台一级提升泵，其余一台备用。一级提升泵在现场设有启停按钮，在配电室配电柜设有启停按钮和电源开关，可以实现现场和柜上启停。一级提升泵还收接收水罐的低液位保护，当接收水罐的液位低于 0.8m 时通过 PLC 自动停泵，而且不得启动。

（6）二级提升泵。主要功能是将除油罐的出水均衡定量加压后提升进入到三级纤维球过滤系统。当系统只运行一组过滤系统时，应打开一台二级提升泵，其余两台备用；当系统运行两组过滤系统时，应打开两台二级提升泵，其余一台备用。二级提升泵在现场设有启停按钮，在配电室配电柜设有启停按钮和电源开关，可以实现现场和柜上启停；二级提升泵还收中间水罐的低液位保护，当中间水罐的液位低于 0.5m 时通过 PLC 自动停泵，而且不得启动。

（7）反冲洗泵。主要功能是分别为三台纤维球过滤器、接收水罐和除油罐的反冲洗提供加压后的清洁水源。泵的进水管线与三级纤维球过滤系统的出水管线相连，分别设有一个动断蝶阀；泵的出水管线也分别设有单向阀和动断蝶阀。反冲洗泵在现场设有启停按钮，在配电室配电柜设有启停按钮和电源开关，可以实现现场和柜上启停；二级提升泵还收清水罐的低液位保护，当清水罐的液位低于 0.5m 时通过 PLC 自动停泵，而且不得启动。在自动运行状态下，两台反冲洗泵的进出口阀门是动断的，其启停由 PLC 来控制，无需人工操作。

（8）加药系统。杀菌剂加药量 100mg/L，加药时间 8～12h，间歇冲击式提加，3～5 天提加一次（根据现场定），使用时药剂配置浓度 10%。在接收罐的进口和清水罐的进口分别留有加药口，可根据实际情况决定在哪一个点加最合适。

加药量按 600m³/d 总水量、每天溶药一次设计，每天需 80kg 左右，按 10% 浓度配制，配 JB-1000 溶药成套设备一套、溶药槽直径（ϕ）1000，高度（H）1200，功率 1.1kW、溶药槽材质为不锈钢，上接自来水，配线针轮减速机（配防爆电机），下有药液出口 DN32 和排（污）空口 DN32。正常工作时应现加满自来水，打开搅拌机，然后缓慢地加入药剂，直到溶解均匀后方可打开加药泵。

絮凝剂、助凝剂在一级提升泵将污水泵进入除油罐前投放，先放絮凝剂后放助凝剂，并使其充分混合。

絮凝剂投加量为 50～100mg/L，使用时配制浓度为 10%，按 600m³/d 的总水量，每天溶药一次设计，每天需絮凝剂 40～80kg，按 10% 配制浓度计算，配 JB-000 溶药成套设备、溶药槽直径（ϕ）1000，高度（H）1200，功率 1.1kW，溶药槽材质为不锈钢，上接自来水，配线针轮减速机（配防爆电机），下有药液出口 DN32 和排（污）空口 DN32。正常工作时应现加满自来水，打开搅拌机，然后缓慢地加入药剂，直到溶解均匀后方可打开加药泵。

助凝剂投加量 5～10mg/L，使用的配制浓度为 0.1％，按 600m³/d 的总水量，每天需助凝剂 2～4kg，按 0.1％配制浓度计算，每天配制 2 次。选：JBJ-1000 型溶药成套设备，溶药槽直径（φ）1000，高度（H）1200，配线针轮减速机（配防爆电机），功率 1.1kW。溶药槽材质为不锈钢，上接自来水，下有药液出口 DN32 和排（污）空口 DN32。助凝剂配制时应先用温水按 1％的浓度水解 12 小时以上，水解过程中搅拌和保温可减短水解时间，水解完全后应先加满自来水，打开搅拌机，然后缓慢地加入水解后的助凝剂，直到溶解均匀后方可打开加药泵。

第二节　控制系统硬件电路

一、PLC 的型号选择

根据工艺要求，模块选择如图 11-2 所示。

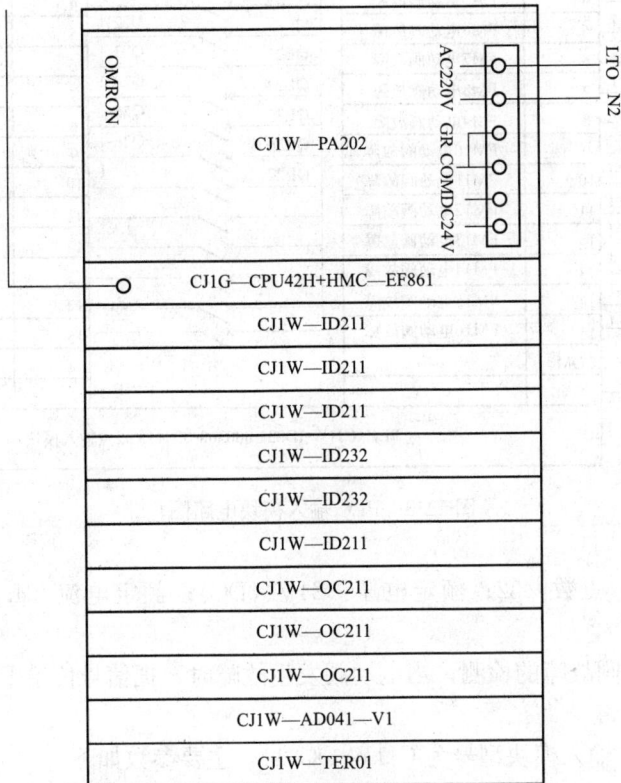

图 11-2　PLC 模块的选型

电源模块选 CJ1W-PA202，输入模块选 CJ1W-ID211、CJ1W-ID231，输出模块选 CJ1WOC211，终极端选 CJ1W-TER01，其中模拟量单元选 CJ1W-AD041/DA041-V1。

CJ1W-AD041（-V1）模拟量输入单元将模拟信号转换成数字量并传送数据到 CPU。

二、触摸屏的型号选择

与 PLC 相配套，选 OMRON NT631C 触摸屏。NT631C 触摸屏体积较小，通信电缆连接器装在单元内部使它们不突出于单元，最适于 FA 环境的结构，背景灯单元和电池可在运行时置换，可用触摸开关调节对比度和亮度。端口 A 是支持工具（编程软件）/上位机通用、端口 B（9 针接口型，终端块型）是上位机专用连接。NT631C 可快速修改画面数据，能在现场容易地写入画面数据，能很快地响应设置的修改操作。

三、输入模块电路

如图 11-3 所示，输入模块型号为 CJ1W-ID231，主要参数如下：

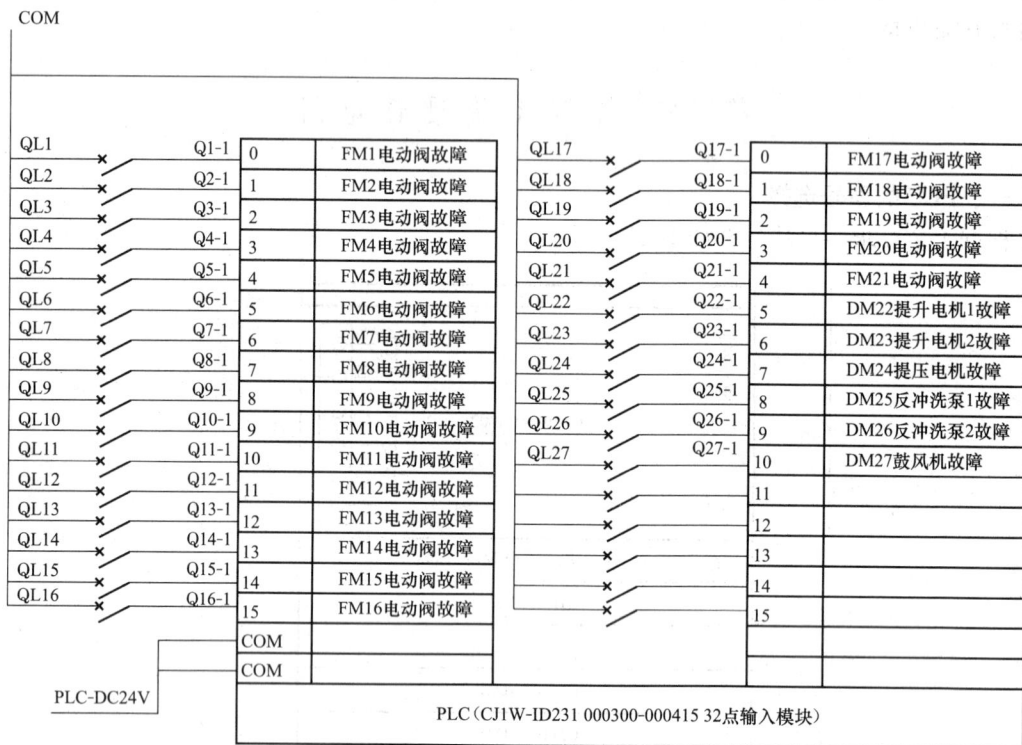

图 11-3　PLC 输入模块电路图

类型：DC 输入；点数：32；额定电压：24V（DC）；额定电流：4.1mA；I/O 总线电流消耗：90mA。

该模块用于电动阀故障的检测，当电动阀发生故障时，把信号传给 PLC。

四、输出模块电路

如图 11-4 所示，输入模块型号为 CJ1W-OC211，主要参数如下：

类型：继电器输出；点数：16；额定电压：250V（AC）；额定电流：2A；I/O 总线电流消耗 110mA。

该模块用于通过 PLC 程序控制外部阀门的开和关。

五、搅拌电机控制电路

搅拌电机电路如图 11-5 所示，当转换开关拨在手动位置时，按下按钮 SF22 时继电器

KM22 得电，动断接点 KM22 闭合自锁，使继电器 KM22 保持得电状态；另一动断接点 KM22 也闭合，使线圈 HL22 得电，指示灯亮；主触点 KM22 也闭合，使搅拌电机 DM22 得电开始转动。

　　当转换开关拨在自动位置时，由 PLC 控制的中间继电器 KA22 决定，其动断触点 KA22 闭合，使继电器 KM22 得电；动断接点 KM22 闭合，使线圈 HL22 得电，指示灯亮；主触点 KM22 闭合，搅拌电机 DM22 得电转动。

　　当转换开关拨在停机位置时，搅拌电机不工作。

六、电动阀控制电路

　　电动阀电路如图 11-6 所示，当转换开关拨在手动位置时，按下按钮 SFK17 继电器 KM17F 得电，动断接点 KM17F 闭合自锁，使继电器 KM17F 保持得电状态；另一动断接点 KM17F 也闭合，使线圈 HL17F 得电，指示灯亮；主触点 KM17F 也闭合，使电动阀 FM17 得电开始正转。当电动阀开到位时停止，同时把到位信号传给 PLC；按下按钮 SFG17 时，动合按钮 SFG17 打开，继电器 KM17F 失电，电动阀停止转动，同时继电器 KM17R 得电且自锁，动断接点 KM17R 闭合，线圈 HL17R 得电，指示灯亮；主触点 KM17R 也闭合，使电动阀 FM17 得电反转，当电动阀开到位时停止，同时把到位信号传给 PLC。

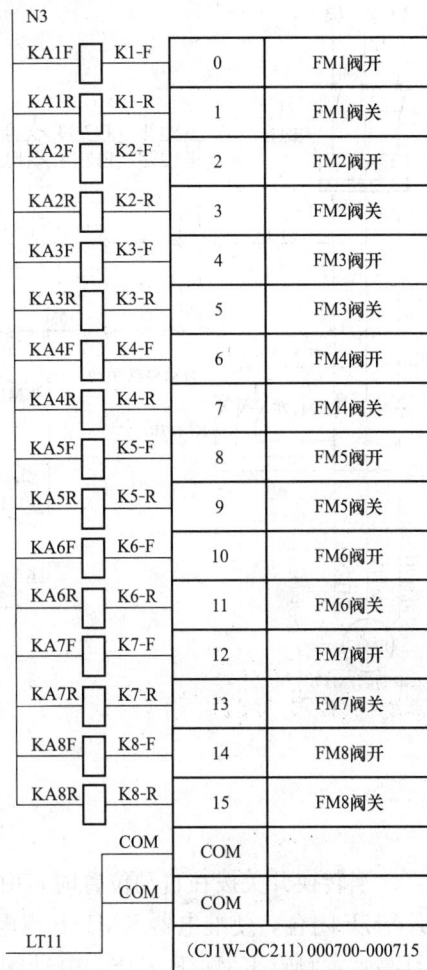

N3

KA1F	K1-F	0	FM1阀开
KA1R	K1-R	1	FM1阀关
KA2F	K2-F	2	FM2阀开
KA2R	K2-R	3	FM2阀关
KA3F	K3-F	4	FM3阀开
KA3R	K3-R	5	FM3阀关
KA4F	K4-F	6	FM4阀开
KA4R	K4-R	7	FM4阀关
KA5F	K5-F	8	FM5阀开
KA5R	K5-R	9	FM5阀关
KA6F	K6-F	10	FM6阀开
KA6R	K6-R	11	FM6阀关
KA7F	K7-F	12	FM7阀开
KA7R	K7-R	13	FM7阀关
KA8F	K8-F	14	FM8阀开
KA8R	K8-R	15	FM8阀关
COM	COM		
COM	COM		
LT11	(CJ1W-OC211) 000700-000715		

图 11-4　PLC 输出模块电路图

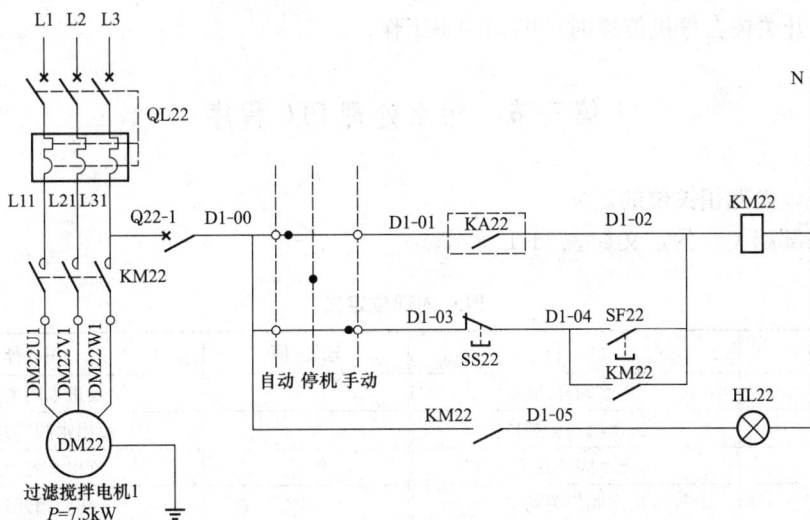

图 11-5　搅拌电机电路图

213

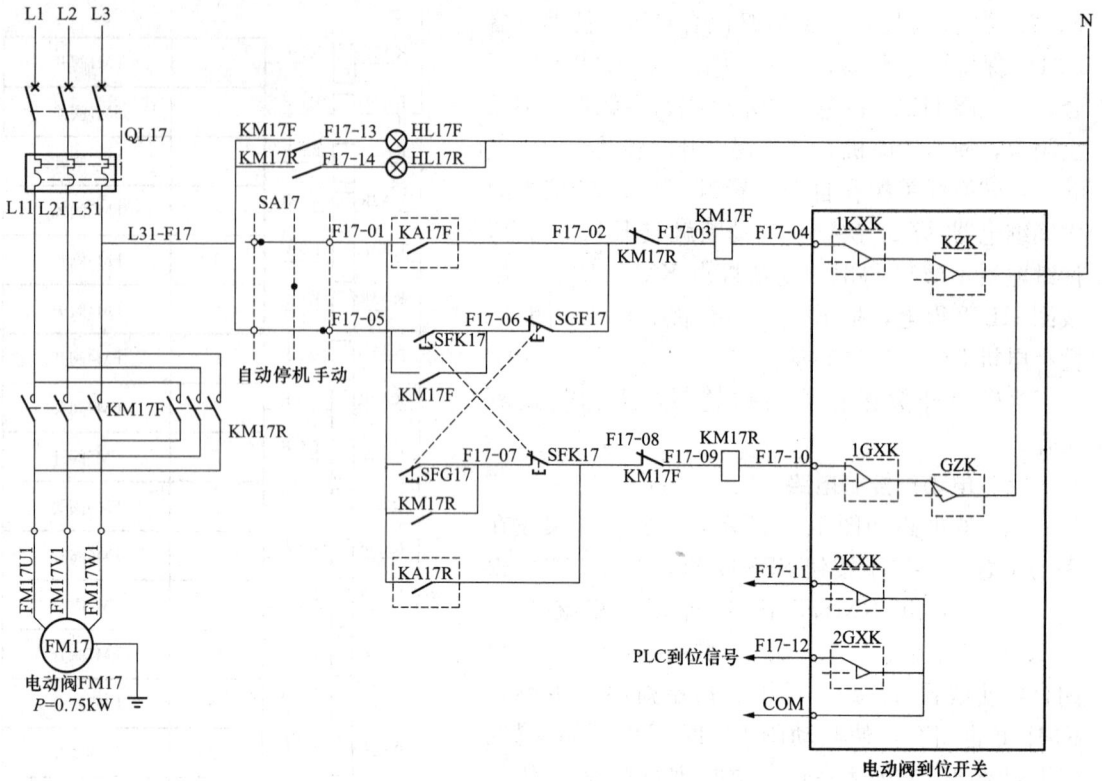

图 11-6　电动阀电路图

　　当转换开关拨在自动位置时，由 PLC 控制输出的中间继电器 KA17F 得电，其动断接点 KA17F 闭合，使继电器 KM17F 得电；动断接点 KM17F 闭合，使线圈 HL17F 得电，指示灯亮；主触点 KM17F 闭合，电动阀 KM17F 得电正转。经过一段时间后，当需要反转时，中间继电器 KA17F 失电，继电器 KM17F 也失电，同时中间继电器 KA17R 得电，其动断接点 KA17R 闭合，继电器 KM17R 得电，主触点闭合，电动阀反转。

　　当转换开关拨在停机位置时，电动阀不工作。

第三节　污水处理 PLC 程序

一、PLC 内部相关位的定义

　　PLC 内部相关位的定义如表 11-1 所示。

表 11-1　　　　　　　　　　　　　　PLC 内部位定义

地址/值	注　释	地址/值	注　释
0.00	进水阀开到位	0.05	反进水阀关到位
0.01	进水阀门关到位	0.06	反出水阀门开到位
0.02	出水阀开到位	0.07	反出水阀关到位
0.03	出水阀门关到位	0.08	初滤阀开到位
0.04	反进水阀开到位	0.09	初滤阀关到位

地址/值	注 释	地址/值	注 释
0.10	旁通阀开到位	7.00	进水阀开
0.11	闭旁通阀到位	7.01	进水阀门关闭
0.12	二级进水阀开到位	7.02	出水阀开
0.13	二级进水阀门关到位	7.03	出水阀门关闭
0.14	二级出水阀开到位	7.04	反进水阀开
0.15	二级出水阀门关到位	7.05	反进水阀关
1.00	二级反进水阀开到位	7.06	反出水阀门打开
1.01	二级反进水阀关到位	7.07	反出水阀关
1.02	二级反出水阀门开到位	7.08	初滤阀门开
1.03	二级反出水阀关到位	7.09	初滤阀关
1.04	二级初滤阀门开到位	7.10	旁通阀打开
1.05	二级过滤关阀到位	7.11	闭旁通阀
1.06	二级旁通阀开到位	7.12	二级进水阀开
1.07	二级闭旁通阀到位	7.13	二级进水阀门关
1.08	三级进水阀门开到位	7.14	二级出水阀开
1.09	三级进水阀门关到位	7.15	二级出水阀门关
1.10	三级出水阀门开到位	8.00	二级反进水阀开
1.11	三级出水阀门关到位	8.01	二级反进水阀关
1.12	三级反进水阀开到位	8.02	二级反出水阀门开
1.13	三级反出水阀关到位	8.03	二级反出水阀关
1.14	三级反出水阀门开到位	8.04	二级初滤阀门开
1.15	三级反出水阀门关到位	8.05	二级过滤关
2.00	三级初滤阀开到位	8.06	二级旁通阀打开
2.01	三级初滤阀关	8.07	闭二级旁通阀
2.02	三级旁通阀开到位	8.08	三级进水阀开
2.03	三级旁通阀关到位	8.09	三级进水阀门关
2.04	排气阀开到位	8.10	三级出水阀门开
2.05	排气阀关到位	8.11	三级出水阀门关
2.06	进气阀开到位	8.12	三级反进水阀开
2.07	进气阀关到位	8.13	三级反进水阀关
2.08	风机放水阀开到位	8.14	三级反出水阀门开
2.09	放水关到位	8.15	三级反出水阀门关
2.10	提升电机升到位	9.00	三级初滤阀开
2.11	提升电机压	9.01	三级初滤阀关
2.12	提升电机提升到位	9.02	三级旁通阀开
6.10	一级反冲洗启动	9.03	三级旁通阀关
6.11	停止	9.04	排气阀开
6.12	启动	9.05	排气阀关
6.13	停止	9.06	进气阀开到位
6.14	启动	9.07	进气阀关
6.15	停止	9.08	风机放水阀开

地址/值	注　释	地址/值	注　释
9.09	放水阀关	70.05	三级进水阀门关
9.10	搅拌机	70.06	三级进水阀门关
9.11	二搅拌机	70.07	三级进水阀门关
9.12	提升电机提升	71.00	三级出水阀门开
9.13	提升电机压	71.01	三级出水阀门开
9.14	反冲洗泵1	71.02	三级出水阀门开
9.15	反冲洗泵2	71.03	三级出水阀门开
10.00	鼓风机	71.04	三级出水阀门关
10.02	中间池上限	71.05	三级出水阀门关
10.03	中间池下限	71.06	三级出水阀门关
10.04	清水池上限	71.07	三级出水阀门关
10.05	清水池下限	71.09	组合2
10.06	污水液位上限	72.00	三级反进水阀开
10.07	污水液位下限	72.01	三级反进水阀开
10.08	故障	72.02	三级反进水阀开
10.09	接收灌上限	72.03	三级反进水阀开
10.10	接收灌下限	72.04	三级反进水阀关
20.00	一级反冲洗	72.05	三级反进水阀关
28.00	反冲洗泵	72.06	三级反进水阀关
28.01	反冲洗泵	72.07	三级反进水阀关
28.02	反冲洗泵	73.00	三级反出水阀门开
28.03	反冲洗泵	73.01	三级反出水阀门开
28.04	反冲洗泵	73.02	三级反出水阀门开
28.05	反冲洗泵	73.03	三级反出水阀门开
28.06	反冲洗泵	73.04	三级反出水阀门关
28.07	反冲洗泵	73.05	三级反出水阀门关
28.08	反冲洗泵	73.06	三级反出水阀门关
28.15	反冲洗泵	73.07	三级反出水阀门关
40.00	二级反冲洗	74.00	三级初滤阀开
60.00	三级反冲洗	74.01	三级初滤阀开
60.07	阀组合到位	74.02	三级初滤阀开
60.09	阀组合到位	74.03	三级初滤阀开
61.00	排气阀开	74.04	三级初滤阀关
61.01	进气阀开	74.05	三级初滤阀关
61.02	进气阀开	74.06	三级初滤阀关
61.05	进气阀关	74.07	三级初滤阀关
70.00	三级进水阀开	75.00	三级旁通阀开
70.01	三级进水阀开	75.01	三级旁通阀开
70.02	三级进水阀开	75.02	三级旁通阀开
70.03	三级进水阀开	75.03	三级旁通阀开
70.04	三级进水阀门关	75.04	三级旁通阀关

续表

地址/值	注　释	地址/值	注　释
75.05	三级旁通阀关	91.00	三级过滤结束
75.06	三级旁通阀关	91.01	三级过滤结束脉冲
75.07	三级旁通阀关	92.00	E 二级过滤结束
76.00	提升电机提升	92.01	E 二级过滤结束
76.01	提升电机提升	93.00	E 二级过滤结束
76.02	提升电机提升	93.01	E 二级过滤结束
76.03	提升电机提升	95.00	故障
76.04	提升电机压	95.01	故障
76.05	提升电机压	100.00	系统开
76.06	提升电机压	200.00	系统开
76.07	提升电机压	D0	一级 t1
77.00	排气阀开	D2	t2
77.01	排气阀开	D4	一级 t3
77.02	排气阀开	D6	t4
77.03	排气阀开	D8	t5
77.04	排气阀关	D10	2t1
77.05	排气阀关	D12	2t2
77.06	排气阀关	D14	2t3
77.07	排气阀关	D16	2t4
77.08	排气阀关	D30	3t1
78.00	鼓风机	D32	3t2
78.01	鼓风机	D34	3t3
78.02	鼓风机	D36	3t4
78.03	鼓风机	D38	3t5
79.00	进气阀开	D40	3t6
79.01	进气阀开	D42	3t7
79.02	进气阀开	D44	3t8
79.03	进气阀开	D46	3t9
79.04	进气阀关	D48	3t10
79.05	进气阀关	D50	3t11
79.06	进气阀关	D52	3t12
79.07	进气阀关	D60	一级 t1
80.00	风机放水阀开	D62	t2
80.01	风机放水阀开	D64	一级 t3
80.02	风机放水阀开	D70	2t1
80.03	风机放水阀开	D72	2t2
80.04	风机放水阀关	D74	2t3
80.05	风机放水阀关	D76	2t4
80.06	风机放水阀关	D78	2t5
80.07	风机放水阀关	D160	当前时间/s
90.00	第二回合条件	D180	二进制当前时间/s

地址/值	注　释	地址/值	注　释
D230	3t1	D342	3t7
D232	3t2	D344	3t8
D234	3t3	D346	3t9
D236	3t4	D348	3t10
D250	3t11	D234	3t6

二、开关量 PLC 程序

1. 具体控制要求

（1）人机界面上设有过滤器 1 或过滤器 2 的启动和停止触摸键，操作后系统自动运行或停止。在设置时间的正常工作流程情况下进水阀 FM1 和出水阀 FM2 处于开状态，其他四个阀处于关状态。

（2）当每天设定工作的时间到时（过滤器 1 为每天 0：00 时，8：00 时，16：00 时。过滤器 2 为每天 9：00 时，21：00 时）进入到反冲洗流程。

（3）进入反冲洗流程时：反冲洗进水阀 FM3，反冲洗出水阀 FM4，旁通阀 FM6 打开，同时进水阀 FM1 和出水阀 FM2 关闭。同时反冲洗泵 DM25、DM26 启动。此过程为滤料膨胀过程。

（4）反冲洗泵 DM25、DM26 启动后，工作时间要求在 GOT 上可调 T1（为 0～5min），在设定的工作时间到后，反冲洗泵 DM25、DM26 自动停止。先开反冲洗泵的作用是将过滤器 1 内的滤料膨胀。

（5）此时，当反冲洗泵自动停止后，同时打开搅拌电机（过滤器 1 为 DM22，过滤器 2 为 DM23），工作时间同样要求在 GOT 上可调 T2（为 0～5min），此过程为搅拌过程。当搅拌电机工作时间到后，再次开反冲洗水泵 DM25、DM26。

（6）此时状态为反冲洗进水阀 FM3、反冲洗出水阀 FM4、旁通阀 FM6、搅拌电机、反冲洗水泵均为同时工作状态，进水阀 FM1、出水阀 FM2 为关闭。进入过滤器 1 的搅拌反排清理过程。

（7）在搅拌反排清理过程中，该工作时间同样要求在 GOT 上可调 T3（为 0～30min），当此段工作时间到后，同时关闭搅拌电机 DM22，反冲洗电机 DM25、DM26，反进水阀 FM3，反出水阀 FM4。

（8）此时旁通阀 FM6 还处于打开状态，同时再打开初滤阀 FM5，此时只有这两个阀处于打开状态，其余阀和泵，搅拌电机为关闭状态，为放水沉降过程。

（9）该放水沉降过程同样要求在 GOT 上可调 T4（为 0～5min），当此段工作时间到后，关闭旁通阀 FM6，同时打开进水阀 FM1，此时系统进入初滤过程。

（10）初滤过程同样要求在 GOT 上可调 T5（为 0～15min），当此段工作时间到后，关闭初滤阀 FM5，同时再打开出水阀，进入到正常工作流程状态，当再到每天的另一个时段后，再次重复以上过程。

（11）人机界面上设有过滤器 3 的启动和停止触摸键，操作后系统自动运行或停止。在设定的正常工作流程情况下，进水阀 FM13 和出水阀 FM14 处于开状态，其他处于关状态。

（12）当每天设定工作的时间到时（过滤器 3 为 10：00 时的一个时间段）进入到反冲洗流程。

（13）进入反冲洗流程时：反冲洗进水阀 FM15，反冲洗出水阀 FM16、旁通阀 FM18、排气阀 FM19、风机放水阀 FM21 打开，同时进水阀 FM13 和出水阀 FM14 关闭。提盖电机 DM24 正转提压，此过程为提盖过程。

（14）该提盖过程，工作时间要求在 GOT 上可调 T1（0～5min），但提压过程中，提盖在上升时，设有一个限位开关 SQ1，当限位开关产生动作时，为提压过程优先结束条件。

（15）提盖过程结束后，提压电机 DM24 停止，同时启动反冲洗泵 DM25、DM26，关闭排气阀 FM19，风机放水阀 FM21，此过程为滤料膨胀过程。

（16）该滤料膨胀过程同样要求在 GOT 上可调 T2（时间为 0～5min），当此段工作时间到后，关闭反冲洗泵 DM25、DM26，再同时打开排气阀 FM19，启动鼓风机 DM27，打开进气阀 FM20，此过程为气洗过程。

（17）气洗过程时，同样要求在 GOT 上可调 T3（0～10min），当此段工作时间到后，鼓风机 DM27 停止，关闭排气阀 FM19 和进气阀 FM20，进入到水反冲洗过程。

（18）该水反冲洗过程同样要求在 GOT 上时间可调 T4（0～5min），当此段工作时间到后，将反冲洗水泵 DM25、DM26 关闭停止，同时将压盖电机 DM24 反转工作，进入到压盖排水过程。

（19）该压盖排水过程时间同样在 GOT 上可调 T5（0～5min），但在压盖过程中，设一个限位开关 SQ2，当限位开关产生动作时，为压盖过程优先结束。在压盖排水此段工作时间结束后，有如下两种情况中的一种会产生：一种是压盖排水过程结束后，直接进入到初滤过程，此时进水阀 FM13 打开，初滤阀 FM17 打开，同时反进水阀 FM15、反出水阀 FM16、旁通阀 FM18 关闭，提压电机 DM24 停止工作，进入到初滤过程。初滤过程同样要求在 GOT 上时间可调 T11（0～15min），当此段工作时间到后，再打开出水阀 FM14，同时关闭初滤阀 FM17，进入正常流程状态，等待下一个时间段到后再进入重复工作流程。另一种是进入第二个回合，再次进行从提盖到压盖排水这样一个过程，其工作时间、流程、状态与上一周期相同。第二回合结束后，再进入初滤阶段。

（20）第二回合时间设置同第一回合一样，设为 T6～T10。但当 T6～T10 的时间值均设为 0，或部分为 0 时，则不执行第二回合 T6～T9 的时间过程。过滤器 2 与过滤器 1 控制要求相同。

2. 一级反冲洗程序

如图 11-7 和图 11-8 所示，一级反冲洗过程如下：一种是正常的工作状态，此时进水阀门和出水阀门打开，其余阀门全部关闭，污水从上部进，下部出；另一种是反冲洗状态，当该过滤器过滤阻力升高或过滤出水水质下降时，说明该过滤器滤料需要进行反冲洗，第一步是旁通阀门打开，进、出水阀门关闭，反冲洗进、出水阀门打开，打开反冲泵使滤料膨胀（T1）；第二步是关闭反冲洗泵，打开搅拌机搅拌（T2）；第三步是打开反冲洗泵，联合搅拌反冲水洗（T3）；第四步是关闭反冲洗泵和搅拌电机，关闭反冲洗进、出水阀门，打开初滤出水阀门放水沉降（T4）；第五步是打开进水阀门，关闭旁通阀门，初滤出水排掉（T5）；最后打开出水阀门，关闭初滤阀门，过滤器回到正常的工作状态。如此反复，完成过滤和反洗过程。

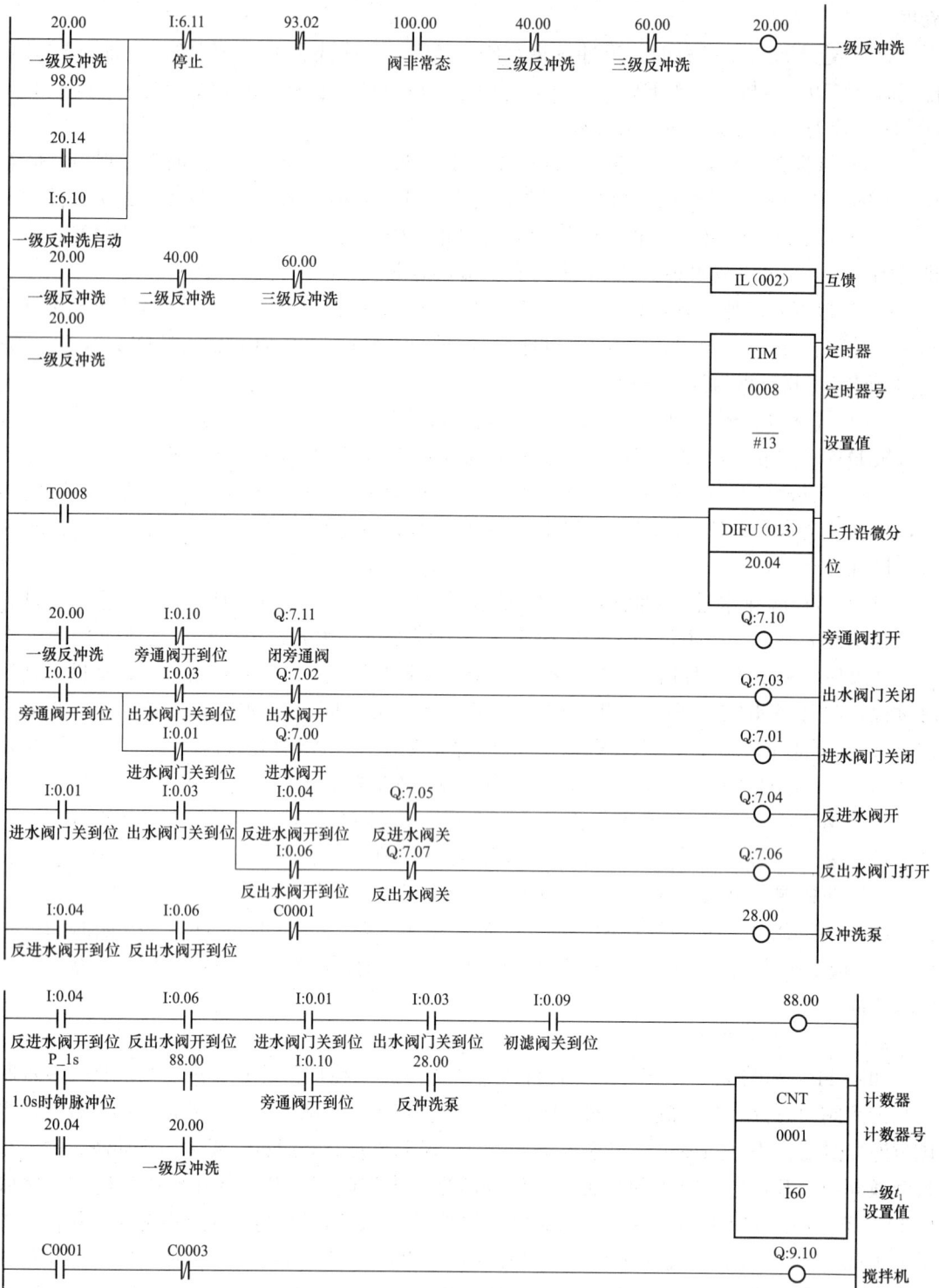

图 11-7　一级反冲洗程序 1

I:0.04	I:0.06	I:0.01	I:0.03	I:0.09	88.01
反进水阀门到位 P 1s	反出水阀门开位 C0001	进水阀门关到位 88.01	出水阀门关到位 I:0.10	初滤阀关到位 28.03	
1.0s时钟脉冲位 20.04	20.00 一级反冲洗		旁通阀开到位	反冲洗泵	CNT 0002 $\overline{D62}$

计数器
计数器号
t_2 设置值

| C0002 | C0003 | I:0.06 | | | 28.03 |
| | 反出水阀门开到位 | | | | 反冲洗泵 |

I:0.04	I:0.06	I:0.01	I:0.03	I:0.09	88.02
反进水阀开到位 P 1s	反出水阀门开到位 C0002	进水阀门关到位 88.02	出水阀门关到位 I:0.10	初滤阀关到位 28.03	
1.0s时钟脉冲位 20.04	20.00 一级反冲洗		旁通阀开到位	反冲洗泵	CNT 0003 $\overline{D64}$

计数器
计数器号
一级 t_3 设置值

| C0003 | I:0.05 | Q:7.04 | Q7.05 |
| | 反进水阀关到位 | 反进水阀开 | 反进水阀关 |

| C0003 | I:0.07 | Q:7.06 | Q7.07 |
| | 反出水阀关到位 | 反出水阀门打开 | 反出水阀关 |

| C0003 | I:0.08 | Q:7.09 | C0005 | Q7.08 |
| | 初滤阀开到位 | 初滤阀关 | | 初滤阀门开 |

I:0.05	I:0.07	I:0.01	I:0.03	I:0.08	88.03
反进水阀关到位 P 1s	反出水阀关到位 C0003	进水阀门关到位 88.03	出水阀门关到位 I:0.10	初滤阀开到位 28.03	
1.0s时钟脉冲位 20.04	20.00 一级反冲洗		旁通阀开到位	反冲洗泵	CNT 0004 $\overline{D66}$

计数器
计数器号
设置值

| C0004 | I:0.00 | Q:7.01 | Q:7.00 |
| | 进水阀开到位 | 进水阀门关闭 | 进水阀开 |

| C0004 | I:0.11 | Q:7.10 | Q:7.11 |
| | 闭旁通阀到位 | 旁通阀打开 | 闭旁通阀 |

I:0.05	I:0.07	I:0.00	I:0.03	I:0.08	88.04
反进水阀关到位 P 1s	反出水阀关到位 C0004	进水阀门到位 88.04	出水阀门关到位 I:0.10	初滤阀开到位 28.03	
1.0s时钟脉冲位 20.04	20.00 一级反冲洗		旁通阀开到位	反冲洗泵	CNT 0005 $\overline{D68}$

计数器
计数器号
设置值

| C0005 | I:0.02 | Q:7.03 | Q:7.02 |
| | 出水阀开到位 | 出水阀门关闭 | 出水阀开 |

| C0005 | I:0.09 | Q:7.08 | Q:7.09 |
| | 初滤阀关到位 | 初滤阀门开 | 初滤阀关 |

| I:0.00 | I:0.02 | I:0.05 | I:0.07 | I:0.09 | 93.00 |
| 进水阀开到位 | 出水阀开到位 | 反进水阀关到位 | 反出水阀关到位 | 初滤阀关到位 | E二级过滤结束 |

| 93.00 | | DIFU(013) 93.01 |
| E二级过滤结束 | | 上升沿微分 E二级过滤结束位 |

| 93.00 | C0005 | TIM 0002 $\overline{\#15}$ |
| E二级过滤结束 | | 计数器 计数器号 设置值 |

| T0002 | | DIFU(013) 93.02 |
| | | 上升沿微分位 |

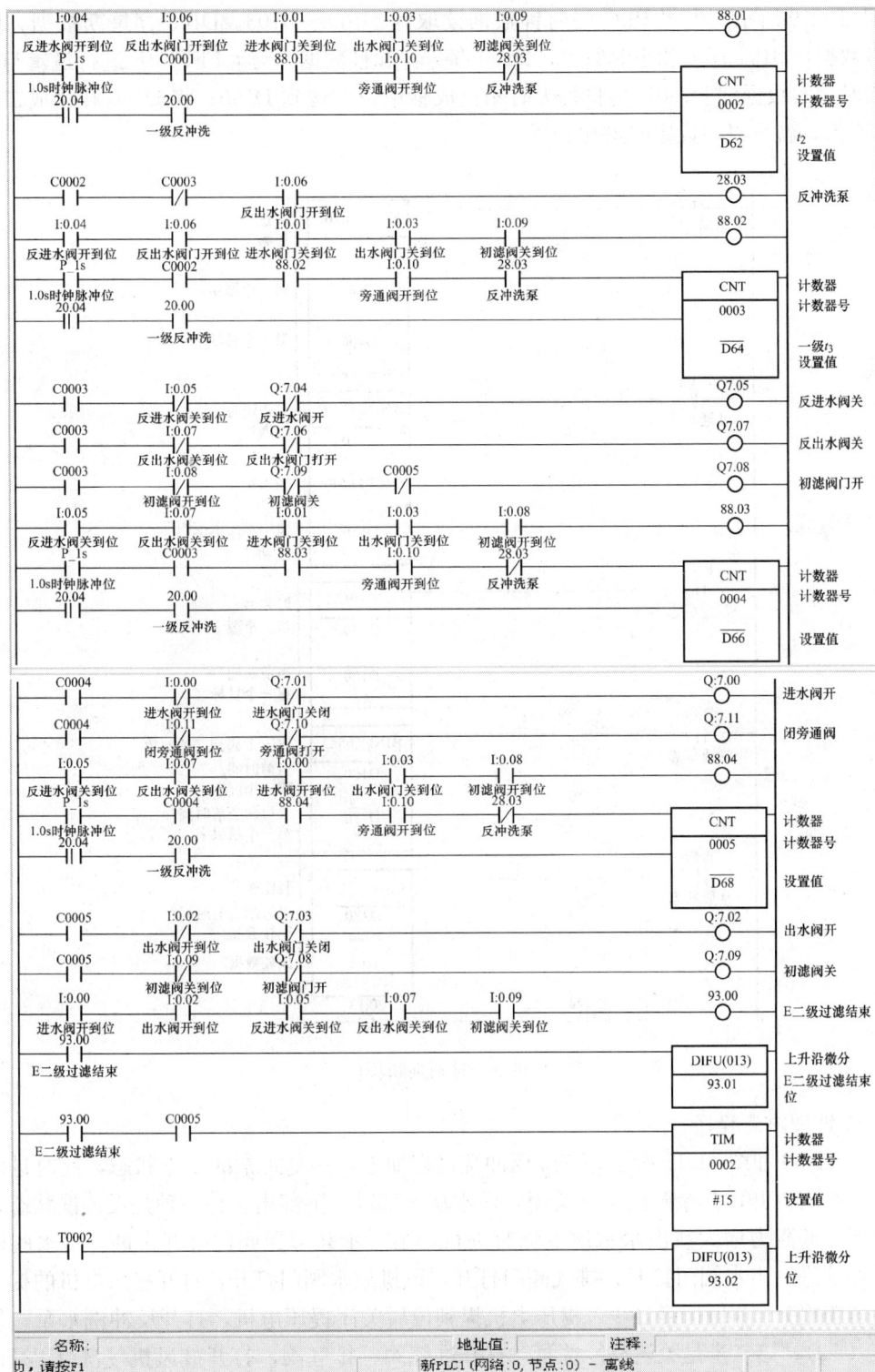

图 11-8　一级反冲洗程序 2

3. 时刻判断程序

如图 11-9 所示，先将 PLC 的时钟数据读取到 D100～D103。D103 存星期数据，D102 存年月数据，D101 存天和小时数据，D100 存分钟和秒数据，与♯FFFFFF 进行逻辑与，留下每天时刻的数据到 D130；再将每天时刻化成秒单位，送到 D160；将 D160 转化成二进制到 D180 后，就可以与设定时刻比较了。

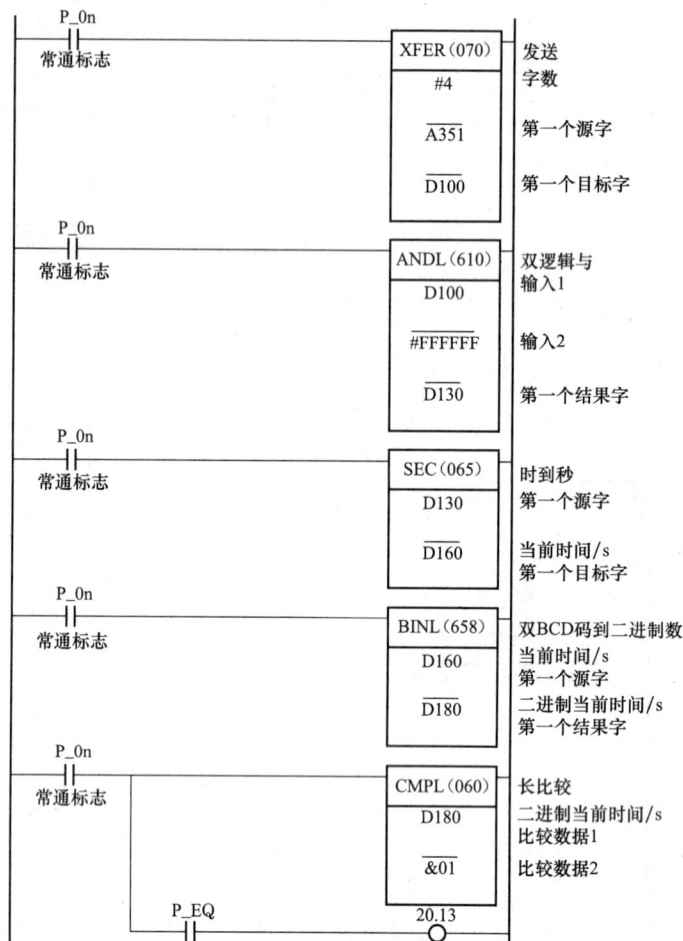

图 11-9　时刻判断程序

4. 三级反冲洗程序

如图 11-10 和图 11-11 所示，三级反冲洗过程如下：一是正常的工作状态，此时进水阀门和出水阀门打开，其余阀门全部关闭，污水从上部进，下部出。另一种是反冲洗状态，当该过滤器过滤阻力增大或出水水质下降时进行，第一步是旁通阀门打开，进、出水阀门关闭，反冲洗进、出水阀门打开，排气阀门打开，风机放水阀门打开，打开提压电机的提升按钮，使压盖提升（T1）；第二步是提压电机提到位后关闭提压电机，打开反冲洗水泵，使滤料膨胀（T2）；第三步是关闭反冲洗泵，打开进气阀、排气阀，打开鼓风机气洗（T3）；第四步是打开反冲洗泵进行气水联合反洗（T4）；第五部是关闭进气阀、鼓风机和排气阀进行水洗（T5）；第六部是关闭反冲洗水泵，打开提压电机的下压按钮，压盖排水（T6）。如果

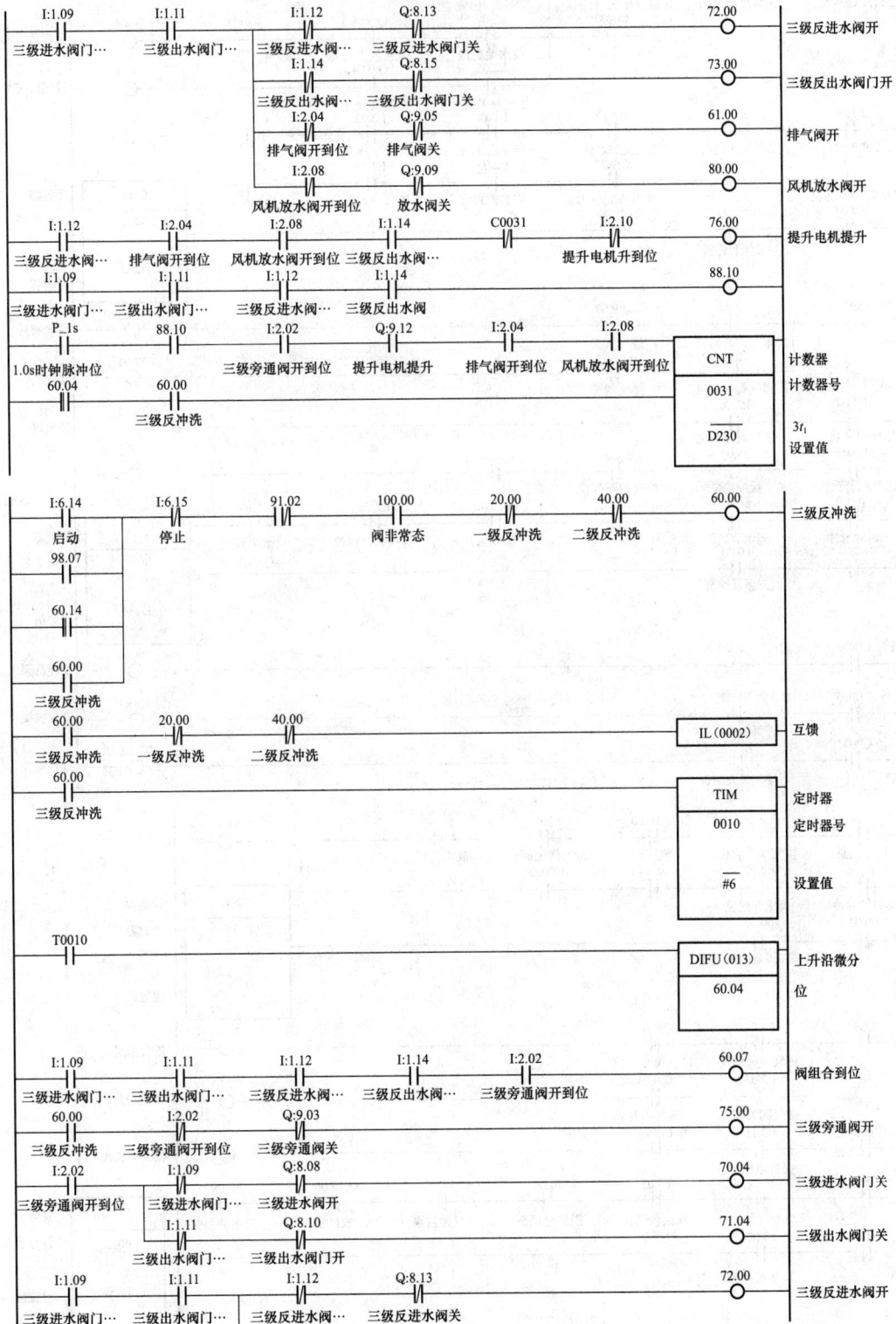

图 11-10　三级反冲洗程序 1

I:1.12　三级反进水阀…
I:1.14　三级反出水阀…
I:2.10　提升电机升到位　C0031
C0032
28.04　反冲洗泵

I:2.09　放水关到位　Q:9.08　风机放水阀开
80.04　风机放水阀

I:2.05　排气阀关到位　Q:9.04　排气阀开
77.04　排气阀关

I:1.09　三级进水阀门…P_1s
I:1.11　三级出水阀门…88.11
I:1.12　三级反进水阀…Q:9.12
I:1.14　三级反出水阀…I:2.09
I:2.02　三级旁通阀开到位　I:2.05
C0031
88.11

1.0s时钟脉冲位　60.04
60.00　三级反冲洗
提升电机提升
放水关到位
排气阀关到位
反冲洗泵　28.04

CNT
0032
D232
计数器
计数器号
3t_2　设置值

C0032
I:2.06　进气阀开到位　Q:9.07　进气阀关
79.03　进气阀开

I:2.04　排气阀开到位　Q:9.05　排气阀关
77.01　排气阀开

I:2.04　排气阀开到位　I:2.06　进气阀开到位　C0033
78.00　放风机

I:2.06　进气阀开到位　P_1s
28.04　反冲洗泵　60.07
I:2.04　排气阀开到位　88.12
C0032
88.12

1.0s时钟脉冲位　60.04
阀组合到位　60.00　三级反冲洗
放风机　Q:10.00
进气阀开到位　I:2.06
放水关到位　I:2.09

CNT
0033
D234
计数器
计数器号
3t_3　设置值

C0033　C0034
28.06　反冲洗泵

C0033　I:2.07　进气阀关到位
61.05　进气阀关

C0033　I:2.05　排气阀关到位
77.08　排气阀关

28.06　反冲洗泵　P_1s
I:2.05　排气阀关到位　60.07
Q:10.00　放风机　88.14
I:2.07　进气阀关到位　C0033
I:2.09　放水关到位
88.14

1.0s时钟脉冲位　60.04
阀组合到位　60.00　三级反冲洗

CNT
0034
D236
计数器
计数器号
3t_4　设置值

C0033　I:2.07　进气阀关到位　Q:9.06　进气阀开到位
79.04　进气阀关

I:2.05　排气阀关到位　Q:9.04　排气阀开
77.05　排气阀关

C0034　I:2.11　提升电机压　C0035
76.04　提升电机压

C0034　P_1s
60.07　阀组合到位
76.04　提升电机压
28.06　反冲洗泵
Q:10.00　放风机
I:2.09　放水关到位

1.0s时钟脉冲位　60.04
60.00　三级反冲洗

CNT
0035
D238
计数器
计数器号
设置值

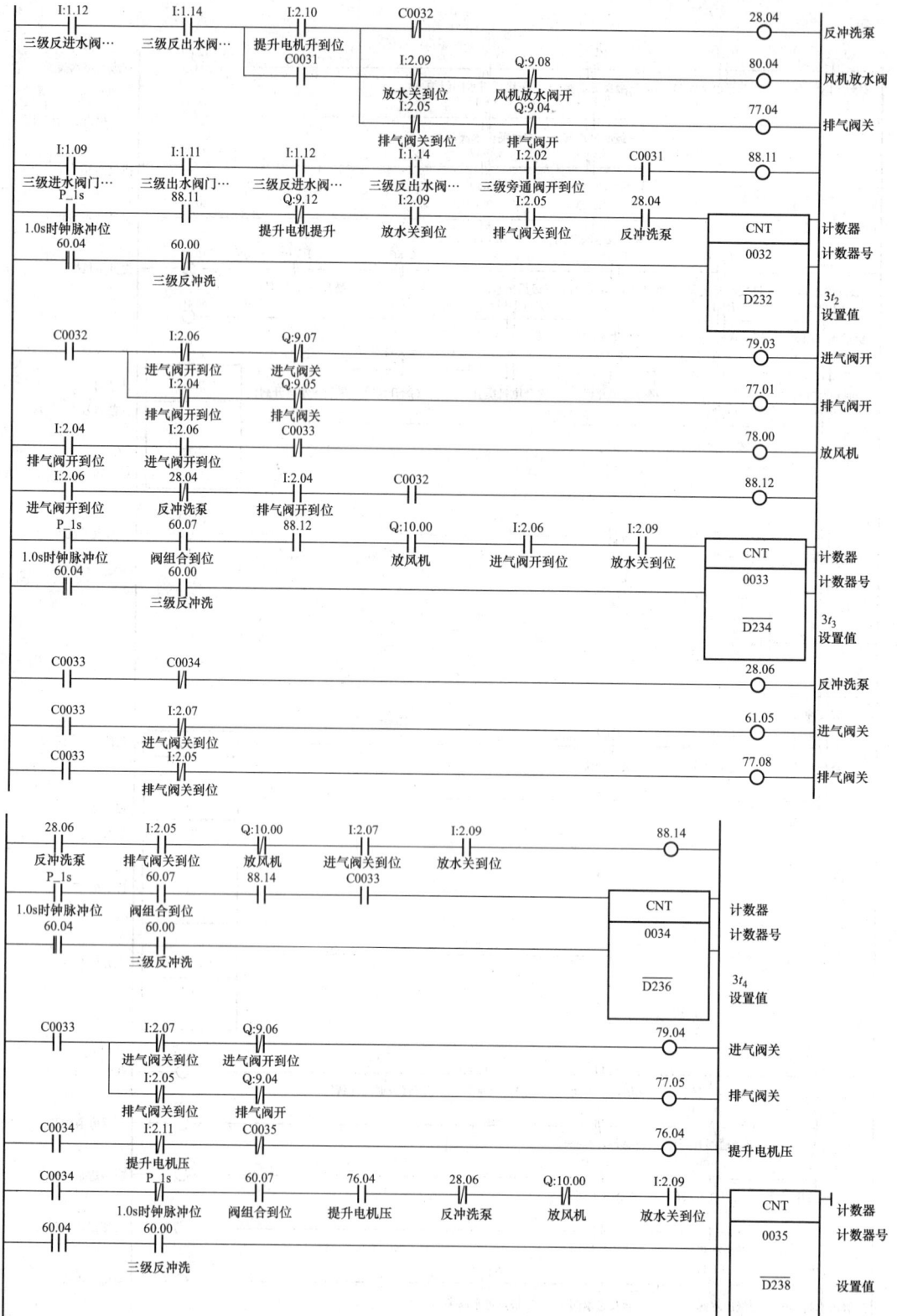

图 11-11　三级反冲洗程序 2

一个反冲洗循环后清洗效果不理想，可以重复以上六个过程实现二次反冲洗，再关闭反冲洗进、出水阀门，打开进水阀门和初滤阀门，关闭旁通阀门，初滤出水排掉（T13），最后打开出水阀门，关闭初滤阀门，过滤器回到正常的工作状态。如此反复，完成过滤和反洗过程。

具体过程如下。

提盖过程：按下"启动"按钮（6.14 置 1），线圈 60.00 得电，开始三级反冲洗过程，三级旁通阀打开（线圈 75.00 置 1），当三级旁通阀开到位（2.02 置 1）时，三级进水阀门关闭（70.04 置 1），三级出水阀门关闭（71.04 置 1）；当三级进水阀门关到位（1.09 置 1），三级出水阀门关到位（1.11 置 1）时，三级反进水阀门打开（72.00 置 1），三级反出水阀门打开（73.00 置 1），排气阀打开（61.00 置 1），风机放水阀打开（80.00 置 1），线圈 76.00 得电，提压电机提升。

滤料膨胀过程：当提压电机提到位（2.10 置 1）时，反冲洗泵线圈 28.04 得电工作。

气洗过程：当设定时间到，计数器 C0032 的设置值 D232 减为 0 时，动合接点 C0032 断开，反冲洗泵线圈 28.04 失电，停止工作；动断接点 C0032 闭合，进气阀打开（79.03 置 1），排气阀打开（77.01 置 1），当排气阀开到位（2.04 置 1），进气阀开到位（2.06 置 1），线圈 78.00 得电，鼓风机工作。

气水联合反洗过程：当设定时间到，计数器 C0033 的设置值 D234 减为 0 时，动断接点 C0033 闭合，线圈 28.06 得电，反冲洗泵开始工作；进气阀关闭（61.05 置 1），排气阀关闭（77.08 置 1），进行水洗。

压盖排水过程：当设定时间到，计数器 C0034 的设置值 D236 减为 0 时，动合接点 C0034 断开，线圈 28.06 失电，反冲洗泵停止工作；动断接点 C0034 闭合，线圈 76.04 得电，提压电机提升，开始压盖排水。

三、模拟量 PLC 程序

1. 模拟量单元参数的设置

（1）单元号开关硬件单元设为#0。CPU 单元和模拟量输入单元通过特殊 I/O 单元区域和特殊 I/O 单元 DM 区域交换数据，每个模拟量输入单元占据的特殊 I/O 单元区域和特殊 I/O 中单元 DM 区域字地址是由单元前板上的单元号开关设置的。设置单元号前，需保持电源是关闭（OFF）状态，单元号开关与特殊 I/O 单元的关系见表 11-2 所示。

表 11-2　　　　　　　　　　　单元号开关与特殊 I/O 单元关系

开关设置	单元号	特殊 I/O 单元区域地址	特殊 I/O 单元 DM 区域地址
0	单元#0	CIO2000～CIO2009	D20000～D20099
1	单元#1	CIO2010～CIO2019	D20100～D20199
2	单元#2	CIO2020～CIO2029	D20200～D20299
3	单元#3	CIO2030～CIO2039	D20300～D20399
4	单元#4	CIO2040～CIO2049	D20400～D20499
5	单元#5	CIO2050～CIO2059	D20500～D20599
6	单元#6	CIO2060～CIO2069	D20600～D20699
7	单元#7	CIO2070～CIO2079	D20700～D20799
8	单元#8	CIO2080～CIO2089	D20800～D20899

开关设置	单元号	特殊 I/O 单元区域地址	特殊 I/O 单元 DM 区域地址
9	单元 9	CIO2090～CIO2099	D20900～D20999
10 ～	单元♯10	CIO2100～CIO2109 ～	D21000～D21099 ～
n	单元♯n	CIO2000＋(n×10)～ CIO2000＋(n×10)＋9	D20000＋(n×100)～ D20000＋(n×100)＋99
～ 95	单元♯9	～ CIO2950～CIO2959	～ D29500～D29599

如果两个或更多特殊 I/O 单元被指定了同一个单元号，将产生一个 UNIT No DPL ERR 的错误（在编程器里）（A40113 将转到 ON），PLC 将不操作。

DM 字地址 m＝20000＋（单元号×100）＝20000＋（0×100）＝20000

CIO 字地址 n＝2000＋（单元号×10）＝2000＋（0×10）＝2000

（2）操作模式开关的设置：普通模式，具体设置见表 11-3 所示。

表 11-3   模 式 开 关 的 设 置

插头号		模式
1	2	
OFF	OFF	普通模式
ON	OFF	调整模式

（3）电压/电流开关。模拟量转换输入可以通过改变接线板后面的电压/电流开关的插头设置，将从电压输入调成电流输入。本单元采用 4～20mA 电流输入。

（4）重启动特殊 I/O 单元。第一种方法是将 PLC 电源先关闭再接通；第二种方法是将特殊 I/O 重启动位转成 ON，将单元号的重启动位设置成 ON，然后再设置成 OFF，重启动单元。单元♯0 所对应的区域地址为 A50200。

单元号重启动位与区域字地址的具体关系见表 11-4 所示。

表 11-4   单元号重启动位与区域字地址

特殊 I/O 单元区域字地址	功能	
A50200	单元 0 号重启动位	
A50201	单元 1 号重启动位	
～	～	
A50215	单元 15 号重启动位	置 ON 然后再置 OFF，重启动单元
A50300	单元 16 号重启动位	
～	～	
A50715	单元 95 号重启动位	

如果重启动单元或将特殊 I/O 单元重启动位置 ON，然后再置 OFF，仍然不能更正错误，则要换掉模拟量输入单元。

（5）输入断开检测功能。每个输入号的输入断开检测信号都存储在 CIO 字 n＋9 的位 00～07 中，根据执行条件，规定这些位可使用用户程序中的断开检测。每个输入信号范围的检测条件如表 11-5 所示。

表 11-5 　　　　　　　　　　　　　**输入信号检测条件**

范　围	电压/电流
1～5V	最大 0.3V
4～20mA	最大 1.2mA

当一个给定输入的断开被检测出来时，相应的位设置成 ON，断开存储时，位设置成 OFF。

使用 CJ1W-AD041 时需要注意如下几点：

1）模块分辨率有 1/4000 和 1/8000 两种，在 D(M＋18) 的通道中可以设置要哪种分辨率，注意在设置完后，还需要 PLC 断电上电一次才会生效。

2）CJ1W-DA041 的模块必须要外加 DC24V 供电才可以使用。

3）在接 CJ1W-DA041 电流输出和电压输出时要注意看螺钉端子。如果第一路输出是电压时，接 A1、A2 端子；第一路输出是电流时，接 A3、A2 端子。

4）在使用 CJ1W-AD041 时，是电压还是电流输入，需要把螺丝端子台卸下来，通过拨开关来选择开关。默认设置为 OFF，OFF 代表电压输入，ON 代表电流输入。

5）在 CJ1W-DA041 的模块上有 ERC 灯亮的话，说明输入的设置值有问题，超过了规定的量程范围，查看 CIO：n＝2000＋（单元号×10)＋9 通道里面的哪几个位被置为 1，置 1 的那个位对应的输出模拟量设置就有问题，需要到对应的输入设置通道中进行修改。

2. 液位测量接线图

液位测量接线图如图 11-12 所示。该接线图主要用于中间罐，清水罐及污水池液位的测量。

3. 污水池液位的测量 PLC 程序

清水罐上下液位的测定程序如图 11-13 所示。

只有当 2009.02 处无断开（无故障）时才能读取模拟输入转换值，先将数据送到 D202，否则程序将被不运行；再转换成 BCD 数据到 d282，作标度变换，把数据存放到 D324 中，D90 和 D91 中分别存放清水池上下液位的设定值；当 D324 中的数据大于 D90 的数据时，线圈（10.04）得电，上限指示灯开始闪烁；当 D324 中的数据小于 D90 的数据时，线圈（10.05）得电，下限指示灯闪烁。

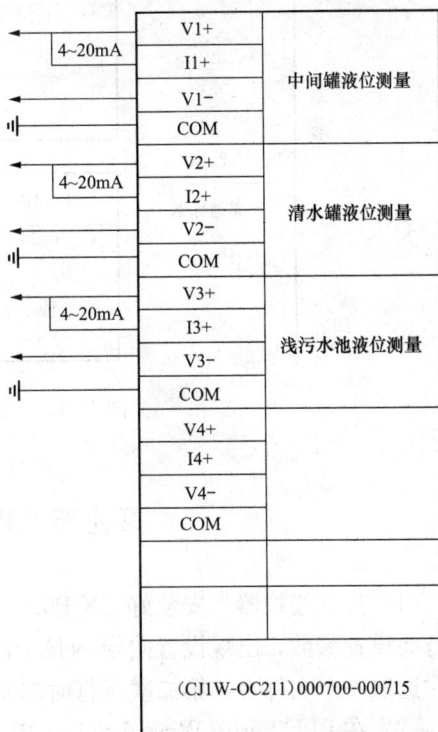

图 11-12　液位测量接线图

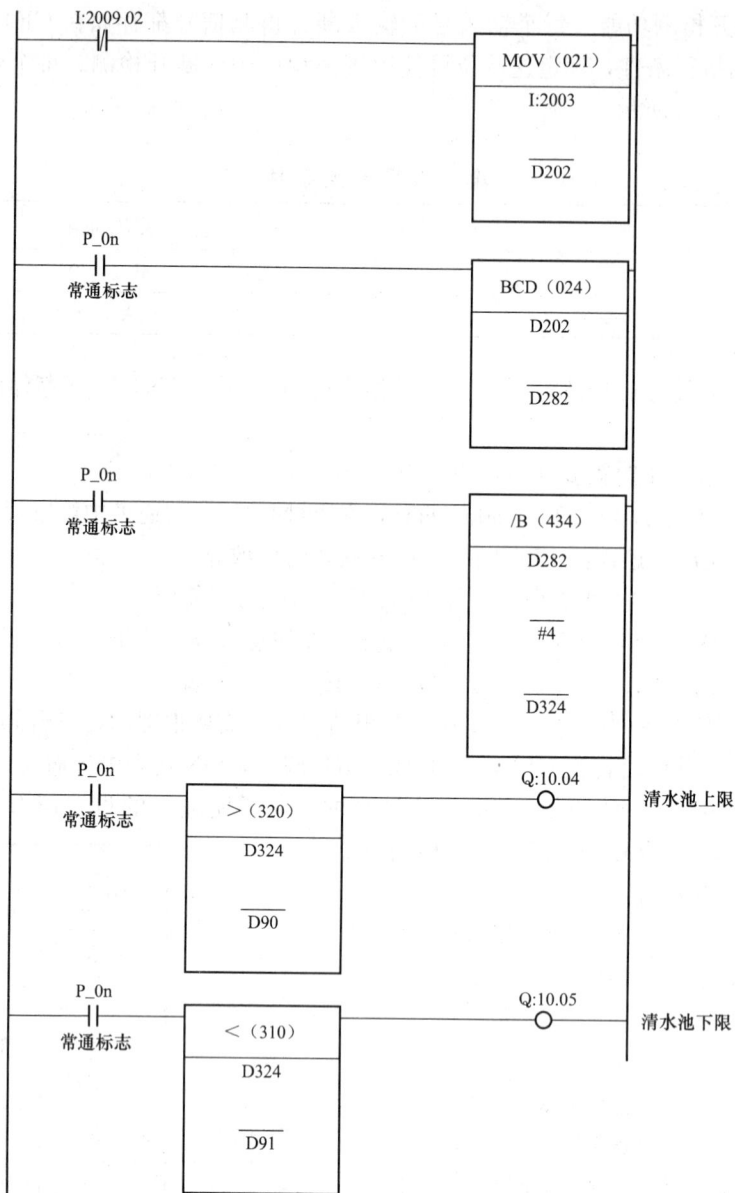

图 11-13　清水罐上下液位的测定程序

第四节　PLC 程序的仿真调试

（1）打开模拟器。安装好 CX-P5.0 及 CX-Simulator 1.5 后，运行模拟器主程序。首次运行要设置参数，出现设置向导 Select PLC，选中 Create a new PLC（PLC Setup Wizard）后，选取一个文件夹，第二次运行时选 open an existing PLC，如图 11-14 所示。

（2）在 PLC Setup Wizard-Select PLC Type 对话框中选取一个 PLC 型号 CJ1M-CPU22，如图 11-15 所示。

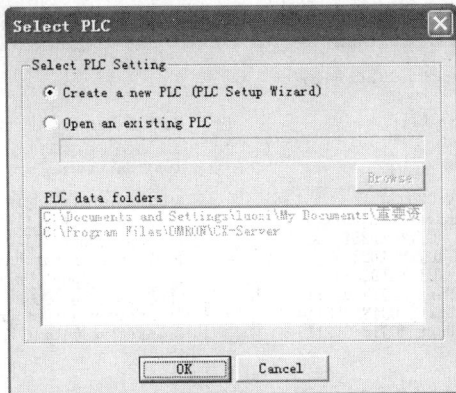

图 11-14　选择 Create a new PLC

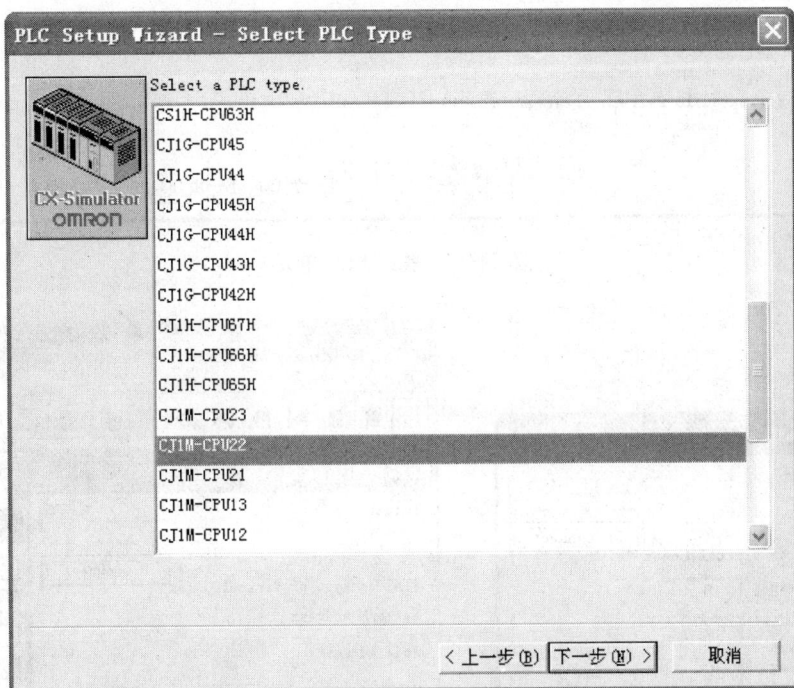

图 11-15　选择 PLC 型号

单击"下一步"按钮，登记 PLC 单元，如图 11-16 所示。

（3）在左面分别加入输入模块与输出模块，单击"下一步"按钮直至完成。

（4）在 Work CX-Simulator 对话框中（此 Connect 项位于 CX-Simulator Debug Console 的菜单 File 下）的 Virtual 下拉选框中选 Controller Link，单击 Connect，连接成功，如图 11-17 所示。

（5）再单击 CX-Simulator Debug Console 中最左边的三角形按钮［Run（Monitor Mode）］，Run 指示灯变绿，模拟 PLC 已开始运行，可以用 CX-P5.0 下载或上传梯形图程序，如图 11-18 所示。

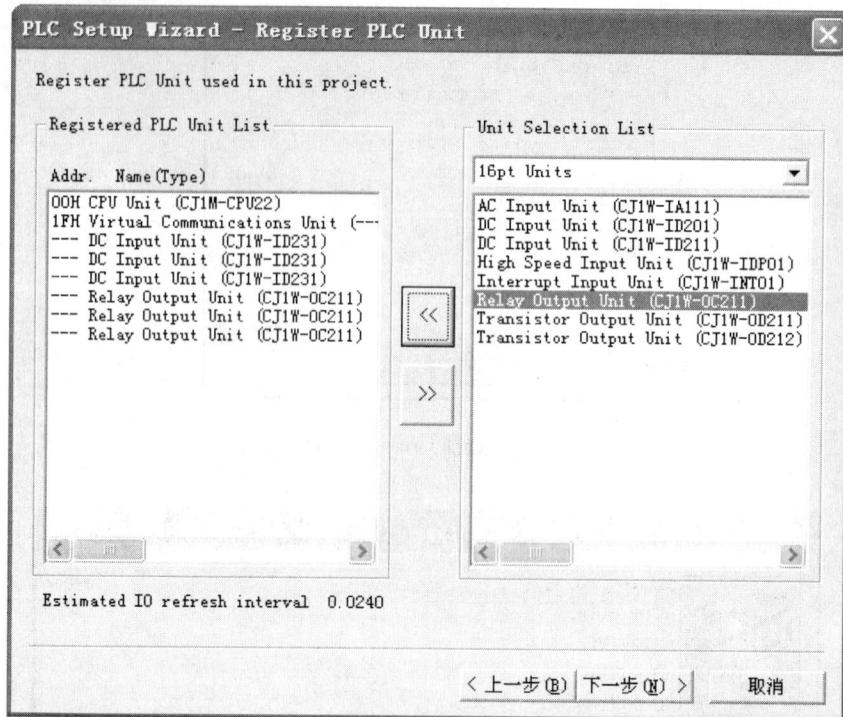

图 11-16　登记 PLC 单元

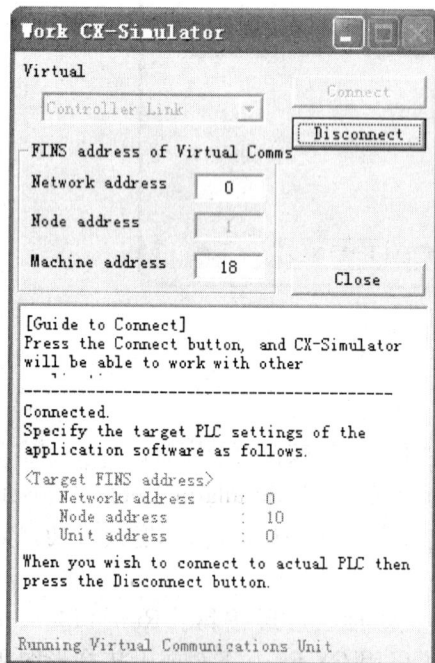

图 11-17　建立连接

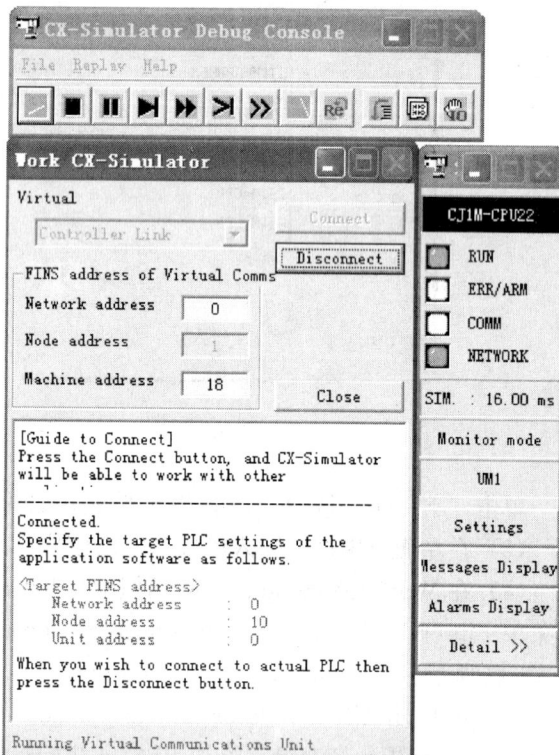

图 11-18　模拟 PLC 开始运行

（6）运行 CX-P5.0，在"文件"菜单下新建一个工程，要选和模拟器一样的 CPU 类型，则在"更改 PLC"对话框中将设备类型选取为 CJ1MG，其右的设置中，CPU 选 CPU42。

（7）CX P5.0 与 PLC 连接，单击 CX P5.0 的菜单 PLC｜"工作在线仿真器"，出现"上传"对话框（PLC｜CX P5.0），单击"取消"，因为 PLC 是空的，上传会冲掉用户刚编的程序，需向 PLC 下载，如图 11-19 所示。

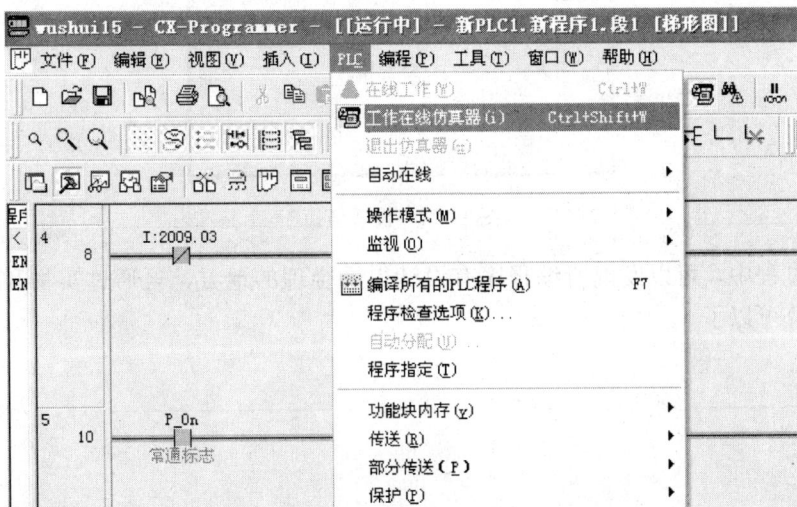

图 11-19　工作在线仿真器

（8）向 PLC 下载程序，如图 11-20 所示。单击 CX P5.0 的菜单 PLC｜"传送（R）"｜"到 PLC"，在梯形图上就看到运行情况。如果要修改梯形图，则要断开与模拟 PLC 的仿真状态。

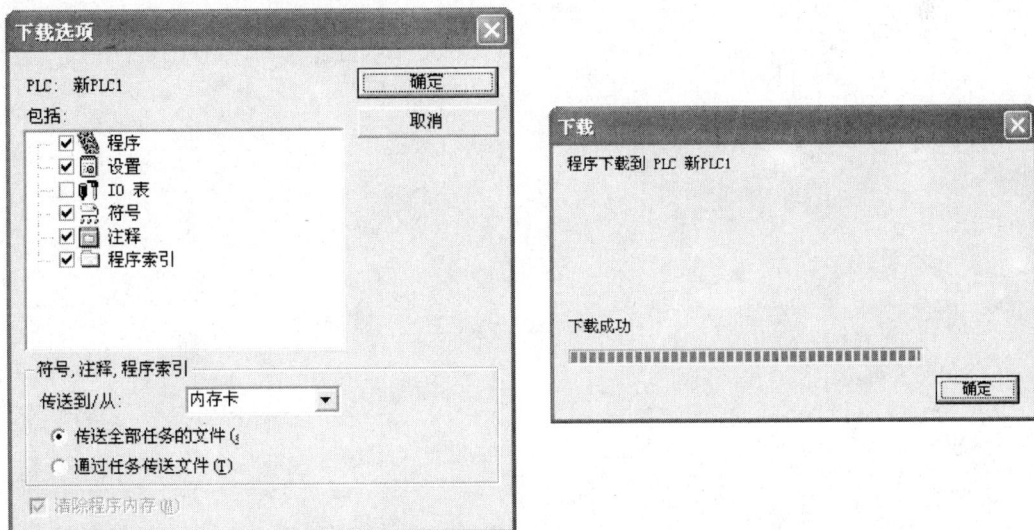

图 11-20　下载 PLC 程序

（9）调试 PLC 程序。可以监视梯形图，一些输入点可以采用强制方法实现，还可以设置新值。

　　例如，调试过程中双击 20.00（一级反冲洗），弹出对话框如图 11-21 所示。可以设置新值 1，程序就进入一级反冲洗状态了。

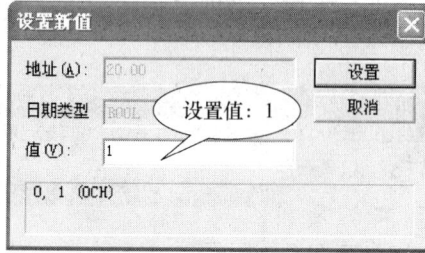

图 11-21　设置新值

　　在调试过程中，可以发现所编程序有设计得不合理的地方，再通过实物和现场调试修改，程序就算可以了。

第十二章

坪桥污水处理系统触摸屏程序

第一节　NT631C 设置与连接

一、PT 和 PLC 连接

最简单的连接方法是将 PT（OMRON 触摸屏）的 RS-232C 端口和 PLC 的 RS-232 端口之间直接连接。根据将要连接的上位机（这里一般指 PLC，下同），可以使用带连接器的 OMRON 电缆，可用如图 12-1 所示的方法进行连线。

二、安装系统程序

在正常完成系统程序的清除后，会自动建立下载程序待机状态。当 NT631/NT631C 进入这个状态时，从个人计算机中的系统安装器中传送系统程序。下载期间，传送过程会显示在屏幕上。

三、从支持工具传送画面数据

将 NT631C 连接到装有支持工具的个人计算机，并接通 NT631C 的电源。接通个人计算机电源并启动支持工具。NT631C 的系统菜单如图 12-2 所示，选择"传送模式"。在支持工具中打开要传送的画面数据，然后在支持工具的"连接"菜单中选择"下载"，并指定要传送的数据。传送画面数据时，会显示传送情况。

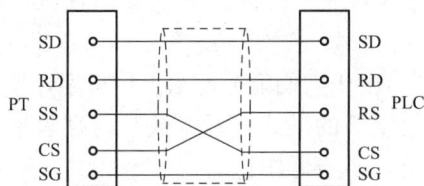

图 12-1　PT 和 PLC 连线

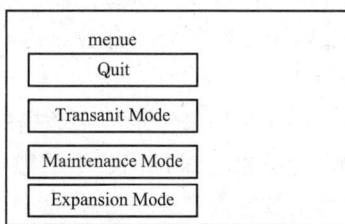

图 12-2　NT631C 系统菜单

四、通过内存开关设置和 PLC 通信

NT631C 可通过以下三种通信方式和上位机连接：上位机连接方式、NT 连接（1∶1）方式、NT 连接（1∶N）方式。

NT631C 有两个端口，根据需要它们都可以用于和上位机的通信。在内存开关设置画面中进行设置。

选择"维修模式" ｜ "内存开关"，如图 12-3 所示。

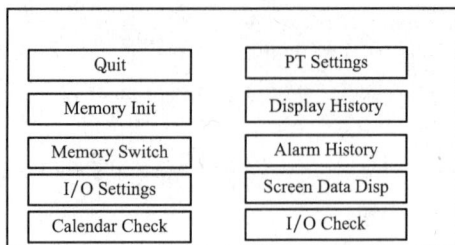

图 12-3　"维修模式"菜单

按对应要设置上位连接方式的串行口（A 通信方法或 B 通信方法）的触摸开关，显示"上位机连接"设置选项，如图 12-4 所示。每按一次触摸开关，设置选项就变化一次。

按"通信速度"触摸开关，显示要设置的通信速度。

五、PT 设置状态

选择"维修模式"｜"内存开关"。按 PT SETTINGS，可以设置 PT 状态通知区和 PT 状态控制区的地址，如图 12-5 所示。

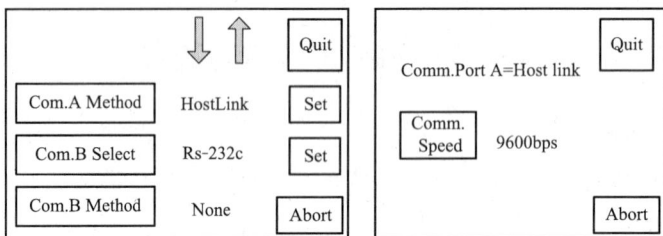

图 12-4　设置串行口通信

PT 状态通知区用来在 NT631C 内存表数据内容被改变时，把内存表编号通知给上位机，并通知类似 PT 状态改变这类信息。

PT 状态控制区用来指定在 NT631C 上显示的画面，在 NT631C 内存表间复制数据内容及控制背灯的状态和其他状态。当数据从上位机（P）写入该区域时，NT631C 读取数据并进行相应操作，但是应注意当前显示的画面编号也能从 NT631C 写入到"画面切换设置"字中。

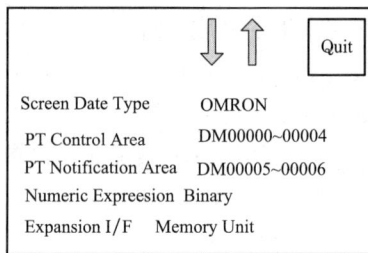

图 12-5　PT SETTINGS

如图 12-6 所示，PT 状态控制区由五个连续的字构成，第一个字（字 n）设置在支持工具的 PT 配置中，NT631C 有数字内存表、字符串内存表、位内存表三类内存区，可以从 PLC 随意写入。

数字内存表是用来记录数字数据的内部存储器。由于它们能分配给上位机字，所以上位机字的内容能够通过 NT631C 中的数字内存表以数字值的形式显示。数字内存表指定数字内存表编号。数字内存表号 247～255 用作时钟功能，不能再作它用。

图 12-6　PT 状态控制区

字符串内存表是记录字符串数据的内部内存。由于字符串内存表可分配字给上位机，所以上位机字的内容可以通过字符串内存表在 NT631C 上以字符串形式显示。给字符串内存表分配字符串内存表编号，以便能管理及单独指定它们。当字符串内存表分配给上位机一个字或几个字时，字符串内存表的内容就可以被写入到字中。

位内存表用于位数据的内部存储。它们可分配给上位机的一个位并能根据该位的状态执行某个特殊的功能。给位内存表分配位内存表编号以便能管理和单独指定它们。

第二节　触摸屏开机界面的制作

本文使用 NTST4.7C 软件来编辑触摸屏的画面，总共设计了 9 个画面。通过对触摸屏的操作可以改变或监视 PLC 内部相关位的状态，实现控制的目的。

一、新建工程（触摸屏系统参数设置）

打开 NTST4.7C 软件，单击工具栏上的□按钮或单击 File | New 菜单，弹出 PT 组态对话框，如图 12-7 所示，在其中选择 PLC 和触摸屏的类型。

单击 System 选项卡，配置系统属性，如图 12-8 所示。

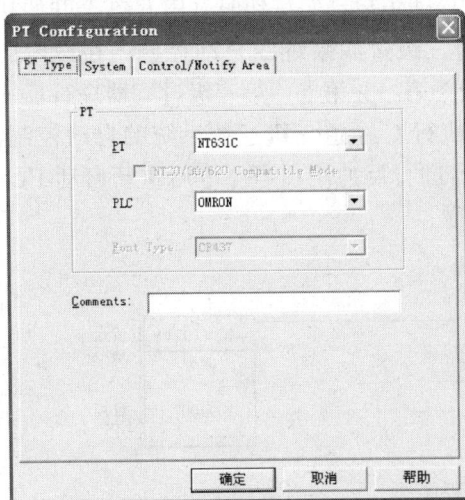

图 12-7　PT 类型设置　　　　图 12-8　系统设置

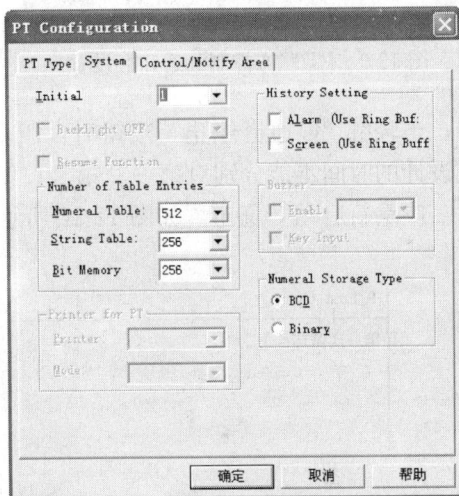

属性设置：初始化画面为 1；表入口编号：数字表为 512（数字内存表号 0～511）；字符串表为 256（字符串表号 0～256）；位内存表号为 256（字符串表号 0～256）。数字存储类型：BCD 存储类型。

由于数字内存表和画面数据共同分享内存区，所以如果数字内存表设置得太大，就减少了画面数据可用的内存区。

BCD 格式的存储类型：当使用 BCD 格式时，"值"（初始值）和上位机（PLC）字的内容都理解为 BCD 数据，但是由于在上位机字中不可能输入负号，在最高位上用字母"F"来表示负值，在"值"的设置中可使用负号，所以在设置时，可以以正常方式输入负值。如果一个数字的最高位是字母 A～E 中的一个，或不在符号位的其他位置上有 A～F 中的一个字母，当把它存储到上位字中时，认为是非法数据而无效并且保持原来的值。

单击 Control/Notify Area 按钮，如图 12-9 所示。

PT 状态控制区用来指定在 NT631C 上显示的画面，在 NT631C 内存表间复制数据内容及控制背灯的状态。

地址为 D00500 所对应的 PLC 程序，如图 12-10 所示。

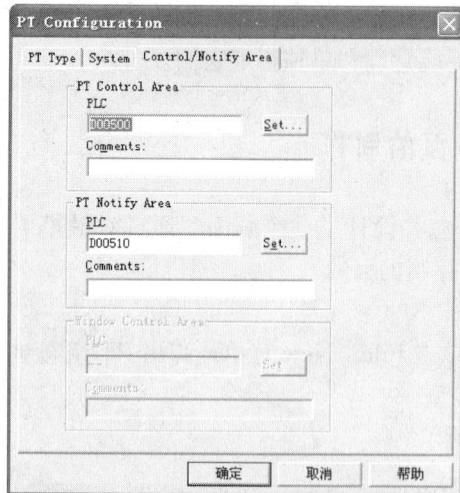

图 12-9　PT 状态控制和通知区设置

把画面号 5（开始画面）传送到 D500 中，用于设置开机画面。设置完毕，单击"确定"按钮，进入画面组态，如图 12-12 所示，开始各个界面的设计，总共设计了 9 个画面，分别是开机画面、工艺流程监控画面、帮助、通道时间调整、12 级周期表、3 级周期表、12 级时间调整、报警画面。

二、开机画面的制作

（1）画面的功能。如图 12-11 所示，画面号为 5，此画面共设有 3 个屏幕按钮键，当轻触"进入系统"按钮时，屏幕将进入到监控画面；当轻触"C 通道启动"按钮时，PLC 就会开始执行 C 通道三级过滤系统的自动控制，在设定的时刻分别对第一、第二、第三级过滤器进行反冲洗；当轻触"C 通道停止"按钮时，PLC 就会终止执行 C 通道三级过滤系统的自动控制，在设计的时间不能分别对第一、第二、第三级过滤器进行反冲洗；当停电后重新启动 PLC 时，应重新启动 C 通道，如图 12-12 所示。

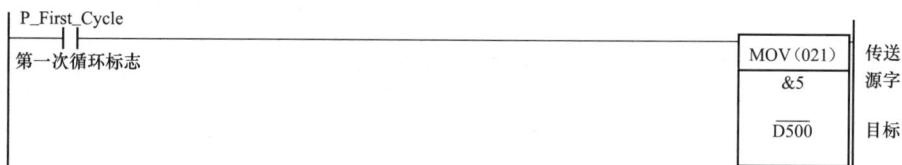

图 12-10　画面显示程序

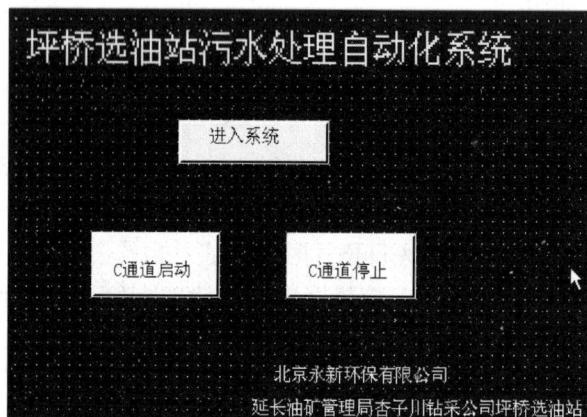

图 12-11　开机画面

（2）Text 文本的制作。单击工具栏上的 A 按钮，属性设置如图 12-13 所示。单击"确定"按钮，显示文本如图 12-14 所示。

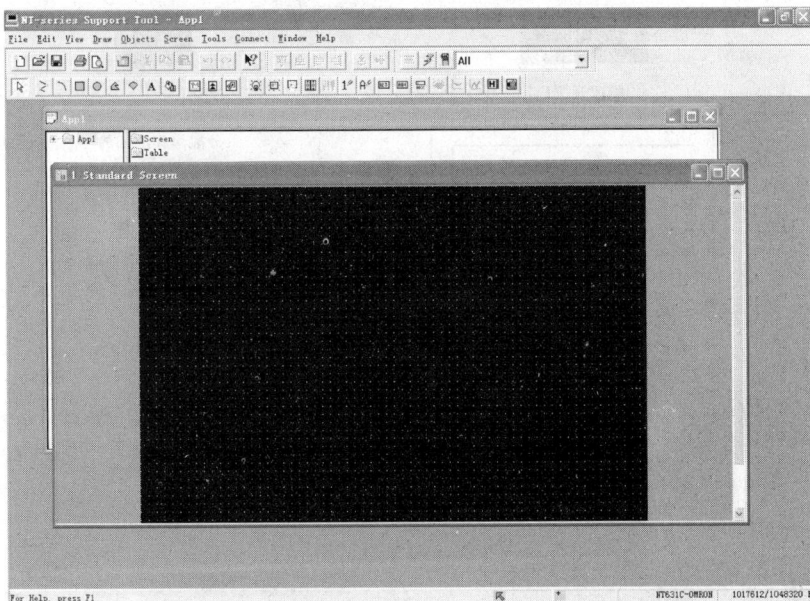

图 12-12　画面组态界面

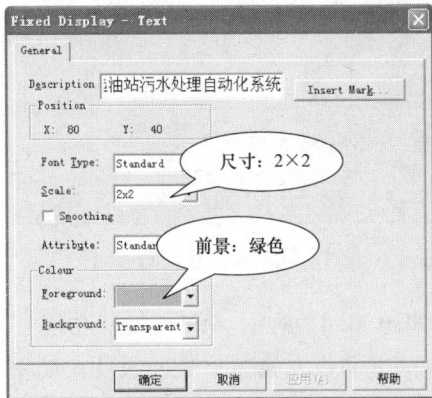

图 12-13　文本的属性设置

图 12-14　文本的设置

（3）触摸开关的工作原理。从画面的触摸板进行输入，按下接触画面上的触摸开关，可以切换 NT631C 的画面，把位信息传送到上位机；当按下一个触摸开关时，上位机中起通知作用的位（"通知位"）的状态就会被改变，如图 12-15 所示。它可以以下面四种方式的任一种方式进行变化。

1）瞬动：当按下触摸开关时，通知位置 1（ON），释放时，通知位还原成 0（OFF）。

2）交替：每次按下触摸开关时，如果当前状态是 0（OFF），则通知位置 1（ON）；如果当前状态是 1（ON），则通知位置成 0（OFF）。

3）置位：按下触摸开关，通知位置 1（ON）。

4）复位：按下触摸开关，通知位置 0（OFF）。

（4）"进入系统"按钮的制作。

"进入系统"开关的功能：①画面切换，当按下"进入系统"触摸开关，画面切换到污

237

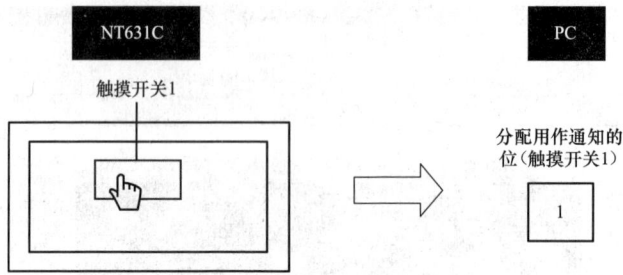

图 12-15　触摸开关的演示图

水处理监控画面；②显示工作状态：当为 OFF 时为浅蓝色，当为 ON 时为绿色。

选择触摸开关部件或单击触摸开关回按钮，放置到合适位置，设置 General 属性如图 12-16 所示。

单击上图中的 Settings 按钮，设置 Settings 属性，如图 12-17 所示。

图 12-16　"进入系统"触摸开关属性设置

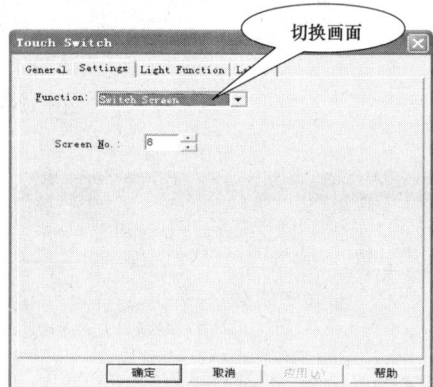

图 12-17　设置开关的功能

（5）C 通道启动按钮制作。触摸开关属性设置如图 12-18 所示，Fuction（功能）选择 Notify Bit（通知位），PLC 地址 100.00，Action Type（动作）选置（位）SET。如果是 C 通道停止按钮动作选 Reset（复位）。

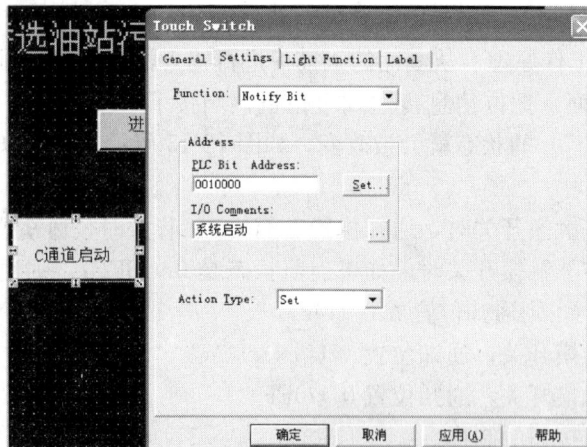

图 12-18　C 通道启动按钮触摸开关属性设置

单击上图中 Light Function 及 Set 按钮，弹出指示灯设置对话框，设置属性如图 12-19 所示。

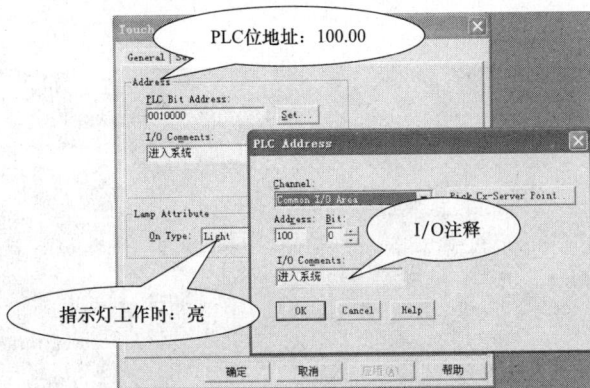

图 12-19 指示灯功能设置

位地址为 100.00 所对应的 PLC 程序，如图 12-20 所示。

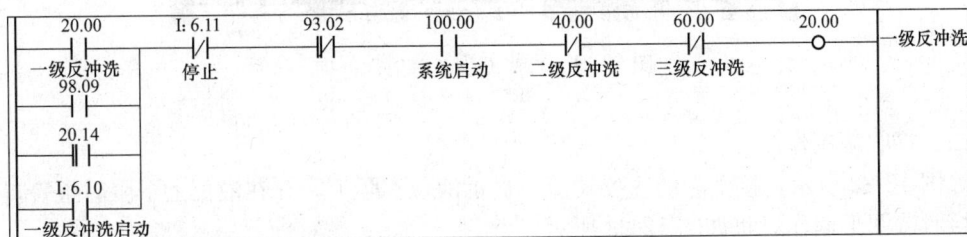

图 12-20 进入系统 PLC 程序

当按下"启动"开关（100.00）时，系统即进入准备状态，等待程序的运行。

第三节 污水处理系统监控界面的制作

一、监控画面的功能

如图 12-21 所示，此画面是整个污水处理系统工艺流程的直观反应，可以了解到整个污水处理系统各个设备的工作状态；接收水罐、中间水罐、清水罐和污水池的液位实时在屏幕显示；当各个设备有故障时实时显示并报警；各水罐和污水池在低液位和高液位时也报警，同时控制相应泵的打开；绿色管线表示污水处理运行的主流程；深蓝色是初滤出水管线；浅蓝色是反冲洗进水管线；红色是反冲洗出水管线；黄色是反冲洗气管线；箭头表示介质流向。画面共 12 个功能键，底部 6 个，从左到右分别是"封面"、"解除报警"、"报警"、"时间液位调整"、"帮助"和"周期表设定"。轻触"封面"屏幕退回到开机画面；当系统有故障时 PLC 内部有报警系统自动报警，轻触"解除报警"报警声会停止，有故障的设备会在屏幕上以黄色显示，应及时处理。轻触"时间液位调整"按钮，屏幕将显示"C 通道时间调整"画面；轻触"帮助"按钮，屏幕将显示"帮助"画面；在 C 通道过滤系统每个过滤器旁有"启动"和"停止"按钮，两组合计 6 个按钮，其功能是在正常工作状态下可以随时实现每一个过滤器的反冲洗，轻按"启动"按钮，则该过滤器自动切换到反冲洗状态，反冲洗完毕后回到正常工作状态；在反冲洗状态时轻按"停止"按钮，则该过滤器停止反冲洗，并恢复到正常工作状态。

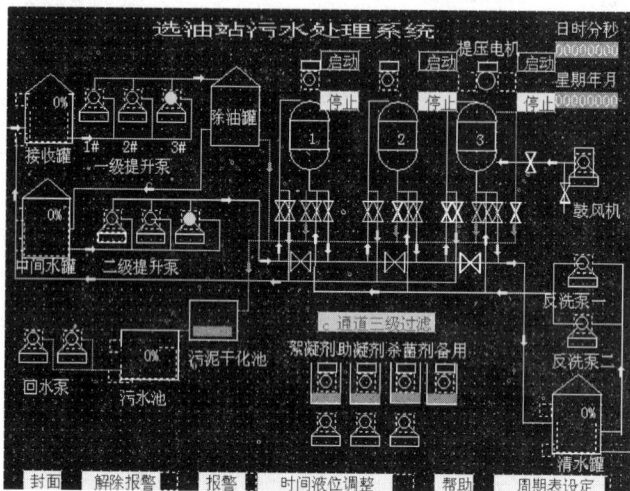

图 12-21　污水处理系统监控界面

二、接收罐制作

如图 12-22 所示，接受罐的主要功能：显示液位实际值，并在液位上下限时报警提示。接收罐图形制作过程如图 12-23 所示。

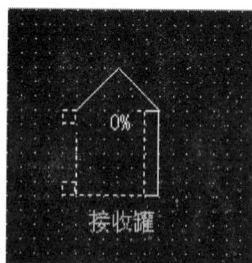

图 12-22　接收罐图标

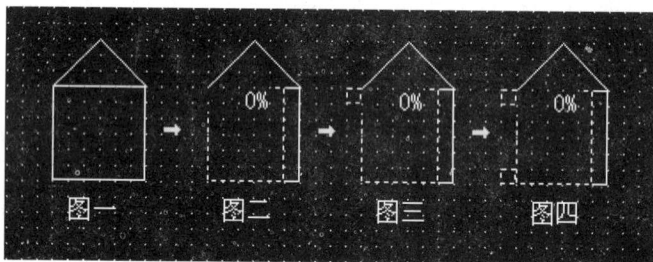

图 12-23　接收罐的简单制作过程

液位动态显示采用 Bar Graph 部件制作，其中 Bar Graph 的属性设置如图 12-24 所示。数字表格的设置为 D362，其中 D362 存储的是接收罐液面的数据。对应 0～999 显示 0～100%。

接收灌上限采用 Standard Lamp（标准灯）模块，属性设置如图 12-25 所示。

位地址为 10.09 所对应的 PLC 程序，如图 12-26 所示。

该段程序功能：把 D322 和 D92 中的内容相比较，若为大于，接收罐上限继电器 10.09 得电接通，指示灯呈红色闪烁。其中，D92 中存的是触摸屏设置的液位上限值。

液位下限显示与液位下限显示类似。

中间水罐、清水罐和污水池的制作与接受罐类似。

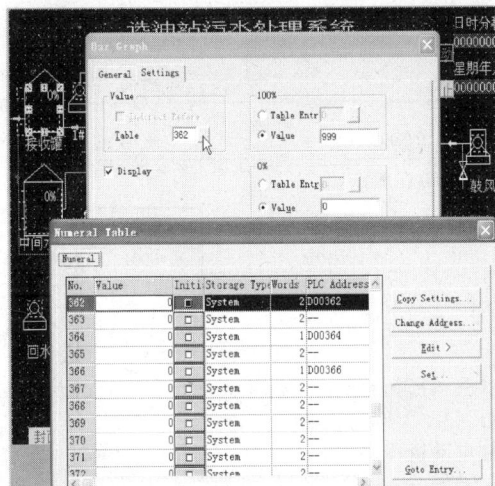

图 12-24　设置 Bar Graph 的属性

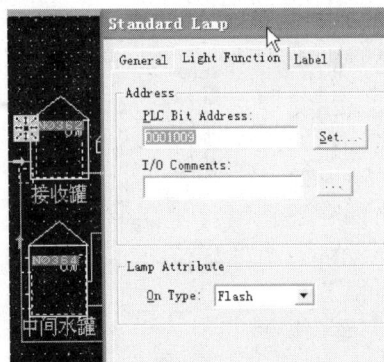

图 12-25　设置 Standard Lamp 的属性

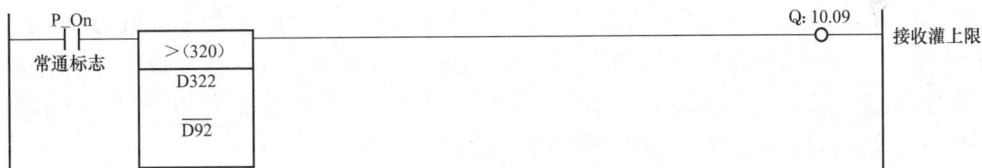

图 12-26　接收罐上限程序

三、搅拌电机状态显示

采用颜色变化表示，绿色表示 ON，可以用 Touch Switch 模块实现。如图 12-27 所示，单击 General 属性，设置 ON 时为绿色，OFF 时为透明，如图 12-27 所示。单击 Light Function 属性，设置搅拌电机对应的 PLC 地址。

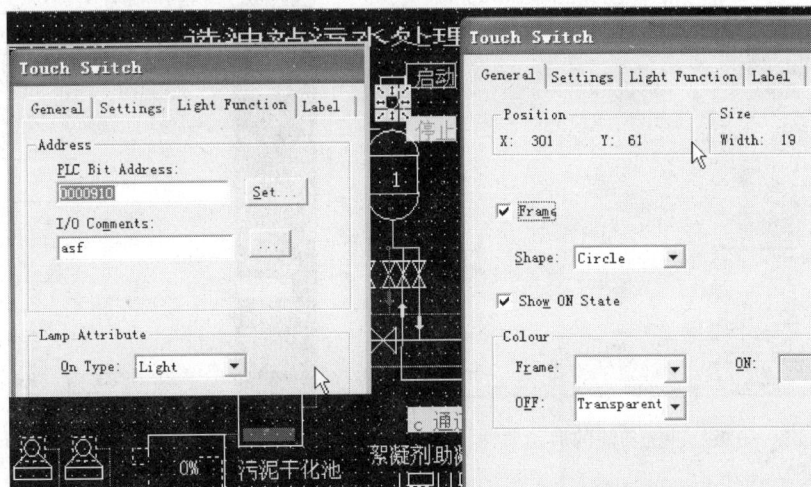

图 12-27　搅拌电动机状态显示属性设置

搅拌电动机所对应的 PLC 程序如图 12-28 所示。

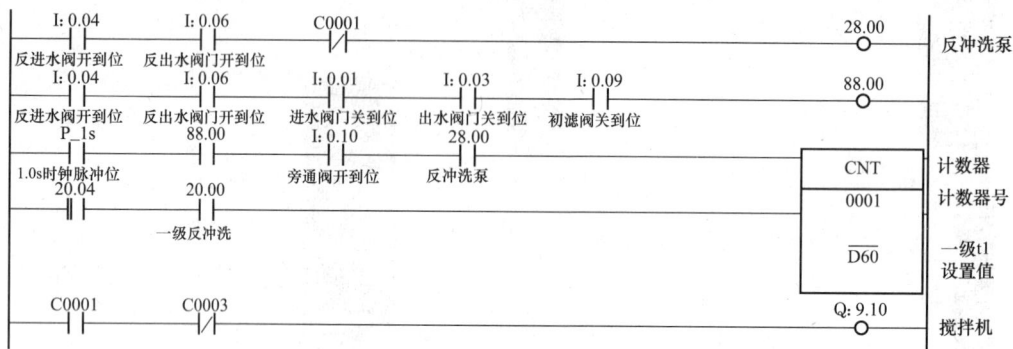

图 12-28　搅拌电动机程序

当反进水阀开到位（I：0.04 为 1），反出水阀开到位（I：0.06 为 1）时，线圈（28.00）得电，其动断触点（28.00）闭合，反冲洗泵处于工作状态；当条件满足时，开始计时，条件是指进水阀门关到位（I：0.01 为 1），出水阀门关到位（I：0.03 为 1），初滤阀关到位（I：0.09 为 1），旁通阀开到位（I：0.01 为 1）。计时用脉冲和计数器 0001 完成，每隔 1s 发一个时钟脉冲，计数器 0001 中的设置值 D60 就减去 1，直至减为 0 时计数器得电，动合触点（C0001）断开，线圈（28.00）失电，反冲洗泵停止工作，动断触点（C0001）闭合，线圈（9.10）得电，搅拌机开始转动。

四、一级反冲洗功能的启动/停止按钮的制作

功能是随时按下按钮进入反冲洗状态或退出反冲洗状态。可以用 Touch Switch 模块实现。启动开关的 General 属性设置如图 12-29 所示。

单击 Settings 按钮，属性设置如图 12-30 所示。

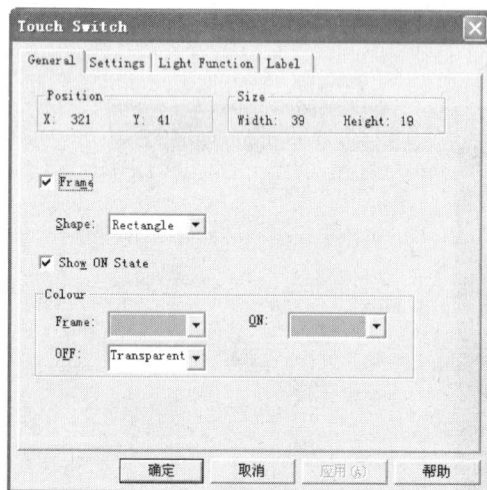

图 12-29　一级反冲洗功能的启动属性

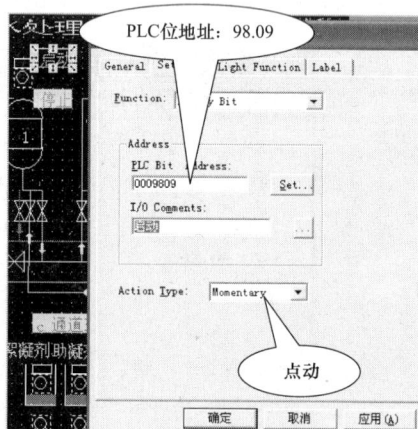

图 12-30　设置启动按钮 Settings 属性

单击 Light Function 按钮，属性设置如图 12-31 所示。

启动按钮所对应的 PLC 程序，如图 12-32 所示。

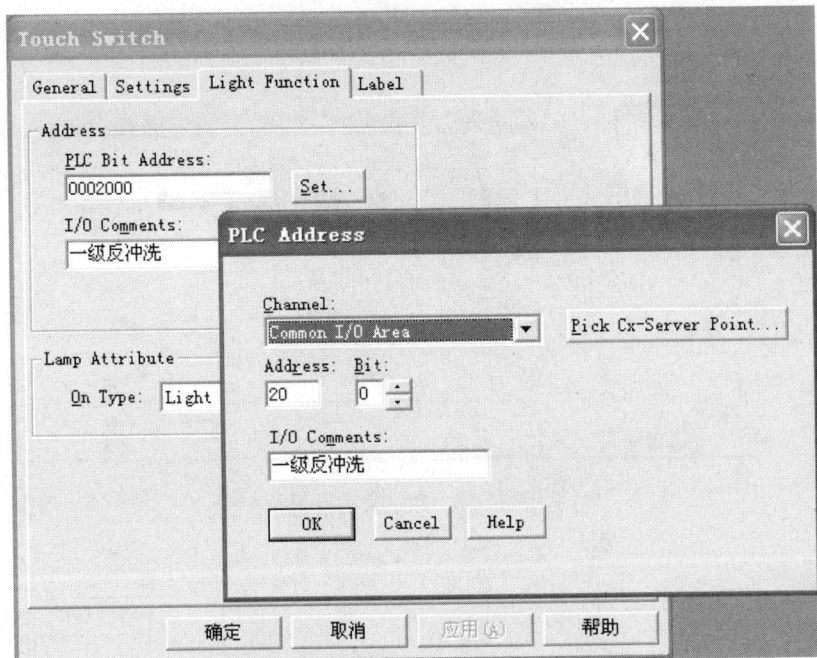

图 12-31 设置 Light Function 按钮属性

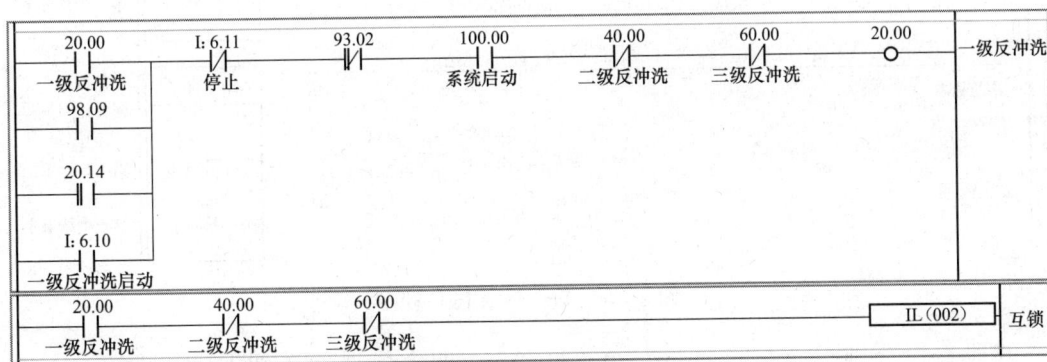

图 12-32 启动按钮程序

当系统已启动（100.00 置 1）时，按下触摸屏上的"启动"按钮（98.09 置 1），线圈（20.00）得电，其动断触点（20.00）闭合自锁，从而保持线圈的得电状态，开始一级反冲洗。当按下"停止"按钮，线圈（20.00）失电，一级反冲洗停止，所有状态复位。

五、时间、日期、数字显示

（1）时间、日期、数字显示用来实时显示秒、分、小时、日期、月、年，采用 Numeral Display 控件，数字内存表的内容是作为数字值显示的，数字值可以以十进制或十六进制显示。有直接查询和间接查询两种查阅方法，用来查阅要做显示的数字内存表的内容。

（2）采用数字显示模块，单击工具栏上的圖按钮，将其放置到合适位置，属性设置如图 12-33 所示。用于显示 PLC 里 D100 的数据。

地址为 D00100 的 PLC 程序，如图 12-34 所示。

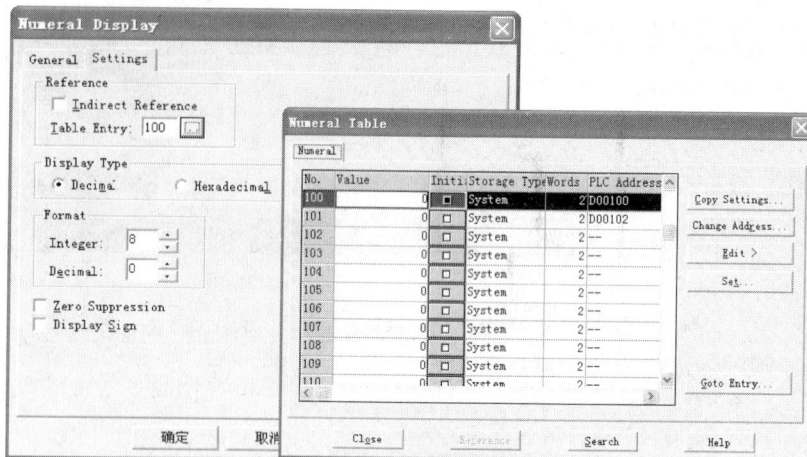

图 12-33　数字表的设置

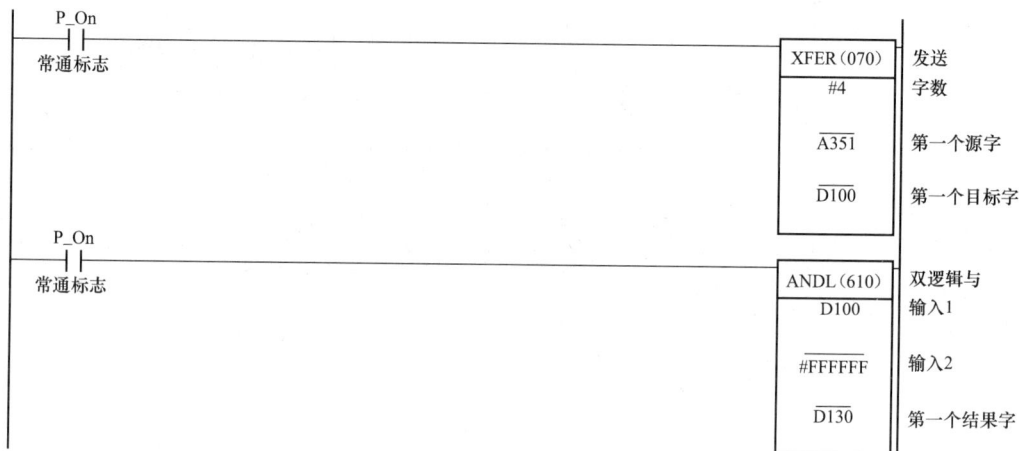

图 12-34　数字显示 PLC 程序

该段程序分别把 A351、A352、A353、A354 四个数据传送到 D100、D101、D102、D103 中，再把 D100 中的相应位与＃FFFFFF 相与，把结果送到 D130 中，目的是将天的数据去掉。

A351、A352、A353、A354 是 PLC 内部辅助区域，代表 PLC 内部时钟数据，具体地址的功能如表 12-1 所示。

表 12-1　　　　　　　　　　　　辅 助 区 域 标 志 和 字

名称	地址	功能
时钟数据	A35100～A35107	秒：00～59（BCD）
	A35108～A35115	分：00～59（BCD）
	A35200～A35207	小时：00～23（BCD）
	A35208～A35215	每月的日期：00～31（BCD）
	A35300～A35307	月：00～12（BCD）
	A35308～A35315	年：00～99（BCD）

续表

名称	地址	功能
时钟数据	A35400～A35407	每周日期： 00：星期天，01：星期一， 02：星期二，03：星期三， 04：星期四，05：星期五， 06：星期六
启动时间 电源中断时间	A510 和 A511 A512 和 A513	含有电源接通的时间 含有电源最后一次中断的时间
总的电源接通时间	A523	含有 PLC 接通的总的时间（以二进制），以 10 小时为单位

六、电磁阀的状态显示

触摸屏上的电磁阀是用来表示阀的打开状态、关闭状态或正在打开（关闭）阀的过程，用颜色表示其状态。旁通阀的状态显示采用 Standard Lamp 模块。

旁通阀的图标是用两个三角形制作，如图 12-35 所示，由于阀有打开状态、关闭状态；再将两个旁通阀图标重叠，即旁通阀总由四个三角形制作。

其中一个三角形 Standard Lamp 的属性设置如图 12-36 所示。

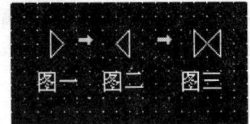

图 12-35　旁通阀图标制作

单击上图中的 Light Function 按钮，属性设置如图 12-37 所示。

旁通阀输出位地址为 7.11，PLC 程序如图 12-38 所示。

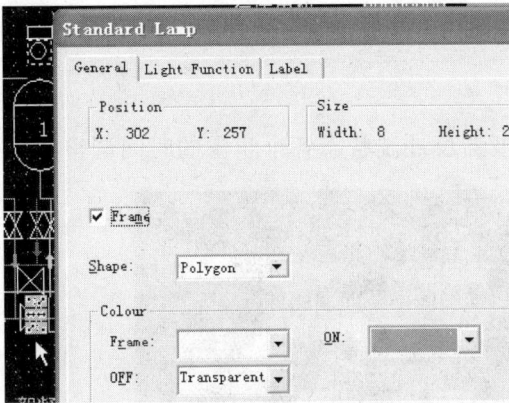

图 12-36　旁通阀 Standard Lamp 属性设置

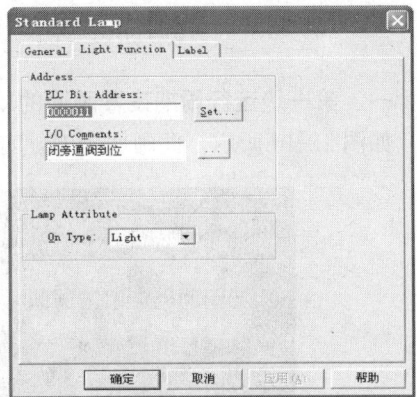

图 12-37　旁通阀指示灯的属性

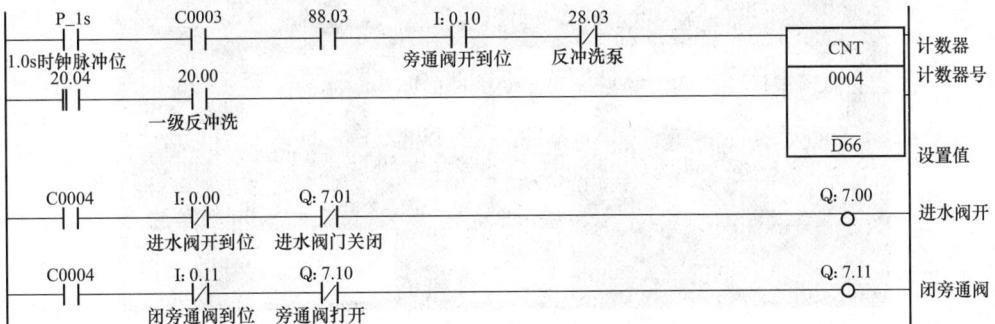

图 12-38　旁通阀程序

当计数器 C0004 的设置值 D66 减为 0 时，动断接点 C0004 闭合，进水阀门（7.00 置1），旁通阀关闭（7.11 置1）；当旁通阀关到位（0.11 为1）时停止，当 0.11 动作时，触摸屏上颜色将发生变化。

七、反冲洗泵的状态显示

主要功能是用颜色的变化表示反冲洗泵的打开或关闭状态。采用 Touch Switch 模块。反冲洗泵的指示灯功能的属性设置，如图 12-39 所示。

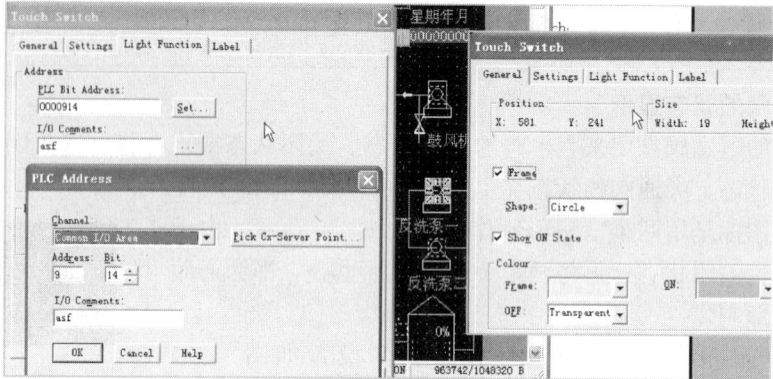

图 12-39　反冲洗泵的状态显示设置

位地址为 9.14 时为反冲洗泵 1 的 PLC 地址，ON 时显示绿色。

第四节　第一级运行周期设置界面的制作

一、第一级运行周期设置画面的功能

如图 12-40 所示，此画面为 C 通道三台过滤器反冲洗状态各个步骤的时间调整功能画

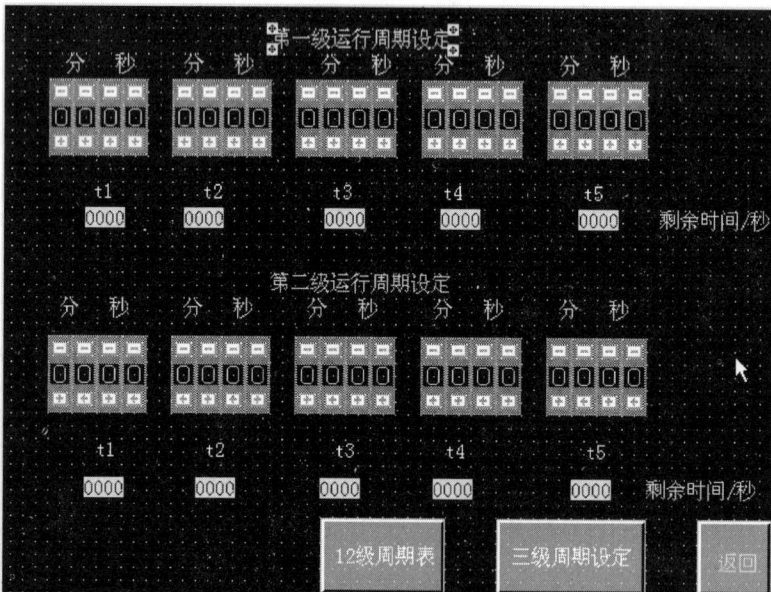

图 12-40　C 通道时间调整画面

面，T 表示时间，绿色表示分钟，红色表示秒，通过轻触"＋"或"－"可以增大或减小相应的时间；在自控状态下，时钟到达设计的时间后，各个过滤器自动实现反冲洗；屏幕的右下方是"返回"按钮，轻触"返回"按钮，屏幕将退回到污水处理监控画面；屏幕的右侧有3 个功能按钮键，从上到下分别是"第一、二级过滤器运行周期表"、"第三级过滤器运行周期表"和"报警液位调整"，轻触它们后进入到相应画面。

二、C 通道第一级过滤器时间调整 T1 的制作

（1）如图 12-41 所示，第一级过滤器时间调整 T1 采用数字拨盘开关进行时间 T1 的调整，数字设定输入区是在画面输入数字值的地方。数字拨盘开关为每位数提供增量或减量触摸开关，很容易修改数字值和把数字值写入数字内存表。可以用十进制形式输入，也可以用十六进制形式输入数字值。每次数字值的修改都得到确认，并且发生的"改变"都通过 PT 状态通知区域通知上位机。

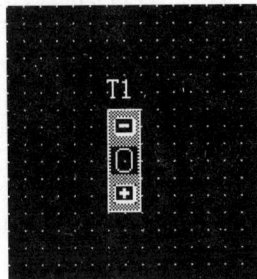

图 12-41　第一级过滤器
时间调整 T1

（2）字拨盘开关属性设置。双击对象，打开属性对话框，设置属性如图 12-42 所示。

对应 D00000 的 PLC 控制程序如图 12-43 所示。

该段程序是把 D0 和 D1 中设置的时间值转化为仅以秒表示的等值时间，然后存放到 D60 和 D61 中去。化成秒以后，与当前时间进行比较，精确到秒。

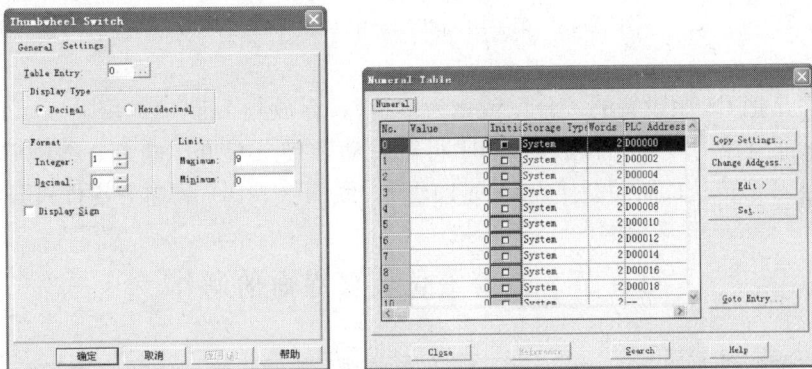

图 12-42　拨盘开关的属性设置

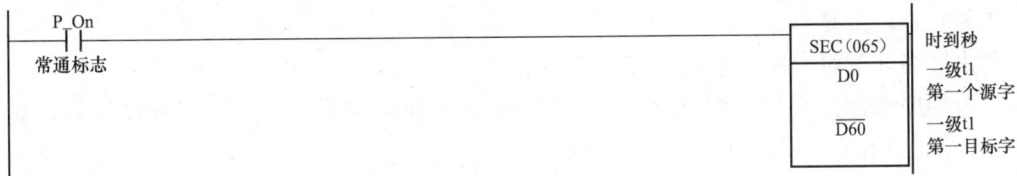

图 12-43　时转化为秒程序

其他时间设置类似 T1，这里不再重复。

三、剩余时间的数字显示

单击工具栏上的 ■ 按钮，设置其属性如图 12-44 所示。

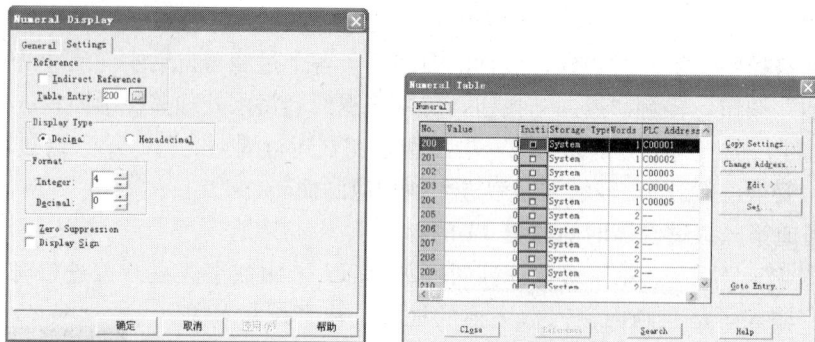

图 12-44　数字显示设置

第一级周期设置 t1 的 PLC 程序如图 12-45 所示。

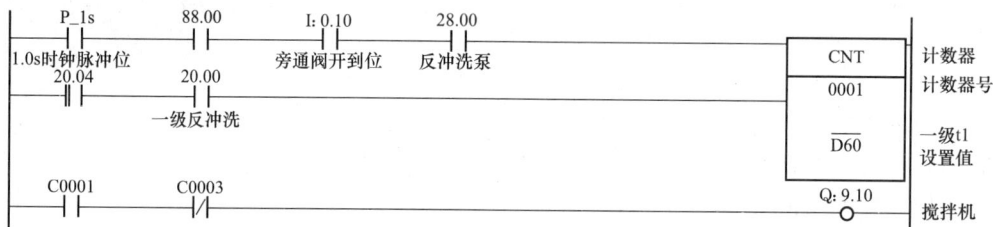

图 12-45　第一级周期设定中 t1 的 PLC 程序

该段程序是把 D0 中设置的"分"转化为"秒"，存放到 D60 中；每隔 1s，D60 中的数据就减去 1，直至减为 0 时，计数器 0001 得电，动合接点 C0001 断开，线圈（28.00）失电，反冲洗泵停止转动；而动断接点 C0001 闭合，线圈（9.10）得电，搅拌机开始转动。

第五节　报警液位调整界面的制作

报警液位调整界面如图 12-46 所示，用于清水罐、接收水罐、中间水罐和污水池报警液位设置。通过轻触"＋"、"－"可以设置相应的高、低液位。屏幕的右下是"返回"按钮，轻触屏幕将返回到监控画面。轻触"周期表设定"按钮，屏幕将返回相应画面。界面设置与前面类似，不再重复。

清水罐当前值对应的程序如图 12-47 所示。

该段程序功能是将模拟量送到 D200，转换 BCD 码，再除以 4，进行标度转换，送到 D320 就可以显示了，模拟量 4～20Ma 由 0～4000 表示，除以 4 后，4～20mA 代表 0～1000。

液面液位显示采用 Numeral Display 模块，属性设置如图 12-48 所示。

液面报警液位设置采用数字拨盘开关模块，属性设置如图 12-49 所示。实际液位先送到 D324，与 D90 设定值进行比较。

液面报警液位设定对应的程序如图 12-50 所示。

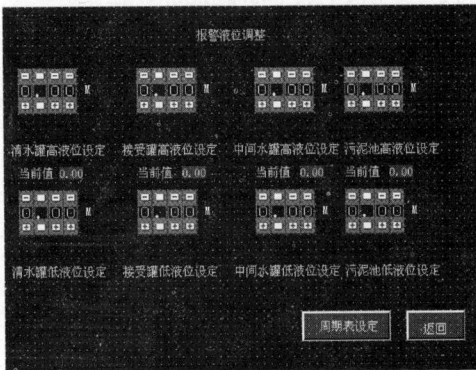

图 12-46 报警液位调整界面

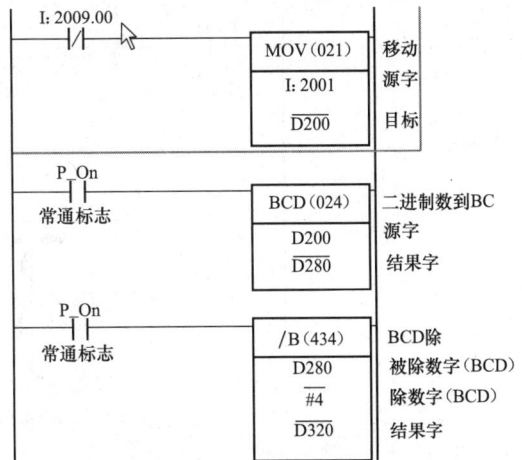

图 12-47 清水罐程序

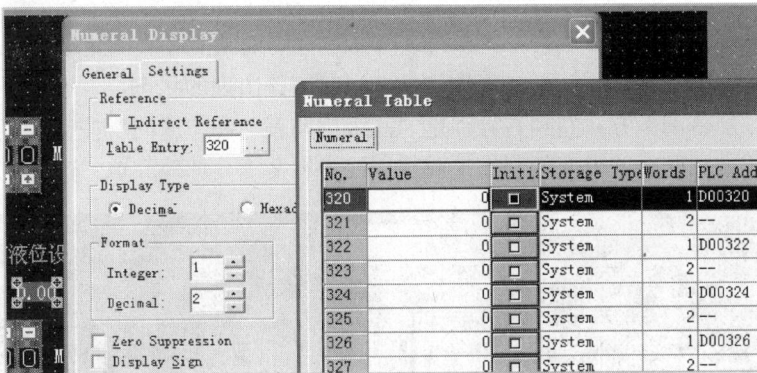

图 12-48 液面液位显示属性设置

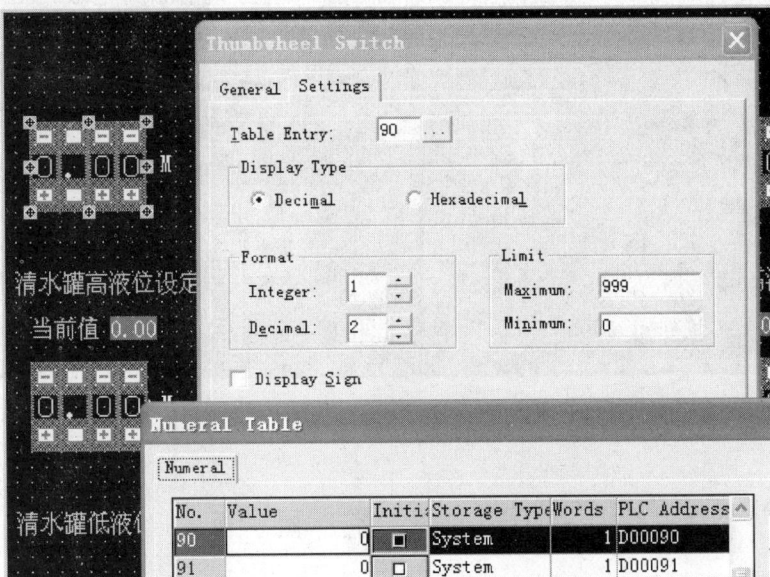

图 12-49 液面报警液位设定属性设置

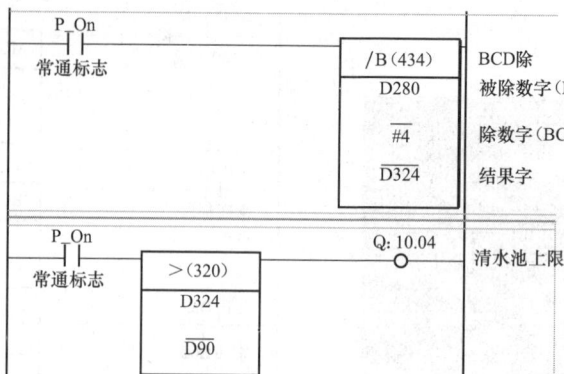

图 12-50　液面报警液位设定对应的 PLC 程序

第六节　第一、二级过滤器运行周期界面的制作

如图 12-51 所示，此画面为第一、二级过滤器运行周期画面，表规定了第一、二级过滤器相关的设备（泵、搅拌机、阀门）在工作和反冲洗时应该出现的状态，T 表示反冲洗各个步骤所经历的时间。屏幕的下方从左到右分别是"三级周期表"和"返回"按钮，轻触它们，屏幕将分别显示相应的画面。该界面的制作主要使用线条和文本，比较简单，这里就不介绍了。

图 12-51　第一、二级过滤器运行周期画面

第七节　报　警　画　面

如图 12-52 所示，当系统中某部分出现故障时，屏幕上都有指示灯显示相应的文字背景

色变成红色并闪烁；当按下"解除报警"按钮，指示灯复位。显示屏幕的右下是"返回"按钮，轻触屏幕将返回到监控画面。

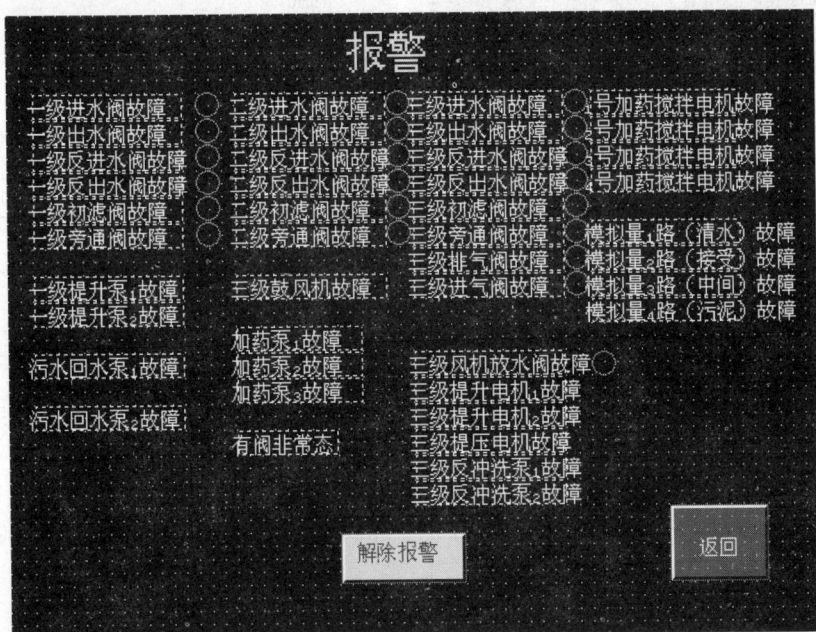

图 12-52 报警画面

故障显示通过文字颜色的变化来表示，例如一级进水阀故障设置如图 12-53 所示，采用触摸开关，灯显示功能选闪烁，PLC 地址 3.00，ON 时颜色设为红色。

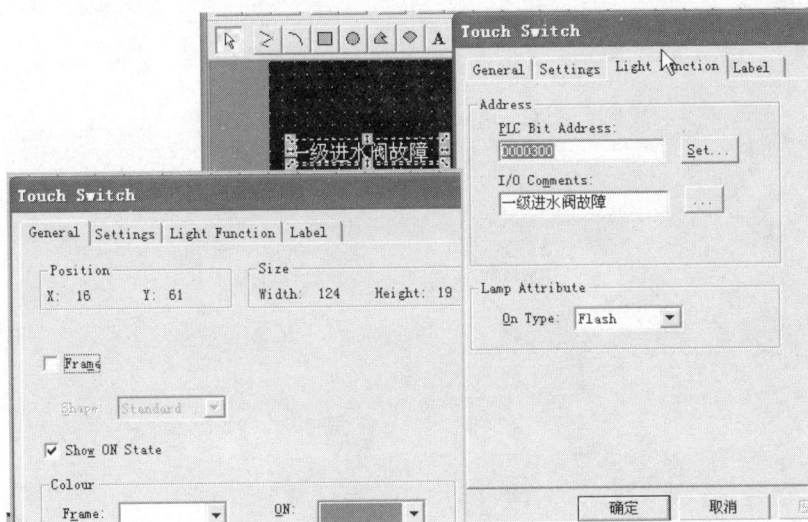

图 12-53 一级进水阀故障显示设置

"解除报警"按钮采用触摸开关，PLC 地址 95.15，点动，设置如图 12-54 所示。报警PLC 程序如图 12-55 所示。

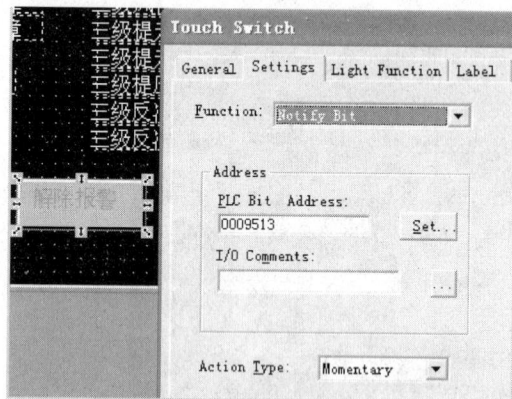

图 12-54　解除报警按钮设置

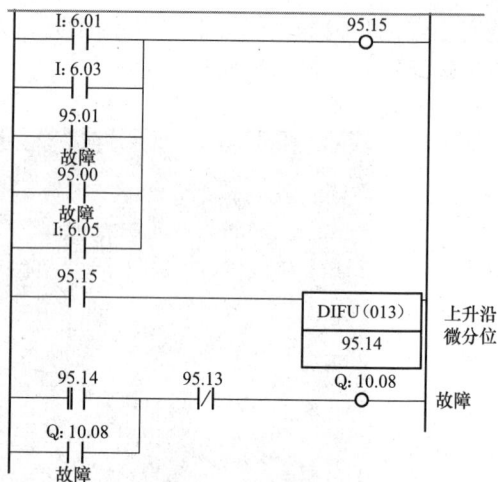

图 12-55　报警 PLC 程序

　　当有故障时，如 I6.01＝1，95.15 线圈得电，其动断触点动作，通过脉冲指令转变成脉冲信号 95.14，使故障输出得电自锁，当按下"解除报警"按钮时，95.13 动作，使故障输出 Q10.08 解除自锁。

第十三章

基于 OMRON PLC 和 GP 触摸屏的热处理线自控系统

　　本章论述了某汽车配件厂的一条热处理生产线自动控制系统的设计和控制。根据生产的工艺和过程控制要求对整个生产线进行监视和控制，包括对加热炉各区加热温度的自动调节，对运料机械、炉门的开关、各液压站油泵的自动控制等，同时，对生产过程中出现的故障及时报警并处理。

第一节　热处理自动生产线基本情况介绍

　　如图 13-1 所示，该生产线由加热炉、清洗机、回火炉、推拉车、备料台等组成，控制系统及主要执行元件采用国外进口原件，可实现全自动或手动操作，该成套设备既适用于单品种大批量生产，也适用于多品种小批量生产，操作简便，运转成本低，可实现产品的渗碳、碳氮共渗、光亮淬火、退火、正火等热处理工艺。工件加工流程：准备台搬入→加热炉加热→清洗机清洗→回火炉回火→完成台搬出。其中的搬运工作由运料小车完成。

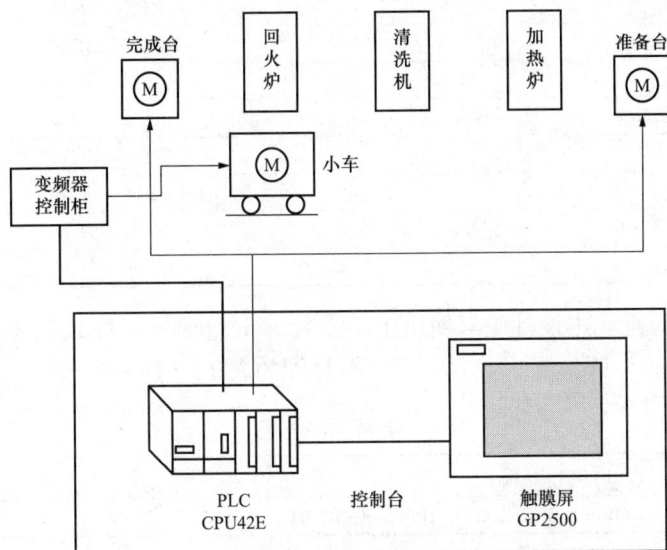

图 13-1　热处理生产线的示意图

　　加热炉采用滴注式气体渗碳炉，该设备为两室结构，工件在后室加热，进行渗碳氮化、渗碳处理或保护气氛加热，前室设有升降机和淬火油槽，用于工件的淬火处理。

清洗机由洗净室、干燥室构成。工件在洗净室内用温水浸泡、洗净，微型空气气泡喷流及升降机上下晃动，喷淋洗。最后进入干燥室热风烘干。

箱式回火炉由回火炉主体、炉内搅拌装置等构成。

第二节　PLC、触摸屏选型和远程模块配置

一、PLC、触摸屏选型

该生产线的电气控制系统设计主要是根据工艺及设备的技术要求，吸收日本、美国、德国、英国等先进多用炉生产线技术并结合中国国情，本着高质快速、柔性化和低成本的要求而设计，如图 13-1 所示，电控系统采用欧姆龙 C200HE 系列的 PLC 和三菱 FR-E500 系列变频器，采用 GP2500 触摸屏作为热处理线监控设备。运料系统采用远程 I/O，可减少接线。第 10 槽 IR009 为远程主站，在远程主站中应将单元号设为 0，远程从站选用 STR2-ROC16，从站共用了三个，它们的通道号分别是 CH100、CH108、CH109。

二、远程模块配置

（1）特殊 I/O 单元和从站机架的分配。在 C200HE-CPU42E 中，最多可安装 10 个 I/O 特殊单元。每个单元根据它的单元号（0～9）分配有 10 个字。特殊单元字分配如表 13-1 所示。

表 13-1　　　　　　　　　　　　　　特 殊 单 元 字 分 配

单元号	I/O 字
0	IR100～IR109
1	IR110～IR119
2	IR120～IR129
3	IR130～IR139
4	IR140～IR149
5	IR150～IR159
6	IR160～IR169
7	IR170～IR179
8	IR180～IR189
9	IR190～IR199

（2）机架的字分配。本设计中只使用了 1 个特殊 I/O 单元，即远程主站。CPU 机架所使用的槽数为 10，每个槽分配一个 I/O 字。槽分配如表 13-2 所示。

表 13-2　　　　　　　　　　　　　　机 架 槽 的 分 配

机架	槽 1	槽 2	槽 3	槽 4	槽 5	槽 6	槽 7	槽 8	槽 9	槽 10
CPU	IR000	IR001	IR002	IR003	IR004	IR005	IR006	IR007	IR008	IR009

第 10 槽 IR009 为远程主站，在远程主站中应将单元号设为 0。

（3）远程从站。远程模块型号为 SRT2-ROC16，如图 13-2 所示。

远程从站共用了 3 个，它们的通道号分别是 CH100、CH108、CH109。3 个远程模块的

DIP 开关设置如表 13-3 所示。

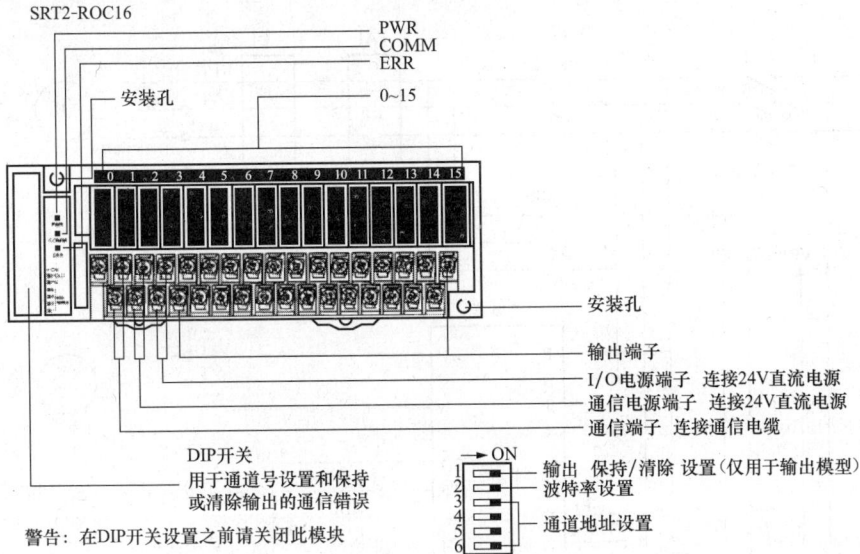

图 13-2　远程模块

表 13-3　　　　　　　　　　　远程模块通道号设置

通道号	DIP 开关 3	DIP 开关 4	DIP 开关 5	DIP 开关 6
	8	4	2	1
CH100	OFF	OFF	OFF	OFF
CH108	ON	OFF	OFF	OFF
CH109	ON	OFF	OFF	ON

第三节　推拉料车控制

一、推拉料车的控制电路

（1）横向移动。推拉料车的电路如图 13-3 所示。由电机 M2 带动小车作横向移动，通过变频器可控制电机 M2 的正反运转和速度。当继电器 KD5 的动断触点闭合后电机正转；当 KD6 闭合后，电机反转。当 KD7 线圈得电后，电机就由高速变为低速。当变频器出现异常情况时，A 和 C 就会接通，将此信号送入 PLC 作相应的处理。当正反转信号都为 0 时，即 KD5 和 KD6 的线圈都失电，此时 MRS 与 SD 接通，变频器停止输出，电机电压为 0。但由于惯性的作用电机不会立即停转，为了准确停车，系统加了一个电磁抱闸制动器。电磁抱闸线圈断电后，电机就会迅速被制动停转。

（2）纵向移动。推拉料车的电路如图 13-3 所示。电机 M1 为 PP 链马达，负责将工件搬入炉中或从炉中搬出，由接触器 KMF 和 KMR 实现它的正反转。而接触器 KMF 和 KMR 的线圈又由中间继电器 KD3 和 KD4 控制。FM1 和 CC1 是电机保护器件，它可检测到电机的缺相以及过载等问题，若电机 M1 出现问题时 FM1 的 6 脚就会有电压输出，使得 KA1 线圈得电，因 KA1 的动断触点作为 PLC 位（109.15）的输入信号，所以 PLC 就会检测到 PP 链异常。

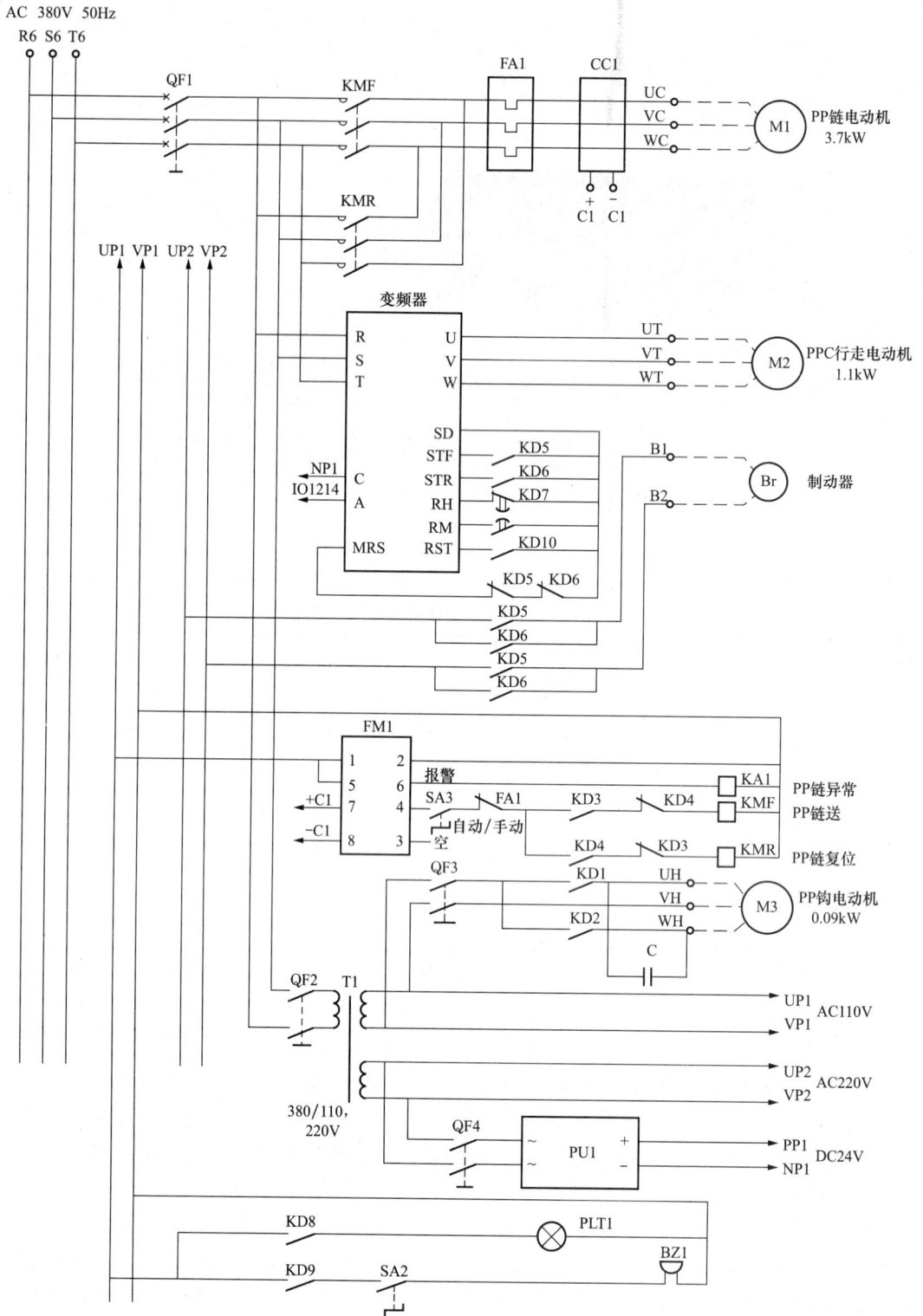

图 13-3　推拉料车的电路图

（3）翻钩电机的控制。推拉料车的电路如图 13-3 所示。电动机 M3 为 PP 钩马达，它是单相交流电动机，通过对它的正反转控制实现推拉钩的推、拉状态。单相电容运转式电动机的定子绕组有两个，一个是一次绕组，另一个是二次绕组。通过电容的作用使得在一、二次绕组上产生两个相位相差 90° 的电流，从而在定子中产生一个旋转磁场，推动转子启动运转。通过继电器 KD1 和 KD2 的作用，将电容从二次绕组上切换到一次绕组上，使一次、二次绕组对调，从而改变定子旋转磁场的方向，实现单相电机的正反转控制。

二、PLC I/O 分配

PLC I/O 分配如图 13-4～图 13-7 所示。

地址 / 值	注释
0.00	前门开/LS
0.01	前门关/LS
0.02	中门开/LS
0.03	中门关/LS
0.04	升降机上升/LS
0.05	升降机下降/LS
0.08	PPC加热炉前停止/LS
0.09	PPC加热炉前减速/LS
0.13	滴注剂流量异常
0.15	非常停止/PB

地址 / 值	注释
1.00	AI2 CH2（AIR ON）
1.01	TS3 渗碳
1.02	碳氮共渗
1.03	PC END
1.04	富化气ON
1.05	过热
1.06	滴注温度
1.07	SCR异常
1.08	油槽变频器1异常
1.09	油槽加热
1.10	油槽冷却
1.11	加热炉搅拌马达ON
1.12	升温完了
1.13	回火炉搅拌马达ON
1.14	升温信号
1.15	回火炉SCR异常

图 13-4　PLC I/O 分配图 1

地址 / 值	注释
2.00	前门开/SV
2.01	前门关/SV
2.02	中门开/SV
2.03	中门关/SV
2.04	升降机上升/SV
2.05	升降机下降/SV
2.08	冷却水/SV
2.09	火帘/SV
3.00	基准气/SV
3.01	烧碳空气/SV
3.02	滴注剂/SV
3.03	富化气/SV
3.04	空气/SV
3.05	NH3/SV
3.06	前门开/SV
3.07	前门关/SV
3.08	中门开/SV
3.09	中门关/SV
3.10	升降机上升/SV
3.11	升降机下降/SV

地址 / 值	注释
4.00	PC RESET
4.01	PC RUN
4.03	蜂
4.04	准备台上升
4.05	准备台下降
4.06	完成台上升
4.07	完成台下降
5.00	加热炉加热
5.01	油槽加热
5.02	加热炉搅拌马达OUT
5.03	油槽循环泵OUT
5.04	油搅拌马达1驱动
5.05	油槽搅拌马达1高…
5.06	油槽搅拌马达1低…
5.07	前门开/SV
5.08	前门关/SV
5.09	N2电磁阀
5.10	分离槽给水/SV
5.11	*发泡电磁阀

图 13-5　PLC I/O 分配图 2

地址 / 值	注释
6.00	清洗机前停止/LS
6.01	清洗机前减速/LS
6.02	前门开/LS
6.03	前门关/LS
6.04	中门开/LS
6.05	中门关/LS
6.06	升降机上升/LS
6.07	升降机下降/LS
6.08	升降机途中上升/LS
6.09	洗净槽液面下限
6.10	分离槽给水液面上限
6.11	PPC回火炉前停止/LS
6.12	PPC回火炉前减速
6.13	前门开/LS
6.14	前门关/LS
7.00	碱洗槽温度控制ON
7.01	清水槽温度控制ON
7.02	干燥室温度控制ON
7.03	碱洗槽循环泵驱动
7.04	碱洗槽喷淋泵驱动
7.05	碱洗槽除油泵驱动

地址 / 值	注释
7.06	干燥室喷淋泵驱动
7.07	干燥室搅拌马达驱动
7.08	干燥室排气风扇驱动
7.09	回火炉搅拌马
7.10	油烟强排风
7.11	回火炉温度控制
8.00	准备台自动
8.01	准备台上升/PB
8.02	准备台下降/PB
8.03	准备台上升/PB
8.04	准备台下降/PB
8.05	PPC准备台前停止/LS
8.06	PPC准备台前减速/LS
8.07	PPC左极限/LS
8.08	完成台自动
8.09	完成台上升/PB
8.10	完成台上升/PB
8.11	完成台上升/PB
8.12	完成台下降/PB
8.13	PPC完成台前停止/LS
8.14	PPC完成台前减速/LS
8.15	PPC右极限/LS

图 13-6　PLC I/O 分配图 3

地址 / 值	注释
100.00	PP钩拉
100.01	PP钩推
100.02	PP链送
100.03	PP链复位
100.04	PPC右移动
100.05	PPC左移动
100.06	PPC减速
100.07	蜂鸣
100.08	警示灯
100.09	PPC变频器复位
100.10	PP钩拉/PL
100.11	PP钩推/PL
100.12	PP链加热室送/PL
100.13	PP链前室送/PL
100.14	PP链前室复位/PL
100.15	PP链复位/PL
108.00	非常停止/PB
108.01	自动操作/CS
108.02	PP钩拉/PB
108.03	PP钩推/PB
108.04	PP链送/PB

地址 / 值	注释
108.05	PP链加热室送/PB
108.06	PP链前室送/PB
108.07	PP链前室复位/PB
108.08	PP链复位/PB
108.09	PPC右移动/PB
108.10	PPC左移动/PB
109.01	PP钩拉/LS
109.02	PP钩推/LS
109.03	PP链复位/LS
109.04	PP链途中送/LS
109.05	PP链前室送/LS
109.06	PP链加热室送/LS
109.07	PP链回火室送/LS
109.08	PP链洗净室送/LS
109.09	PP链干燥室送/LS
109.10	PP链准备台/完成台…
109.14	PPC变频器异常
109.15	PPC异常

图 13-7　PLC I/O 分配图 4

三、推拉料车呼叫移动程序

梯形图程序如图 13-8 所示，推拉料车由电机 M2 带动作横向移动，通过变频器可控制电机 M2 的正反运转和速度。往返于各工位之间，每个工位设有一个位置开关 SQ 和一个呼叫按钮 SB。

推拉料车初始时应停在 5 个工位的任一个开关位置。

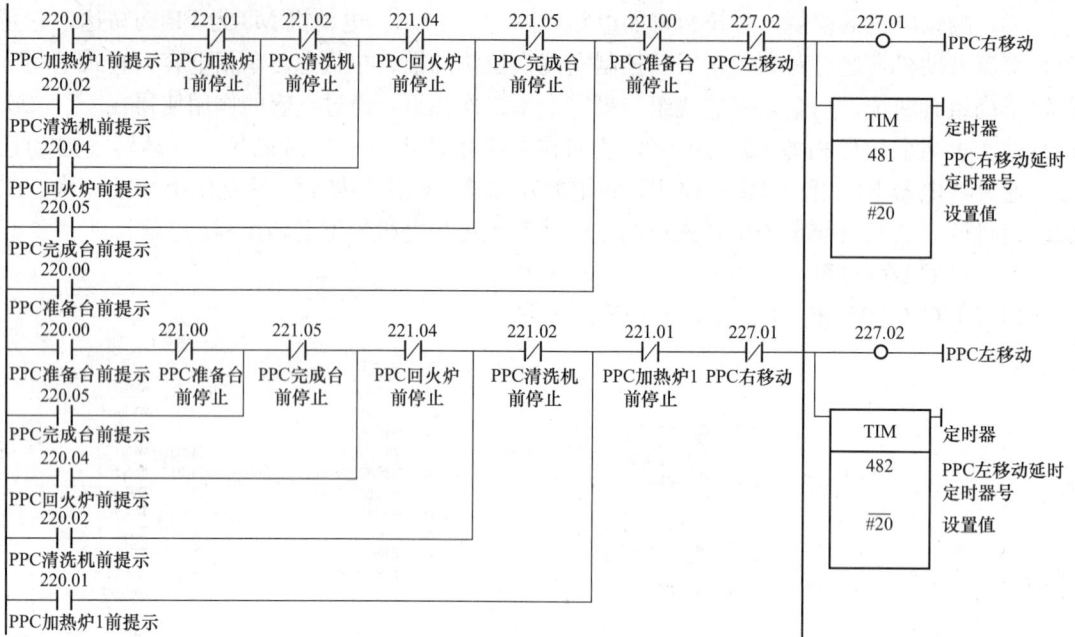

图 13-8　小车呼叫移动梯形图

设推拉料车现暂停在 m 号工位（即 SQm 动作），这时 n 号工位呼叫（SBn 动作）。

（1）$m>n$ 料车左行至 n 号工位，即 SQn 动作，推拉料车停在 n 号工位，即当推拉料车所停位置 SQ 编号大于呼叫的 SB 编号时，推拉料车自动左行至呼叫工位停下。

（2）$m<n$，推拉料车右行至 SQn 动作，到位停车，即当推拉料车所停工位 SQ 的编号小于呼叫工位 S 的编号时，推拉料车自动右行至呼叫工位停下。

（3）$m=n$，推拉料车原地不动。即当行车所停 SQ 编号与呼叫 SB 的编号相同时，车原地不动。

四、准备台上升程序

在自动搬入动作中，小车将空的工件箱搬入准备台时，要求准备台先上升到与小车相同的高度；在自动搬出动作中，推拉链将装满工件的工件箱拉到小车上时，要求准备台上升；在手动操作时，当按下触摸屏上的"准备台上升"按键时，准备台也要上升；当按下准备台上的按钮"准备台上升"时，准备台也要上升。程序如图 13-9 所示。

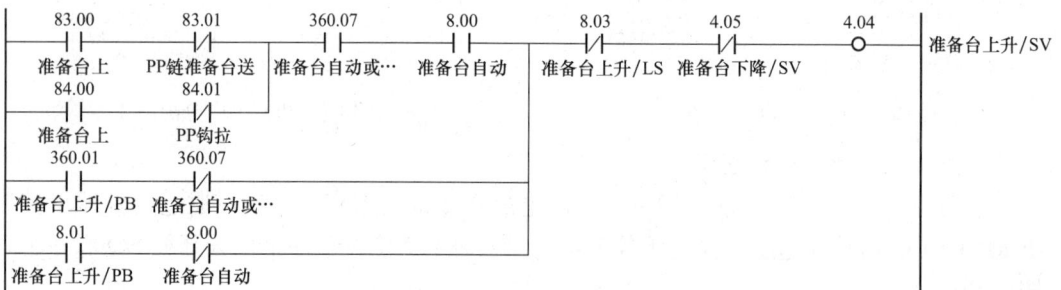

图 13-9　准备台上升梯形图

五、准备台下降程序

自动搬入动作后，小车要下降以便于工人装料；自动搬出动作结束后，小车要下降；手动操作时可直接从触摸屏上的按键或准备台上的按钮发出"准备台下降"指令。梯形图如图 13-10 所示。

详细程序见本书光盘。

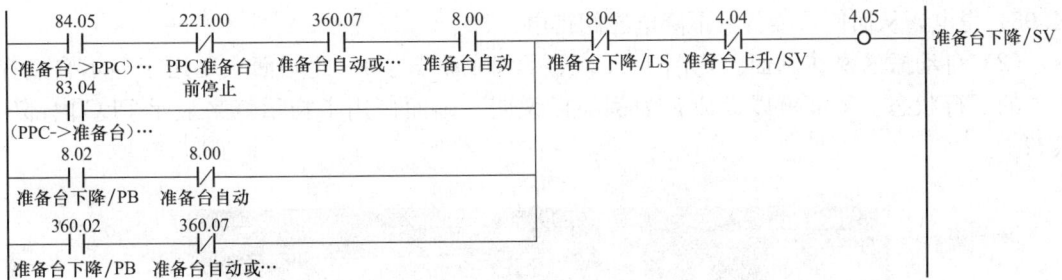

图 13-10　准备台下降梯形图

六、推拉料车触摸屏界面介绍

（1）手动触摸操作画面。如图 13-11 所示，画面号为 2，该画面用于手动操作，主要分为六大模块：准备台、完成台、加热炉、清洗机、回火炉和推拉车。这里仅以准备台为例介绍操作过程。

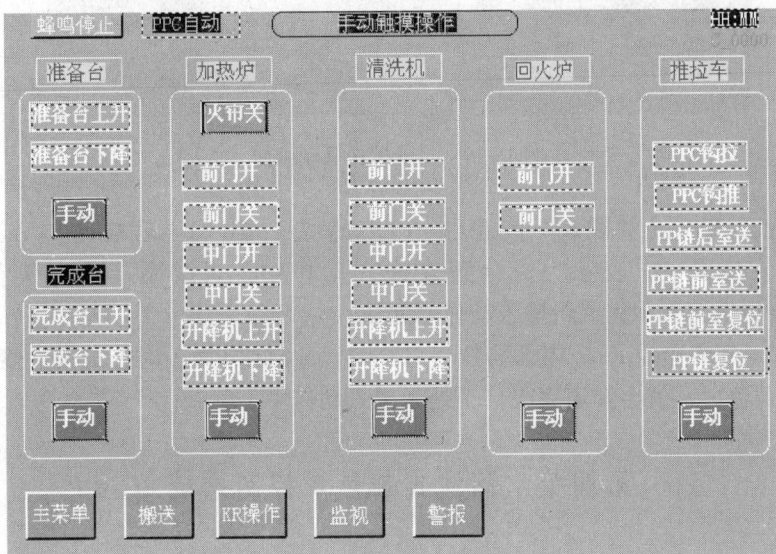

图 13-11　手动触摸操作画面

当按下准备台"手动"按钮时，PLC 内的点（360.07）会被置反。该位为 1 时按键显示"自动"，该位为 0 时按键显示"手动"。自动时该按钮呈绿色，手动时该按钮呈红色。

当"准备台上升"键被按下时，点（360.01）的状态就为 1，并且它还监控位

（437.14），当位（437.14）为 1 时，此按键的颜色就变为红色。

当"准备台下降"键被按下时，位（360.02）的状态就为 1，同时位（437.15）为 1 时，此按键的颜色就变为绿色。

若按下触摸屏上的按键"准备台上升"，则位（360.01）就为 1，使得线圈（4.04）得电，从而使得上升电机转动。

同理，当按下触摸屏上的按键"准备台下降"时，位（360.02）就为 1，使得线圈（4.05）得电，从而使得准备台下降电磁阀得电。

（2）自动搬送操作画面。如图 13-12 所示，画面号为 3，此画面主要用于显示自动操作中的运行状态。下面就以完成台为例加以说明。画面使用了指示灯来显示 PLC 内部的状态。

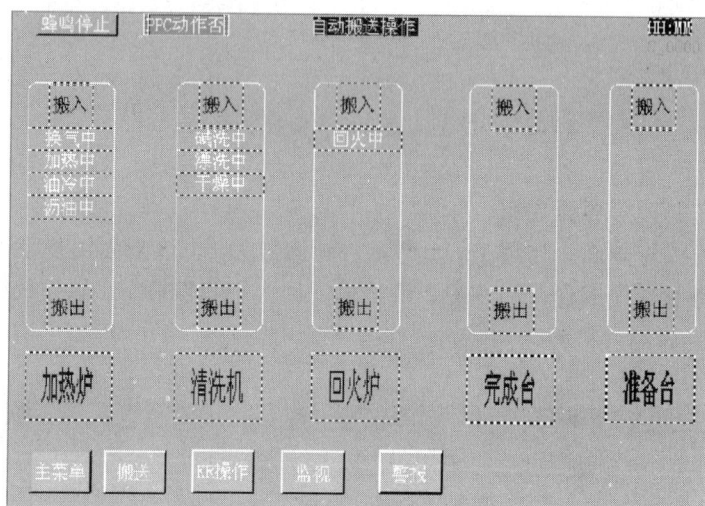

图 13-12　自动搬送操作画面

当按下屏上的完成台"搬入"按键后，PLC 的位（441.01）就被置 1，线圈（91.00）和（447.02）就会得电，表示完成台正在搬入动作中。当线圈（91.00）失电则线圈（447.00）就会得电，表示完成台搬入动作已完成。

指示灯 LA_054 监控 PLC 内部的位（447.02）。当此位为 1 时，灯就会变为黄色。当看到此灯变为黄色后，就会知道完成台正处于搬入动作中。

第四节　滴注式加热炉控制系统

热处理自动生产线一般由加热炉、清洗机、回火炉、推拉车、备料台等组成，其中，最关键、最复杂的设备是加热炉，它根据不同的要求，将材料及其制品加热到适宜的温度并保温，随后用不同方法冷却，改变其内部组织以获得所要求的性能。可实现产品的渗碳、碳氮共渗、光亮淬火、退火、正火等热处理工艺。

一、滴注式加热炉的基本结构

滴注式加热炉有前室和后室（加热室）。前室，不仅是进料的过渡区，而且是工件加热后进行淬火、缓冷等操作以后的出料区。前室的下面就有油槽，要前室的上面接缓冷室。进料、出料、淬火和缓冷时，料盘和工件必须作前后和上下运动，前后运动用推拉料小车来完成，上下运动依靠升降机结构来完成。

前室门位于前室前面，由电机减速器驱动链条打开和关闭。门下方设有火帘装置，前门打开后，能自动点燃，当工件进入或拉出时，防止空气进入炉内引起氧化脱碳或爆炸。当前室门关闭时，火帘同时熄灭。前室安装防爆装置，一旦空气进入引起爆炸，气体从防爆装置泄出，确保安全。

缓冷室位于前室的上部或侧面，通过自来水冷却，缓冷室上部安装风扇，强制气流循环，加速冷却。

加热室用钢板焊接成密封结构与前室连接在一起，顶部装有风机装置，使炉气上下循环，以保证炉温和气氛均匀。炉顶装有热电偶，用于控制炉膛温度。

炉膛两侧采用电加热辐射管，炉内气体靠风扇循环，使炉内温度均匀。

二、加热炉控制要求

（1）加热室的温度达到设定温度时，按下操作盘上的加热炉送料指令开关，则推拉车就将待处理工件送进加热炉前室。

（2）经换气后，从操作盘发出信号，再由推拉车将待处理工件送进加热室。

（3）待处理工件一旦被送进加热室，操作盘便自动地往控制盘发出信号，程序调节仪自动调节程序开始热处理。

（4）程序控制一结束，蜂鸣器发出信号的同时从控制盘往操作盘自动发出信号，推拉车将热处理工件搬至前室升降机上层（缓冷工艺）或下层（淬火工艺）。

（5）前室升降机上的热处理工件，随升降机上升（缓冷）或下降（淬火）开始进行缓冷或油内淬火。这时可将第二批热处理工件按上述（1）～（3）工序同时进行热处理（此时第一批的热处理工件在缓冷或油内淬火）

（6）缓冷或油内淬火结束，操作盘发出信号，升降机上升，进行一定时间的停留（沥油），定时器时间到再由操作盘发出搬出信号，按下"搬出指令"按钮开关，处理好的工件搬到推拉车上，结束渗碳炉的操作工序或重新搬入加热室完成第二次加热工艺（缓冷工艺）。

三、加热炉控制系统组成及工作原理

（1）加热炉控制系统结构。加热炉控制系统主要包括 2604 碳控仪，温度控制器，可编程控制器，触摸屏和上位机，如图 13-13 所示。

其中，温度控制器：用于对炉子室温的实时控制，接 NiCr-Ni 型热电偶带有冷端补偿，接受碳控仪给定的设置温度。

碳控仪（Carbomat M）：设定运行程序，给定温控仪炉温设定值，碳浓度控制，编制工艺运行过程。

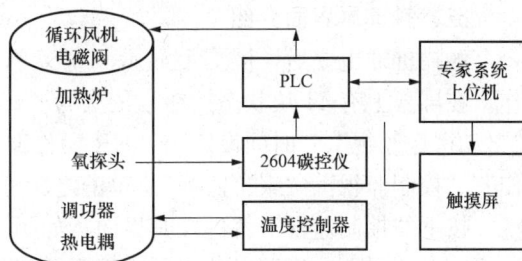

图 13-13　加热炉控制系统图

PLC 可编程控制器：推拉车控制，故障信号输入等。

触摸屏：现场监控，操作，参数设定，故障显示。

上位机：数据记录，可记录炉子后室的实际温度、设置温度和碳势以及油槽温，系统根据该材料的特性自动选择最佳的工艺进行过程控制。

（2）温度控制原理。温度控制是热处理工艺过程控制中十分重要的参数，因为温度对炉内零件的淬火及对炉气碳势及碳在钢中的扩散影响很大。但是由于加热炉是一个具有较大滞后环节的系统，所以它较难实现精确控制。此外，温度控制还受随机因素的影响，如装炉量不同，具有不同的热容量、炉子保温性能及环境温度的变化引起保温性能变化等。温度控制是以热电偶作为传感器，通过 A/D 转换器，把模拟量转化为数字量，测量值 M(t) 与给定值 R 进行比较，得到偏差信号 E(t)，然后按 PID 调节方式算出电加热设备的通断比，再经过 D/A 控制加热元件的功率，实现温度闭环控制。

（3）加热炉气氛控制。可控气氛系统种类较多，在这里采用的是使用较广泛的滴注式气氛。可控气氛系统是由储液罐、流量计、电磁阀等部分组成，渗碳剂为丙烷，稀释剂为甲醇，两种液体通过电磁阀和流量计直接通入炉内。

碳势控制采用氧探头直接测定炉内氧分压，转换成碳势值，显示在微机屏幕上，当炉内碳势发生变化，偏离给定值时，2604 双通道程序控制器发出信号，使阀门打开程度发生变化，调整炉内气氛。因此，炉内气氛比较稳定，波动范围 ±0.05%，检测控制碳势范围在 0～1.5%CP 之间。

详细内容请参考下一节。

（4）加热炉电气原理图。加热炉主电气原理图主要分为六个部分，即主电路电压的测量、加热炉加热器控制电路、油槽加热器控制电路、炉顶搅拌马达控制电路、油槽搅拌马达控制电路、油槽循环马达控制电路，如图 13-14 所示。

四、PLC 程序

加热炉控制系统可通过 PLC 来控制，同时，通过触摸屏来显示其工作状态，以及监控加热炉生产的整个过程，可以通过触摸屏来设定充氮延时时间、前室延时时间、沥油时间、快速油搅拌时间和淬火时间。设定完这些时间参数之后，即可通过 PLC 实现对整个系统的自动控制。

如图 13-15 所示，加热炉加热由点（407.06）控制，与后面 2604 表联动，当油搅拌电动机 1 驱动（5.04）工作后，才能油槽加热（5.01），油搅拌电动机的开关由触摸屏控制位 HR11.00、HR11.02 来实现，油槽循环泵控制、油搅拌电动机与之类似。

由于程序较长，这里就不多讲了，详细内容请参考下一章和本书光盘。

五、触摸屏界面介绍

触摸屏通电之后，屏幕上显示其主菜单，该画面直接展现了可对加热炉进行的各项操作。在屏幕上有 11 块状态按钮，依次为"蜂鸣停止"、"手动触摸操作"、"自动搬送操作"、"自动搬送监视"、"时间设定"、"KR 操作"、"温度控制操作"、"电动机操作"、"电磁阀操作"、"控制监视"、"报警监视"。单击之后可进入相应的界面。

按下"控制监视"就进入其界面，如图 13-16 所示，在此界面上可以看到加热炉的工艺曲线，在此界面上也可以控制程序的开始与复位，同时还可以看到油槽温度控制、油槽搅拌电动机、油槽循环泵、加热炉温度控制、加热炉搅拌电动机、气氛控制、滴注剂、富化气、空气、氨气的指示情况。

单击"电动机操作"就进入其界面，如图 13-17 所示，在此界面中可以看到油槽搅拌电动机、油槽循环泵以及加热炉搅拌电动机都有，由"手动"、"自动"、"断开"三个按钮来控制，同时还可以通过"低速"、"中速"、"高速"按钮来控制油槽搅拌的速度。

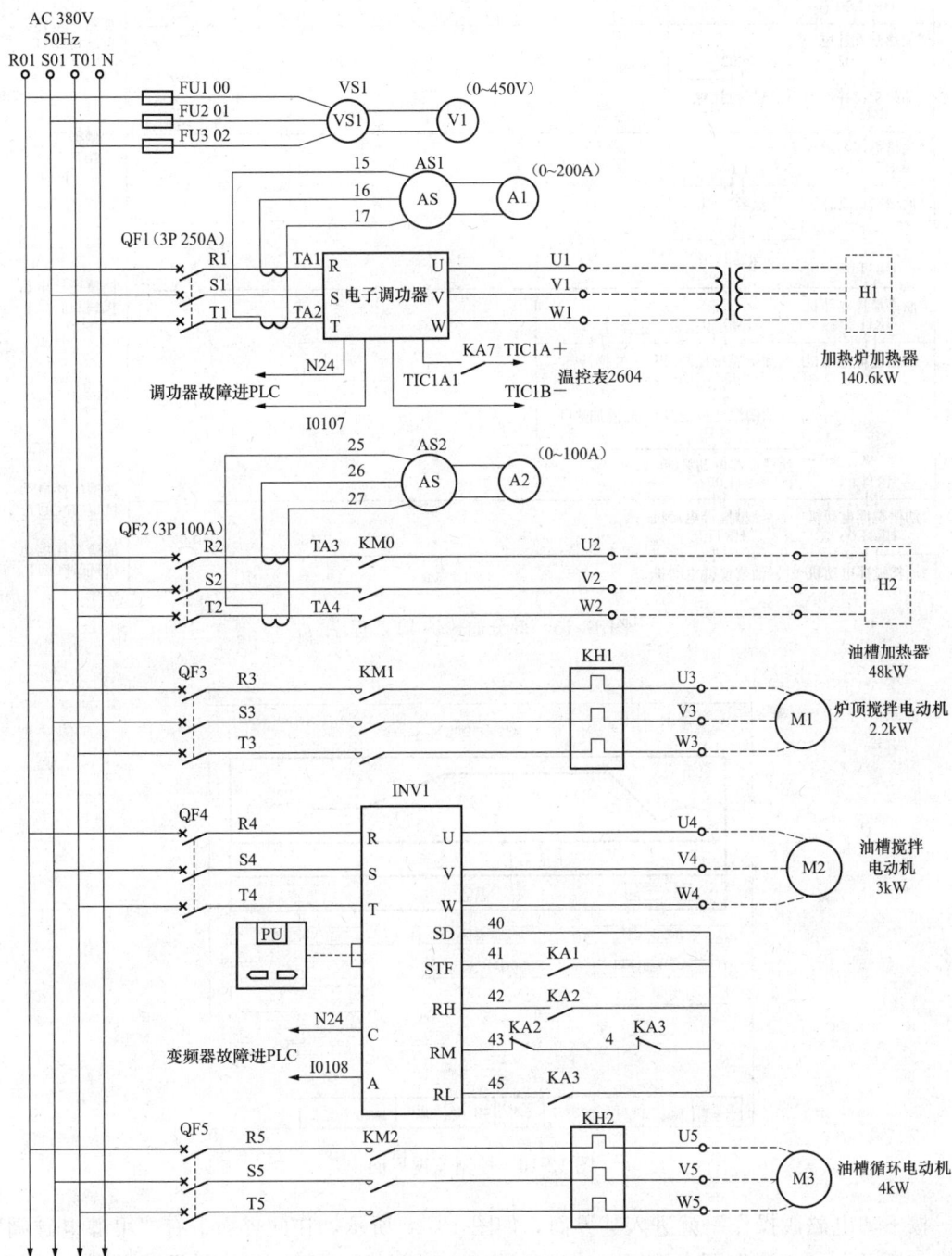

图 13-14 加热炉主电气原理图

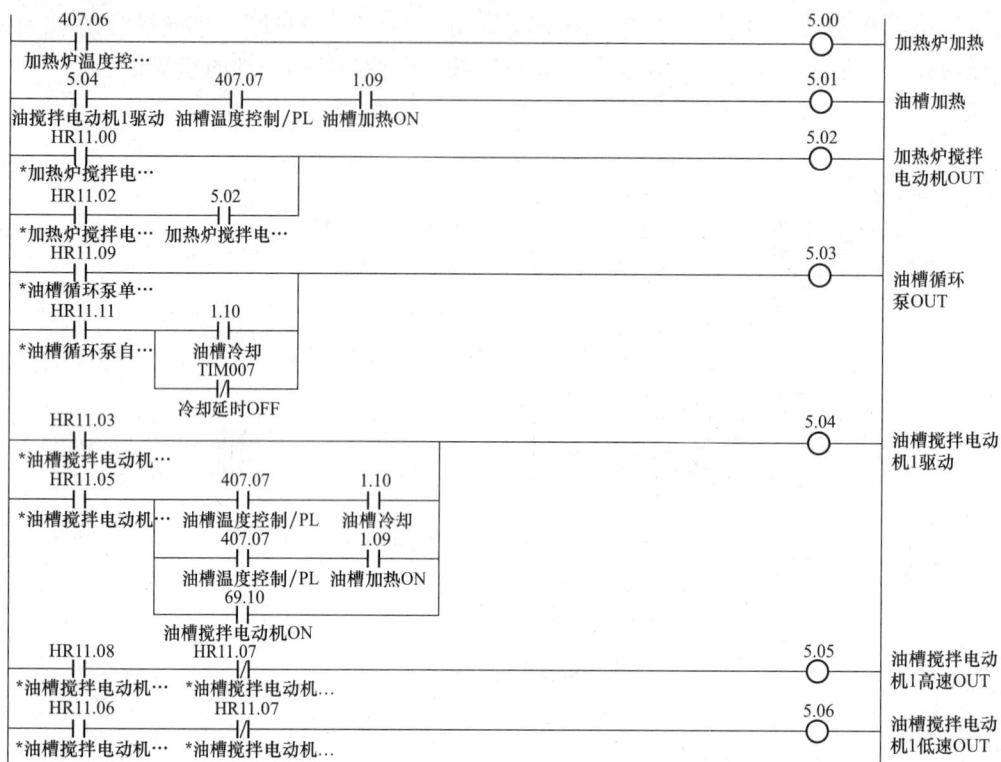

图 13-15　部分加热炉 PLC 程序

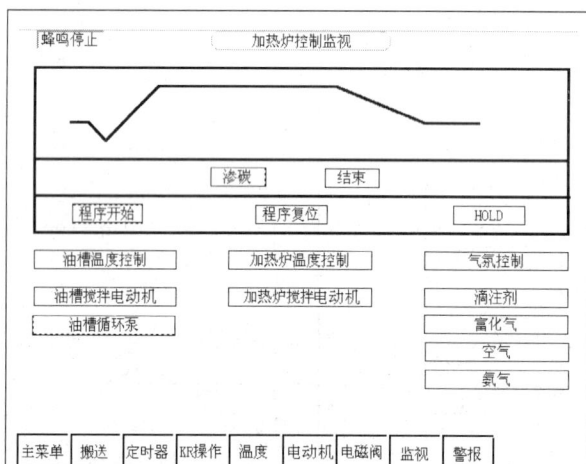

图 13-16　控制监视界面

　　按下"电磁阀操作"就进入其界面，如图 13-18 所示，在此界面上有"甲醇电磁阀"，它有"断开"、"接通"两个按钮，接通后甲醇电磁阀指示灯亮；"流量报警电源"、"基准气泵"也有"断开"、"接通"两个按钮，接通后指示灯亮；"氨气电磁阀"和"富化气电磁阀"由"手动"、"断开"、"自动"三个按钮来控制其状态。单击其中任何一个时其指示灯亮。

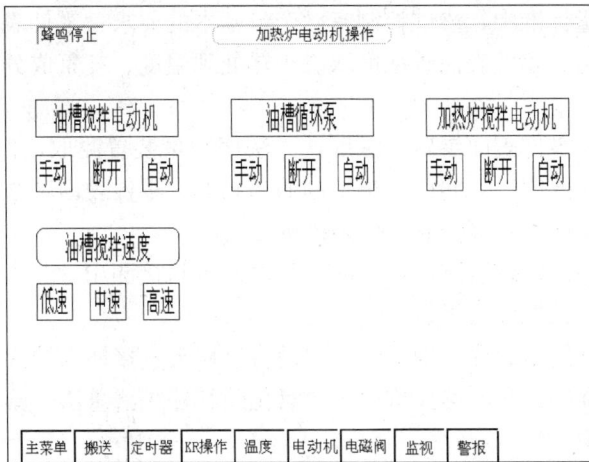

图 13-17　电动机操作界面

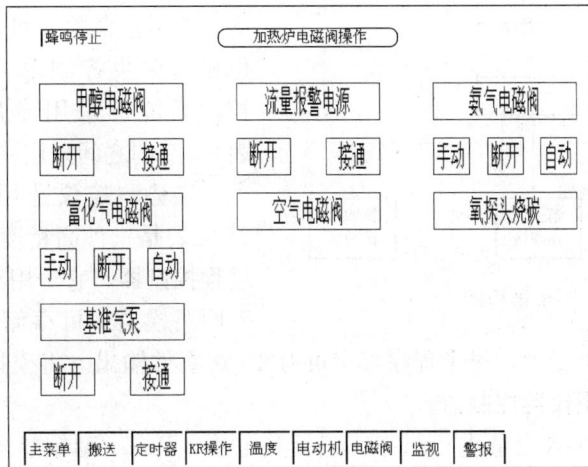

图 13-18　电磁阀操作界面

详细内容请参考下一章和本书光盘。

第五节　2604 表在热处理炉渗碳控制中的应用

介绍了 2604 表在热处理行业碳势控制中的应用，详细阐明了有关的工作原理和关键技术。

一、碳势控制原理

渗碳是当前工业界广泛使用的化学热处理方法之一。它是指将钢制零件置于有足够碳势的介质中，加热使材料组织状态达到奥氏体状态并保温一段时间，从而在零件表面与心部间形成一个碳浓度梯度层的处理工艺。渗碳技术，提高了工件的耐疲劳性，疲劳强度、硬度和耐磨性。

渗碳工艺过程中零件能否达到预期的要求是受多种因素影响的，如果控制不当，零件经渗碳、淬火和回火后容易出现表曲硬度偏低、零件变形等缺陷。因此，合理地控制渗碳过程是解决上述问题的有效途径。

在热处理产品质量标准中，渗碳控制有两个最基本的要求：零件表面碳浓度、零件表面渗碳层深度。研究表明，零件表面碳浓度取决于热处理温度、气氛成分、渗碳时间和工件材质本身的含碳量。

零件表面碳浓度及零件表面渗碳层深度，无法用测量装置测取，但由炉内温度、气氛、热处理时间所决定，在温度、时间已实施控制的基础上，零件表面碳浓度即可由炉内气氛决定，因此控制炉内气氛即可间接控制零件表面碳浓度。

炉内碳势无法直接用传感器测取，只能用其他设备间接测出，其方法有露点法、Cot 红外线法、电阻探头法、氧探头法等。

目前使用最为广泛的是氧探头测量法，它是将氧探头直接插入炉内测量，反映的是炉内真实状况，实时性、准确性和漂移性均优于二氧化碳红外线测量法、露点测量法。

二、系统总体结构

本系统采用如图 13-19 所示的结构。本系统含三个渗碳工区，也即需要对三个工区的炉内气氛进行控制。在涉及多点控制的情况下，为分散危险，可采用集散型结构，上位机（中央控制单元）采用 PC 实行集控，下位机采用专用碳控仪 2604（仪表），它们之间采用一定的通信协议联系。

碳势测控仪选用进口仪表 2604 表，2604 表是一种高精度、高稳定性的温度/过程控制器，它适用于单回路、双回路或三回路模式。可存储多达 50 个程序，每

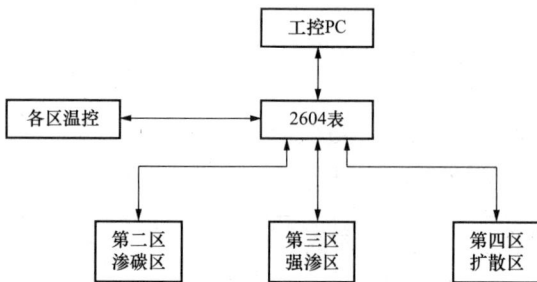

图 13-19　系统结构图

个程序最多可定义三个变量，每个程序最多可有 16 路事件输出。将模拟和数字量连接到控制回路就可以制成专用仪器控制器。

2604 表可以对多输入变量进行组态，包括热电耦，Pt100 型铂热电阻和高标准过程输入；在热处理炉和陶瓷窑内应用时，可直接与氧化锆探头相连。可以使用单回路，串级和比值控制等控制策略；组态可通过前面板操作界面实现，也可使用组态软件包（iTools）来实现。该软件包可运行于 Windows 2000 或 XP 操作系统。

三、碳势控制系统的硬件

（1）碳势控制回路的硬件组态。如图 13-20 所示，氧探头的温度传感器类型选择为 K 型热电耦，连接到扩展模块 3 上，氧探头的 mV 信号输入到扩展模块 6。控制回路 1 控制温度，控制回路 2 控制碳势。碳制和报警输出组态到继电器输出上，组态为 ON/OFF 输出。

（2）温度控制。温度回路的传感器可来自氧化锆探头，但常规方法是使用单独的热电耦测温。控制器提供加热输出信号来连接气体燃烧器或调功器以控制电加热元件。有时控制器需要提供一路冷却输出信号，用来控制循环风扇或尾气去湿。

（3）碳势控制。氧化锆探头根据探头参考端（炉外）氧气的浓度与炉内气氛中氧气的浓度之间的比例产生一个 mV 信号。控制器利用温度和碳势信号计算出炉内气氛的实际碳势。此第二个回路一般有两路输出，一个输出控制输入到炉子中的富碳气体阀门，一个控制稀释气体阀门。

（4）积碳报警。2604 在气氛出现炉内壁积成碳灰时会触发报警。

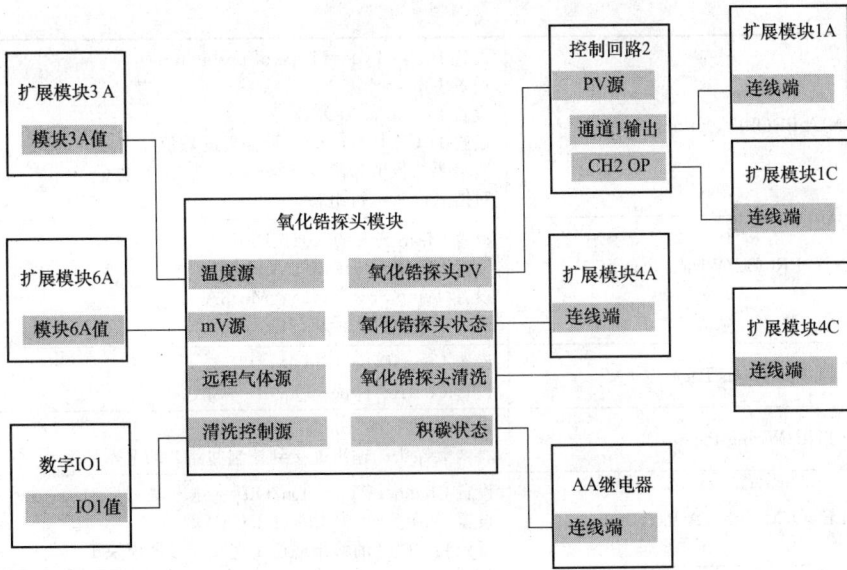

图 13-20　碳势控制的氧化锆探头组态原理图

（5）自动探头清洗。2604 有一个探头清洗和恢复策略可编程用来自动周期性执行或手动执行，采用压缩气体冲刷探头，以清除探头上的积碳或其他沉积物。当清洗完成后，会测量探头恢复正常工作所需要的时间。如果恢复的时间太长，说明探头已老化需更换或翻新。在探头清洗和恢复的时间周期内，碳势的读数被保持（冻结），以保证炉子的连续操作运行。

四、碳势控制系统的软件

2604 控制器碳势控制参数编程如表 13-4 所示。

表 13-4　　　　　　　　　　　　2604 控制器碳势控制参数设置

a. 在 INSTRUMENT/Options Page	设置 Num of Loops＝2 设置 zirconia＝Enabled
b. 在 MODULE IO/Module 3A Page	设置 Channel Type＝Thermocouple 设置 Linearisation＝K-Type 设置 Units＝℃/℉/℃K 设置 Resolution＝XXXXX 设置 SBrk Impedance＝Low 设置 SBrk Fallback＝Up Scale 设置 CJC Type＝Internal 将扩展模块 3 组态为温度测量
c. 在 MODULE IO/Module 6A Page	设置 Channel Type＝HZVolts 设置 Linearisation＝Linear 设置 Units＝mV 设置 Resolution＝XXXXX 设置 SBrk Impedance＝Off 设置 SBrk Fallback＝Up Scale 设置 Electrical Lo＝0.00 设置 Electrical Hi＝2.00 设置 Eng Val Lo＝0.00 设置 Eng Val Hi＝2000 将扩展模块 6 组态去测量探头的 mV 值
d. 在 STANDARD IO/Dig IO1 Page	设置 Channel Type＝Digital Input 将数字 IO1 组态为数字量输入

续表

	设置 Probe Type＝Type of probe in use 设置 Units＝%CP 设置 Resolution＝XXX. XX 设置 H-CO Reference＝所需要的数值 所需要的数值为渗碳气氛中的（%CO）含量 对锆氧探头进行组态
e. 在 ZIRCONIA PROBE/Options Page	
f. 在 ZIRCONIA PROBE/Wiring Page	设置 Clean Src＝05402：DI01. Val 设置 PV Src＝04948：Mod6A 设置 Temp Src＝04468：Mod3A 连接到锆氧探头模块的输入量
g. 在 LP2 SETUP/Options Page	设置 Loop Type＝Single 设置 Control Type＝OnOff ® Ch1&2
h. 在 LP2 SETUP/Wiring Page	设置 PV Src＝11059：Zirc. PV 将锆氧探头的输出连接到控制回路2的PV
i. 在 MODULE IO/Module 1A Page	设置 Channel Type＝On/Off 设置 Wire Src＝01037：L2. Ch1OP 将控制回路2的输出通道1连接到扩展模块1
j. 在 MODULE IO/Module 1C Page	设置 Channel Type＝On/Off 设置 Wire Src＝01038：L2. Ch2OP 将控制回路2的输出通道2连接到扩展模块1
k. 在 MODULE IO/Module 4A Page	设置 Channel Type＝On/Off 设置 Wire Src＝11066：Zirc. Stat 将锆氧探头状态信息连接到扩展模块4A
l. 在 MODULE IO/Module 4C Page	设置 Channel Type＝On/Off 设置 Wire Src＝11072：Zirc. Clean 将探头清洗信号连接到扩展模块4C
m. 在 STANDARD IO/AA Relay Page	设置 Channel Type＝On/Off 设置 Wire Src＝11068：Zirc. SAlm 将积碳报警信号连接到固定继电器上输出

第六节　回火炉控制系统

热处理生产线上有加热炉、清洗机、回火炉、运输车、升降台等。回火是生产工艺中重要的一个环节。它是在工件淬硬后，再加热到特定点以下的某个温度，保温一段时间，然后冷却到室温的一种热处理工艺。工件经过回火可以消除淬火时产生的应力，提高材料的塑性和韧性，获得良好的综合力学性能，稳定零件尺寸，使工件的结构组织在使用的过程中不发生变化。

本节介绍回火炉的控制系统的硬件和软件。重点介绍回火炉构造和控制要求、PLC 控制电路、触摸屏界面。

一、箱式回火炉构造和控制要求

（1）箱式回火炉构造。该设备由回火炉主体、炉内搅拌装置等构成。加热室用钢板焊接成密封结构与前室连接在一起，顶部装有风机装置，使炉气上下循环，以保证炉温和气氛均匀。炉顶装有热电耦，用于控制炉腔温度。炉腔两侧采用电加热辐射管或气体燃料加热辐射管。

（2）箱式回火控制要求。

1）炉内温度达到设定温度后，按下操作台上回火炉"搬入指令"按钮开关，炉门自动打开，推拉车上待处理工件，由推拉车送到加热室。

2）处理工件送入加热室，操作柜自动发出信号并开始升温，达到设定温度，定时器开始计时。

3）定时器设定时间结束，蜂鸣器鸣叫，告知回火处理结束。

4）确认处理结束后，按下操纵盘上的回火炉"搬出指令"按钮开关，炉门就打开，处理品由推拉链自动搬送到推拉车上，回火工序结束。小车继续左移将处理好的工件送到完成台，这样一次完整的加工过程就结束了。

以上是该生产线的手动操作过程，该系统也可工作在自动操作状态，此时将会按时间顺序完成各道工序。

二、回火炉控制系统结构

回火炉的控制系统主要由温度控制、氮势控制、循序动作控制等几个方面组成，如图 13-21 所示。

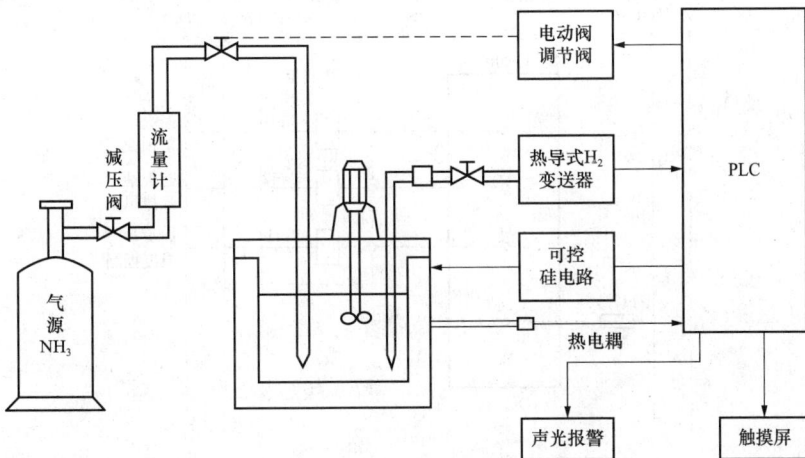

图 13-21　回火炉的控制系统图

炉温控制由热电耦及仪表组成主控系统，对炉温测控的同时进行温度记录。当炉温超过设定值时切断电流并发出故障信号，排除故障后人工复位使电炉重新运行。

回火炉的氮势控制是通过控制气氛中氨或氢气的分压，实现对氮势的控制。从而达到对工件氮化层组织的精确自动控制，消除表层疏松、内层脉状等缺陷，使工件得到较高的表面硬度、耐磨性，并提高工件疲劳强度和耐蚀能力。

氮势测量是通过测量炉内 H_2 含量换算后间接求得。氮势是通过改变氨流量来达到控制的。给定值与测量值（经线性化处理后）进行比较，以其差值为调节量，经过 D/A 转换后，直接控制电动阀的开关，以改变氨的流量，实现氮势的闭环自控。

三、回火炉 PLC 控制电路

输入模块 CH006 电路如图 13-22 所示，槽 CH006 的位 11 是限位开关 SQ11，检测推拉车 PPC 在回火炉前停止时的位置，位 12 的作用是通知 PPC 在回火炉前减速，位 13 是前门开到位，位 14 是前门关到位。

输出模块 CH007 电路如图 13-23 所示，槽中的位 09 控制回火炉的炉顶搅拌电动机；位 10 是控制着回火炉的强排风机；位 11 是对回火炉的温度进行控制。

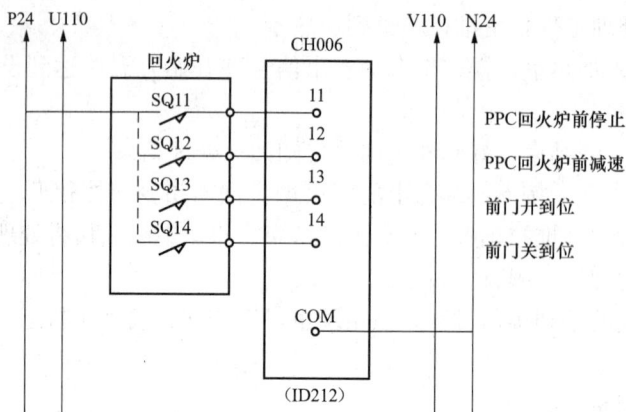

图 13-22　CH006 输入模块

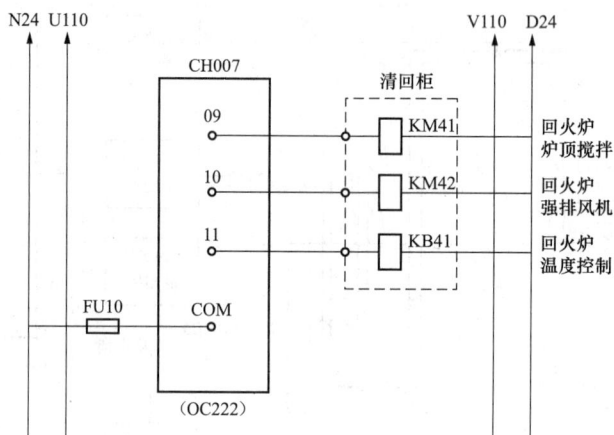

图 13-23　CH007 输出模块

四、回火炉 PLC 程序设计

前门开的程序如图 13-24 所示。

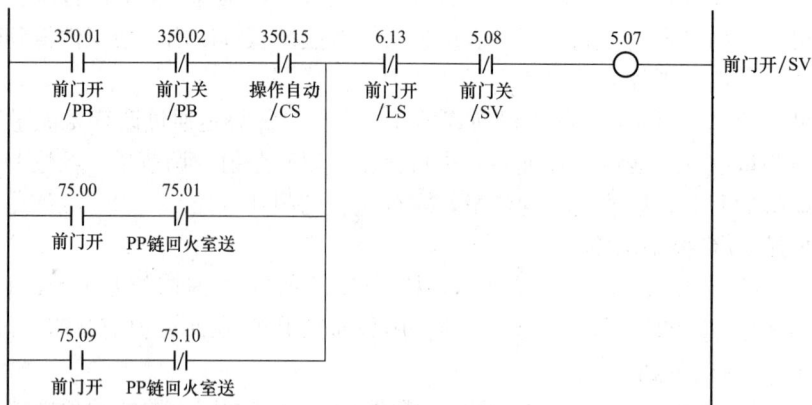

图 13-24　前门开程序

270

350.01、350.02 是触摸屏上的控制位，6.13 是一个限位开关，5.08 与"前门关"程序中的 5.07 构成"互锁"。

油烟强排风机程序如图 13-25 所示，回火炉进行回火状态下，回火炉强排油烟机处于自动时，排风机工作 99.99s 后断开停止。

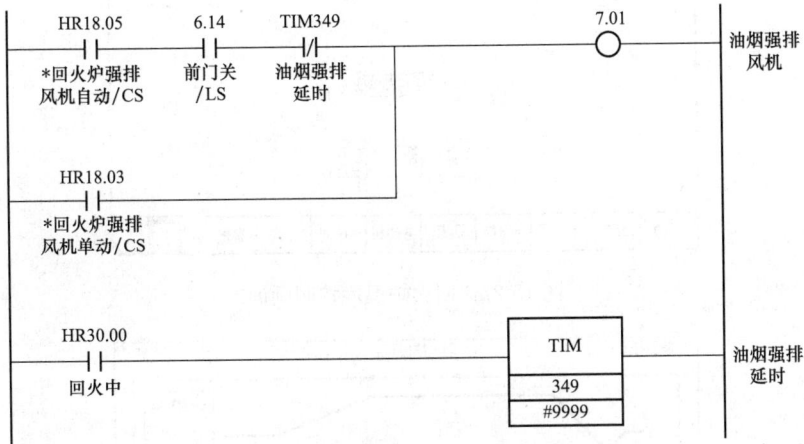

图 13-25　排风机启动程序

五、回火炉触摸屏界面介绍

回火炉热处理生产线监控系统的基本画面主要有主菜单、回火炉搬送监视画面、回火炉定时画面（见图 13-26）、回火炉温度控制画面（见图 13-27）、回火炉电动机操作画面、回火炉控制监视画面（见图 13-28）、自动搬送操作画面、手动触摸操作等画面。

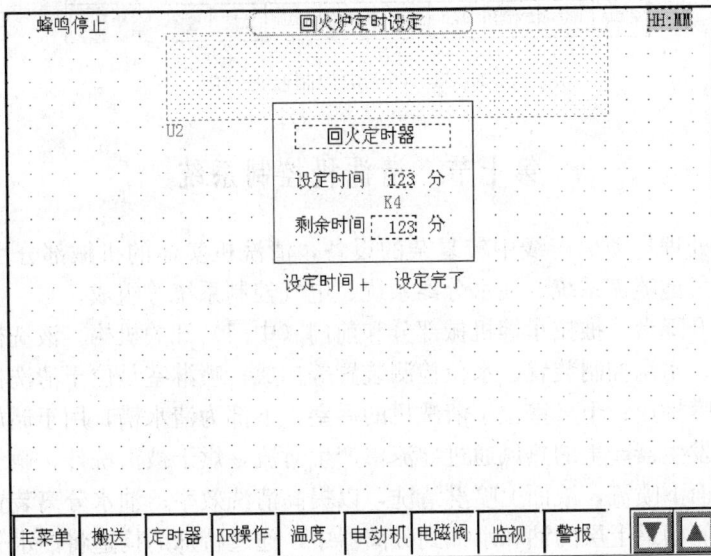

图 13-26　回火炉定时画面

271

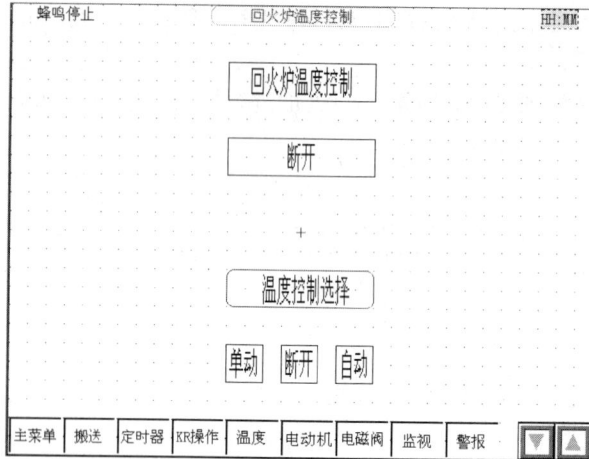

图 13-27　回火炉温度控制画面

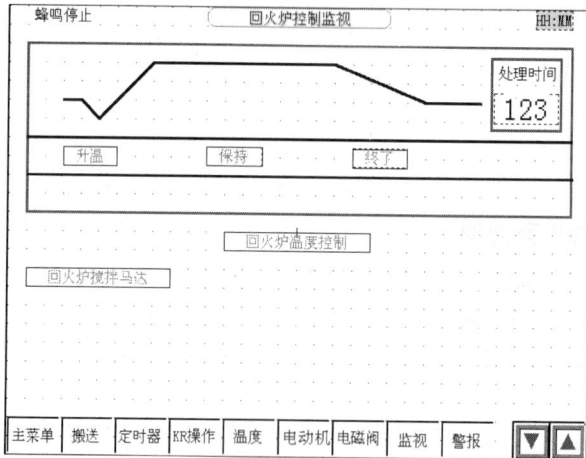

图 13-28　回火炉控制监视画面

第七节　清洗机控制系统

清洗机是热处理自动生产线中较复杂的设备，清洗机实体的机械部分由液洗槽、喷淋室、干燥室、微气泡喷流系统、油水分离系统、电气控制系统等组成。

其他的还有升降台、推拉车等机械部分和前门（中门）开关机构。液洗槽由液洗槽加热器、循环水装置、水温控制装置、水位检测装置等构成；喷淋室是位于清洗槽的上方，由室体和喷淋管、喷嘴构成；干燥室位于清洗机的后室，下部为清水槽，用于储放喷淋清洗用的热水，上部热风发生器产生的热风通过导流罩产生对流，烘干被清洗件；微气泡喷流系统对处理工件进行液面下喷流，液面上喷淋清洗，以提高清洗效率；油水分离装置安装在清洗机旁边，将清洗槽侧槽最上层的油和水抽到分离器中，通过特殊的构造将油水分离，分离后的水流回清洗槽中，并将油排出分离装置。

一、清洗机清洗工艺分析

清洗机的工作过程如下：

（1）位于推拉车上的待处理工件，在按下操作台清洗机操作单元上的"搬入指令"按钮开关后，就自动由推拉车将工件搬到喷淋室的升降机上。

（2）升降机下降，开始浸泡，浸泡时间用定时器设定。浸泡结束，喷流泵开始工作，同时启动微泡发生装置，对工件进行清洗。喷流清洗结束后，升降机上升，关闭微泡发生装置，开始喷淋清洗。

（3）喷淋清洗结束后，由推拉车将处理品搬至干燥室，加热器、搅拌装置启动，根据定时器发出的信号进行一定时间的烘干。

（4）烘干结束，操作柜发出"搬出指令"。

（5）按下"搬出命令"按钮开关，推拉车自动将所处理的工件搬出到推拉车上，清洗处理结束。

二、清洗机 PLC 控制程序

如图 13-29 所示的梯形图程序是对发泡电磁阀的操作，随着升降机下降工件浸泡在洗净室中，然后发泡电磁阀开始工作，等浸泡时间过后即等工件从水槽中被取出时，发泡电磁阀停止工作。

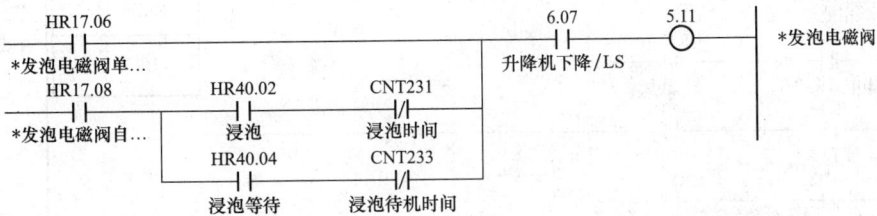

图 13-29　发泡电磁阀梯形图程序

如图 13-30 所示的梯形图程序是漂洗程序，先喷淋，喷淋时间到，进入沥水状态，沥水时间到就结束漂洗。

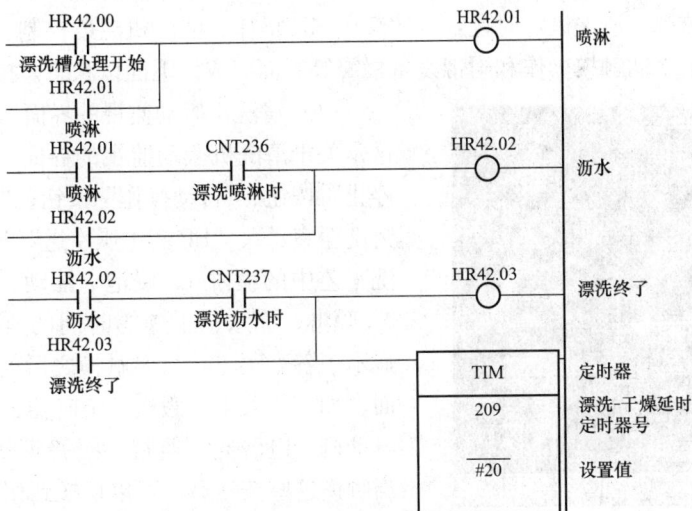

图 13-30　漂洗程序

如图 13-31 所示的梯形图程序是关于清洗工艺中的重要步骤，碱洗、漂洗、干燥等。

273

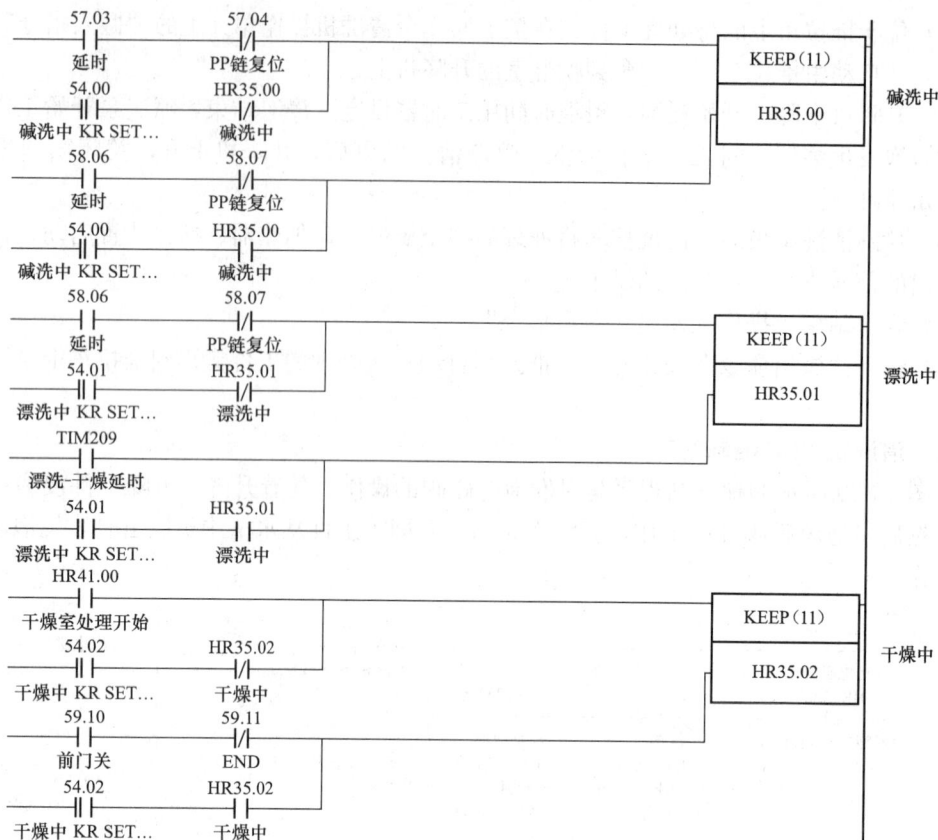

图 13-31　清洗状态梯形图

三、清洗机界面

根据控制系统以及工艺流程的要求，自动清洗机的控制画面主要由主菜单、自动搬送菜单、清洗机搬动监视、清洗机定时设定、清洗机 KR 操作、清洗机温度控制、清洗机操作、清洗机电磁阀操作、手动触摸操作和附带设备报警等界面组成。下面以状态监控画面加以说明。

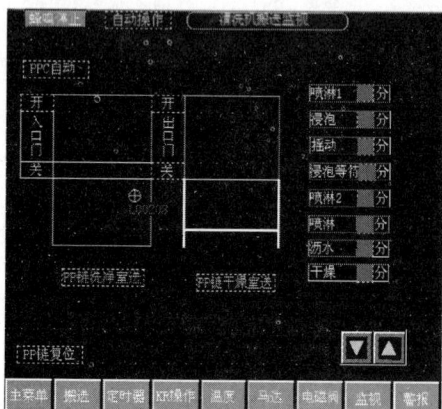

图 13-32　清洗机搬动界面

（1）清洗机搬动监视的界面。如图 13-32 所示，这是关于清洗机搬动监视的界面，该界面有"蜂鸣停止"按钮、"自动操作"按钮、"PPC 自动"、"PP 链洗净室送"、"PP 链干燥室送"等显示；还有对清洗工艺中的喷淋 1、浸泡、摇动、浸泡等待、喷淋 2、喷淋、沥水、干燥等时间的监控。最下面一行显示了各个菜单，只要触摸之后就可以切换各个界面，如：主菜单、搬送、定时器、KR 操作、温度、电动机、电磁阀、监视、报警等切换界面的按钮，当触摸这些按钮后，可以切换到相应界面。

（2）清洗机定时设定的界面。如图 13-33 所示，这是关于清洗机定时设定的界面，该界面最重要的部分是对喷淋 1、浸泡、摇动、浸泡等待、喷淋 2、喷淋、沥水、干燥等定时器的时间设定；最下面一行显示了各个菜单，只要触摸之后就可以切换各个界面，如：主菜单、搬送、定时器、KR 操作、温度、电动机、电磁阀、监视、报警等切换界面的按钮，当触摸这些按钮后，可以切换到相应界面。

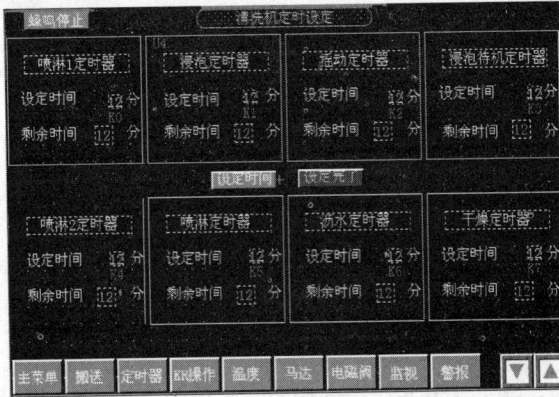

图 13-33　清洗机定时设定界面

（3）清洗机温度控制界面。如图 13-34 所示是清洗机温度控制的界面。

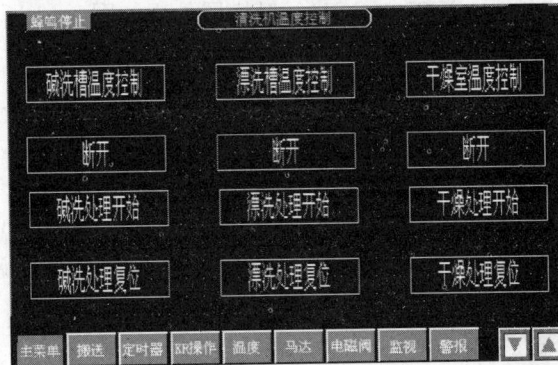

图 13-34　清洗机温度控制界面

（4）清洗机电动机操作的界面，如图 13-35 所示。

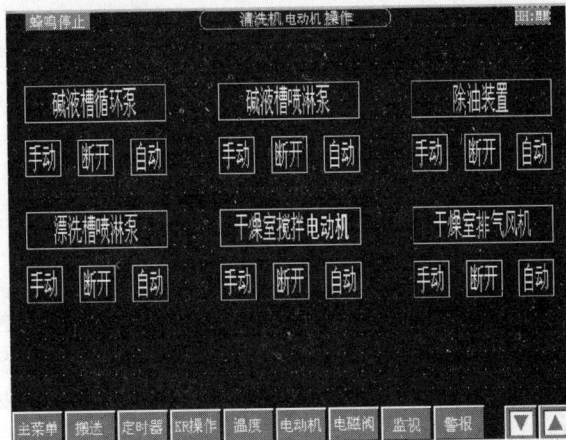

图 13-35　清洗机电动机操作的界面

第十四章

热处理线触摸屏界面制作

本章将论述热处理生产线触摸屏程序的使用、界面制作和编程技巧。

第一节　GP2500 触摸屏连接及初始化设置

一、GP 基本规格

本次选用的触摸屏型号是 GP2500-SC41，触摸屏外观如图 14-1 所示。

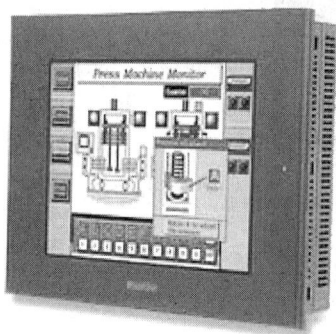

它的基本规格如下。

显示屏：10.4 英寸 STN 彩色 LCD 搭载。

分辨率：640×480 像素。

开孔尺寸：302mm×228mm。

显示范围：211.2mm×158.4mm。

内存：画面记忆-FLASH EPROM 4Mb。

显示色彩：64 色，三段闪烁。

二、GP 硬件接口

辅助输入/输出接口：连接系统报警，蜂鸣器，RUN 输出和远程复位输入等。

图 14-1　GP2500 触摸屏外观

串行接口：RS-232C 和 RS-422 接口，连接到 PLC。

打印机接口

传送工具接口：连接传送电缆或条形码读入器。

扩展单元接口：连接通信功能扩展单元。

CF 片扩展接口：用于连接 CF 卡前面板维护单元。

扩展串行接口：RS-232C 接口，连接到控制器。

Ethernet 接口：用于连接 Ethernet。

三、GP2500 触摸屏连接与设置

（1）触摸屏连接。GP2500-TC41 采用电阻式触摸屏，有画面传送口（TOOL）与个人电脑串口通过下载电缆连接，与 PLC 连接的串行接口（RS-232C/RS-422）支持多种 PLC 协议，异步传送速度为 2400b/s～115.2kb/s，数据长度为 7 或 8 位，停止位为 1 或 2 位，奇偶校验为无，奇数或偶数。

（2）进入 OFF-LINE 方式。新的 GP 单元不能进入 OFF-LINE 方式，需要用画面编辑

软件进行系统数据传送。

有两种方法能够进入 OFF-LINE 方式：一种是开机时进入，上电时，按住 GP 屏幕，上角 10s，进入 OFF-LINE 方式；一种是使用强制复位，按 GP 屏幕右上、左下、右下三个地方，则可进入强制复位状态，这时按 OFF-LINE 按钮，则进入 OFF-LINE 方式。系统主菜单如图 14-2 所示。

（3）MAIN MENU（主菜单）。菜单包括下列项目设置，每个菜单项目都有不同的设置，这些设置必需能与连接的相应的 PLC 匹配，以便让 GP 能正确通信。

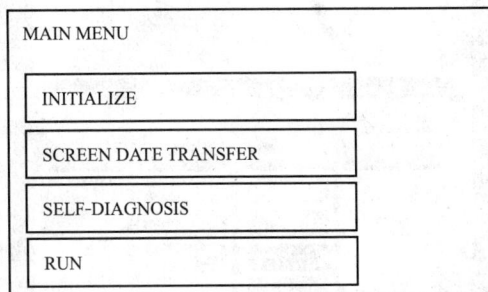

1）INITIALIZE（初始化设置），列有 GP 运行时必需的设置项目。

图 14-2 系统主菜单

2）SCREEN DATE TRANSFER（画面数据传送），选择与编辑软件之间进行画面数据的下载/上传。

3）ELF-DIAGNOSIS（自诊断），对 GP 系统和接口进行检查。

4）RUN（运行），使 GP 单元进入运行模式。

（4）SCREEN DATE TRANSFER（画面数据传送）。将 PC 的 RS-232C 接口用下载电缆连接到 GP 的画面传送接口上。在传送前，将 GP 转换到画面数据传送（TRANSFER SCREEN DATA）方式。在画面编辑软件中，设置是发送画面文件到 GP，还是从 GP 接收文件。

设置好 GP 之后，返回到画面编辑软件并开始传送程序。在输入传送指令后，"传送中，请稍等"这个信息显示在 GP 上。一旦该信息消失，则传送完成。

（5）串行口 I/O 设置（SETUP SIO）。串行口的设置必须与 PLC 相匹配。GP 和 PLC 通信速率可选范围 2400～115 200b/s，数据通信的数据长度为 7 位或 8 位，停止位为 1 位或 2 位，选择通信时是否进行奇校验、偶校验或无校验。选择 RS-232C、RS-422/4 线或 RS485/2 线之一的通信格式。在用 RS-422 方式下进行 Memory-Link 通信时，选择 4 线方式。

（6）PLC 设置（PLC SETUP）。在这里设置系统区起始地址和 PLC 单元号、GP 参数等，在 1∶1 和 n∶1 连接方式下的设置内容不同，因此在运行设置前请先检查确认为哪种方式。

第二节　工程的建立以及相关参数的设置

一、工程的建立

根据控制系统以及工艺流程的要求，控制画面主要由主菜单、自动搬送菜单、手动触摸操作、自动搬送监视、报警监视、KR 操作等界面组成。

（1）打开软件。双击快捷方式或者从"开始"｜"程序"｜"Pro-face"｜"ProPB3 C-Package03"中，选择"工程管理器"，打开工程管理器，如图 14-3 所示。

（2）新建工程。单击 NEW 按钮，进行工程参数设置，如图 14-4 所示。

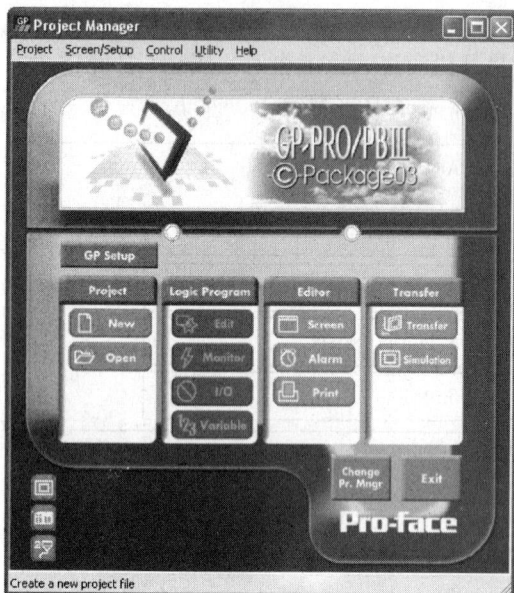

图 14-3 工程管理器

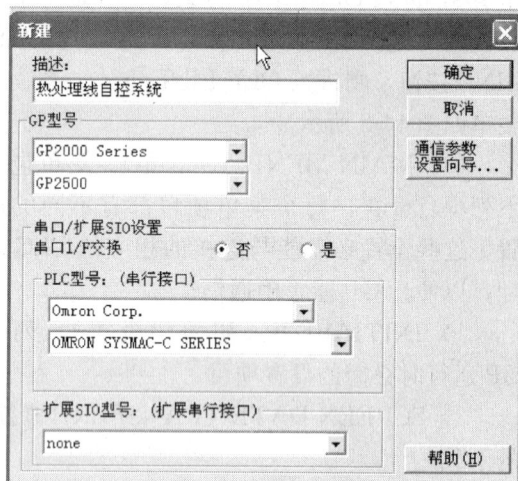

图 14-4 工程参数设置

（3）工程参数设定。输入工程描述，选择 GP 型号为 GP2500，选择使用 COM1 连接控制器或 PLC，选择 PLC 的制造厂家设备型号为 OMRON C SERIES，选择扩展串口要连接的设备类型，可接条码机、温控器等，如图 14-4 所示。

（4）通信参数设置。单击通信参数设置向导，可以设置 PLC 通信参数，如图 14-5 所示，一般设默认值就行。设定好之后单击"完成"按钮。进入画面编辑窗口。

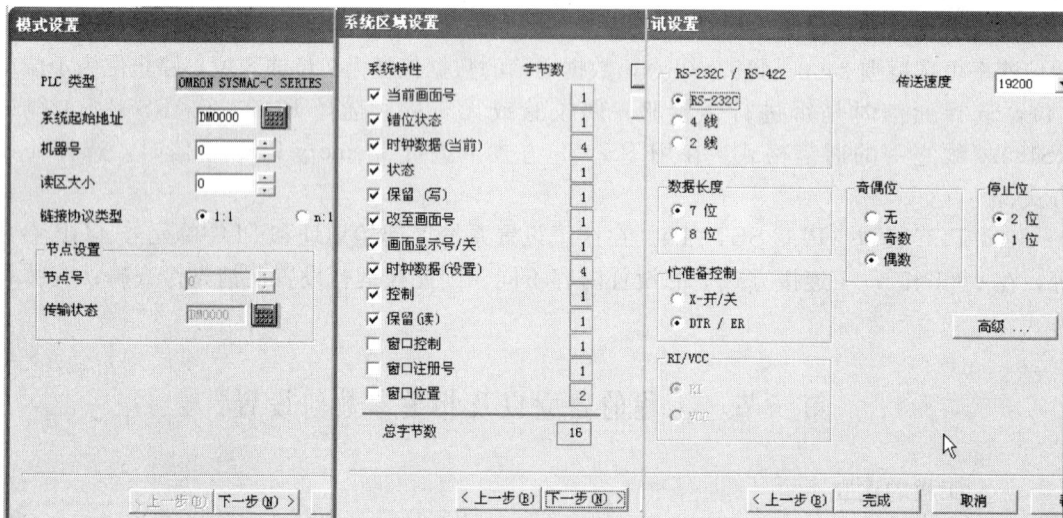

图 14-5 通信参数设置

（5）进行画面编辑。可以通过上面的第 7 步，在设备参数之后直接进入画面编辑，也可以通过单击"绘画"即可进入画面编辑窗。单击"新建"按钮，选择"Base Screen"（基本画面），打开编辑画面，如图 14-6 所示。

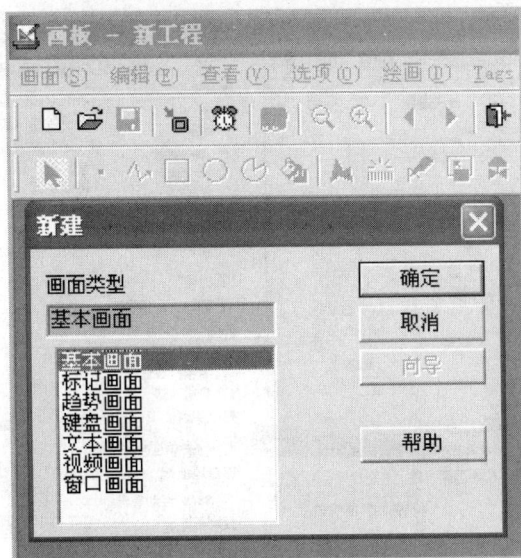

图 14-6　选择基本画面

二、GP-Setup（初始化设置）

在 GP-Setup 系统设置中，可以方便地选择 GP 的初始设置。GP 大部分设置既可以在软件里进行，也可以在屏幕上以 OFFLINE 方式直接进行。如果在软件里设置，传送窗口选中 GP System Screen 控制选项，如图 14-7～图 14-9 所示。

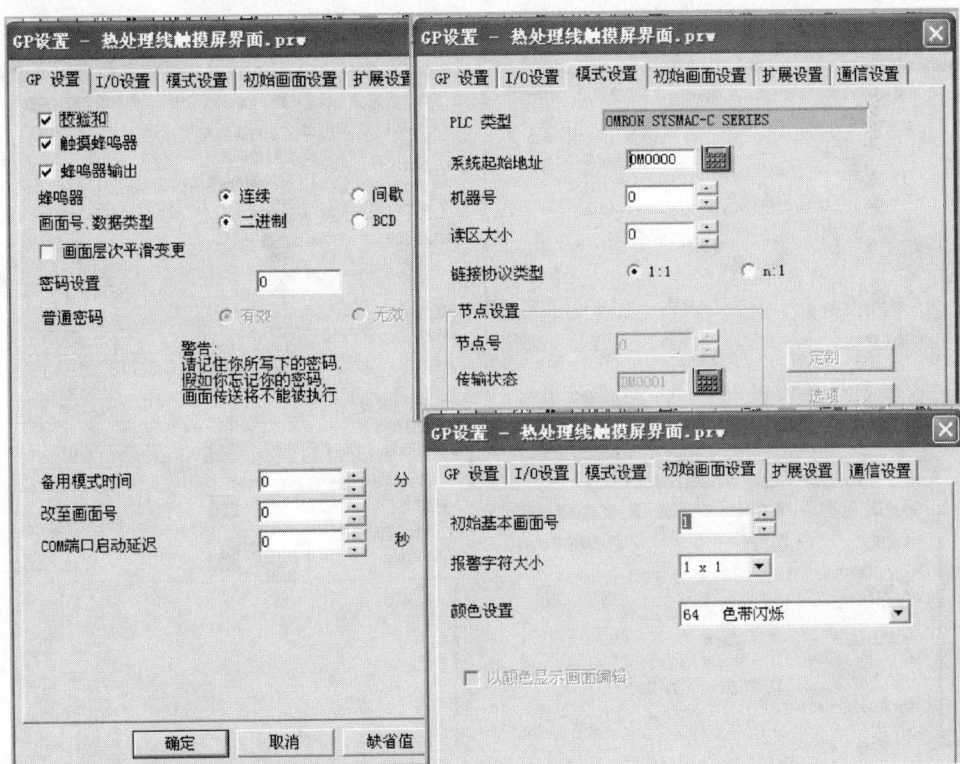

图 14-7　初始化设置 1

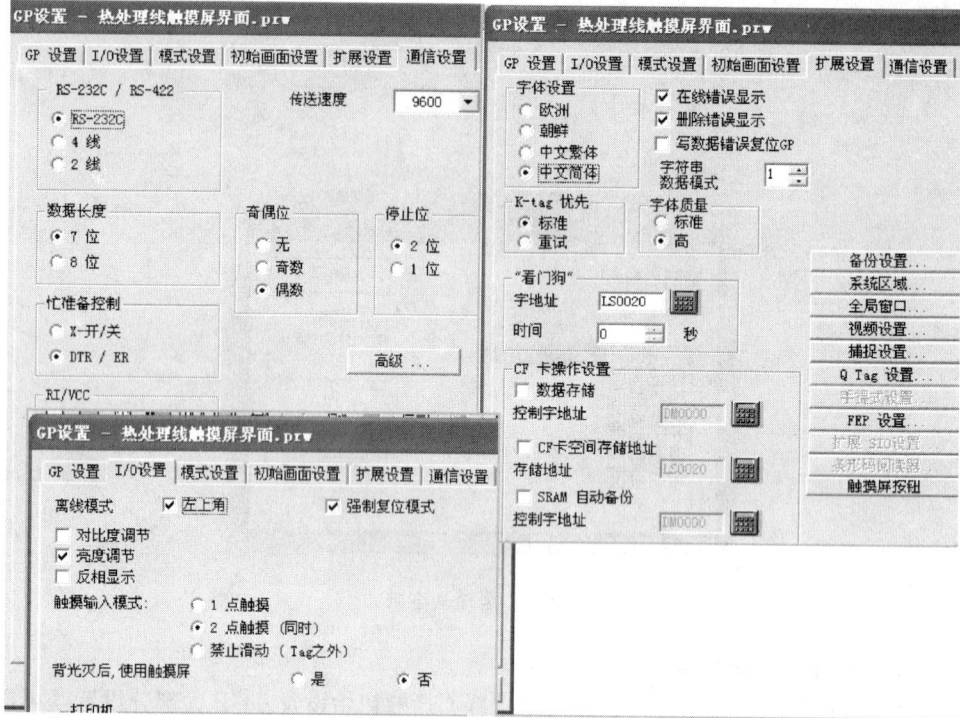

图 14-8　初始化设置 2

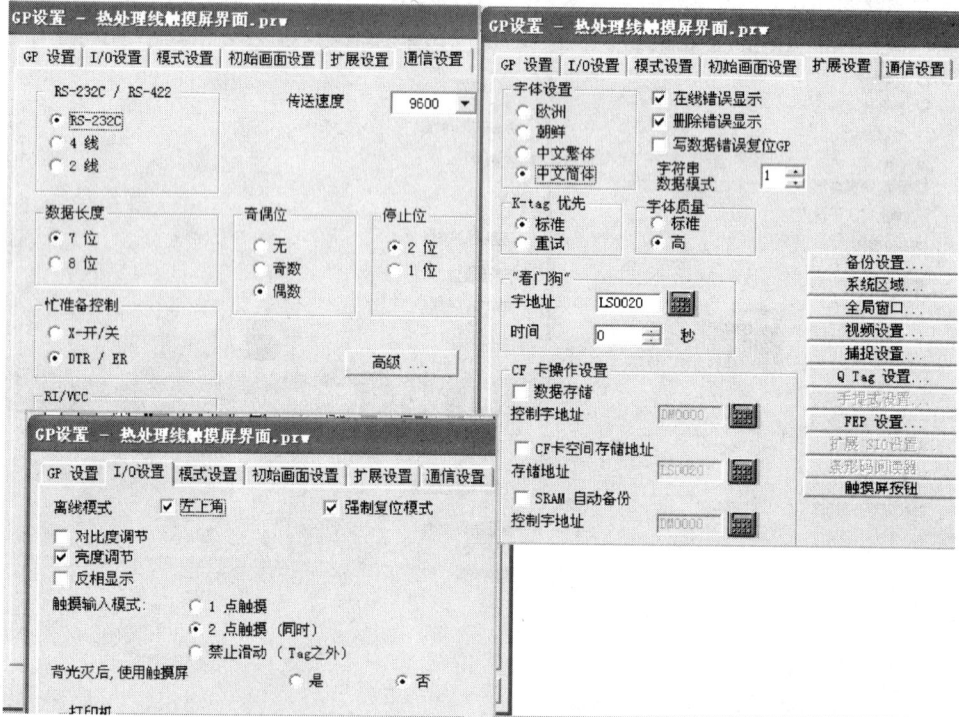

图 14-9　初始化设置 3

第三节 主菜单界面的制作

主菜单的功能：画面切换、时间显示、蜂鸣停止，如图 14-10 所示。

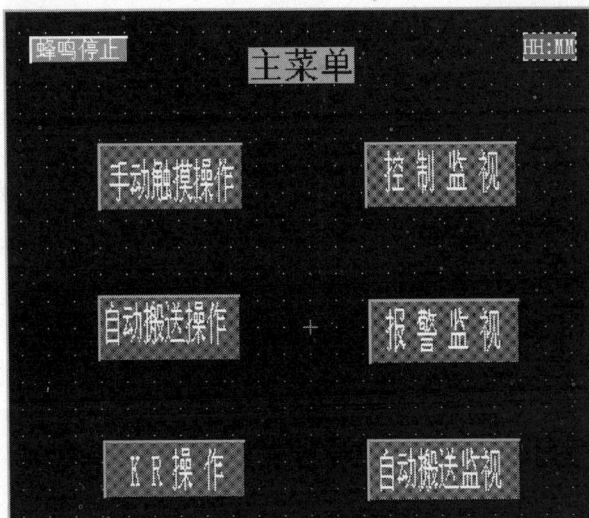

图 14-10 主菜单

一、"手动触摸操作"按钮

采用功能开关部件，功能开关是画面切换。如图 14-11 所示中选中所要切换的画面 2（手动触摸操作画面号为 2），当开关按下时，GP 显示屏跳转到指定画面 2。选择的数据格式（BCD 或二进制）应与 GP 设置一致。

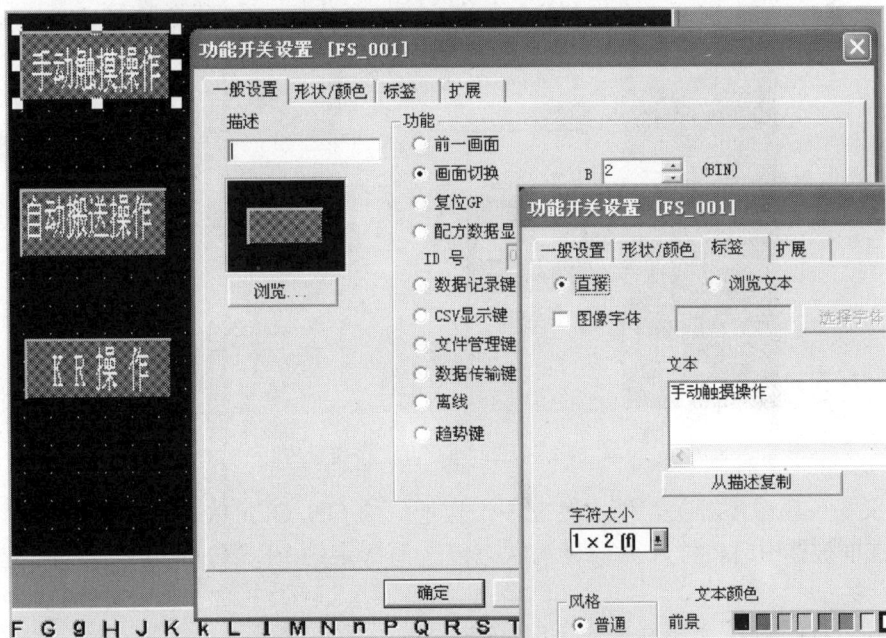

图 14-11 手动触摸操作画面切换按钮

281

二、主菜单文本

采用文本部件，输入文字，选择前景，背景颜色，如图 14-12 所示。

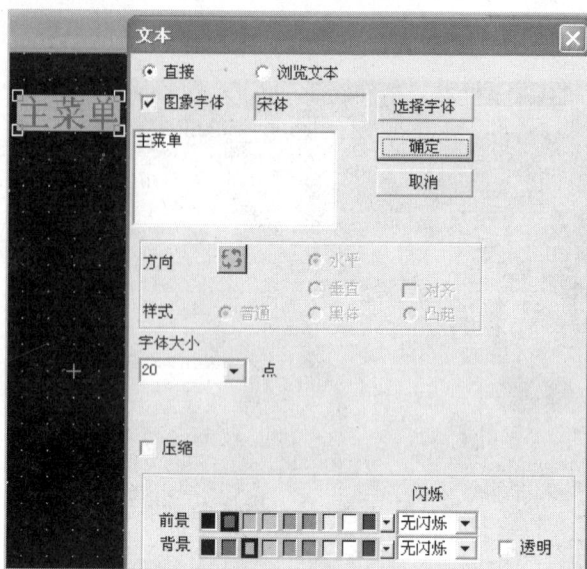

图 14-12　主菜单文本

三、"蜂鸣停止"按钮

采用位开关（Bit Switch）部件，输入开关控制的位的地址 440.15，功能选瞬间，如图 14-13 所示。

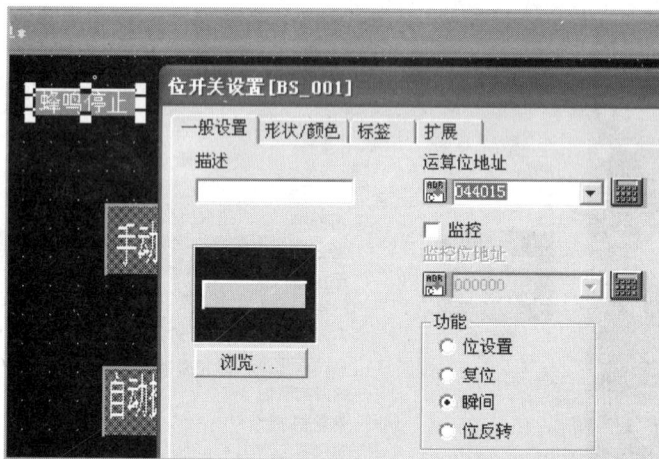

图 14-13　"蜂鸣停止"按钮设置

位开关是一种触摸开关，用于改变一个位地址的 ON/OFF 状态。当"监视器（Monitor)"复选框被选中时，位开关的显示状态能按照指定的 PLC 位的 ON/OFF 状态而发生变化。

位置位（Bit Set）：当开关被按下时，PLC 相应的位被置为 1（状态保持）。

位复位（Bit Reset）：当开关被按下时，PLC 相应的位被置为 0（状态保持）。

瞬间（Momentary）：只有当开关被按下时，PLC 相应的位被置为 ON；当开关放开时，PLC 对应的位转为 OFF 状态。

位转化：每按一次开关，PLC 相应位的状态发生改变，1 变 0，0 变 1。

互锁：选用此功能后，只有当设置的互锁位为 ON 或 OFF 状态时，此开关才能对指定的操作位地址起操作作用。

蜂鸣停止对应的梯形图，如图 14-14 所示，当触摸键按下时，440.15 点动，使 69.07 得电自锁，其动合触点动作，蜂鸣器输出 4.03 回路被断开。

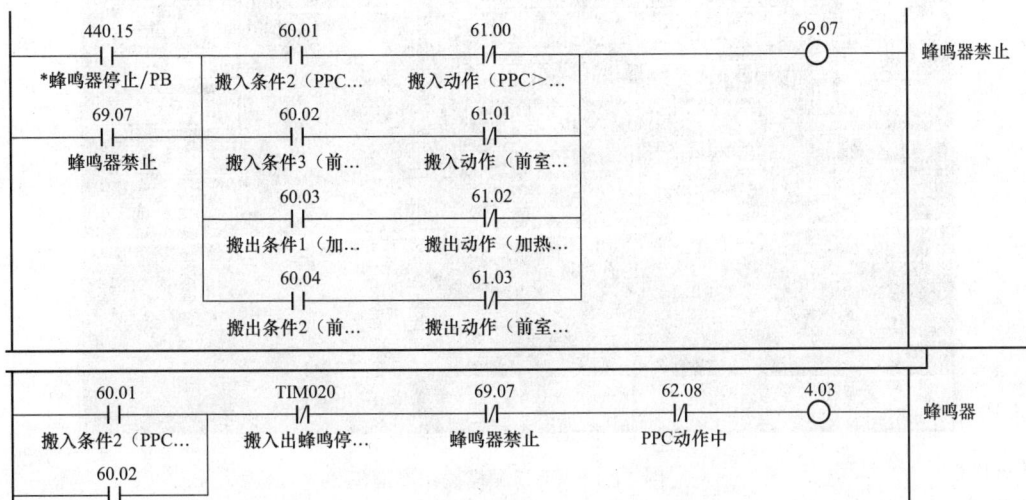

图 14-14　蜂鸣停止对应的梯形图

四、时间日期的显示

只要将时间部件和日期部件放置到合适位置即可，一个画面只能放一个。

第四节　手动触摸操作界面的制作

一、手动触摸操作界面的组成

如图 14-15 所示，画面号为 2，该画面用于手动操作，主要分为六大模块：准备台、完成台、加热炉、清洗机、回火炉和推拉车。由于各模块设置都差不多，这里仅以加热炉为例进行介绍。

二、加热炉前门开按键

采用位开关部件，运算位地址为 320.01，监视位地址为 472.00，开时显示红色，标签文本"前门开"。如图 14-16 所示。

当按下触摸屏上的按键"前门开"时，位（320.01）就为 1，使得线圈（2.00）得电，从而使电机转动，前门打开。2.00 动断触点动作，使得 472.00 闪动，画面上前门开背景红色闪动，表示门在打开中，开门到位后 0.00 为 1，前门开背景红色固定，不再闪动。梯形图如图 14-17 所示。

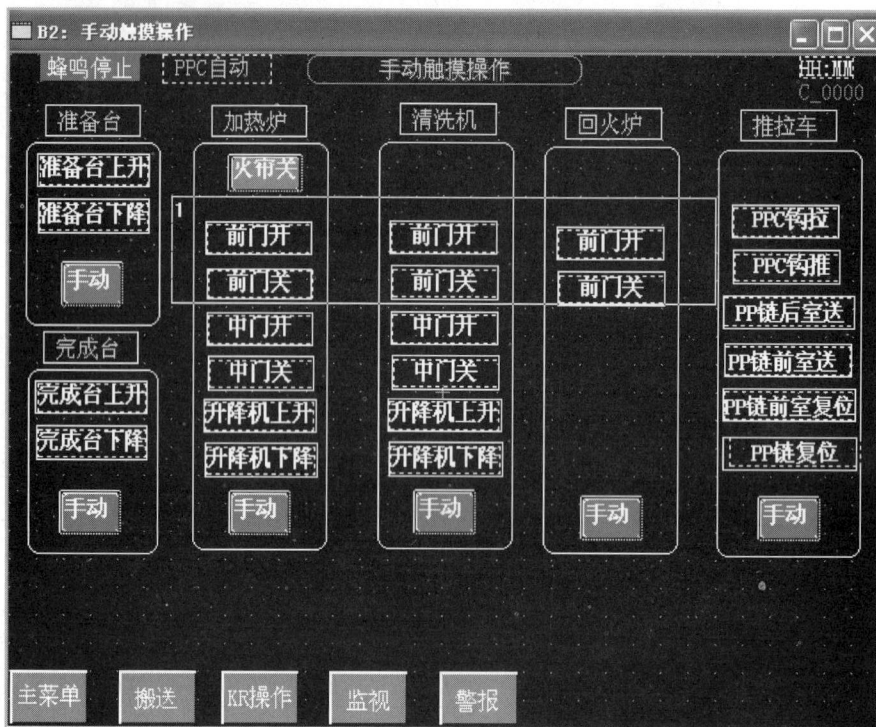

图 14-15　手动触摸操作界面

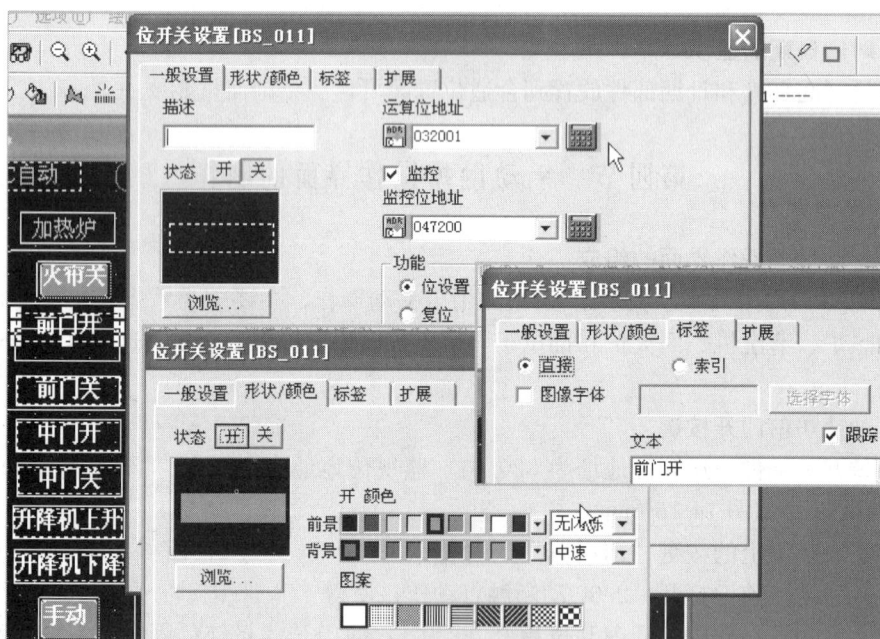

图 14-16　加热炉前门开按键设置

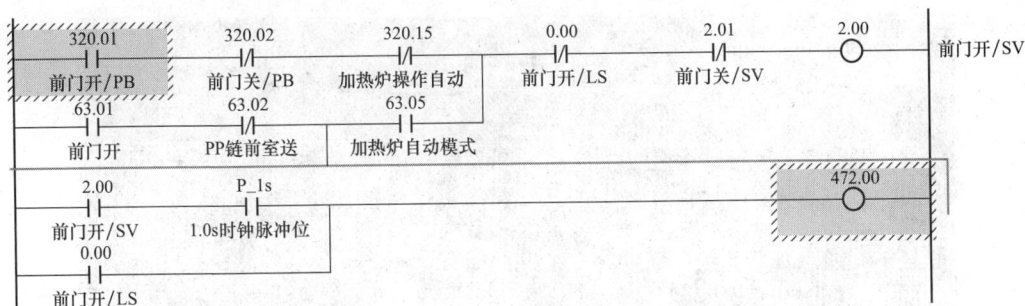

图 14-17 前门开梯形图

三、加热炉手动/自动按钮

采用位开关部件，运算位地址为 032015，监视位地址为 032015，功能设为"反转"，开时显示绿色，标签文本为 0 时为"手动"，为 1 时为"自动"，如图 14-18 所示。

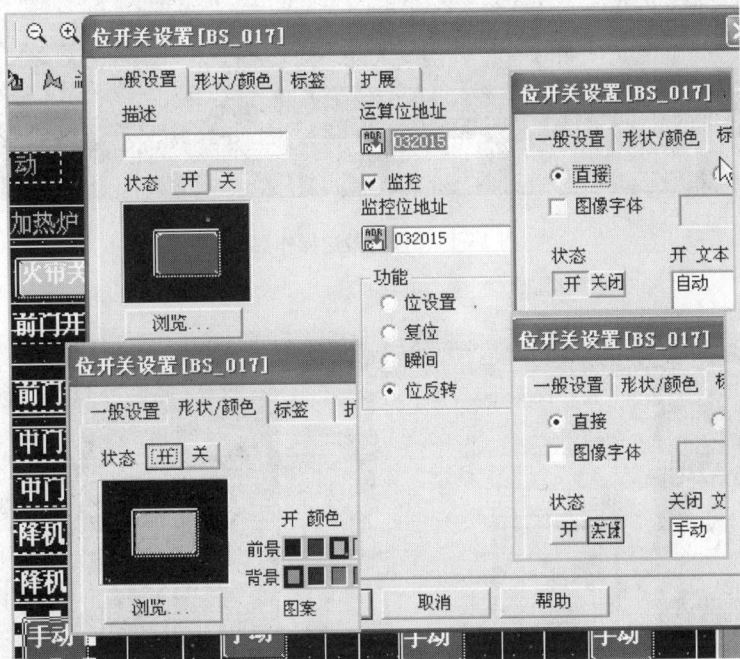

图 14-18 加热炉手动/自动按钮设置

第五节 自动搬送操作界面

一、自动搬送操作界面的组成

自动搬送操作界面如图 14-19 所示，从界面可以监控加热炉等设备的搬送过程，并可以进行搬送操作，还可以简单监控加热炉等设备的工艺过程。

二、PPC（加料下车）加热炉前指示

如图 14-20 所示，采用指示灯部件，由三个指示灯部件重叠来显示 PPC（加料下车）在加热炉前的位置状态，在热炉前有两个位置传感器：0.9 用来减速、0.8 停车抱闸，组合后

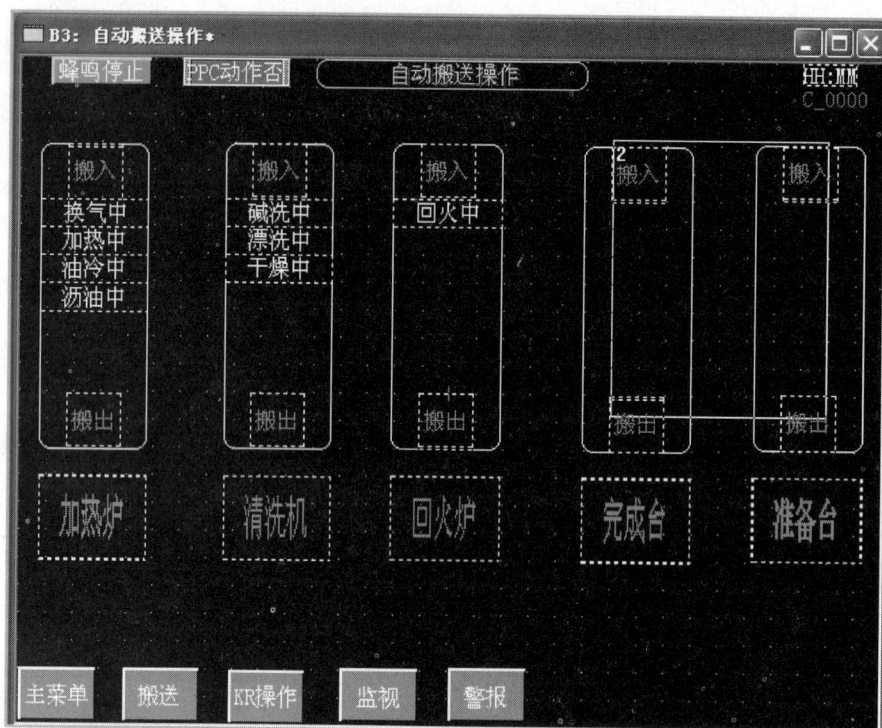

图 14-19　自动搬送操作界面

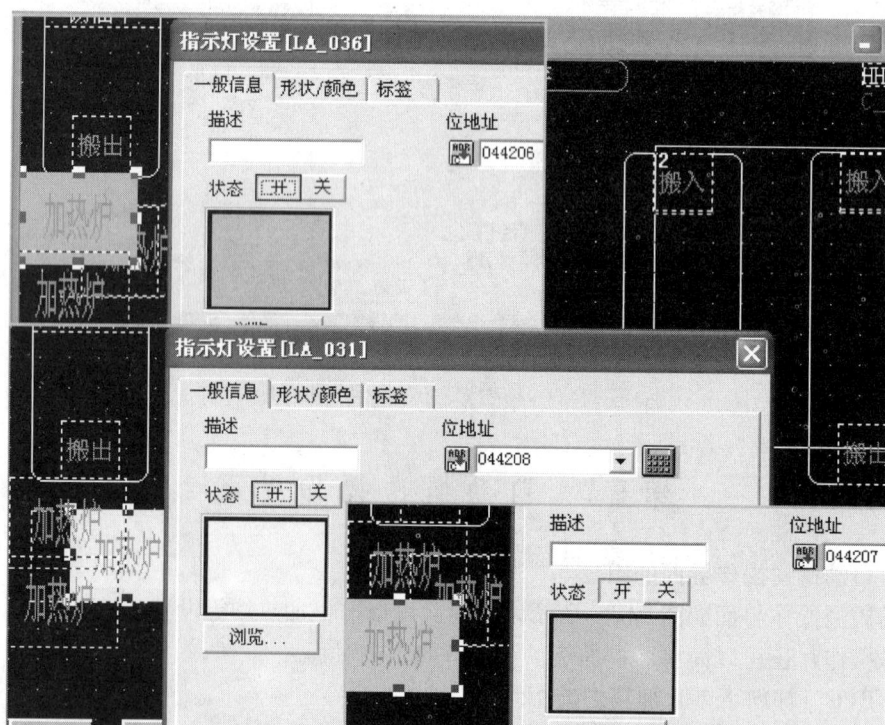

图 14-20　PPC（加料下车）加热炉前指示设置

对应地址 44206、44207、44208，显示三种颜色，分别表示停在热炉前（绿色），PPC 加热炉前移动中（黄色），不在加热炉前（蓝色）。梯形图如图 14-21 所示。

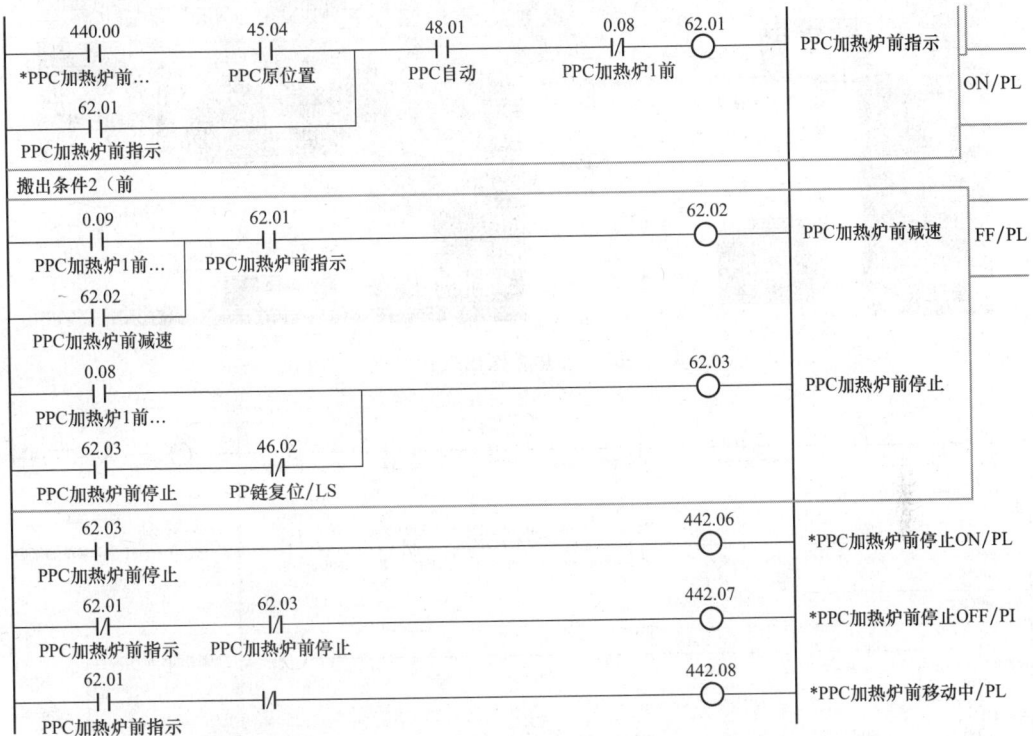

图 14-21　加热炉前指示梯形图

三、加热炉搬出按钮（指示）

如图 14-22 和图 14-23 所示，采用一个位开关部件，加三个指示灯部件重叠来显示 PPC（加料下车）在加热炉前的搬出状态，位开关的地址为 44002，三个指示灯部件地址分别为 044205、044204、044203。044205 表示加热炉搬出动作中（黄色）；044204（蓝色）表示加热炉没有搬出动作；044203（红色）闪动，表示加热室向前室搬出。因为三个指示灯部件重叠，最终显示颜色由三者组合。加热炉搬出梯形图如图 14-24 所示。

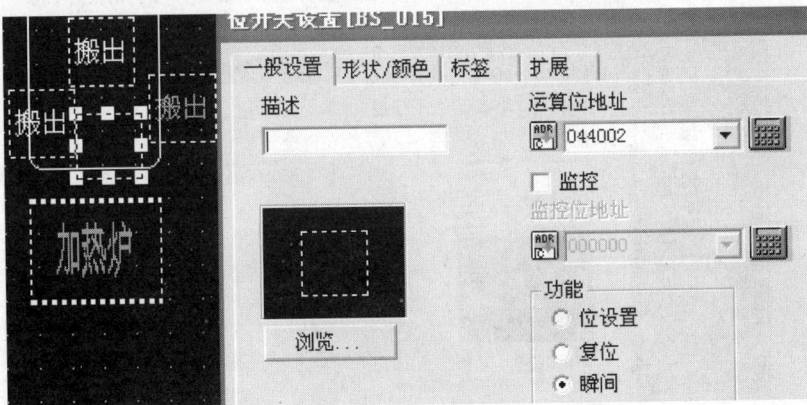

图 14-22　加热炉搬出按钮设置 1

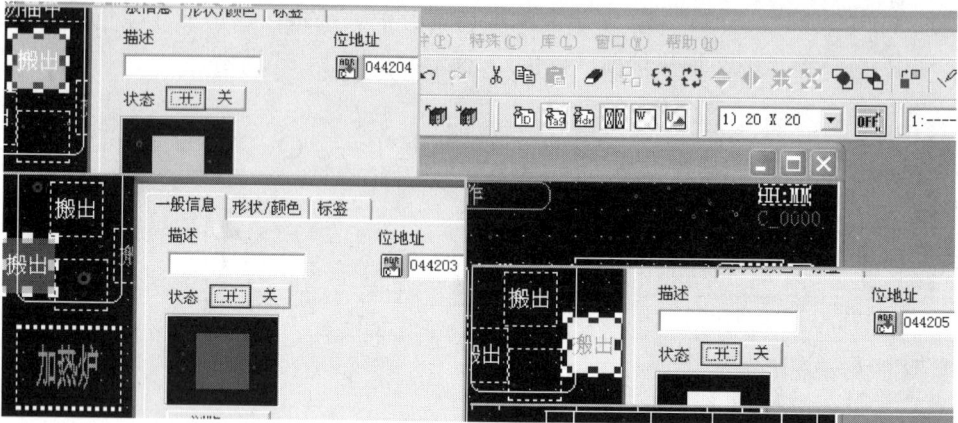

图 14-23　加热炉搬出按钮设置 2

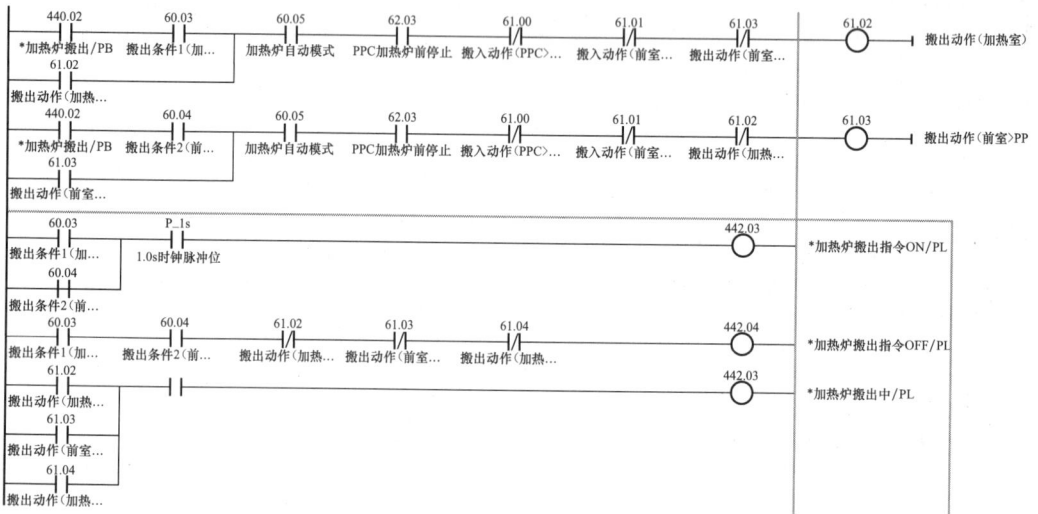

图 14-24　加热炉搬出梯形图

四、加热中指示

如图 14-25 所示，采用一个指示灯部件，用红色来显示加热炉的加热状态，位开关的地

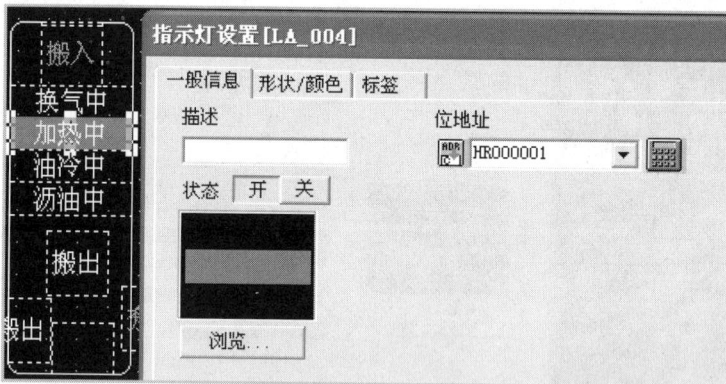

图 14-25　加热中指示设置

址为 HR000001，PLC 程序如图 14-26 所示。PP 链加热室送停止时开始进入加热状态，加热后开始搬出动作。

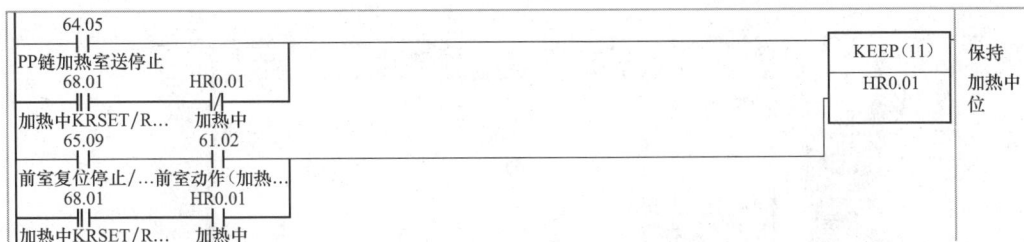

图 14-26 加热中指示 PLC 程序

第六节 加热炉搬送监视界面的制作

一、加热炉搬送监视界面的组成

如图 14-27 所示，可以显示加热炉前门、后门的打开状态，加热过程和时间，并能显示油冷却动画过程。

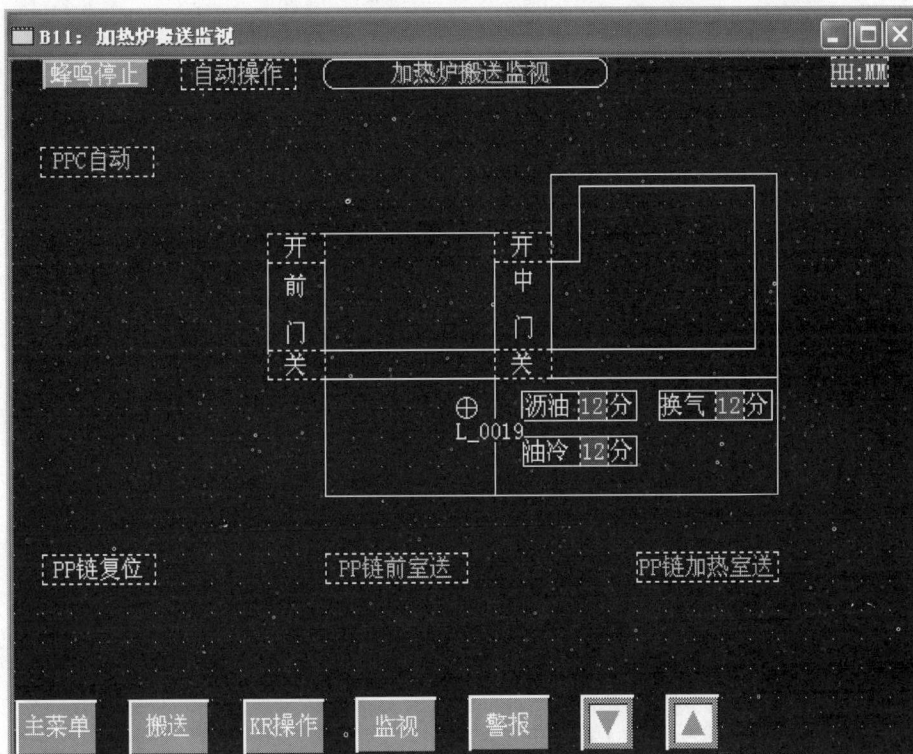

图 14-27 加热炉搬送监视界面

二、前门状态显示

如图 14-28 所示，采用两个指示灯部件重叠，用红色来显示前门开到位状态，位开关的地址为 0000；用蓝色来显示前门开状态，位开关的地址为 02.00。

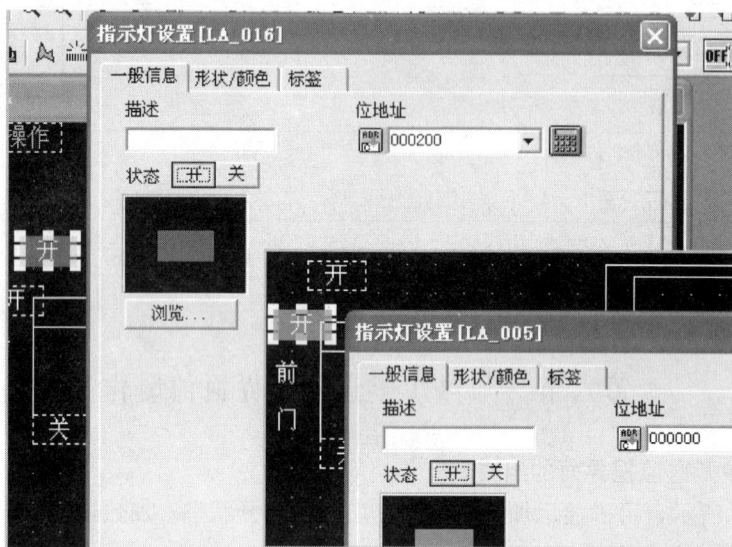

图 14-28　前门状态显示设置

三、油冷却时间显示

采用数字显示部件，字地址为 DM110，如图 14-29 所示，PLC 程序如图 14-30 所示，油冷却时间由计数器 CNT031 对一分钟脉冲计数来完成，DM110 存放实际油冷却时间，DM109 存放设置值。油冷却时间到，CNT31 动作。

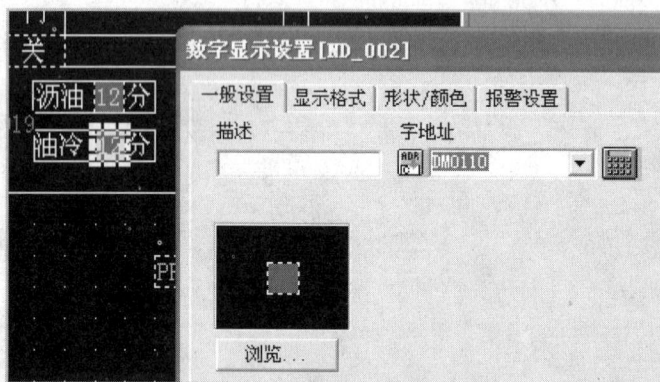

图 14-29　油冷却时间显示设置

四、油冷却动画

采用 L-TAG 完成，由 20 个 L-TAG 重叠，在不同的条件下显示不同的画面如 L0，调用画面 30，在加热炉搬送异常（409.05＝1）时，显示文本"搬送异常"，如图 14-31 和图 14-32 所示。

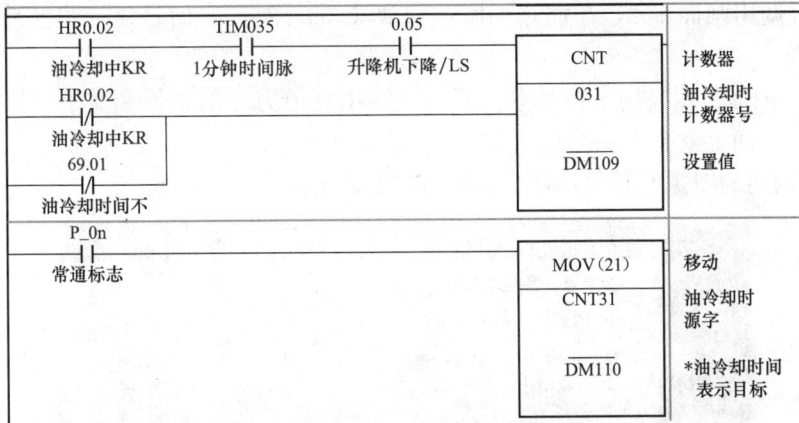

图 14-30 油冷却时间显示梯形图

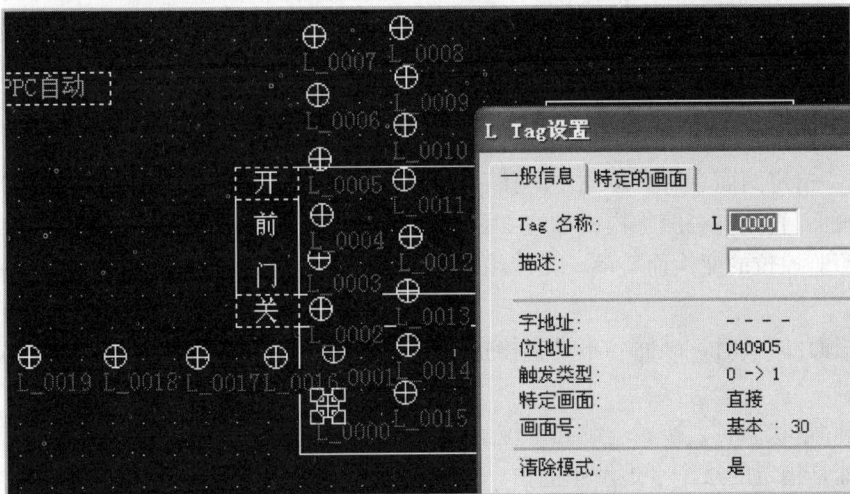

图 14-31 油冷却动画 L0-TAG 设置

图 14-32 B102 和 B30 画面

如 L12，调用画面 102，在加热炉搬送异常（409.02＝1）时，显示图像前室——加热室，设置如图 14-33 所示。

L-TAG（图形显示）用于在基本画面可以调用登记为库的图像和文字。根据字地址中数值的变化，画面上就会出现动画。

L-TAG 调用的图像库画面是在当前画面之上显示的。

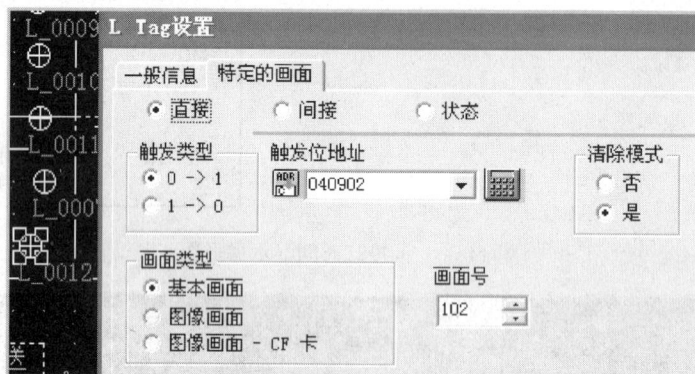

图 14-33　油冷却动画 L12-TAG 设置

L-TAG 指定画面有"直接"、"间接"、"状态"3 种方式。

指定画面/直接时。删除模式如选"否"，画面一旦被显示就不会清除。如选"是"，则显示是依照监控位的变换而变换。当删除模式为"是"时，调用的图像的位置被一个黑色矩形所取代。

指定画面/间接时，画面号不是直接指定的，而是存放在一个字地址中间接调用的，并支持偏移量。

指定画面/状态时，按照连续几个位的状态变化，依次调用几个图像画面。

字地址是指定的这个字地址中的位，将被用来触发调用画面。

位偏移是指定画面的触发位是从字地址的哪一位开始。

位长度是指定共有几个位用来触发画面。

库画面的中心坐标是和 L-TAG 的放置位置对齐的。

五、其他（PP 链复位）

PPC 自动、PP 链前室送、PP 链复位等指令都采用指示灯模块，PP 链复位设置如图 14-34 所示。

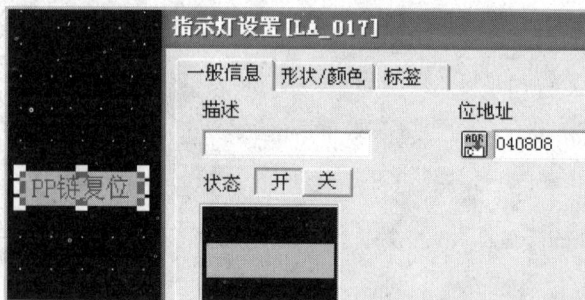

图 14-34　PP 链复位设置

第七节 加热炉警报监视界面制作

如图 14-35 所示，加热炉警报监视界面用于显示加热炉各设备警报状态。都采用指示灯部件，选合适的位地址就可以了。

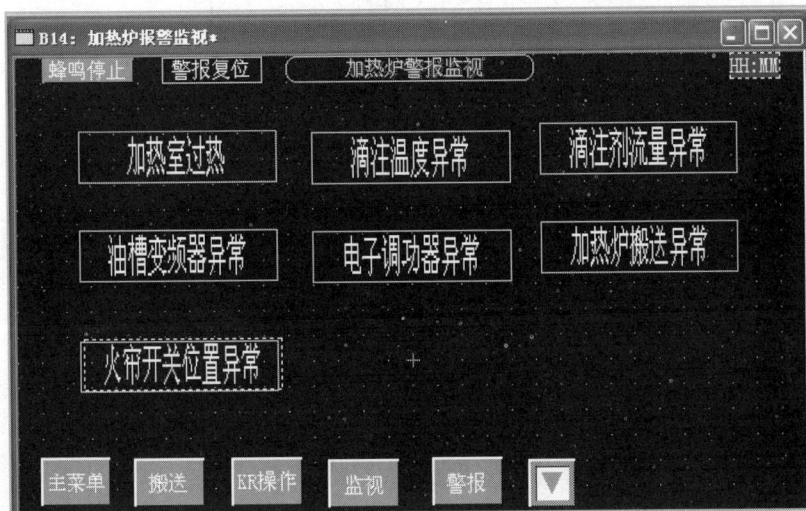

图 14-35 加热炉警报监视界面

警报复位按钮设置如图 14-36 所示，位地址为 040015，PLC 程序如图 14-37 所示。由于篇幅限制，其他部件和功能都与之类似，这里就不能一一进行说明了。

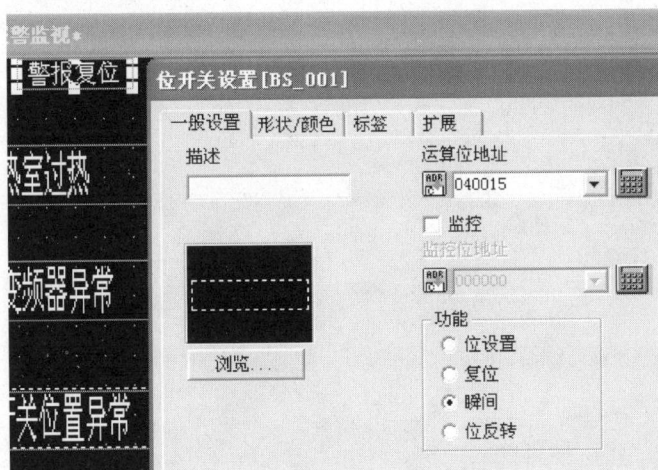

图 14-36 警报复位按钮设置

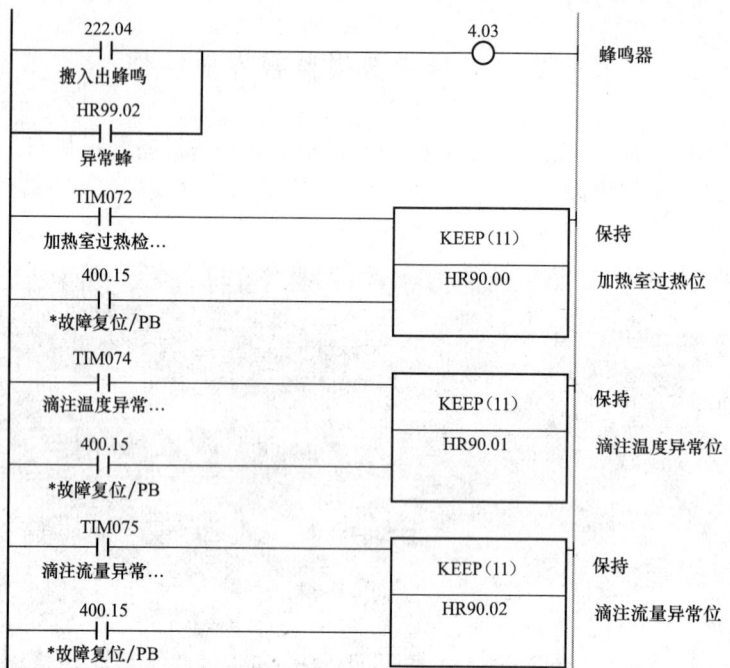

图 14-37　警报复位按钮 PLC 程序